"十三五"国家重点出版物出版规划项目

中国城市地理丛书

7

中国城市社会空间

李志刚　何深静　刘玉亭　等／著

科 学 出 版 社
北 京

内 容 简 介

本书是一本专门针对当代中国城市社会空间的专著。首先介绍了城市社会空间理论的国内外最新进展，重点介绍当代中国城市社会空间的结构、演化动力与机制，论述了城市社会空间的分异与融合问题。在此基础上，针对保障房社会空间、城中村、国际移民社会空间、城市贫困空间、绅士化社会空间、低收入大学毕业生社会空间、郊区社会空间等各类新社会空间进行了系统论述，集中展现北京、上海、广州、深圳、呼和浩特等地的城市社会空间景观与特征。

本书可作为城市规划、城市管理、地理学、旅游学、社会学、人类学及相关专业领域的科研人员、研究生和高年级本科生的参考资料。

图书在版编目（CIP）数据

中国城市社会空间／李志刚等著. —北京：科学出版社，2021.1
（中国城市地理丛书）
“十三五”国家重点出版物出版规划项目　国家出版基金项目
ISBN 978-7-03-066429-7

Ⅰ. ①中…　Ⅱ. ①李…　Ⅲ. ①城市空间-空间结构-研究-中国
Ⅳ. ①TU984.11

中国版本图书馆 CIP 数据核字（2020）第 199989 号

责任编辑：文　杨　郑欣虹／责任校对：杨　赛
责任印制：肖　兴／封面设计：黄华斌

科 学 出 版 社　出版
北京东黄城根北街 16 号
邮政编码：100717
http://www.sciencep.com
北京九天鸿程印刷有限责任公司 印刷
科学出版社发行　各地新华书店经销
*
2021 年 1 月第　一　版　开本：787 × 1092　1/16
2021 年 1 月第一次印刷　印张：20 1/2
字数：470 000

定价：205.00 元
（如有印装质量问题，我社负责调换）

“中国城市地理丛书”
编辑委员会

丛书序一

中国进入城市化时代，城市已成为社会经济发展的策源地和主战场。改革开放40多年来，城市地理学作为中国地理学的新兴分支学科，从无到有、从弱到强，学术影响力从国内到国际，相关的城市研究成果记录了这几十年来中国城市发展、城市化进程、社会发展和经济增长的点点滴滴，城市地理学科的成长壮大也见证了中国改革开放以来科学技术迅速发展的概貌。欣闻科学出版社获得2018年度国家出版基金全额资助出版“中国城市地理丛书”，这是继“中国自然地理丛书”“中国人文地理丛书”“中国自然地理系列专著”之后，科学出版社推出的又一套地理学大型丛书，反映了改革开放以来中国人文地理学和城市地理学的重要进展和方向，是中国地理学事业发展的重要事件。

城市地理学，主要研究城市形成、发展、空间演化的基本规律。20世纪60年代，随着系统科学和数量地理的引入，西方发达国家城市地理学进入兴盛时期，著名的中心地理论、城市化、城市社会极化等理论推动了人文地理学的社会转型和文化转型研究。中国城市历史悠久，但因长期处在农耕社会，发展缓慢，直到1978年以后的改革开放带动的经济持续高速发展才使其进入快速发展时期。经过40多年的发展，中国的城镇化水平从16%提升到60.6%，城市数量也从220个左右增长到672个，小城镇更是从3000多个增加到12000个左右，经济特区、经济技术开发区、高新技术开发区和新城新区这些新生事物，都为中国城市地理工作者提供了广阔的研究空间和研究素材，社会主义城市化、城镇体系、城市群、都市圈、城市社会区等研究，既为国家经济社会发展提供了研究成果和科技支撑，也在国际地理学界标贴了中国城市地理研究的特色和印记。可以说，中国城市地理学，应国家改革开放而生，随国家繁荣富强而壮，成为中国地理学最重要的研究领域之一。

科学出版社本期出版的“中国城市地理丛书”第一辑共9册，分别是：《中国城市地理基础》（张小雷等）、《中国城镇化》（顾朝林）、《中国新城》（周春山）、《中国村镇》（张小林等）、《中国城市空间结构》（柴彦威等）、《中国城市经济空间》（孙斌栋等）、《中国城市社会空间》（李志刚等）、《中国城市生活空间》（冯健等）和《中国城市问题》（高晓路等）。从编写队伍可以看出，“中国城市地理丛书”各分册作者都是中国改革开放以来培养的城市地理学家，在相关的研究领域均做出了国内外城市地理学界公认的成绩，是中国城市地理学研究队伍的中坚力量；从“中国城市地理丛书”选题看，既包括了国家层面的城市地理研究，也涵盖了城市分部门的专业研究，可以说反映了城市地理学者最近相关研究的最好成果；从“中国城市地理丛书”组织和出版看，也是科学性、系统性、可读性、创新性的有机融合。

值此新中国成立70周年之际，出版“中国城市地理丛书”可喜可贺！是为序。

傅伯杰

中国科学院院士
原中国地理学会理事长
国际地理联合会（IGU）副主席
2019年8月

丛书序二

城市是人类文明发展的高度结晶和传承的载体，是经济社会发展的中心。城市是一种人地关系地域综合体，是人流、物流、能量流高度交融和相互作用的场所。城市是地理科学研究的永恒主题和重要方向。城镇化的发展一如既往，将是中国未来 20 年经济社会发展的重要引擎。

改革开放以来，中国城市地理学者积极参与国家经济和社会发展的研究工作，开展了城镇化、城镇体系、城市空间结构、开发区和城市经济区的研究，在国际和国内发表了一系列高水平学术论文，城市地理学科也从无到有到强，迅速发展壮大起来。然而，进入 21 世纪以来，尤其自 2008 年世界金融危机以来，中国经济发展进入新常态，但资源、环境、生态、社会的压力却与日俱增，迫切需要中国城市地理学者加快总结城市地理研究的成果，响应新时代背景下的国家战略需求，特别是国家推进新型城镇化进程的巨大科学需求。因此，出版“中国城市地理丛书”对当下城镇化进程具有重要科学价值，对推动国家经济社会持续健康发展，具有重大的理论意义和现实应用价值。

丛书主编顾朝林教授是中国人文地理学的第一位国家杰出青年基金获得者、首届中国科学院青年科学家奖获得者，是世界知名的地理学家和中国城市地理研究的学术带头人。顾朝林教授曾经主持翻译的《城市化》被评为优秀引进版图书，并被指定为干部读物，销售 30000 多册。参与该丛书的柴彦威、方创琳、周春山等教授也都是中国知名的城市地理研究学者。因此，该丛书作者阵容强大，可保障该丛书将是一套高质量、高水平的著作。

该丛书均基于各分册作者团队有代表性的科研成果凝练而成，此次推出的 9 个分册自成体系，覆盖了城市地理研究的关键科学问题，并与中国的实际需要相契合，具有很高的科学性、原创性、可读性。

相信该丛书的出版必将会对中国城市地理研究，乃至世界城市地理研究产生重大影响。

周成虎

中国科学院院士

2019 年 10 月

丛书前言

中国是世界上城市形成和发展历史最久、数量最多、发育水平最高的国家之一。中国城市作为国家政治、经济、社会、环境的空间载体，也成为东方人类社会制度、世界观、价值观彰显的璀璨文化明珠，尤其是 1978 年以来的改革开放给中国城市发展注入了无尽的活力，中国城市也作为中国经济发展的“发动机”引导和推动着经济、社会、科技、文化等不断向前发展，特别是 2015 年以来党中央、国务院推进“一带一路（国家级顶层合作倡议）”、“京津冀协调发展”、“长江经济带和长江三角洲区域一体化”和“京津冀城市群”、“粤港澳大湾区”等建设，中国城市发展的影响力开始走向世界，也衍生为成就“中国梦”的华丽篇章。

城市地理学长期以来是中国城市研究的主体学科，城市地理学者尽管人数不多，但一直都在中国城市研究的学科前沿，尤其是改革开放以来，在宋家泰、严重敏、杨吾扬、许学强等城市地理学家的带领下，不断向中国城市研究的深度和广度进军，为国家经济发展和城市建设贡献了巨大的力量，得到了国际同行专家的羡慕和赞誉，成为名副其实“将研究成果写在中国大地”蓬勃发展、欣欣向荣的基础应用学科。

2012 年党的十八大提出全面建成小康社会的奋斗目标，将城镇化作为国家发展的新战略，中国已经开始进入从农业大国向城市化、工业化、现代化国家转型发展的新阶段。2019 年中国城镇化水平达到了 60.6%，这也就是说中国已经有超过一半的人口到城市居住。本丛书本着总结过去、面向未来的学科发展指导思想，以“科学性、系统性、可读性、创新性”为宗旨，面对需要解决的中国城市发展需求和城市发展问题，荟萃全国最优秀的城市地理学者结集出版“中国城市地理丛书”，第一期推出《中国城市地理基础》、《中国城镇化》、《中国新城》、《中国村镇》、《中国城市空间结构》、《中国城市经济空间》、《中国城市社会空间》、《中国城市生活空间》和《中国城市问题》共9册。

“中国城市地理丛书”是中国地理学会和科学出版社联合推出继“中国自然地理丛书”（共13册）、“中国人文地理丛书”（共13册）、“中国自然地理系列专著”（共10册）之后中国地理学研究的第四套大型丛书，得到傅伯杰院士、周成虎院士的鼎力支持，科学出版社李锋总编辑、彭斌总经理也对丛书组织和出版工作给予大力支持，朱海燕分社长为丛书组织、编写和编辑倾注了大量心血，赵峰分社长协调丛书编辑组落实具体出版工作，特此鸣谢。

“中国城市地理丛书”编辑委员会
2020年8月于北京

前　言

21世纪初，我们所在的这颗蓝色星球进入“城市时代”：城市人口首次超过乡村。“人类世”也是一个“城市世”。宜居星球、可持续的城市化、打造宜居城市由此成为极为重要的时代命题。要营造高品质城市、实现人居环境质量的全面提升，对城市空间开展系统深入的科学研究、把握城市演化规律，就有了非常重要的理论意义和实践价值。传统城市研究、城市规划、城市地理学以空间为对象，城市空间研究已经发展为一个十分成熟的交叉领域。不过，已有研究尚存在两方面不足。第一，研究多以城市、街区等大尺度为主，对于城市内部空间尤其是小尺度街区、社区乃至个人尺度的关注及把握不足。第二，很多研究以物质空间和物质环境（如土地、交通、设施）为主，相对忽视空间的使用主体——居民及其需求，尤其对于愈加分化的多民族群体的差异化和多样性的把握尚不充分。为解决这些问题，就需要对城市内部空间尤其是社会空间开展深入研究。

社会空间指的是居民所感知和使用的空间，社会空间也经常被等同于我们所熟悉的社区。这一空间尺度与居民的居住感受、满意度、归属感乃至健康和福祉问题等方面直接相关，它是“日常生活”发生的地方，是具体的、关系每一个人的生活空间。要实现“人民对美好生活的向往”，高品质的社会空间无疑是每一座城市的刚需。社会空间就是美好生活的“最后一公里”。

中国城市的社会空间研究的意义尤其重大。一方面，已有城市理论和认识多建立在历史上的、西方城市的发展经验之上，可以解释西方国家的城市现象。但是，在解释发展中国家特别是中国的城市时，传统理论则存在诸多不足与不匹配之处。高密度、快速增长、爆炸式的空间生产及基础设施建设，特别是积极的政府干预等特征，亦是西方大多数城市所不具有的，开展新的基于中国实践经验的社会空间研究及其对比研究，具有重要意义。另一方面，当代中国具有“市场转型”特征，从计划向市场的大转型使得中国城市演化具有很强的“自然实验”属性，这为回答诸如市场化、全球化、城市化、移民化、信息化等新动力如何塑造和影响城市、居民的基础性问题提供了极为重要的新机遇。而且，中国特色的社会主义建设也是其他“市场转型”国家所不具有的体制特征。如同本书所呈现的，中国城市的社会空间从较为单一走向十分多元，多种多样的城市社区从无到有、从少到多发展起来，带来居民生活、行为、感知等各方面的差异化影响。这些情况均是研究西方城市并不具备的。当代中国城市已经成为人类历史上最大的一座“城市实验室”，为深入研究和观测城市、社区及其居民提供了绝佳条件。

社区是社会学、人类学、管理学等人文社会学科的传统领域。社区一词据说就来自著名社会学家、人类学家费孝通先生。规划和建筑学科比较多地涉及建筑单体和社区尺度，典型的如清华大学吴良镛院士所提出的人居环境科学，对于社区及其环境营造予以充分重视。不过，自然科学则鲜有涉及这一领域，近年国际科学界所倡导的“面向社会的科学”(science for society)，可以视为对这一不足的应对。事实上，作为一个交叉领域，对社区及社会空间的研究需要人文科学、自然科学、工程科学等的合力。学科、理论乃至分析技术上的画地为牢不利于科学问题的真正解决。

社会空间研究直接面向当前国家的重大需求。伴随中国城镇化进入中后期，“人的城镇化”问题逐步显现。一方面是每年两千万以上农民工的市民化问题，他们的城市适应、融合及融入与其日常生活实践直接相关，其载体正是社会空间。例如，聚焦北上广深城中村的农民工的感受如何？是否有利于其融入或适应城市？其中，部分回流人口也有所谓“就地城镇化”的需要，同样需要合理的社会空间配置。很多农民工处于所谓“双向流动”的状态，常年在城乡之间往来，居无定所对他们的生活、家庭和下一代有何种影响？第二，从增量扩张到存量提升，中国城市发展模式面临新的转型，背后的决定力量既包括经济发展模式的转型升级，也与城市居民越来越高的空间品质要求相关。那么，居民对社区空间有哪些诉求？什么因素对其居住满意度的影响最大？政府、市场、社会如何更好地互动以服务人的需求？“人民对美好生活的向往”不是停留在一个固定水平的，它是动态的、伴随收入增长而水涨船高的。习近平总书记指出，城市规划和建设要高度重视历史文化保护，不急功近利，不大拆大建。要突出地方特色，注重人居环境改善、更多采用微改造这种“绣花”功夫，注重文明传承、文化延续，让城市留下记忆，让人们记住乡愁。这正是对新时代城市社会空间的更高要求。第三，党和国家强调“以人民为中心的发展思想”，强调发展为了人民、发展依靠人民、发展成果由人们共享。就城市而言，这一新的思想与“增长主义发展观”存在诸多差别，核心在于将人置于发展的中心地位。这就肯定和强调了城市空间生产要“为人民服务，而不是为人民币服务”。为此，我们需要对城市社会空间进行深入系统的科学研究，需要科学评估、体检、解析，进而实现更加科学、精准、精细的治理和提升。

基于以上认识，我们编写了本书。这是一本从理论到实证、从宏观到微观、从格局到机制，全面解析中国城市社会空间的特征、演化规律、影响机制和应对措施的专著。全书共包含 12 个章节，其中第一章至第四章为宏观尺度的分析，对中国城市社会空间做总体性分析；在此基础上，第五章至第十一章分别针对不同类型的社会空间进行微观尺度的分析，展现多样化的社会空间现实及其演化机制；最后，第十二章对全书内容进行总结和讨论。

具体而言，在第一章中，我们从空间的概念开始进行讨论，强调空间是分析当代中国的一个独特而主要的维度。同时，我们也从历史维度出发，对西方城市社会空间的历史演化进程进行了讨论，并以此比对当代中国的城市社会空间，进而揭示我国城市社会空间所具有的独特性和差异性。第二章对中国城市社会空间的结构进行了深入解析。对不同历史时期城市社会空间结构的分析表明，社会空间结构具有累积性、层次性，其分异或重构具有路径依赖性。第三章聚焦中国城市社会空间的演化动力机制问题，主要围绕市场化、移民化、全球化，强调了政府与制度因素对于社会空间演化的重要影响，这也是我国城市社会空间的发展和演化与其他国家城市的主要差别。第四章则以深圳、上海、广州、呼和浩特等为例，揭示社会空间分异的模式、格局并予以量化测度。同时我们也对社会空间融合进行了研究和测度。尽管直观上改革开放以来的中国城市出现较为明显的空间分异，但对分异度的测度和评判一直是研究的难点和热点，本章的工作所展现的正是这方面的努力和尝试。

第五章对城市保障房社会空间进行了系统实证。基于近年逐步建立的保障房制度，大量保障房住区在各地出现，对其演化开展研究，实现优化和提升对于城市低收入阶层意义重大。我们的研究表明，保障房社区必须走向“小聚居、大混居”，减少低收入者聚居的负面影响，打破空间隔离，推进空间共享，通过积极干预推动其品质提升和空间优化。第六章围绕城中村进行深入讨论，作为一种独具中国特色的“非正规社会空间”，城中村通常被视为城市“问题”的集聚区。我们的研究表明，城中村不是发展中国家如巴西等地的贫民窟，它极具经济和社会活力，为流动人口的城市乃至社会融入提供了低成本空间。正因如此，城中村改造一方面不应粗暴简单地大拆大建，一方面要尊重不同城中村的地方实际，改造要“一村一策”。

第七章则关注了近年广州、上海、北京、青岛等地新出现的“国际移民”社会空间，尤其是广州小北路一带的非洲人聚居区。作为一种新的“南南流动”的国际人口流动，这些“国际移民社会空间”的出现体现了全球化的诸多新趋势和新方向，一方面是全球化力量正变得更加多元，社会力对全球化的推动愈加凸显。另一方面，广州的非洲人区与美国城市的黑人区存在本质差别，小北路这样的以跨国“倒爷”为主体的新空间完全可以实现优化治理。第八章围绕城市贫困问题展开讨论，不均衡、不充分发展的现实造成了城市贫困空间的形成和生产。为了改善社会空间，我们呼吁地方政府积极主动的介入和干预，推动贫困空间的“去贫困化”。第九章聚焦绅士化社会空间，从经典理论出发，我们系统探讨了中国城市绅士化的特征、动力机制及效应问题。实证表明，绅士化已经成为一个具有一定综合性的研究领域，而不仅是一个概念而已。第十章则是对低收入大学毕业生社会空间进行了系统研究，被称为“蚁族”的大学毕业生在城市边缘空间的聚居是一种全新的社会空间现象。与近邻日本一样，中国的大学毕业生不再都是“天之骄子”。我们的研究表明，这一群体的分化与空间积聚，以及其中部分群体的边缘化现象是一种必然，对其可能的“邻里效应”问题则需要保持警惕和关注。在第十一章，我们结合“领域化”、“边缘城市”等理论视角，以广东为例，解析了大城市郊区的社会空间转型问题。珠三角的郊区转型与重构表明，中国城市郊区形成了多样化的社会空间，其中既有所谓“边缘城市”，如广州南沙、各种新城新区、大学城，也有诸多自下而上发展起来的新社会空间，如城边村、绿中村，各大地产公司所建设的房地产大盘、别墅区等。与北美城郊的近期变化一样，中国城市的郊区正在走向复杂多样的社会空间构成。在第十二章也是本书的最后一章，我们对全书内容进行了总结和讨论。“城市让生活更美好”，高品质、包容、和谐的社会空间是基础。中国的实践表明，要实现这一目标，积极、科学、精准的政府干预不仅有效，而且是必要的。

总之，中国城市社会空间的转型与重构与我国所处的体制、经济、社会和文化背景直接相关。社会空间与物质环境相互影响，相互塑造，关系每一个人的美好生活。随着更多更好更精细化的研究数据、方法和技术的到来，我们已经可以更加全面有效地揭示社会空间演化规律与机制，可以产生更多基于中国实践的新理论和新观点。在“讲好中国故事”的同时，科学应对愈加复杂化、多样化、高级化的社会空间。本书后面的内容，正是从该角度出发所做的一些努力。

感谢清华大学顾朝林教授对本书出版的大力指导与支持。感谢北京大学柴彦威教授对本书初稿的审阅和指导。感谢科学出版社李锋总编辑、赵峰编辑、文杨编辑等的支持和帮助。

感谢国家自然科学基金项目（41771167，41422103，41271163，40971095，40601033）对本书研究的资助和支持。

感谢几位同仁为本书贡献部分章节，在此一并致谢。他们是：兰州大学杨永春教授（第四章第四节第二部分）、上海师范大学廖邦固副教授（第二章第二节、第三节、第四节、第四章第二节的部分内容）、伦敦大学学院吴缚龙教授（第四章第三节）和天津大学盛明洁博士（第十章）。感谢研究团队的研究生同学们对本书的贡献，特别感谢武汉大学城市设计学院博士生翟文雅、刘达、苟翡翠、许红梅，硕士生萧俊瑶；中山大学地理科学与规划学院博士生吴蓉，硕士生刘超群、李欣怡。

李志刚

2020 年 8 月 29 日

目　　录

第三章 中国城市社会空间演化动力与机制

第四章 中国城市社会空间分异与融合

第五章　保障房社会空间

第六章　城中村

第七章 国际移民社会空间

第八章 城市贫困空间

第九章　绅士化社会空间

第十章　低收入大学毕业生社会空间

第十一章 郊区社会空间

第十二章 从社会空间到美好生活

第一章　城市社会空间概述

第一节　空间、城市与城市社会空间

一、空间：分析当代中国的重要维度

“空间”经历了从绝对空间到功能空间，再到社会空间的概念演变（Lefebvre，2008）。这种变化随着时代变迁呈现出不同现象，体现出人们不断加深的对空间的理解。城市社会空间这一概念，指的是城市在社会与经济方面所呈现的空间状态或特征；社会空间是空间的实际范围与人们感知的空间范围的复合体，由主观部分和客观部分组成。

《文子·自然》有云“古往今来谓之宙，四方上下谓之宇”。中国传统观念中与西方“时空”相对应的概念“宇宙”，有一种朴素的将感官材料进行分类和命名的倾向，有些类似于亚里士多德的时间和空间。而自笛卡儿开始，直至康德、黑格尔，空间被认为是一种纯粹的形式，空间成为抽象的空间，一种绝对的理念。与流动的、弹性的、充满活力的时间相对，空间是静止的、固定的、僵死的和受社会与政治左右的——它是“空”的，是社会变化和历史演进的容器或道具而已（Foucault，1980）。这时的空间是先验的，先于所有填充它的东西存在，是一个可以脱离历史时间的空壳，是“绝对的”空间。

随着人类生产劳动的发展和不断深化的劳动分工，空间成为产品和物品总集所占有的一般性场所，空间变为商业的空间、居住的空间、生产的空间。精神和理念的空间被现实化和客观化，成为功能性的、工具性的空间，被用于生产和消费。一旦空间与人类生产、生活相结合，便从此具有了社会性。于是，“（社会）空间是（社会的）产物”（Lefebvre，1991），社会空间应运而生，空间变成社会关系的现实化和物化（商品）。“我们并非生活在一个我们得以安置个体与事物的虚空（void）之中，而是生活在一组关系之中”（Foucault，2001）。地理空间组织恰是生产关系的载体（Massey，2005）。

在功能性空间中，空间是一种工具和媒介，被用于生产、居住或者统治；但社会性空间则根植于生产模式，以及以此生产模式为特征的社会关系之中。“社会空间辩证法”（socio-spatial dialectic）认为，有组织的空间结构本身代表了对整个生产关系组

成成分的辩证限定，这种关系既是社会的又是空间的（如“统治-剥削”的社会结构与“核心-边缘”的空间结构相互对应）。（社会）空间可以表达整体的生产关系，反映社会中全部活动的普遍目的和共同方向，空间的内容与形式相结合，产出了“一个”空间（Lefebvre，2008）。

空间与社会（关系）相互建构（Massey，1984）。空间同生产关系的再生产联系在一起——空间变成社会关系的再生产的场所。正是基于对“空间-社会关系”这样一个认识论的转变，西方地理学界才涌现出一系列通过批判资本主义空间而剖析资本主义社会及其生产关系的思想。因此，我们可以通过研究中国城市空间的方式研究它的社会、历史演进，研究空间的特性就是研究社会关系，空间的矛盾与社会关系的矛盾相辅相成。

1. 空间的生产

由于空间-社会的这种对应关系，列斐伏尔在其理论中指出，每个社会形态都有自己对应的社会空间，即每个社会都处于既定的生产模式架构中，这个架构的特殊性质形塑了空间，同时空间不断生产社会关系。人类社会也正是处于这种社会与空间在历史中的辩证性互动之间不断前进（Lefebvre，1991）。

列斐伏尔展示的空间生产出的欧洲社会历史历程如下：①绝对空间：自然；②神圣空间：埃及式的神庙与暴君统治的国家；③历史性空间：希腊式城邦，罗马帝国；④抽象空间：资本主义的政治经济空间；⑤矛盾性空间：当代全球化资本主义与地方化对立的空间；⑥差异性空间：重视差异性与生活经验的未来空间（Lefebvre，1991）。而列斐伏尔对资本主义抽象空间和矛盾性空间的阐释也契合当下所遭遇的现实，也因此成为后来许多地理学者的灵感之源。

列斐伏尔认为，资本主义生产了一个抽象空间，在国家与国际的层面上反映为商业世界、金融网络和国家间的政治契约。这个抽象的空间有赖于银行、商业和主要生产中心所构成的巨大网络。而在城市尺度，资本主义扩张的最主要方式则是空间生产。首先，空间作为一个整体进入现代资本主义的生产模式：它被用来生产剩余价值。土地、阳光、空气都被纳入生产之中。其次，城市结构因其沟通与交换的多重网络（如公路、铁路），成为生产工具的一部分。同时城市及其各种设施（如港口、火车站）亦是资本的一部分。资本主义的空间不只是生产资料（如厂房、土地），还是消费对象（如海滨度假区、迪士尼乐园），也是政治工具（如规划手段、管制空间），被用来巩固生产力与财产之间的关系（如门禁社区对富人及其财产的庇护），同时还可以充当上层建筑的一种形式（如公路系统表面上中立却通过运送原材料和商品为资本主义企业提供便利）。因此，空间被同时列为生产力、生产资料、生产关系的一部分。由于每一种社会状态都依赖于对空间的占有和不断再生产，以得到与其相适应的空间，于是世界由空间中事物的生产（production in space）全面转向空间本身的生产，即从涉及商品生产投资的“资本第一循环”转向对土地、道路、建筑物投入的“资本第二循环”，以确保自己的持续存在（Lefebvre，1991；Harvey，1973）。所以，对城市而言，利用生产产品创造利润变得不再那么重要，更重要的是生产铁路运输线与高速公路等为生产提供坦途、运输原料与销售产品的空间，它们能创造大量的利润。同时，还要配备相应保障这类空间生产的有效策略，以确保持续获得利润。

2. 空间的逻辑

哈维阐明了空间生产对资本主义的重要性（Harvey，1975，1985）。在哈维看来，资本主义的核心关注是经济，最关键的经济问题就是资本问题。于是，解决资本积累过程中遇到的种种困难是资本主义的首要任务，资本盈余也成为哈维对资本主义逻辑分析的重点。

哈维延续马克思的解释以探讨资本主义的危机——过剩的资本和劳动力，并且揭示了它的解决方案：把它们存入未来，而非现在使用。例如，通过道路桥梁建设等长期投资项目，将部分资本在一个较长时段内（取决于其经济和物理寿命），以某种物理形式完全固定在国土之中或者国土之上，或者通过国家投入社会支出（如公共教育、医疗保险体系）使得资本在空间上被固定下来。如此便通过构建固定的地域结构，推迟资本价值在未来重新进入流通领域的时间，这也是将资本积累的时间障碍转变为空间障碍的过程。

哈维详尽阐述了资本通过城市建设（即空间化）解决危机的过程及其矛盾：资本不只是单单投入到地理环境之中，它需要以自己特有的方式创造可以持续积累的条件：首先，资本由它自己可能创造的物理地貌形式来表达，它创造一种特别的地形或城市地理作为使用价值，以加快资本积累（Harvey，1985）。例如，资本投资建设出适合于原材料和商品运送的城市或区域性交通网络。于是，空间与资本的逻辑交织在一起：资本需要流动——这是资本的本性；资本又需要固定——这是资本主义得以继续的方式。这个资本主义“内部运作”的逻辑被哈维表述为一个专业术语：空间修复（spatial fix）。之后，他进一步将其升级为“时空修复”，用以表述上述资本空间化的过程，同时喻指通过时间延迟和地理扩张来解决资本主义危机的特殊方法。

“修复”并不意味着完全摆脱了内在危机，它会带来其他的问题：投资于生产设施和社会支出的确暂时缓和了流动资本过度积累的问题，但大量投资于工厂、交通设施、教育系统同样会出现盈余，产生新的过度积累问题；城市建成环境本身的固定性，亦使得资本积累受制于特殊的空间位置投资，而这些投资一段时间后不再那么有效（因地价上升、劳动力成本上升、环境污染的破坏等），并且这些大量固定在空间中的资本还会成为在其他空间实现修复的障碍（Harvey，2006；Jessop，2006），如此便打断了原先持续性的资本循环和资本积累。

全球化解决了这一问题。通过长期资本项目或社会支出来缓解大量的劳动盈余和资本盈余的方法是其一，还有一种办法是在新的地点开发市场进行空间转移。于是，资本主义国家在其领土之外，即在那些资金匮乏的发展中国家，开辟出新的积累区域。中国因其改革开放和加入全球生产链条，而同西方（主要是美国）的转型一起被纳入统一的历史框架：中国吸纳巨额外资而使其自身拥有了临时性的“时空修复”能力，因而缓解了全球资本过度积累的问题，同时也促成了中国内部市场经济的飞速成长。倘若这些固定在空间中的投资不能及时返回资本积累过程，中国的经济发展势必遭受损害。哈维指出，这种新时代的地理扩张和空间重组是一种“剥夺性积累”。不过，进入 21 世纪的第二个 10 年，“逆全球化”开始出现，一些国家的贸易保护、边境修墙、控制移民等思潮泛滥。与此同时，“发展中国家主导的全球化”正扮演越来越重要的角色。

二、全球化下的城市社会空间转型

《纽约时报》的专栏作家托马斯·弗里德曼（Thomas Friedman）在其《世界是平的》一书中，将全球化划分为三个阶段：全球化 1.0、2.0 和 3.0。他指出，“全球化 1.0”开始于 1492 年哥伦布发现“新大陆”之时，持续到 1800 年前后，由劳动力推动，期间主要是国家之间的融合；“全球化 2.0”是公司之间的融合，从 1800 年到 2000 年，各种硬件的发明和革新成为这次全球化的主要推动力——蒸汽船、铁路、电话、计算机等，这个阶段因大萧条和两次世界大战而被迫中断；在“全球化 3.0”中，个人成为主角。软件不断创新，网络不断普及，世界各地的人们可以通过因特网轻松实现自己的社会分工。他认为，正是由于新一波的全球化，疆界正在消失，世界变小也变平了。这一观点似乎表明，世界各地的差异正在不断被抹平，而地理也正变得不再重要。正是这一看似正确的观点带来激烈争论，典型的例子如萨斯基亚·萨森、哈维、梅西等。他们指出，没有各类设施的空间集聚，就不会有今日信息传播的“扁平化”；而经济社会活动的跨边界运作与全球化，则恰恰凸显出其他功能（如管理、生产性服务业）的地理集聚的重要性；也正因如此，新的“权力几何学”（power geometry）已经出现，很多资源的空间分布不是更平等了，而恰恰是更为不平等了（Massey，2002）。其结果是：“世界不是平的”，“世界是尖的”。而要准确把握全球化下的社会、城市与空间所发生的巨大变化，我们需要将目光更为精确地投射到表象之下，去观察城市社会空间正在发生的深刻转型。

1. “全球城市”的社会与空间极化

通过对全球城市纽约、伦敦和东京的研究，社会学家萨斯基亚·萨森指出，此类全球化影响最甚的城市表现出明显的社会和空间极化特征，“总的结果，是收入差距变得更大了”。城市几乎成为名副其实的“双城”（dual city），富与穷，白与黑，天堂与地狱，差别迥异的两类群体在经济、社会和文化全球化最为密集的地区相遇，进而塑造出极为不平等的社会空间格局（Mollenkopf and Castells，1991）。

与全球化联系更为紧密的地区，其社会分化与空间分异的强度也更为剧烈。一方面，尽管经济联系的全球化带来经济活动的地理分散乃至跨国经营，这一边界扩张也带来了对于中心控制功能的更大依赖与更高要求，进而使得特定精英群体的集聚成为必须，典型的例子如纽约、东京等地；另一方面，全球化背景下人口的自由流动使得大量跨国移民在此类城市集聚，而他们所填补的多是低端劳动力市场与服务业，以此维系整个城市的运行与再生产。

事实上，社会极化及其对城市空间的影响是当代城市研究的核心议题之一。当前西方城市正处于后福特主义（post-Fordism）转型期，更具流动性的生产模式带来新的管理和控制手段（Amin，1994）。经济全球化和信息技术的快速发展，以及资本与劳动流变动的加剧等原因促成全球生产活动的分散化重组。在产业结构上，一方面是工业、制造业等劳动密集型产业向发展中国家转移，造成部分西方城市的“去工业化”（de-industrialization），另一方面是“生产者服务业（生产性服务业）”（producer service）（商业、银行、传媒、金融等）在“全球城市”集聚以发挥全球性的管理控制功能。“世界城市”假说指出，资本运作的矛盾将突出表现在世界城市（Friedmann，1986）；萨森则指出“全球城市”（global city）纽约、伦敦和东京正出现社会极化（Sassen，2001）。跨国公司总部和国际精英人才集聚，工业、制造业紧缩，服务业增长；日益增加的国际移民为城市低技术、低工资的服务业发展提供劳动力：社会结构的两端膨胀而中间段缩小。社会极化带来空间极化，城市居住空间随之变得分化、碎化（Sassen，1991）。

极化的社会空间是否普遍存在？通过研究英国伦敦和荷兰兰斯塔德（Randstad）地区的职业变化，汉姆莱特（Hamnett）指出，欧洲福利国家的城市社会分化并非极化而是职业化（professionalisation），社会结构表现为两头小、中间大。他把萨森的研究结果归因于美国城市特殊的发展元素——大规模外来移民（Hamnett，1996）。但是，伯格斯（Burgers）对汉姆莱特所用数据进行再分析，发现如果将郊区数据记入，其结果仍是极化（Burgers，1996）。对这一假设的检验扩展到其他全球城市：巴姆（Baum）对新加坡的研究表明其分异表现为职业化（Baum，1999），而瓦塞尔（Wessel）对奥斯陆的研究则发现由于政府福利机制的影响，社会空间分异的程度没有增加（Wessel，2000）。希尔（Hill）和金（Kim）认为全球城市极化假说不适于东亚“发展型国家”（the developmental state）（Hill and Kim，2000）。他们指出，尽管同样处于后工业化期间，制造业减少，生产者服务业、国际移民增加，社会构成极化，城市空间的恶性区隔等并未出现在东京和首尔。他们将其归因于日本和韩国特殊的国家政策和文化环境。作为应答，弗里德曼指出“世界城市”假说不排斥区域差异，并强调“世界城市”理论的主要目的不在于分析空间差异性（Friedmann，2001）。而萨森也承认了东京和首尔的特殊性（Sassen，1991）。

2. 全球化下的城市社会空间重构

马尔库塞（Marcuse）和冯·科姆本（van Kempen）指出，全球化中的城市正面临剧烈的社会空间重构，具体表现在七个方面：富人的堡垒型社区（citadels）；绅士化的社区（gentrified neighbourhoods）；排外的聚居区（exclusionary enclaves）；城市区域（urban regions）；边缘城市（edge cities）；族裔聚居区（ethnic enclaves）和被主流社会排斥的种族“隔坨”（excluded “racial” ghettos）（Marcuse and Kempen，2000）。空间资源分配的不平等正在加剧，这一进程与全球化、新自由主义、城市管治的尺度重构及种族和历史等因素相关。

尽管这些新社会空间现象的出现并不意味着全球化正给城市带来全新的空间结构，但无疑社会和空间的不平等在多层面的城市尺度与城市空间均加剧了，富者更富、穷者更穷的“马太效应”极为明显（Marcuse and Kempen，2002）。无论是在信奉自由市场经济的国家、福利国家还是转型经济国家，居住分化格局的加剧，尤其是少数种族的居住隔离正成为当代西方国家城市所普遍面临的问题（Kaplan and Woodhouse，2004）。例如，卡特等（Carter et al.，1998）的研究表明，波士顿、克利夫兰、底特律等地的公屋区成为贫困黑人聚居地。斯德哥尔摩的郊区集聚大量希腊裔移民和土耳其裔移民（Murdie and Borgegard，1998）；维也纳的土耳其人和斯拉夫人占据了城市的破败地区（Giffinger，1998）。特别是在瑞典、荷兰、英国等福利国家，贫困阶层在公屋区聚居明显（Harloe，1995）；“客工”（guest workers）政策带来大量外国移民，公屋多为外国移民所租用，造成“房权剩余化”（tenure residualization）（Forrest and Murie，1983）。

而在前苏联和东欧等转型经济国家，类似转型也在发生。科斯汀斯基（Kostinskiy，2001）预测后社会主义城市（post-socialist）的社会空间结构将发生三方面变化：城市中心“绅士化”，社会主义时代新建居住区大面积破败，以及郊区化趋势。在对布达佩斯的研究中，科科（Kok）和科瓦奇（Kovac）发现郊区化进程在空间上具有高度分异性，新的贫富分化的居住格局正在形成。鲁道夫（Rudolph）和布莱德（Brade）的研究则表明，莫斯科边缘地带正出现空间分异和极化，资本密集型产业和服务业等大量在外环线区域集聚（Rudolph and Brade，2005）。他们将这一现象归因为全球化和市场经济背景下城市扩展与通勤需求的互动。希科劳（Sykora，1999）分析了布拉格社会空间分异的三个主要机制：居民的社会地位变化，旧居住区间居民的居住变动和新旧居住区间居民的居住变动，认为后社会主义城市的主要特征就是增加的社会空间分异。他将其归因为不断扩大的收入差异和转变中的住房体系。根特（Gentile）在对哈萨克斯坦城市乌斯季卡缅诺戈尔斯克（UstiKamenogorsk）、列宁诺戈尔斯克（Leninogorsk）和济良诺夫斯克（Zyrjanovsk）的居住空间研究中，发现苏联时代的历史对这些中小城市的居住生态结构仍有很大影响，如城市主要工矿企业内的住房分配体系、类似我国户口的“普罗皮斯卡”（propiska）制度（居留证或国内护照）等（Gentile，2003，2004）。

第二节　西方城市社会空间的历史演化

一、前工业化城市

在工业革命来临以前，城市的发展基本建立在贸易经济和封建制度之上，形成社会等级森严、社会边界清晰的城市景观（Sjoberg，1960）。西奥伯格在其“前工业化城市”（preindustrial city）模型中，把前工业化城市的社会空间分为由内及外的三个层次（图 1.1）：城市的中心区往往集中着城市的权力与宗教机构，也居住着掌控城市宗教、政治、行政等活动的“社会精英”，无论在住所还是社会交往上都与其他社会阶层高度隔离；中心区之外居住着“低阶层人群”，包括商人及各种手工业者，尽管他们在财富、种族等方面具有高度的异质性，但由于业缘关系及行会等社会组织的存在而形成一定的集体凝聚力，其住所具有空间邻近性；市郊居住着各类“被遗弃者”，包括穷人、小贩、走卒等，他们缺乏组织且从事体力工作，被大规模地驱赶到城市边缘的残破住区，忍受着恶劣的居住环境。万斯（Vance）（1971）则强调“前资本主义城市”（precapitalist city）居住空间的垂直分异：城市内部空间分异以行业街区为主，不同行业在不同的区位形成生产与生活相结合的职业街区；在每一个职业街区内，住所、作坊和储藏室的布局呈垂直的空间构造，作坊在底层，主人及其家属居住在中间，顶层是储藏室和雇工、学徒及家仆的住所；人们生活在以行会头目为首的家长式社会系统中；此外，城市内部也存在由阶级与地位不同而促成的二次分异。

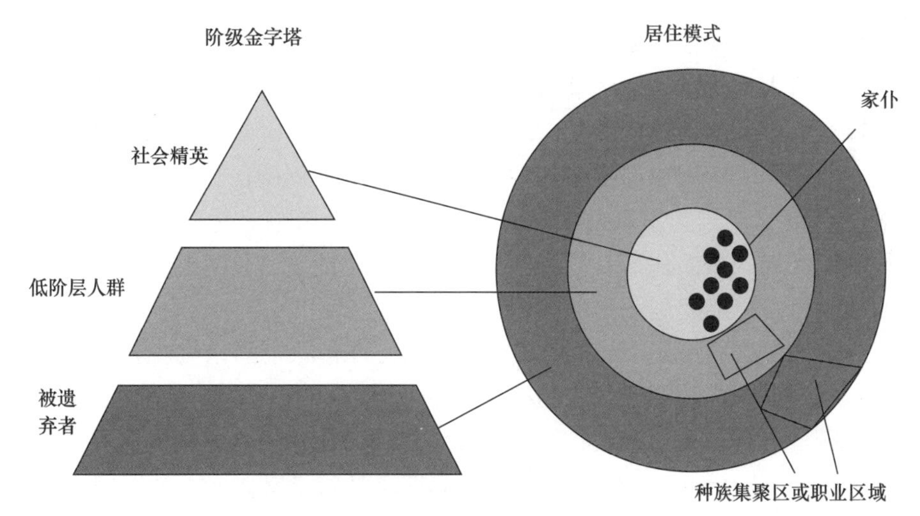

图 1.1　前工业化城市的理想化模型
资料来源：Sjoberg，1960

前工业化城市具有这样一些特征：城市内部出现明显的居住空间分异现象，城市中心住着“贵族精英”，大部分职业不同且社会地位混合的阶层居住在城市外围，社会的最底层居住在城市的边缘；家族集团式的工作组织严格限定了从居所到工作地之间的距离；社会秩序建立在传统和精神的价值体系之上。

二、工业城市

西方国家工业城市的兴起伴随着资本主义的崛起，以及以工厂体系为主导的生产模式的发展。对于追求规模经济的工业系统而言，城市成为劳动力的蓄水池及产品销售的主要市场，进一步推动工厂在城市集聚。城市成为就业天堂，农村人口以前所未有的速度向城市集中。1800 年伦敦成为世界上最大的城市之一，人口超过 90 万；伯明翰在 1801～1851 年人口增长 2.73 倍，达到 26.5 万人。曼彻斯特同期人口增长 3.51 倍，达到 33.8 万人。这段时期，城市内部社会空间出现以下新变化：资本主义带来新阶级的出现，即工业资本家与产业工人，分别形成新的精英阶级与无产阶级。城市居民的权力与地位不再由传统价值观标准所决定，而是由财富来确定。城市内部开始出现功能分区，这是产业区位争夺的结果，最高地租的支付者获得最佳区位，封建时期的用地模式被摒弃。工厂与商业用地相对固定，围绕着这些工厂和商业网点涌现出大范围的居住地，以容纳工厂的工人和他们的家属。新型城市结构日益分化，住宅与工作场所相分离，而居住区按不同区位的地租要求形成等级，社会地位由居所的区位来体现（Knox and Pinch，2000）。

不同阶层之间的居住隔离成为城市的重要特征。帕西诺（Pacione，2005）指出，英国维多利亚时期（1837～1901年）的居住隔离存在以下五个过程：①住房市场的重构。城市人口的增长需要新住房的大量兴建，然而建筑商往往为利润所驱动，偏向于在郊区为中上阶层建设高质量的住房，忽略了低收入者的需求。因此，劳工和外来移民往往采用合租的形式在内城获得居所，以填补中上阶层搬离所留下的空缺。②个人的区位选择。富人选择居住在环境优越的郊区，而工人阶级由于可支配收入、通勤能力及住房市场等方面的制约而居住在环境质量较差的地区。③工商业的影响。工商业在某一地段的发展决定周边居住区的性质，例如，工厂周围往往是工人住宅区，而工业所带来的污染驱使较为富裕的阶层迁走。④政府的影响。尽管维多利亚时期并不存在土地利用规划，然而住房、健康等方面的法规也能改善住房的布局与市场结构。⑤地区的社会声誉也能起到一定的作用。

在上述因素的共同作用下，工业城市呈现同心环带状空间结构。至1900年，伦敦已经可以被看作由围绕着商业中心的四个环带所组成：第一个环带居住着极度贫困的人群，以及少量自我隔离的富人；第二个环带居住着相对不太贫困的阶层；第三个环带主要居住着中下阶层的“短距离通勤者”；第四个环带是富人专有地区（Hall，2002）。北美城市的内部也形成明显的社会空间隔离，芝加哥是典型的例子。芝加哥学派正是以此为蓝本，提出城市空间的多个结构模型。在同心圆模型中，城市中心为中央商务层（central business district，CBD），包括商店、办公机构、银行、剧院、旅馆等；第二层是过渡带，夹杂着大量破旧的房屋与贫民窟，居民多是低收入阶层；第三层是工人家庭带，居住着工人群体；第四层是中产阶级带，即白领阶层住宅区；第五层是通勤带，是高收入阶层的居住区（Park et al.，1925）。与欧洲城市不同，很多北美城市的土地利用呈现明显的扇形结构，受到移民潮和城市交通线的影响（Knox and Pinch，2000）（图1.2）。

三、现代西方城市

同早期城市一样，现代西方城市也是经济组织变革的产物，交织着福特主义向后福特主义演替的社会进程（Knox and Pinch，2000）。描述这类城市更为准确的术语是大都市带（megapolis），即多城市、多中心的城市地区，其特征为大片的低密度定居点和经济专业化的复杂网络模式。在大都市带内部，城市生活兼具分散化和集中化两种相互矛盾的力量。一方面，大公司的集中使行政与管理活动向城市的中心集聚；另一方面，商店和企业在选址上具有更大的自由度。经济重构导致城市白领大量增加，

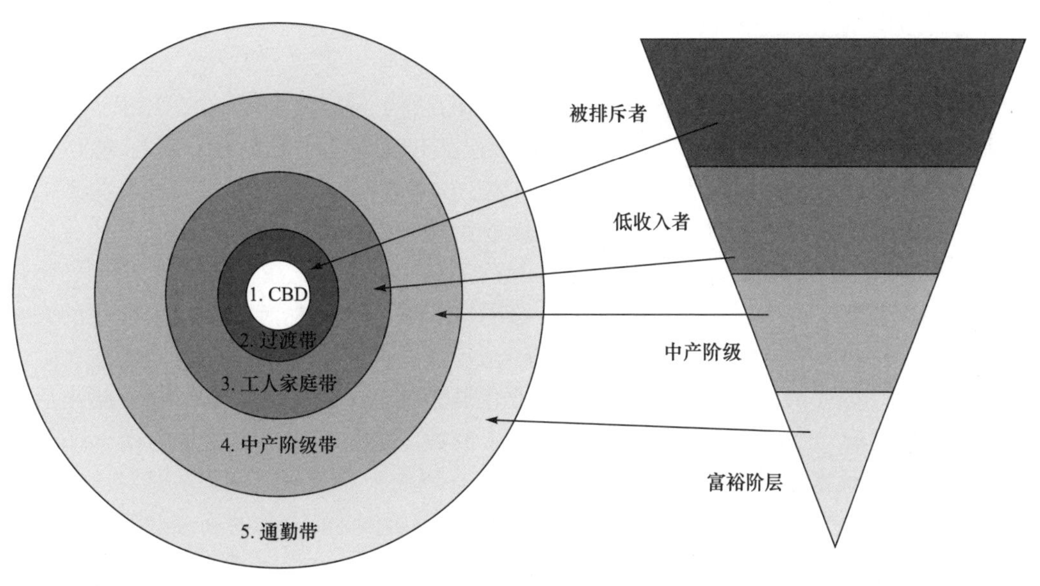

图 1.2　工业城市的同心圆模型
资料来源：Pacione，2005

带来人均收入的增长及汽车在更大范围的使用，推动郊区化进程。然而，以非熟练劳动者为代表的城市贫困阶层依然聚居在内城的贫困区，面临住房、教育、就业等方面的社会剥夺。

“福特主义”由 1920 年开始，持续到 20 世纪 70 年代中叶，期间以汽车工业为首的工业体系大幅扩张，催生了稳定的中产阶级。随着凯恩斯主义的确立及其在政府政策中的推行，美国在战后迅速进入郊区化时期，表现在以下一系列的进程中：政府投资的高速公路建设刺激了经济的发展，促使城市居民向低密度的郊区分散；生活与工作场所的分散推动汽车业的发展；郊区居住地和公路的建设推动建筑工业的繁荣，加大电视等大众消费品的需求；大部分家庭通过抵押贷款的形式获得郊区的房产。正如哈维（1975）所指出的，这种郊区化的大规模推进代表了资本的“主要循环”（生产体系的投资）向“次要循环”（建成环境的各种消费资金）的转变。在欧洲，福特制与福利国家体制（welfare state）相结合，政府在城市内部兴建了大量的社会性住房，在保证公共支出的同时避免了郊区化的扩张（Knox and Pinch，2000）。

后福特主义带来城市经济、政治及文化等方面一系列的转变，并体现在城市空间重构上。新的弹性生产方式并不需要大量的劳动力从事同一种产品的生产。同时，处于生命周期晚期的产品被转移到发展中国家等低成本地区，其结果是西方工业化城市的相继转型。传统的重型制造业已经衰败，工业活跃地区变为城市荒地或转化为购物及休闲活动中心。相对而言，新的产业集聚区集聚了相互关联的新生产组织，形成世界经济新的增长点，如硅谷、加利福尼亚的橙郡、巴登-符腾堡州和“第三意大利”等。这些产业集聚区存在以下特征：与传统城市相距较远；环境优美，气候宜人；与各种生活设施有良好的通达性；社会极化严重，高收入技术人员与低收入服务业从业者并存。

四、后工业化城市

“后工业化”的出现正在迅速改变西方城市的结构，从经济、社会、知识、技术等方面重塑城市空间。贝尔（Bell）宣称，美国已经步入后工业化时代，其标志为1956年白领工人数目首次超过蓝领工人（Bell，1973）。随着经济组织方式与社会关系的大幅重组，后工业城市呈现以下特征：①从就业结构上看，去工业化与第三产业化同步进行；从生产方式上看，福特主义向弹性的后福特主义转变。②城市融入全球经济体系中。③城市空间重构。④收入不均、社会隔离、城市空间私有化及门禁社区的大量增加。后工业城市的空间肌理呈现高度破碎化特征，并不存在固定的空间模式。

帕西诺（Pacione，2005）通过对后工业化城市居住与就业空间的分析，指出后工业化城市被政治、经济、文化等各种应力撕裂成数个板块：“显赫之城”（the luxury city），居住着最富裕的精英阶层，与其他社会空间处于完全隔离状态，其对应的工作与消费场所是“受控之城”（the controlled city），位于城市中心的高层建筑中，集聚大量的高级服务业；“绅士化之城”（the gentrified city），居住着技术管理人员、管理人员及“雅皮士”（yuppies）等高薪阶层，具有良好的居住环境和齐备的生活设施，其对应的工作与消费场所为“高级服务业之城”（the city of advanced service），集中大量的办公大楼与通信网络节点，如巴黎的拉德芳斯；“郊区之城”（the suburban city），居住着收入较高的蓝领与白领工人，以及较低收入的中产阶级，其生活环境安全、舒适、稳定，能在一天的劳碌之后提供宁静与安逸，因此往往远离工作场所，即“直接生产之城”（the city of direct production），由制造业或者高级服务业、政府机构、大企业后勤部门集聚而成，与顾客存在邻近性；“租赁公寓之城”（the tenement city），往往是低收入工人居住的地方，是城市更新和绅士化主要发生的地域，目前正经历着环境恶化、公共设施失修、政治上被忽视等困境，也是城市社会运动最活跃的地方，其对应的工作与消费场所为“非技能工作之城”（the city of unskilled work），以非正规经济为主，存在大量小规模的制造业、仓储业和低端服务业；“被遗弃之城”（the abandoned city），居住着长期失业者、极度贫困者及无家可归者，其对应的工作场所为“残余之城”（residual city），存在大量非法的非正规经济，以及监狱、收容站、污水处理厂等与经济活动无关的城市基础设施。在发展中国家，“被遗弃之城”和“残余之城”在空间上往往存在重叠，藏匿于郊区的违章居留地（squatter settlement）（表1.1）。

表1.1 后工业化城市的社会分区

居住空间	社会群体	工作空间
显赫之城	最富裕的精英阶层	受控之城
绅士化之城	技术管理人员及“雅皮士”等高薪阶层	高级服务业之城
郊区之城	收入较高的蓝领与白领，以及较低收入的中产阶级	直接生产之城
租赁公寓之城	低收入工人	非技能工作之城
被遗弃之城	长期失业者、极度贫困者及无家可归者	残余之城

资料来源：Pacione，2005。

第三节　当代中国城市社会空间转型

一、中国式城市社会空间

对“中国模式”的讨论由来已久。从20世纪70年代开始，国外学者已经开始关注中国的发展模式，其中包含对“中国模式”的初步探讨。例如，美国普林斯顿大学社会学教授罗兹曼（Rozman）编著的《中国的现代化》一书，就集中探讨了中国现代化进程中的有利因素及障碍。罗兹曼认为，应从长历史的观点看待中国的现代化进程。艾森斯塔德（Eisenstadt）则在《现代化：抗拒与变迁》和《多元现代化的反思：欧洲、中国及其他的阐释》等著作中，从传统社会文化的秩序特征及中国社会变迁两个方面分析了中国发展的路径，指出传统与现代复合的可能性，强调“多重现代性”。1994年，经济学家林毅夫等编著的《中国的奇迹：发展战略与经济改革》出版，国内外对于中国模式的研究进入了一个高潮。进入21世纪以来，随着2007年美国次贷危机所引发的全球经济危机及由此带来的以“华盛顿共识”为主要内容的新自由主义“模式”的质疑——“华盛顿共识”主张私有化、自由化的经济发展道路，结果在东欧、拉美和亚洲造成了三个重灾区。特别是随着2008年华尔街金融风暴肆虐全球，对比中国在战胜金融危机不利影响方面的巨大成功，以及在应对汶川特大地震、成功举办北京奥运会、上海世界博览会（简称世博会）等方面所展现出的“举国体制”，让全球对中国体制刮目相看，使得“中国奇迹”和“中国模式”再次进入世人视野，并引来热烈讨论。中国模式“不仅属于中国历史，也属于世界历史”。从“国家制度建设”出发，中国模式根本区别于其他发展中国家带有普遍性的激进改革，开辟出新的现代化道路。

“中国模式”的成就举世瞩目。改革开放40年间，中国经济的增长速度和国民收入增长速度远远超过了世界的平均速度。中国在减少贫穷人口方面成绩显著，远远超过印度和越南。无论是“珠江模式”、“苏南模式”、“温州模式”抑或其他各种“中国模式”之下的地方模式，实际代表的是在经济积累体制之下的一种特殊体制——“世界工厂”体制（world factory regime）（Wu，2008）。正是由于西方经济的“后福特制”转型，以及“新国际劳动分工”下新格局的出现，中国的部分发达地区获得了全面经济转型的“触媒”，“世界工厂”体制得以产生。特别地，这一体制以空间特别是城市空间为载体（Hsing，2010），成功实现了渐进式的转型与升级。

“中国式城市社会空间”的动力机制可以表述为：以内生力为核心、以外向型生产为先导、以激励机制为基础。

首先，“中国式城市社会空间”以内生的资源禀赋为前提：廉价的土地和劳动力是中国最重要的比较优势，成功捕获了日趋流动的世界资本，进而带动并实现经济起飞。中国对外开放的步伐极为谨慎，有计划地将辽阔的疆域实行梯度式开放。从1980

年起，中国先后在广东省的深圳、珠海、汕头，福建省的厦门和海南省建立了 5 个经济特区；1984 年进一步开放了包括上海、广州、天津在内的 14 个沿海城市；1985 年后又陆续将长江三角洲、珠江三角洲、山东半岛等辟为经济开放区，意在形成沿海经济开放带；1990 年开放上海浦东新区，并进一步开放一批长江沿岸城市；1992 年以来，则逐步对外开放边疆城市和开放内陆所有的省会、自治区首府城市。与亚洲整体水平相比，中国劳动力成本依然处于较低位置，低于亚洲平均水平。而且，和其他国家相比，中国工人有很多优点，例如，女工个个心灵手巧，经过短期培训就能成为熟练工人；中国工人更加勤奋好学、更加有责任感。此外，中国的教育体系对提高劳动力大军的基本素质贡献很大。

其次，“中国式城市社会空间”是外向型经济铸造的新空间。以广东为例，如同香港承接欧美制造业转移而成为“世界工厂”。彼时“世界工厂”的香港面临着产业转型和升级的压力，急需另一个空间安置其低端制造业和部分闲余的资金。广阔的中国内地打开了它的一角。于是港资企业迅速涌入，他们有的是“衣锦还乡”式的回归故里投资支持家乡经济建设，更多的则是看中内地廉价的土地和劳动力，以及地方政府优惠的税收政策。背后还有广阔的内地所提供的大量廉价劳动力，全域化的劳动力流动持续至今。今天，广东仍是农民工流入大省，占全国跨省流动就业的 1/3 左右。尽管有数据显示，2009 年是中国“人口红利”的最高峰年。纳克斯（Nurkse）指出，不发达国家资本形成的障碍，从供给方看是由于储蓄能力小，从需求方看则由于投资少双方相互制约，形成贫穷的恶性循环（1953）。而利用国外资本（企业直接投资、国际借款与赠予）则可加速资本形成。但发展中国家在利用外资与本国资源时，应首先保证用于资本形成，而不是消费。中国出口导向的产业经验（同样的经验也见于英国、中国香港等）恰好契合了这一点，使其能够完成实际资本的形成。这一发展战略的成功，消耗了大量空间，促生了无穷的空间变革，使得资本在中国内地的土地上被固着或捕捉，在改变社会结构的同时，正在塑造全新的社会空间结构。

最后，“中国式城市社会空间”是激励机制的产物，“把激励搞对”了，改革中的中国成功实现了“为增长而竞争”（张军和周黎安，2008）。一方面，中国的渐进改革创造和放大了区域差异，而这一差异的存在为各个地区、各个层级政府在发展方式、建设模式乃至相互的竞争和赶超方面创造了条件。“梯度化”的发展战略实际使得在转型与发展上出现了巨大的学习经验的空间、追赶超越的空间和比较的空间。另一方面，改革以来所出现的“经济联邦制”极大地调动了各个地方的发展动力，使得“行政区”经济体成型和发展，尤其县域竞争与发展可以被视为“中国奇迹”的关键（张军和周黎安，2008）。在此背景下，结合官员升迁机制的考核激励，将建设地方、创造发展、全面竞争的格局提升到极致。正是由于以上的地方差距和地方竞争下的激励机制，“学习”成为各个地区、各级官员的本能反应，无论中外各地的经验学习，都成为一种发展的必需和必然，“摸着石头过河”的关键就是学习和知识流动与溢出。

二、政府主导下的城市化空间营造

“城市，让生活更美好”。当2010年上海世博会响亮地以此为口号，向全世界张开怀抱时，中国“城市”及其与“美好生活”紧密相连的信息传向全球。“城市，让生活更美好”是一个有条件的命题，上海世博会将“和谐城市”的理念加入到了世博会的主题之中。

在改革开放以前的计划经济时期，中国城市尽管也积累资本，但以国有企业为主体，主要的积累方式是国家主导的工业化，其资本积累的核心单元是单位。计划经济时代为后来的改革开放奠定了“空间修复”的基础，其中最重要的就是国家的作用（或者说是以国家为核心的经济积累体制）、可开发土地和廉价劳动力。而自1978年以来，中国资本积累模式发生巨变。将城市空间纳入其扩大再生产的体系中，由此导致城市主义复兴。尤其在全球化的外力作用下，中国城市空间已经变成了转型的力量。正如列斐伏尔所说，空间不再是经济、社会变化的载体，空间本身已成为资本生产循环的一个重要因素或媒介。以市场化为目的，“市场经济镶嵌于市场社会中”（Polanyi，2001），社会被置于资本积累的逻辑与需求之下，城市生活全面重塑。政府将城市化视为经济发展的重要渠道，城市的特殊性被用作资本积累的手段，同时也是社会转型的媒介。依靠对空间的改造与新建，新的经济积累渠道不断被开辟出来：商品房小区、豪宅别墅、办公写字楼、CBD、旅游休闲区、大学城、会展中心、城中村、高速公路，以及其中的汽车、电子、消费、餐饮、娱乐、时尚、品牌、文化、鉴赏等，空间数量的剧增伴随着城市生活的多元、复杂以至娱乐化，“流动的现代性”建构起来。

空间改变的不仅是经济，更是生活本身。无论是房地产市场的兴盛，还是医疗、教育资源的市场化分配，维系城市生活再生产的“集体消费”实际已经开始以特定人群为服务目标，“市场”取代“计划”，“购买”取代“分配”，以人群分化为基础，并且进一步建构和实现不同阶层的分化与边界，包括实在的或是虚拟的。而在这一进程的复杂画面之下，是以政府主动发力为特点的基本格局。

三、多元化和差异化的城市新社会空间

上述两方面共同作用的结果，便是城市空间数量、类型的急剧增加与发展，尤其是社会空间的剧增与差异化（顾朝林等，2008）。这既是中国城市崛起的结果，也是这一崛起所必需的力量来源与渠道。由历史到未来、由传统到时新、由内城到外城，中国城市的社会空间总体表现为旧空间向新空间演替，分化强度不断加剧，以及空间边界建构和固化日益显现。

20世纪80年代以来，海内外针对中国的居住空间研究涉及形态描述、社区聚类、跨时段对比、机制分析等多个方面。总体上，大量统计数据与宏观分析表明，中国城市居住空间构成正不断走向复杂化，针对新社会空间的研究正大量出现。顾朝林等

（Gu and Liu，2001；Gu and Kesteloot，2002；Gu et al.，2003，2005）对社会转型背景下北京的社会空间进行系统研究，指出无论城市空间结构的核心还是边缘均在重构，转型期北京的社会空间结构综合了多种经典空间模型；尤其高级白领住区和外来移民聚居区的出现，使得社会空间结构日趋极化。冯健和周一星采用人口普查数据对北京的社会空间结构进行研究（Feng and Zhou，2003；冯健和周一星，2003），以翔实的资料揭示出不同年份（1982 年、1990 年、2000 年）城市社会空间结构演化的复杂化趋向；吴缚龙和李志刚（Wu and Li，2005）采用样本数据，对上海各区房价差异进行实证分析，发现上海居住空间结构正恢复“上只角”“下只角”的空间格局（“上只角”指黄浦区、卢湾区、静安区一带市中心地区；“下只角”指闸北区[①]、杨浦区、普陀区、虹口区、长宁区一带棚户集中地），地方房价的差异化趋向明显；杨上广（2006）、黄怡（2006）以上海为例，采用定量分析技术与地理信息系统（geographic information system，GIS）方法，从住宅供应、空间分布、外部表征等方面对上海的社会空间结构或居住隔离现象进行考察，剖析居住隔离的理论与现实意义，描述了居住隔离的部分特征；有专家对北京富裕阶层及其居住空间进行研究，发现北京富人的消费与生活习惯越来越类似于其“西方同伴”，这一新现象的出现表明了中国城市正由“生产性”城市转型为“消费性”城市（Hu and Kaplan，2001）。顾朝林和克斯特罗德（Gu and Kesteloot，2002）描绘了棚户区和别墅区的隔离边界，并分析其主要影响；吴缚龙和韦伯研究了北京的外国人“门禁社区”（gated community），指出此类社区由经济全球化及地方体制的变化交织而成（Wu and Webber，2004）。外资驱动外籍住房需求，但原有商品房供应系统无法满足，终使北京东北部出现了外国人社区，这类社区的建立加剧了北京社会空间分化；马润潮、项飙等（Ma and Xiang，1998；Xiang，1999）对北京的“浙江村”等外来人口聚居区进行研究，发现国家政策的改变塑造出新城市空间；类似地，针对上海“国际社区”的研究也在展开（文嫮等，2005）；李培林、蓝宇蕴、魏立华等对珠三角地区的“城中村”进行研究，揭示了外来者与本地居民共同塑造新“村社共同体”的进程（李培林，2004；蓝宇蕴，2005；魏立华和闫小培，2005）；王亚平分析了当前城市贫困的特征与机制，尤其探讨了贫困群体的住房问题（Wang，2004）；刘玉亭等（2006）、袁媛等（2006）对南京、广州等地的典型贫困社区进行了大量调研；柴彦威（1996）对单位社区的演化进行了系统分析，他们以第一手资料展示了体制转型背景下的社会空间特征、机制与演进模式。

学者们对市场化、全球化和城市化合力下的社会空间个案进行了大量实证研究与总结，中国城市社会空间结构已呈全面转型之势。但是，对于类似场域的社会空间特征与微观机制的研究还略显不足。例如，以“城中村”为对象的研究很多，但多以人口、土地、规划管理为切入点，而以社会空间视角对其进行考察、探讨其社会空间机制与微观效能的研究尚不多见，尤其缺乏深度的理论探索。是否此类新移民区正塑造

① 2015 年 11 月，静安区与闸北区合并，建设新静安区。因本书研究时间跨度较大，故书中沿用旧区名，以示区分。

出类似纽约、伦敦的“双城”化的空间分异格局？如何完善和促成中国城市更为合理的社会空间结构？如何通过空间优化推动新移民的城市融合？新移民社区的存在对本地经济、社会和文化的影响日益增强，而新移民与本地的真正融合与融入则对中国城市化的质量与效能影响巨大，金融风暴下的民工荒、外企撤资风波等即是一例，人的深度城市化与城市融合问题可谓任重而道远。能否通过空间的变革带来更为健康的城市化？这些问题的解答，均须深入研究与挖掘。针对社会空间分异、融合与管治的研究，因而极具现实意义。

第二章　中国城市社会空间结构

第一节　历史时期的城市社会空间结构

一、殷周城、市、郭结合下的城市社会分区

一般认为，中国城市的产生源于私有制的出现——有了私有财产及剩余产品便需要交易之所，这便是“市”；同样，因为是私有财产，奴隶主需要保护，便筑城墙，则为“郭”。于是，“城市”和“城郭”两个词暗示了中国古代城市最早的功能分区和社会分区。

首先是“城”与“市”的区分，即居住功能、商业功能和农业生产的分离。《管子·大匡》曰：“凡仕者近宫，不仕与耕者近门，工贾近市”，这是最基础的城市功能分区。而《管子·小匡》则说：“士农工商四民者，国之石民也，不可使杂处，杂处则其言哤，其事乱”，已显示出试图以职业身份为特征区分人群居所的理念（汪德华，2005）。由于从事的手工业、商业类型的不同，城市的从业空间又有细分，例如，曲阜鲁城遗址就不只有宫室遗址和居住遗址之分，同时还有冶铜遗址和铸陶遗址。

而阶级的对立与差别在筑城一开始便已注定：殷商时代已出现为考古所证实的城市，城市往往是奴隶主的驻地，城市集中着为奴隶主服务的各种手工业和商业。“筑城以卫君，造郭以守民”，反映在城市社会空间差别上则为“城”中居住的是贵族，“郭”为一般市民住宅。例如，郑韩故城的主城内便是宫殿区及贵族居住区，外郭城内主要是手工业、商业和一般市民居住区（董鉴泓，1989）。

在殷周之后，春秋战国的《周礼·考工记》对周朝的理想城市建制有了明确而详尽的规定：“匠人营国，方九里，旁三门，国中九经九纬，经涂九轨，左祖右社，前朝后市，市朝一夫”。表面上，这是一个以规划物质形态的城市空间格局为目标的“工程手册”，事实上，之后中国历史上的历代都城都以此为蓝本，确立了中国古代城市空间的封建等级次序和相当严格的功能分区。周代甚至还规定了宫殿内部的平面组合，即“三门”“六宫”，如同后来的“三宫”“六院”一样，在宫城内部企图塑造规整的居住空间的分割。而当时士大夫贵族的宅第也被规定为“前堂后寝”，城市形制已深入到极为私人的社会空间内部。

最初“城”与“郭”的区分带来的社会空间分异也逐渐被继承下来，如汉代宫城

与外城的区分，并逐渐趋于严格化。例如，曹魏邺城便已不像汉长安和洛阳宫城那样与坊里相参或被坊里包围，而是隔离更加森严，显示出统治阶级对百姓的防范。

从传统文化上看，作为一个历经千年发展的等级社会，等级特别是空间等级在中国人的观念中可谓根深蒂固。以儒家为例，极为典型地强调等级秩序与宗法伦理，重视长幼尊卑之别。这些尊卑最先正是体现在空间上，无论是坐立行走、一举一动，无不体现不同等级群体的差别化。在居住选择上，也有尊卑之分，尤其强调群体划分。例如，孔子的“居必择邻，游必就士”，将居住视为筛选社会群体的重要环节。类似地，如大家熟知的典故“孟母三迁”，演绎的是为子女教育而向相应同质空间迁居的故事；更有甚者，《傅鹑觚集·太子少傅箴》中说：“夫金木无常，方园应行，亦有隐括，习与性形。故近朱者赤，近墨者黑”，直指社会要素空间分布上的地理相关性，并提倡对其主动利用，以强化不同群体的社会空间差别。

二、唐朝坊里制度主导的社会空间

隋唐的城市布局基本上继承和发扬了古之形制，隋唐长安在其轴线性和整体性上成为远超前朝的杰作。城市空间依然保持宫室或衙署、商业区、居民区的分离，而居民则依社会等级地位、是官是商进行社会分区。

唐朝的社会空间体制颇为严格。唐朝实行“坊里制”，这一市政管理制度对当时城市社会空间的布局有着决定性影响。坊里制首先是对居住区的单位空间划分。据记载，唐长安共划分为 109 个坊里，其边界由干道网决定，面积巨大，大小从 $26.7hm^2$ 到 $76.1hm^2$ 不等。较小的坊里中间有一字横街，开东西两个坊门；大一些的则有十字路开四个坊门。其中，寺庙和贵族府第往往占地较大（如半坊或一坊），平民则居住在曲折的小巷“坊曲”内。从整个城市来看，普通坊里的社会空间分布仍是相对均衡的，并未出现大的社会空间分异。

除居住区划分外，坊里制还是一种严格的居民管理制度。为避免群众聚集闹事和便于日常管理，平民被禁止向大街开门。唐长安坊墙墙基厚达 2.5～3m，高 2m，筑坊如同筑城。坊门日出而启日落而闭，坊门关闭后，禁止市民在街上行走（董鉴泓，1989）。沿街商业更是被明令禁止。市仅被布置在城市的东、西两处，市之集中反映了商业不够发达。如此，商业、手工业的发展严重受限，同时也限制了基于工商业的人口的自由流动和聚集。

即便如此，唐朝仍有外向型商贸手工业趋于发达的城市，如广州（时名番禺）。广州为唐朝唯一设置“市舶使”的城市，并由于纺织、陶瓷的生产和销售，成为阿拉伯货物和中国货物的集散地。特别是城西的港市成为中外商贾聚居之地。据阿拉伯史记载，彼时居留广州的阿拉伯商人约 10 万人（沈光耀，1985）。而“蕃僚与华人错居，相婚嫁，多占田，营第舍。吏或挠之，则相挺为乱……令蕃华不得通婚”（《新唐书》卷一八二《卢钧传》）。所以，应“华夷异处，婚娶不通”的要求，官府按照坊里制度，于唐文宗开成元年在其周边地带兴建“蕃坊”，“广州蕃坊，海外诸国人聚居，置蕃长一人，管勾蕃坊公事，专切招邀蕃商”（[宋]朱彧，《萍洲可谈》卷二），广州蕃坊“以今之光塔路怀圣寺为中心，南是当时的珠江之滨（现惠福西路），东以米市路朝天路为界，西至今之人民路，北到今中山六路止”。蕃坊其实就是政府为外籍商人在华经商所专门设立的贸易区。这大概是中国较早的城市社会空间中的种族隔离现象。在蕃坊内，蕃僚与华人仍有错居和婚嫁。

三、宋朝坊里瓦解与居住空间分化

唐朝的坊里制在宋朝趋于瓦解，解冻了中国古代最初的货币经济萌芽，并与市井社会结合，产生特有的社会空间分异。

宋都汴梁（今开封）在城市布局上依然严整，尽管演变为三套方城：皇城、里城、罗城（外城）。但三套城墙与三套护城河逐渐扩建，意仅为对外防御，故并未形成从贵族到平民的内外圈层。官僚的住宅是分布在城内各处的，北宋中期后更因城内拥挤而建在外城，如蔡京的太师府就建在梁门外（董鉴泓，1989）。所以，宋朝的三套方城并不意味着更严重的城市空间隔离和社会空间分异，相反变得更为均衡。

但城市规制的某些物质形态要素的确对社会经济变化产生了推力，如宋汴梁的道路远远窄于唐长安，且拥有众多河道（号称“四水贯都”），为发展沿街、沿水商业提供了条件。另外，虽然宋朝居住空间仍分许多坊，但却不再封闭。城中没有坊门、坊墙，各户都直接向街巷开门，因此有了《清明上河图》中熙熙攘攘的繁盛。最终，自由开放和分散的商业性街道取代了集中的坊市，出现了大量同行业店铺相对集中的行业街市。商业活动在空间和时间上的自由，导致原来严整的坊市制度彻底崩溃，而变成延续之后的街巷制。居民区与商业区交叉存在，扩大了商业区的范围和经营范畴；而且，城市夜生活时间的延长，形成了“夜市”、“鬼市”、“晓市”。《东京梦华录》中记载“夜市直至三更尽，才五更又复开张。如要闹去处，通晓不绝”。新型的娱乐项目出现并得到了极大发展。例如，瓦舍就是一种集多种娱乐于一身的场所，众多的市民流连于此，有些人甚至“终日居此，不觉抵暮”。而一些平时难得来此的市民，也会在“深冬冷月无社火看”的时节，选择在瓦舍消遣时光。可见，作为当时世界上最大的都市，汴梁已经具有了丰富的城市生活，多元、异质的社会形态在城市出现了。

新变化带来了社会空间的重构。在商品经济繁盛和人口激增的状况下，新扩建的外城除官府、仓库、军营事先划定以外，其余交由私人建造，多是在沿街店铺后面扩建出院落式住宅。《东京梦华录》记载：“其后封闭空处，团转盖屋，向背聚居，谓之院子，皆庶民居此”。由于当时多为同行业店铺在一条街上集聚，故其房产也在附近集聚。因此，整个城市呈现出因行业不同而形成的社会空间分化，而非根据居民经济地位产生分异。

部分史学家认为，宋朝是中国货币经济的萌芽期，彼时的铜钱流通超出前后所有朝代（黄仁宇，2008）。然而，这并不表明经济的发展已经到了可以左右国家或城市的整体性政治、社会状况的程度。正因如此，近现代那种典型的由于货币经济隔离产生的贫富社会分区并没有过早在工商业繁华的宋朝出现。

由于商业的兴盛，外国侨民也开始涌现。不少犹太人在汴梁落户，并保持相对的聚居状态，但异域客商的频繁往来，已使得各种文化与不同民族相互交融。例如，在广州，伊斯兰文化、基督教文化、犹太文化、印度文化、摩尼教文化，以及本土文化，这些历来被视为不可在同一时空里兼容的文化模式，已形成多元并存的格局（王铭铭，1999）。

四、明清两朝政治和种族主导的城市社会空间分异

1. 封建等级和经济地位主导城市社会功能分区

自宋之后，城市继续发展，北京城作为三朝都城可反映当时城市建设的面貌和社会空间状况。北京城很幸运地经历了元、明、清的朝代更迭但未遭毁坏，历经元大都、明北京城、清北京城的叠加之后，以其完整、恢宏的构型，成为中国古代城市的巅峰之作。

历史上的北京是三套方城格局，外城、皇城、宫城，轴线对称，严尊礼制。大的城市功能分区并未出现更多变化，只是从外部为这个城市带来发展动力的运河，在居民区的规模和拓展方向上起到关键性作用。明代改建北京，截断城内河道，大运河的漕运不再入城，由此商业中心南移。加之明代城市人口剧增，城南形成大片市肆及居民区。“左祖右社，前朝后市”的传统空间格局被突破（赵世瑜和周尚意，2001）。至清代，大运河由城东至通州，因而仓库多集中于东城，会馆也聚集起来，富贵人家集中在此，此为“富东城”。

另外，皇家的生活空间因兴建园林而转移。清雍正、乾隆以后，在西郊建设了大片园林宫殿，如圆明园、畅春园，皇帝多住园中，而鲜去宫城。皇亲贵族为便于上朝，府第也多建于西城，此为“贵西城”（董鉴泓，1989）。与首都北京的“富东城，贵西城”相似，地处南粤的商贸城市广州，也同样在封建制度和商品经济的共同作用下，在明清呈现出“西关小姐，东山少爷”的“西商-东官”社会空间格局，甚至在西关地区还分化出纺织机房区、上下西关涌间的高级住宅区、西濠口的洋商区等三种社会区类型（魏立华和闫小培，2006a）。

与内城的富贵人家相比，平民阶层依然是以坊的形式分布在外城，即皇城四周。如明代北京城分为37坊。此时的“坊”仅为城市管理用地划分，而非坊里制。居住区以胡同划分长条形居住地段，中间为三四进四合院并联。明北京内城居民在相当程度上存在着贫富混居，同时具有商业指向，即居民朝向市场聚集。此时居住街区内部的空间结构的形成，很大程度上是非政府的、社会行为的结果。大户住宅的构成往往决定居住区的结构。一般居户的住宅围绕大户分布，形成以大户为中心的胡同或街区（刘海岩，2006）。到了清代，京师内城居住分布的商业指向特点受到限制，等级空间的特点得到了强化。于是形成越是在城市中心地带，住宅或街巷却越稀疏，反而靠近城市边缘人口更密集的局面。所以皇城人口密度最小，而贫民的大杂院人口密度最大，呈现出明显的社会等级性（赵世瑜和周尚意，2001）。

2. 旗民分治原则带来的种族社会空间分异

清朝的社会空间与其他朝代的最大不同之处在于，作为少数民族建立的政权，

其城市社会空间分布中带有明显的民族特色。具体表现为旗民分治，即对有八旗驻防的一些城市，实行满人城与汉人城并置的制度（刘凤云，2001）。于北京而言，满人聚向皇城附近，汉人则被迫迁往外城。满八旗各有自己的空间领域。八旗王公贵族除继承原来明朝的衙署、府第起建自己的居宅之外，基本上是居住在皇城附近（Sit，2000）。

正因如此，北京外城居民人口与密度增幅都大于内城（Wakeman，1985；Sit，2000），且高社会等级的居民比例大增。至清末，外城的人口密度已超过内城。而内城随着旗人社会日益分化，因“八旗生计问题”出现了许多贫民，但总体来说，内城的社会等级水平还是要高于外城（赵世瑜和周尚意，2001）。

旗民分治作为普遍原则也影响着其他城市的社会空间分布。例如，清朝的广州虽无像北京这样的内城外城旗民之分，但依然作为官衙区的老城，却以大北直街为界，东以住民，西以驻军，且驻军场所又分为“汉军属”和“满军属”南北两部，“自大北门至归德门止，直街以西概为旗境；自九眼井街以东至长泰里，复西至直街以东，则属民居。旗境满汉（各八旗）合驻”（《广州城坊志·卷一》）。

五、民国时期租界城市分隔的社会空间

近代以来，中国遭遇西方列强的武力、技术和思想冲击。从鸦片战争后清王朝被迫签订《南京条约》的五口通商到之后不久的《虎门条约》同意开放“外国人居留地”，中国城市进入“租界时代”。至民国年间，租界城市已然成型，它们在自发生长和外来干预的矛盾与张力下，呈现出半封建半殖民地社会独特的社会空间格局。如大连、青岛、上海、广州等都被割裂为“外国”和“本土”两部分（Logan，2001），而在上海，形成了外国人或外侨的高级住宅的“上只角”与乡村农民和难民的“下只角”之别（Lu，1999；李志刚等，2004）。另外，近代工业、交通等的发展使生产和居住场所在空间上发生了分离。

1. 作为飞地的城市租界

根据《剑桥中国史》的估算，除了大连和哈尔滨，当时中国本土有大量外国居民的城市，在1911年按人数（人数估计数列在括号内）依次是：上海（30292）、天津（6334）、汉口（2862）、厦门（1931）和广州（1324）。在上海的日本人（17682）构成了最大的外国人队伍，其次是英国人（5270）、葡萄牙人（3000）、美国人（1350）、德国人（1100）、法国人（705）和俄国人（275）。这些居民主要的居所就是租界。租界是指当时列强通过不平等条约在中国之领土上拥有行政自治权和治外法权，以供外国人居住的租借地。

其实，租界在各个城市发展史上的作用大相径庭。天津的租界划分直接颠覆了整个城市的发展格局，而上海和汉口的租界是整合进城市发展脉络中的一片新城市分区，广州的租界则如同一座孤岛，对城市发展的整体影响甚微。但无论如何，传统的老城和“现代的”城区并存是租界城市（甚至所有的口岸城市）空间的普遍特征。

以天津为例，从 1860 年英法租界的划分到 1903 年租界最后一次扩张结束，天津曾有八国租界并存，租界的总面积是老城区的数倍。以中央大道为主轴的道路网、港口码头，位于租界中心的教堂、市政厅和公园，形成了一个与中国传统城市迥然相异的城市空间。在租界设立之初，清政府采取在河道上搭浮桥、设关卡的方法限制老城区人去租界，隔离两个城区的往来。另外，租界中的外国人也根据国籍不同而实行分区。

租界城市初期的中外社会空间分异，既因租界从自身安全考虑，也与中国传统的“华夷”观念有关。这种分异首先被政府当局作为城市规定推行，后各租界又通过详尽的法规，强化和细化这种社会空间划分。

2. 城市租界内的社会空间分异

租界在某种程度上改变了中国城市传统社会生态。传统中国城市空间结构强调尊卑的社会秩序，而不是贫富阶层在空间上的隔离。尽管不同社会阶层的居住分布有相对集中的趋势，社会上层的住宅也会影响所在街区的空间构成（如明清城市），但是不会出现空间界线分明的“富人区”和“贫民区”（如宋朝的行业主导）。租界则不然。按照欧洲城市空间模式建立的租界，通过土地的分级利用和管理，控制其社会阶层分布（刘海岩，2006）。

天津的意大利租界在 1908 年制定的章程中规定，主要道路两旁的住宅建筑必须是欧洲式的，居住者必须是“具备上等身份和名望的欧洲人”或是“海关道或其他中国高级官员”（《天津意大利王国租界土地章程和总法规》，1908 年）；1924 年修订的章程中则对置产和建造住宅严格管理，以及对建造中式住宅进行限制，实际上是对住宅区等级的划分（《天津意国租界章程》，1924）。而一战后的英租界“墙外推广界”（今“五大道”），其规划初衷就是要建成一个实行分区制的高级住宅区。建筑法规不仅对建筑的价值、外观有规定，而且还对住宅内空间的大小与人口的多少有一定的限制。根据这些法规的规定，这一地区只能建造别墅式住宅或高级公寓式住宅。

不过，虽然租界初设之时大都制定过限制华人在租界拥有不动产或居住的规定，但是随着租界的扩展和华人大量移居租界，各租界先后修改了有关法规或章程，承认华人在租界的置产权和居住权。有的租界还设法吸引华人上层到租界投资建造住宅和居住。这导致了租界社会空间异质性的增强甚至替代。20 世纪 20 年代末，天津五大道地区已经成为华人社会上层聚居的中心。

3. 剧烈动荡的城市社会空间变迁

除了通过“法规”调整这一极具“法治”色彩带来的社会空间变化，清朝末年和民国的社会动荡也推动了租界甚至整个城市的社会空间格局重构。

治外法权的存在使租界成为特殊的政治“保护区”和华人社会的“避难所”，这导致一旦形势变化，华人群体就会迅速迁移，随即社会空间也相应改变。例如，1912 年清朝垮台后，京城贵族、官僚逃到天津寻求避难，德租界取消了该租界“北区”不准华人居住的禁令，华人官僚和商人纷纷购置房产，带来了租界地区的繁荣（华纳，1994）。而1906年开始运行有轨电车后，每当老城区发生动乱，华人便乘电车逃入租界（吴蔼宸，1929），华商资本也随之迁移。于是，20世纪20年代，城市商业中心已经转移到电车主要经过的法、日租界（刘海岩，2006）。

与天津类似，1853年上海的“小刀会起义”导致大量难民涌入上海租界，从而使“华洋分居”终结，不同阶层的华人成为租界的居民。甚至某些租界的华人人口迅速增加，成为租界社会的主体。但作为工厂林立的上海与作为贵族后花园的天津又有所不同，上海租界与华界的人口之比远远大于天津，并且上海租界的华人构成中，社会中下层占有很大的比例，甚至聚居在公共租界的中心区，多数产业工人也居住在租界的石库门住宅内（卢汉超，2004）。

1947年，上海城市居住区呈现出典型的基于租界的组团拼贴特征（图2.1）：里弄住宅区大部分位于城市核心区的原公共租界内；花园住宅区集中在老城区的西南部的法租界内；棚户区一部分集聚于现黄埔区南部的老城厢地区内，一部分在租界边缘与工业用地混杂，总体呈环状包围老城区（租界+老城厢）。将1947年上海城市居住区类型分布图（图2.1）与1948年上海人口就业统计数据及住宅记录等历史文献比较分析发现：花园洋房里住的多是洋人和国内富有阶层；传统里弄和商住混合区居民多为中产阶级与平民；棚户区和工业居住混合区里面居住的是城市最底层的贫民、包身工、普通工人等。这直接印证了当时上海社会空间的华洋分明的居住隔离，形成“上只角”与“下只角”格局（黄吉乔，2001；廖邦固等，2008）。

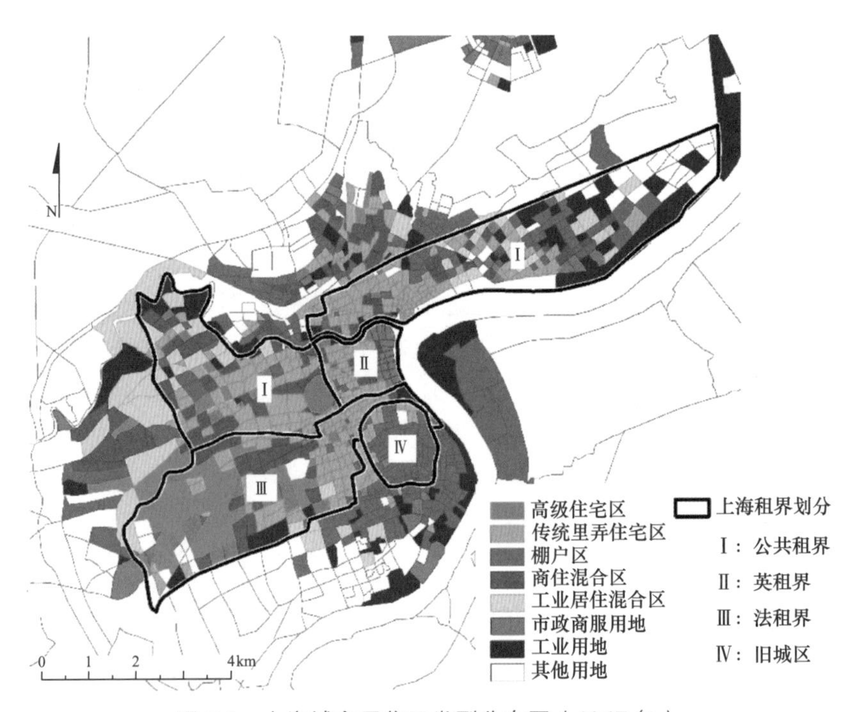

图2.1　上海城市居住区类型分布图（1947年）

第二节　1949～1977 年的城市社会空间结构

1949 年以后，经过社会主义改造和公有制的建立，城市居民形成了新的基于社会政治身份的社会阶层结构（机关干部、知识分子、工人等阶层），各阶层的社会经济地位差别不大。计划经济体制控制城市功能空间与城市居民的工作和生活空间，形成了以职能为主体的城市功能区，如工业区、商业区、行政区、文教区等。

在这一阶段（改革开放以前），中国城市居民把自己所就业于其中的社会组织或机构，包括工厂、商店、学校、医院、研究所、文化团体、党政机关等统称为“单位”（路风，1989）。它既是相对于政府的“社会”，也是政府的“下级”。它作为引自苏联的计划经济体系的一部分，在相当长的时段内决定了中国城市社会空间的基本格局和特性。也有人认为，看似“进口”过来的单位其实与中国传统的“四合院”样式及儒家思想的家国观念是一脉相承的谱系（Bray，2005）。

从单纯的空间角度看，计划经济下的城市被分隔成一个一个单位社区，如同后来房地产开发的门禁社区，有围墙和专人守卫。这些单位包括政府部门、军队、国有企业、学校等，其成员“吃国库粮”，其身份与农村人口和其余城市人群（如小商业者）有着明显的区分。一般而言，单位往往是“麻雀虽小，五脏俱全”，形成单位大院和工作地相比邻为主导的细胞型居住风貌，有着令当代“新城市主义”提倡者们艳羡不已的职住平衡。另外单位大院提供如理发店、食堂、公共浴室，甚至水、电、取暖供应这样的公共服务设施。所以，单位在城市中的分布情况和其内部构成情况基本可以反映彼时的社会空间状况的全貌。

首先是整个城市的社会空间结构的变化。因为当时各单位的土地以划拨的方式无偿使用，市场经济的级差地租、货币筛选和隔离体制无法起到作用，所以并未出现典型的由于单位效益或家庭收入带来的居住地分化，居住区质量和密度也相对均衡。同样的状况也出现在东欧社会主义国家，由于土地利用不经济，越往城市边缘，居住密度越是不降反增。在当时中国住房总体消费水平较低的情况下，社会空间分异程度是较小的。由于各个单位拥有住房资源的机会本身的不平等，一定程度的住房分异仍然存在。1993 年对上海、天津两地职工实际居住状况的调查反映了全民所有制单位、中央直属单位、地方上行政级别较高的单位拥有较多较好的住房资源，单位之间职工整体居住状况存在差别（Bray，2005）。

同样地，单位内部也在均衡中体现出些许的不平等。大体上，单位大院内部社会地位和经济能力不同的人群是混居的，类似于单位公寓楼内既住着管理者也住着普通员工。直到 20 世纪 90 年代末，主要由雇主（单位）和当地政府（房产管理局）提供的中国城市住房，其分配都是基于一系列非经济因素，如按照职称、工龄、婚姻状况论资排辈。根据 1993 年的数据，上海单位职工住房面积平均不到 $23m^2$。同样的情况也出现在其他社会主义国家的城市。例如，莫斯科等候免费住房分配人员的名单，在1996年才排到计划中1982年应该分配到的位次（Kostinskiy，2001）。

因此，在单位尺度，不同社会政治阶层的居民混合居住；在城市尺度，各城市功能区成为其相应职业群体的主要居住生活区，如工业区成为工人居住区，行政区成为机关干部居住区，科研文教区成为知识分子居住区等。另外，历史惯性也会在城市社会空间结构上持续发挥影响。

以上海为例，1958年居住区空间格局基本上是1947年的延续，新辟建的“为工人阶级建造的住房”——工人住宅新村呈环状分布在老城区边缘并与该时期的工业用地呈相间格局。该时期，基于租界的组团拼贴格局开始模糊，初显单中心同心圆模式的雏形。“大跃进”时期对上海居住区类型和空间格局影响显著，一方面，“棚户改造和市容整顿”造成街区内不同居住用地类型混杂（住宅新村、棚户简屋、传统里弄混合）；另一方面，工业点在城市内部遍地开花，项目布局“见缝插针”，致使工业用地与居住用地混杂形成各类工业居住混合区、商住混合区，以及多类用地混杂型街区。1964年上海居住类型格局比1958年更为模糊，反衬出老城区外围工业居住混合区圈层更加明显（图2.2）。

综上，单位壁垒下的城市社会空间维持着它微妙而又脆弱的平衡，而户籍制度对农村人口向城市流动的限制和对城市人群从业转换与迁移的阻碍，又暂时性地尚未冲击这个似乎比较稳固的社会空间体系。

第三节　1978～1990年的城市社会空间结构

随着改革开放进程的不断深入，中国单位制度也在不断弱化。这种弱化并非单位组织本身的消失或居民对单位制度的依赖性消失，而是来自于城市社会中新的结构性要素的产生与发展（柴彦威等，2008）。自从中国城市住房改革开始在福利式住房制度中引入市场机制，家庭和邻里间在空间和社会上的分化出现了。

1998年中央下令停止公房供应，各单位通过兴建私房和出售公房将住房私有化。已经住在公房里的家庭被鼓励以补贴价买下所使用的公房，或者以市场价去购买商品房。2000年超过70%的城市家庭成为业主，而在20世纪80年代业主比例还不足20%。新业主阶层的出现导致住房产权上的分化。原有的单位内的混居状态在市场经济的冲击下趋于解体。原有单位住房私有化后，经济条件较好的新业主搬出大院，并将房屋转手卖出，但尽管有住房补贴，仍有人买不起单位用房。所以，居住在原有同一单位空间里的人不一定具有紧密的工作联系，而同一工作“单位”里的人可能由于自身支付能力的不同而居住到城市的不同角落。这与英国的公房“残余化”（residualisation）现象有着某种类似。

福利住房时代总体消费水平低，社会空间分异程度较小。随着商品房的出现，消

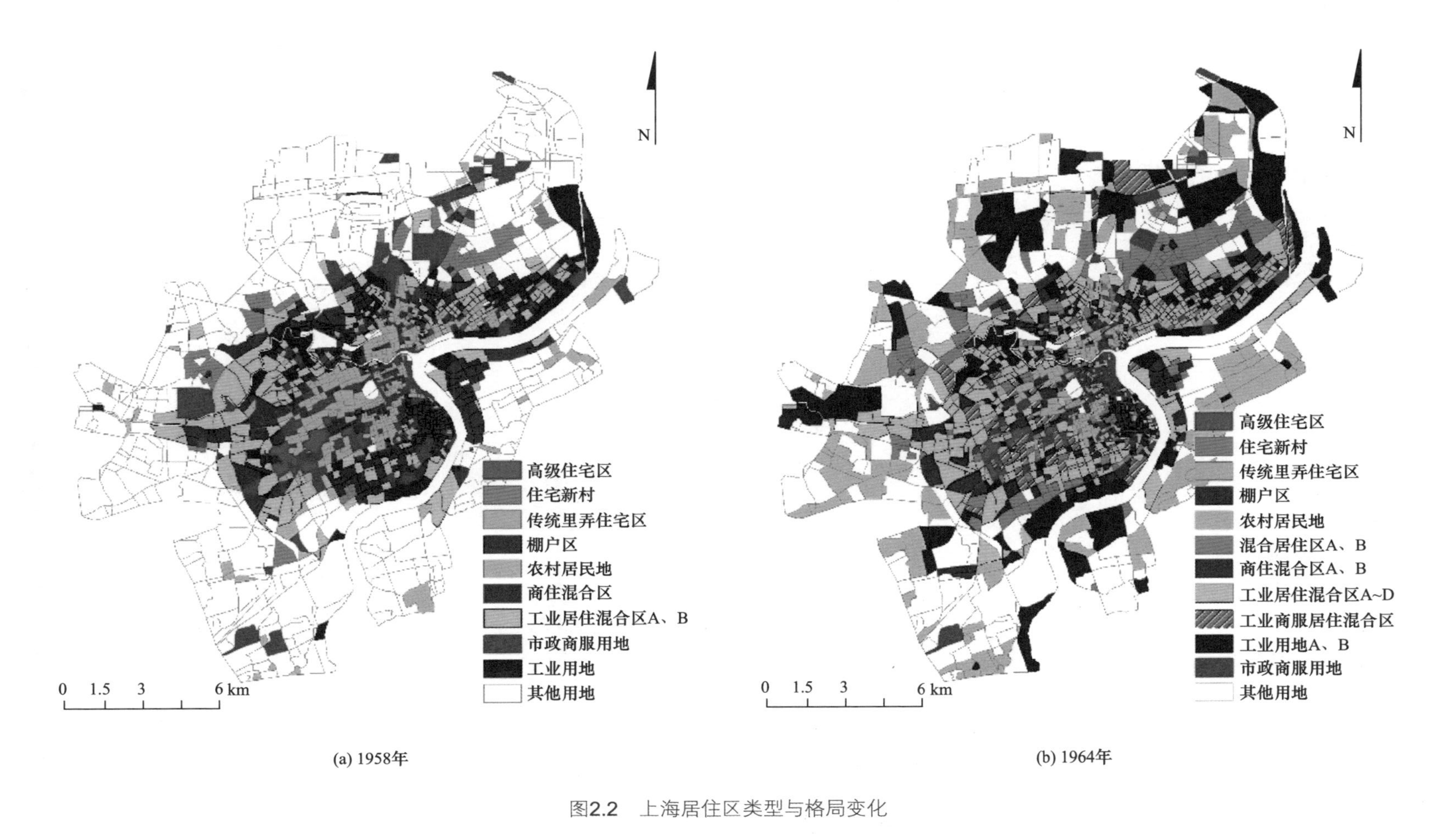

图2.2　上海居住区类型与格局变化

费区间和差距被显著拉大。居民过去在公房使用权上的差距导致了新的私房产权、住房大小和潜在经济收益上的差距，而新引进的市场机制进一步加剧了原来住房分配造成的住房差距（Huang and Clark，2002）。最终，迁居流动和逐渐成熟的住房市场加剧了不同阶层之间的居住隔离（即阶层隔离），持续的空间筛选形成了不同类型的邻里，它们既包括"残余化的"单位大院、外来人口的聚居地、普通商品房，也包括经济适用房、豪华公寓和别墅，它们各自的社会空间状况将会在本书的其他章节中一一展示。

值得一提的是，尽管"单位"体制最终解体，但它仍在中国的住房体制中起着最为重要的作用。它是这个变化推行的主体，人们以单位为中介进入房屋市场；在原有单位社区的改造、新居住形式中传统大院要素的体现，以及对原制度特征的保留等方面，单位制度对于城市转型仍然存在着不可忽视的影响（Bray，2005）；作为根植性的空间，单位对城市空间变化和规划及社会空间演进都形成了制约。在东欧各国，转型后的城市空间变化也更多地与已有环境有关而非与新增建设有关（Kostinskiy，2001）。

正因如此，这一由单位内部开始的社会空间重构和现在已经相对成熟的市场住房供应体系并未将中国城市推入与西方城市类似的中心-郊区分化。中国城市社会空间结构也可以总结出一些理想化模型（冯健和周一星，2003；李志刚和吴缚龙，2006；周春山等，2016），例如，大城市中心为老城区，是离退休人员集中分布的地区；老城区外围环状分布为计划经济时期建设的居住区；中产阶层居住区为从老城区和工薪阶层居住区分化而来重新组合的社会区；另外还有一类科教文卫用地或富人居住区的"飞地型"社会区，位于市区的外围或近郊区等。但这些正在形成的邻里分化并没有使得中国城市出现完全衰败的市中心或是清一色富人的郊区，事实上，无论在内城还是在郊区，都并存着各类邻里。即使社会空间存在明显的结构特点，并且微观上（邻里一级）存在着显著的分离，但宏观上（城市一级）的居住隔离还并不明显。

以上海为例，由于住宅建设的停滞，1979 年上海居住区空间格局整体上延续 20 世纪 60 年代形成的混杂局面；到 1988 年，经过老城区外围住宅新村的圈层扩展和内部单一住宅区组团被侵蚀碎化，上海中心城区居住区格局已由组团拼贴模式转变为以单中心同心圆结构为主、组团为辅的结构模式（图 2.3）。

1982 年第三次全国人口普查数据的部分公开，让我们能够第一次直接地对中国城市社会空间结构进行系统定量分析，以此反映计划经济时期中国城市社会空间的特征。基于 1982 年人口普查数据的因子生态分析主要集中在上海、广州和北京三个特大城市。研究发现，计划经济时期这三个特大城市社会区主因子中均有人口集聚程度和人口文化职业构成这两个因子，并且形成工人居住区、干部居住区及知识分子居住区等。因子生态分析揭示的人口文化职业构成因子及其形成的社会区，印证了理论研究提出的"由城市功能区（对应的职业群体）……形成的社会空间结构"观点。冯健和刘玉（2007）认为，改革开放初期我国城市社会空间结构呈现出由少数几种社会区组合的空间格局，以同心圆为主、组团为辅的模式，其结构比较简单。

图2.3　1979年、1988年上海居住区类型与格局变化

第四节 1990 年以来的城市社会空间结构

1990 年以来，中国城市社会空间进入全面转型阶段，城市居民由以单位为基本构成单元的单位人向市场规律下的社会人转变；城市空间则从相对均质型的“簇状”单位大院向异质型的以社区为单位的新的居住空间转变（李志刚和吴缚龙，2006）。中国城市逐步趋近于现代城市的普遍特征——多元、异质、匿名（Wirth，1938；吴缚龙，2006）。

从城市研究角度而言，学者们对于北京、广州和上海的研究最多也最全面系统。一方面是这些一线城市具有极为丰富的数据资源，另一方面也是因为这些城市拥有很强的科研实力。对这些特大城市的研究也更具有学术上的显示度，当然这也是当前城市研究所批判的一个“问题”：城市研究以大城市为对象的居多，以至于被视为理论上的“标准”或“典范”；然而每个城市可能都是“普通城市”，都有其地方性和自身特点，因此其他城市或小城市的研究同样具有重要价值。

北京大学冯健团队长期致力于北京的社会空间重构研究。他们采用全国人口普查数据划分北京的社会空间类型，同时测算各种分异指标，揭示北京近年社会空间演化的总体格局。例如，2010 年的北京社会区主要包括六类居住区，即人口密集、居住拥挤的老城区，人口密度较小、居住面积较大的郊区，本地白领人口集中居住区，外来蓝领人口集中分布区，远郊农业人口居住区和知识阶层集中居住区。改革开放以来北京的社会空间结构被描绘为一种综合了同心圆、多核心和扇形模型的复合结构，其中分布着不同类型的社会区。从演化角度看，冯健的模型表明，1990～2000 年北京社会空间结构的异质性和复杂性明显增大，而 2000～2010 年则呈现出一定程度的统合趋向，社会空间格局的混杂性有减弱的趋势（图 2.4）。不难理解，随着近年北京房价高企，城市空间准入的门槛提高了，势必造成社会边缘群体的空间挤出效应，城市空间整体性的均质化趋势在所难免。

中山大学周春山团队（2016）对广州的城市社会空间结构进行了长期跟踪研究。他们主要采用传统的因子生态学的研究方法，划分社会区，进而描绘社会空间的分布与肌理。采用这类方法，结合跨时段的人口普查数据，可以揭示出城市社会空间变化的诸多现象或规律。对比 1985 年、2000 年和 2010 年的空间结构（图 2.5），可以看到，广州的社会空间结构表现出类型多样化、异质性加强的整体趋势，更加细化的阶层分化不断转化为空间分异，出现各种新的社会空间类型。具体而言，1985 年广州的社会区仅包括老城区、知识分子居住区、干部居住区、工人居住区和农村人口居住区等类型，但其 2000 年的社会区则开始出现老城区、知识分子或高等职业者聚居区、中等收入阶层居住区、一般工薪阶层居住区、近郊城镇人口居住区、农业人口居住区和外来人口与本地居民集中混合区等类型。2010 年，广州的社会区包括人口密集与居住拥挤的老城区、知识分子聚居区、中等收入阶层聚居区、低收入阶层聚居区、城镇人口聚居区、农业人口散居区及外来人口和本地居民混居区等。这些变化说明老城区在不断更新与演替，而新城区和郊区日益扩张，同时其社会空间构成也渐趋复杂化，各种新的郊区“飞地”出现，如广州大学城、科学城等。

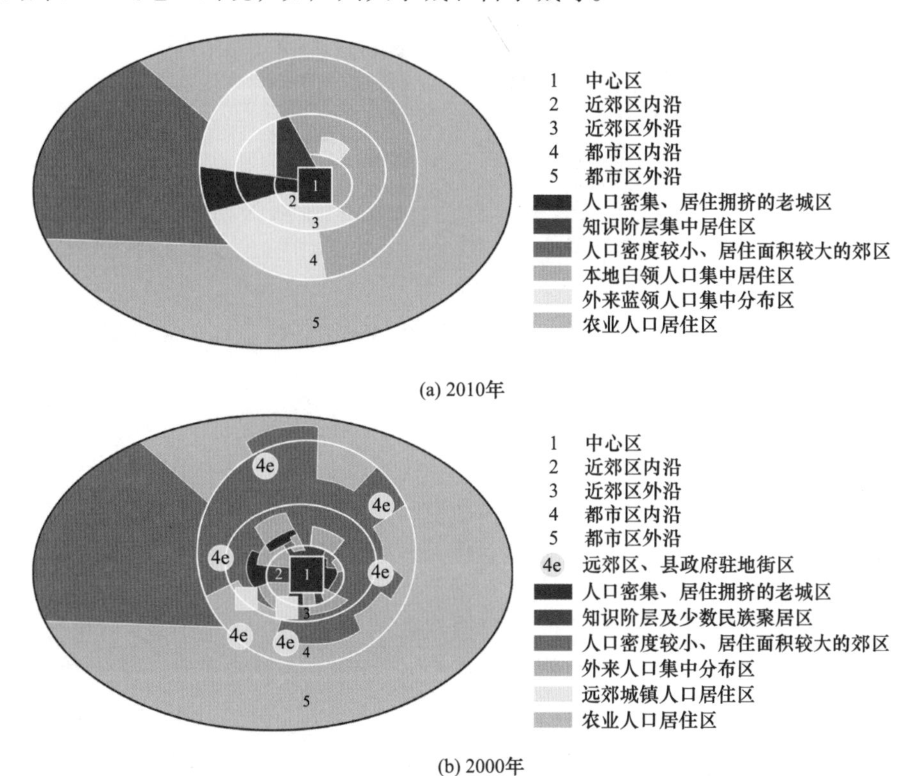

(a) 2010年

(b) 2000年

图 2.4　北京社会区演变模式

资料来源：冯健和钟奕纯，2018

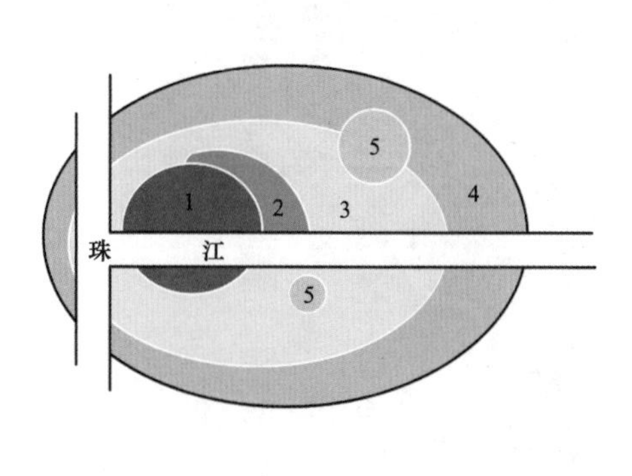

1 老城区
2 干部居住区
3 工人居住区
4 农业人口居住区
5 知识分子居住区

(a) 1985年

1 老城区
2 中等收入阶层居住区
3 一般工薪阶层居住区
4 知识分子或高等职业者居住区
5 外来人口与本地居民集中混合区
6 近郊城镇人口居住区
7 农业人口居住区

(b) 2000年

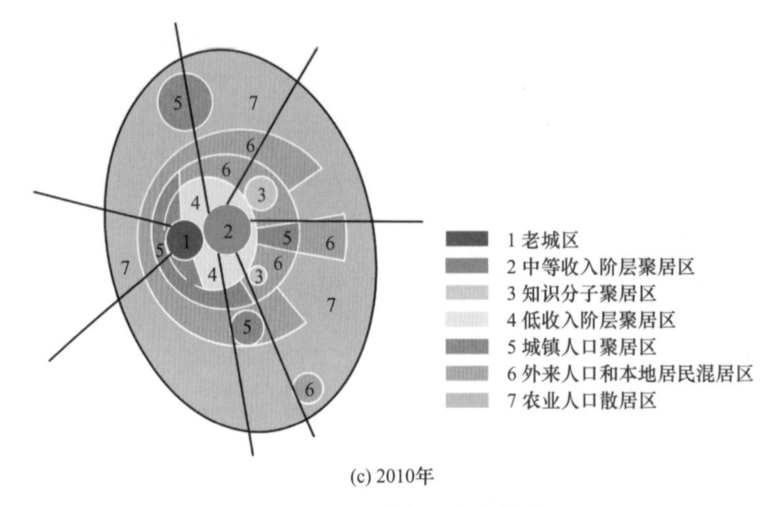

(c) 2010年

图 2.5 广州社会区演变模式
资料来源：周春山等，2016

上海师范大学的廖邦固团队对上海的城市社会空间进行了深入的研究。以上海为例，20 世纪 90 年代以后，商品住宅建设决定了居住区格局的变化。一方面，内外环间大规模商品住宅区开发，形成若干居住片区；另一方面，上海中心城区旧城改造导致商品住宅用地和市政商服用地开始对老城区的工业用地、棚户区和部分里弄住宅区进行置换，同时也使得原来由旧式住宅（棚户简屋、里弄住宅）与工业组合的混合居住区逐渐演化为由商品住宅与市政商服用地组合的商住混合区（图 2.6）。进入 21 世纪，上海城市居住区格局由单中心圈层结构模式演化为复杂的扇形、圈层和组团综合模式，并且有向多中心结构发展的趋势（图 2.7）（廖邦固等，2008）。

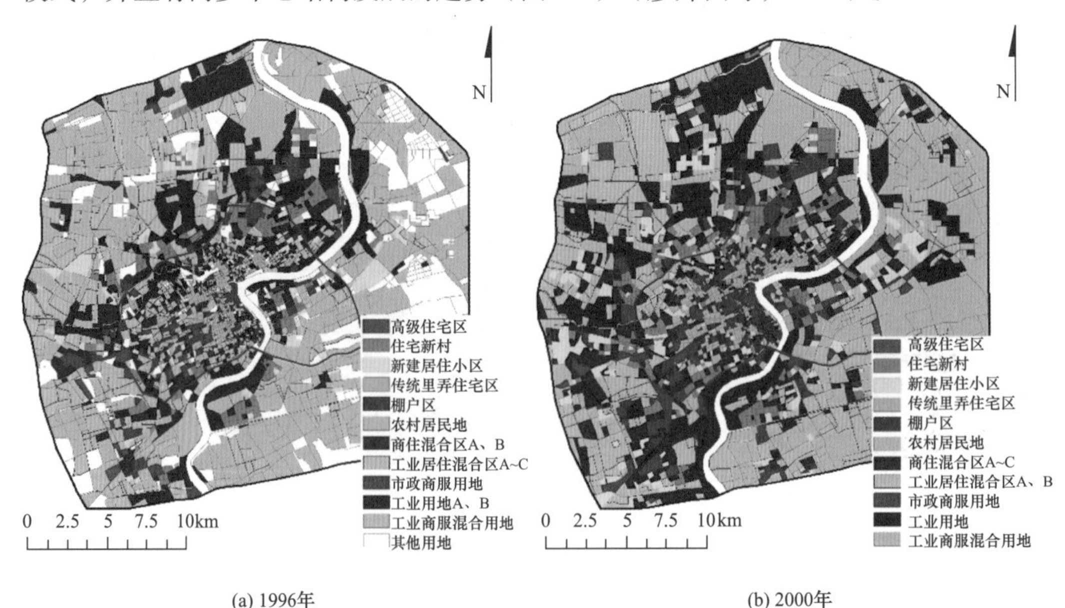

(a) 1996年 (b) 2000年

图 2.6 上海居住区类型与格局变化
资料来源：廖邦固等，2008

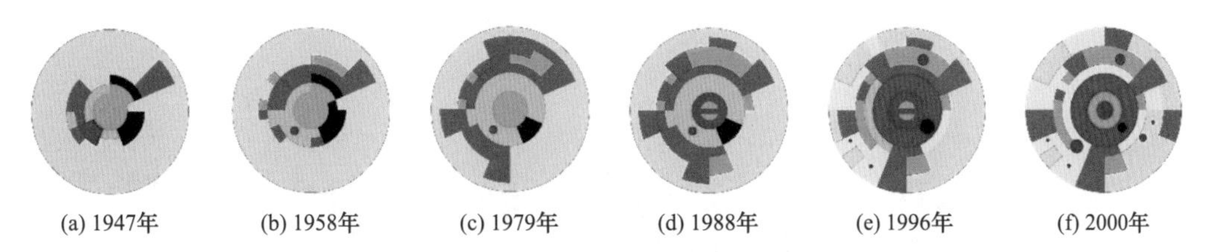

图 2.7　上海居住空间格局模式演变（1947～2000 年）
资料来源：廖邦固等，2008

并不存在一个普遍适用于所有中国城市的社会空间模型，每个城市都有其地方性特点，在空间结构上也会具有地方特色，其空间结构与城市所在的自然条件、地理环境、经济发展阶段和地方文化要素等都有密切关系。尽管快速城市化时期的中国城市经常被批判为“千城一面”或缺乏特色，但就城市社会空间结构而言，城市之间有着巨大差异，城市整体并非千城一面。如果一定要对转型期的社会空间结构予以描述，其结构应该是一种多个时期所建设的不同城市社会空间叠加、交叉和并列的结果：历史存留下来的老城、计划经济时期的单位社区、市场化下的商品房社区、政府主导建设的保障房社区、经济适用房社区、改造或尚未改造的城中村社区等，它们交织叠合在一起，构成了当代中国城市整体的社会空间结构所具有的混合、复杂和多样化特点。

第三章　中国城市社会空间演化动力与机制

第一节　社会分层与市场化

改革开放以来，尤其是20世纪90年代以来，中国从计划经济型社会开始向市场配置资源或由市场整合经济的市场型社会转变，并由此促成了单位的瓦解，城市空间被纳入了资本扩大再生产的体系中。城市累积体制所吸纳的丰厚资本及其高效增长不可避免地冲击了僵化而低效的单位体制。自1998年福利分房制度正式取消后，住房成为消费产品进入了中国市场，重新分割以单位为基础的生产空间与社会空间，同时也创造了城市的多样性（吴缚龙等，2007）。

同时，中央的财权与事权开始向地方转移：从满足生产配额的外延式工业化向满足全球和国内市场需求的商品生产转变;从过分偏重重工业及其他战略性物资的生产，向较为均衡的消费品与服务业生产转变；从土地的无偿使用与公有形式，向遵循市场原则的土地有偿使用制度转变（吴缚龙等，2007）。地方政府的企业化倾向越发明显，“土地财政”成为可能。由此带来的土地利用上的转变当然不可避免地影响了居住空间格局。城市推动了地方经济的增长与企业的集聚，也创造出一批新富、新中产或流动阶层，使得城市社会空间日趋多元。

财税制度、城市土地有偿使用导致了地方政府的“企业化”倾向。分权后的地方城市在某种程度上作为独立决策的实体，通过城市规划等手段实现空间重构，如城市新区建设、旧城改造、大学城、开发区等，可能在瞬间改变一个地方的社会空间属性；房地产开发商的直接介入同样对城市社会空间变迁影响巨大；而新型交通工具的应用也带来社会空间结构的转变，汽车的普及、地铁的建设等推动了中国城市郊区化进程。

此外，“全球化”造就了中国流动人口大潮，重构了原有的居住空间。如以握手楼、拥挤不堪、外来人口聚居为特征的深圳、广州的城中村，以及北京新疆村、浙江村等（项飚，2000）。大都市外企、私企聚集吸引了大量高级管理人员，白领阶层逐渐达到一定比例。全球化也促成了大量的跨国移民，由此形成了族裔聚居区。

无论是城市开发模式中所表现出的政府的强大力量还是市场的持续介入，都导致了原有社会空间脉络的断裂，由此导致了原有单位街区和社区空间的解体。封闭式居住小区风靡各地，即便同住一个小区，同属一个社会空间，大家彼此也互不相识，城市开始充满陌生人。

第二节　“非正规”社会空间

一、转型与“非正规”社会空间

20 世纪 90 年代以来，“转型”概念备受关注，典型的如“经济转型”、“转型经济”、“转型城市”。转型蕴涵了从一种状态向另一状态变化的意味，似乎每一次转型均会在可预期内实现从旧状态向新状态的跨越。但是，转型往往是不确定的，无法预知是否成功。“休克疗法”的失败表明，经济转型将是一个长期而渐进的过程，其成功取决于制度设计，也取决于文化、历史、社会和旧体制的路径依赖。在快速城市化背景下，城市拓展为周边村庄带来“外部性”，使得新的“自下而上”的城市化成为可能。“城中村”由此出现，农村社区成为“城中村”，开始大量存在于快速城市化地区，尤其是沿海大城市的近郊乃至腹地（谢志岿，2005）。城中村是我国快速城市化地区在城市范围内由原农村社区演化而来的一类“非正规”社区。其原有的人员和社会关系乃至用地等基本保留，仍以土地及其附着物为主要生活来源，但不直接参与城市经济分工和产业布局，以初级关系（地缘和血缘）而不是次级关系（业缘和契约）为基础。

城乡土地制度的二元化特征带来具有明显边界区隔的社会空间生产活动，集体与家庭经济主动自发地承载周边地区城市化所溢出的“红利”，个人、集体建房乃至集资建房现象普遍，出租住屋、厂房的物业经济成为社区收入的主要来源，使社区发展为高密度、低租金的城中之村。此类农村社区的发展颇具“自治”性质：村集体对经济等各类资源高度垄断，政治、经济、意识形态高度一体化；同时，集体经济的福利化带来村民对集体组织的依附性。例如，问卷调查表明，广州猎德村村民家庭收入中 74.8%来源于集体分红，25.1%来源于出租屋租金，约 81%的村民处于失业或无业状态（郑慧华和肖美平，2002）。“内生”转型下的社区发展模式也具有“新传统主义”特征（Walder，1995）：指令性经济赋予组织和组织领导在资源分配上的垄断权力，组织成员只有通过与组织建立依附关系才能获益；同时，组织的封闭性及社会关系的维系带来依附关系的稳定性。内生力影响下的农村社区开始发生变化：一方面是人口构成的比例倒挂，大量外来工的涌入使转型社区成为典型的移民聚居区；另一方面是征地与留用地开发，农业退减乃至消失，物业出租取而代之，成为集体和个人的主要经济来源。传统的均质型社区被打破，土地房屋资源（征地、占用、加建、高密度化等）和人口（村民、外来工、白领甚至外国人）转向异质化构成。

在空间方面，转型塑造了高密度的物质空间景观，“城中村”建筑密集，公共空间极度匮乏，尤其珠三角城中村“一线天”“握手楼”比比皆是，很多建筑密度高达90%以上（谢志岿，2005）。高密度的空间带来高密度的外来人口聚居，更带来高收益的物业经济。北京朝阳区5万余农户中，出租房屋数量高达21万多间，平均每户在4间以上。丰台区永定河以东乡镇，90%的农户有房屋出租。农民从出租房屋获得的年收入为户均2万～3万元，最少的也有1万多元（张时飞，2007）。以深圳为例，一栋800m^{2}私房的租金收入更可达每年10万元以上，5年左右收回成本，再过5年可使房主收益达百万元（王如渊，2004）。在政治方面，村干部为直接投票选出，村领导集体是由血缘、地缘关系建构的封闭性群体，其“积累体制”更关注本村村民的利益。外来力量势必与已有体制和空间形成摩擦，带来社区管理的紧张。改制后社区的规划编制、实施管理的各项标准和控制指标开始按城市规划标准要求，而不再依照以前的村镇规划标准；已成立股份公司的需要进行清产核资、固化股权；未设立股份公司的则需要重新估价、划分股权，集体和个人的土地、房产需要进行清查、确权、领证；原村民开始被纳入城市社保体系，部分居民拥有了与城市居民一样的养老保险和医疗保险。不少社区转型后，尽管村民身份变成城市居民，但他们并未真正融入城市居民序列，而是“住在楼上的村民”，居住在“竖起来的村庄”。无论心理、社会、经济、福利、组织归属等方面，原村民与城市居民都存在较大差别。身份的转变并不能带来原村民自动的“深度城市化”，土地、设施权属的变化并未促成空间质量的提升。

二、“城中村”的兴起

李立勋（1994）最早将国外的两类城市现象与中国的城中村相联系，以进行对比分析。一种是都市村庄（urban village 或 metropolitan village），即被建成区包围的，仍保留着原有部分特性的一种村庄。当地居民共同具有强烈的社区和地方认同感，这种认同感多来自具有类似种族特征或共同文化传统的家庭的集聚；一种是城市边缘区（urban-rural fringe 或 urban fringe），位于中心城区的连续建成区与外围（几乎没有城市居民住宅、非农土地利用的）纯农业腹地之间，兼具有城市与乡村两方面的特征。都市村庄的概念侧重于处于城市市区，但性质或居民认同局限于乡村社会的区域；城市边缘区的概念则偏向由于城市发展而辐射到的非城区范围，已经或者正在接受城市社会的改造或影响的地带。

德国地理学家赫伯特·路易斯（Herbert Louis）在1936年提出，城市边缘带是原属城市边界，后被建成区所侵占，成为市区一部分的地区。20世纪50年代以来，随着大城市的不断膨胀，城市的边缘不断扩大，在核心城市以外构成了与城市有密切关系的地域，库恩（Queen）和托马斯（Thomas）将其称为大都市区（metropolitan region），并将其地域结构分解为内城区（inner city）、城市边缘区（urban fringe）和城市腹地（urban hinterland）三个部分，开创了城市边缘区研究的先河。1987年，麦基（McGee）将城市边缘区的特征概括为五个方面：①城市行为与农村行为高度混合的空间；②该区的活动主要为经济活动，表现为农业和非农业活动；③劳动密集型工业、服务业及其他非农业活动迅速增长；④人口密度高、人口结构复杂；⑤城乡经济联系很紧密。从空间角度描绘出城市边缘区的特性。大体上，城市边缘区被视为一面可以反映错综复杂的城市化过程的特殊镜子，既能客观反映一系列长期形成的深刻的居民迁移的规律，又是城乡融合的先锋地区。从社会角度看，它是从城市到农村的过渡地带。在中国，城市边缘区被理解为城市与乡村两个社会基本组织形式在空间分布上的过渡地域，是城市建成区与周边广大农业用地融合渐变的地域。

《社会科学新辞典》中对“都市村庄”的释义为“是表达某种住宅区类型的地理学术语。这种住宅区通常分布于内城区或工商业活动频繁、人口众多的过渡地带。这些地方往往聚集杂居着大批具有相似文化特点或相似民族特点的人。都市村庄多为迁入城市的移民的中心点，这些移民常与原来居住地的亲戚朋友保持联系，并寄钱回去，从而引起连锁式迁移。许多家庭聚集在一起，使得这些家庭的成员更易从心理上和经济上适应城市生活，并逐步发生同化；更易于为他们提供各种文化需要，如开设特需食品商店和建立做礼拜仪式的地点；更易于发展各种政治组合，以服务于处在新环境中的移民”。李培林（2004）认为，都市村庄是存在于城市与村落之间的混合社区。可见，都市村庄一方面是由原住村民和中低层收入阶级组成的居住空间，充斥着特殊的社会氛围和经济活动状态，另一方面也正是由于其特殊的位置和经济基础，导致其发展的混合性与特殊性。

对于城中村现象，研究者给出了多种定义，将城中村称为“都市里的村庄”、“都市里的乡村”、“城市里的乡村”等，关注的侧重点也有所区别。在城市化进程中，“城中村”人口逐步由农民转为市民、土地由集体所有转为国有、经济由集体经济转为股份公司、管理由村委会转居委会，物质空间则普遍面临改造。

“城中村”实际是一种处于快速城市化进程中的转型社区。对转型的强调，既意味着城中村正处于由乡村过渡到城市的特殊阶段，也意味着城中村的发展和演化必将拥有异于当前状态的一个未来。作为一种非正规社区，“城中村”脱胎于农村，因城乡二元割裂的现实而产生，其空间因城市建设而被建成区所包围。应该看到，“城中村”这一空间概念的成型与界定，有其特殊的政治经济背景：它们被视为城市藏污纳垢之处，抑或是城市社会文化最为落后的所在地，是待定中的、需要被“正规化”、被“改造”的“落后地区”。被赋予“非正规”角色的城中村，实际处于城市与乡村的“双重边缘”地位，它们既不再是农村，也还未能成为城市。尽管广州的139个城中村各具特色，它们被统一地标注以“城中村”这一特别标签，聚居其间的万千村民、外来人口千姿百态、多姿多彩的经济社会生活，以及每条村庄饱经沧桑的历史文化、各具特色的经济产业与空间，统统湮没在一个“城中村”标签之下。

城中村是一种特殊的制度设计下出现的、过渡性的社会空间现象，也是中国经济快速发展及城市化加速推进过程中出现的一种“发展现象”。对于每一个寻求经济快速发展的城市而言，这一现象的出现绝非偶然，有其必然性、规律性和地方影响。由于地域、文化观念、经济发展水平差异，以及各地城市政府采取的手段、解决问题的时机把握的不同，城中村现象也表现出不同的社会空间面貌、政治经济格局或是地方影响。例如，在广州、深圳等地，城中村问题极为突出，而在上海、杭州、武汉等地，城中村问题或者并不明显，或是至少在空间上实现了全面更新。在城中村的发展和改造问题上，“空间”和“时间”交织在一起，是各地方政府所必须面对的现实问题。

长期以来，中国实行的土地管理制度为城乡二元土地管理制度，即城市土地国家所有和农村土地集体所有的制度。按照《中华人民共和国土地管理法》的相关规定，城市土地的所有权及管理权归属于国家，由城市规划和土地管理部门监督，农村土地的使用权和管理权则属于村集体，农民需要经过审批，在集体规定的范围内享有土地的使用权和收益权。国家可以通过征用的手段，支付一定的补偿，将集体用地转为国有土地。经济发展导致城市蔓延和郊区化发展，城市边缘地区土地开始被征用。在征用集体用地以转为国有用地的过程中，政府部门为规避高额的经济成本，选择征用农地、山地等补偿较少的土地，绕开村落或村民宅基地的开发方式。而村民的考虑也在发生着变化，从狭隘的出让土地、获得一次性补偿，到高密度建房，以获取租金或高额改造补偿，再到现在赞成实行自治型社区，体现了村民对土地价值的认识发展。

1982 年，《深圳经济特区农村社员建房用地暂行规定》列出了新村建设用地的划定标准，规定村民建房每户用地 150m^2，住宅基地面积不得超过 80m^2，并要求划定新村用地红线；同时规定在划定新村的同时，原村民住宅用地（旧村）收归国有。对于政府暂不征用的原村民住宅用地，暂不付征地费，政府也不对地上建筑物进行补偿，村民仍可使用，政府征地时，村民再退出。1988 年，《关于严格制止超标准建造私房和占用土地等违法违章现象的通知》中规定：“特区红线内的私人宅基地，属于国家所有。分配给社员的宅基地，社员只有使用权……”，引发城中村的抢建热潮。1992 年，深圳全面推进城市化，更加速了城中村的纵向、横向蔓延。1993 年出台了《关于处理深圳经济特区房地产权属遗留问题的若干规定》，但该规定与村民利益挂钩不大，没有得到较大收效。2004 年，《深圳市宝安龙岗两区城市化土地管理办法》进一步指出：“两区农村集体经济组织全部成员转为城镇居民后，原属于其成员集体所有的土地属于国家所有。”结果导致城中村土地形似国家所有，而土地之上的建筑却缺乏明晰的产权。在此背景下，自上而下的政府主导的城市化模式在短时期内实现了全盘城市化，但却忽视了城市化实际所需要的时间与演化进程，出现用地资源紧张、历史遗留问题突出、大量违法建筑等问题，使得土地问题成为深圳改革发展道路上的主要障碍（谢涤湘和牛通，2017）。2010 年以来，深圳发布一系列“城市更新”办法，改变以往“先确权，再开发”的思路，转向“先开发，再确权”，避免了土地确权推进缓慢的瓶颈问题。同时，深圳探索了“整村统筹”的土地整备模式，将整个社区土地进行统筹二次开发，一揽子解决历史遗留问题，跳出了以往分散化的土地整备模式，这些举措为土地城市化的深入推进提供了契机（谢涤湘和牛通，2017）。

土地管理政策的不合理导致旧时村落逐渐被城市包围，但城中村内的信息交流、人员构成、生活模式等与外界格格不入，进而引发编制管理、空间结构、建筑形式、区域景观等多方面出现二元结构的不协调。此外，村中的商业主要为原住民和租房客提供服务，与外界联系甚少，导致村中与村外城市的经济关联不大、互不影响，而工商部门等的管理工作在城中村很难实施，最终导致城中村内部各类小店铺的产生和繁荣。

第三节　跨境流动与全球化

如果说政治经济变迁和城市开发模式转变使得中国城市回到相对经典或标准的社会空间建构模式，那么全球化则赋予了这一转变鲜艳而特别的颜色。由于我国城市迅速融入全球化浪潮，成为全球生产体系的关键一环，资本及劳动力高速流动，城市社会空间重构形成新的形塑力量。

"先富带动后富"策略使得沿海地区最先加入全球化生产链条，外商投资促成的林立工厂和蓬勃经济吸引了内地的农民外出打工，也由此创造了诸如东莞等"世界工厂"的奇迹。这与户籍制度松动共同造就了中国流动人口大潮：每年外出打工的农民工多达 1.5 亿，同时造就了新的社区形式，如被认为以握手楼、拥挤不堪、治安混乱、外来人口聚居为特征的深圳、广州的城中村，以及反映地缘关系网络的北京新疆村、浙江村等（项飚，2000）。

同时，全球化的资本也重构了原有的居住空间。这体现在封闭式社区的兴建，以及一些高档社区的涌现。这一方面得益于前述的资本直接投资于房地产市场，另一方面也因为如北京、上海这样的大都市外企、私企聚集吸引了大量高级管理人员。

除此之外，全球化也促成了大量的跨国移民，由此促成了族裔聚居区的出现，如北京中关村附近的外国人社区。这些跨国移民带来的"跨国社会空间"（transnational social space）成为中国城市中异质性极强的一类，甚至成为一种标识。例如，媒体曾称广州为"第三世界的首都"、"巧克力城"。这些新色彩，一方面极大丰富了当代中国城市社会空间的组成，另一方面也使得"中国"或"华夏"地区一直所具有的海纳百川、兼容并蓄的"复合化基因"得以延续和传承。在政府与市场力量的共同作用下，中国社会正在由过去高度统一和集中的社会，转变为更多带有局部性、碎片化特征的社会（孙立平，2004）。相应地，城市社会空间也逐步转变为多元化、异质化、碎片化。

一、全球化下的跨国社会空间

进入 21 世纪，一类新社会空间正在中国城市，特别是大城市悄然兴起。2001 年中国加入 WTO，2008 年北京举办奥运会，2010 年上海举办世博会，随着中国政治、经济和文化全面融入全球化进程，"追寻中国梦"正成为当代国际"移民潮"的一大强音，色彩斑斓的"全球化"城市空间正在中国各大城市出现。全球化成为中国城市新社会空间生产的重要动力。本节将以广州小北路等地的非洲人社区为例，对此类新社会空间予以解析。

20 世纪后半期以来，新国际劳动分工、科技革命及现代交通技术的飞跃发展不断加快全球化的步伐，特别自 80 年代开始，以跨国公司为主体的经济流成为世界经济发展的主题。全球城市作为跨国经济网络的重要节点，不仅吸引了跨国精英阶层，也有从事低收入工作的移民、难民、流亡者。但是，现有研究大多忽略了大量创造新经济机会的、有些甚至是中产阶层的族裔群体（ethnic groups），这些分散的族裔群体与资本持续地相互作用，构成了推动全球经济的重要元素之一。经济全球化下的城市社会空间不断瓦解、破碎，新的“跨国社会空间”在各地大量出现。

已有研究主要集中在发展中国家向发达国家的跨国流动，分别从经济、政治、社会及文化等视角进行诠释。①经济视角。一些学者把跨国移民视为晚期资本主义的副产品，现今的工业化国家主要依靠廉价的劳动力，而一些非工业化国家则需要跨国劳工寄回母国的汇款（Portes et al., 2002）。也有学者把跨国社会关系与在经济上的突发性增长联系起来，将其视为全球化的表征之一（Basch et al., 1994）。②政治视角。通过跨国社会空间，移民的政治需要得到满足，如参与选举（作为选举者或者被选举者）、在两国参与政党或选举活动、游说一国政要从而影响其对外政策等。也有学者研究了民族主义的不良后果和它与原教旨主义宗教运动之间的关系（Kurien，2001），以及移民依托接收国参与母国政治活动的方式（Mahler，2000）。政治视角下的跨国移民社会空间研究还涉及享受公共服务的权利、反歧视斗争、提高团体的公认力和权利等主题（Al-Ali et al.，2001）。③社会视角。学者们研究了跨国社会生活的特征。研究认为，人们倾向于从与自己具有同缘关系的人群中挑选劳工，这导致了跨国阶层分异的出现（Gardner，2006）。④文化视角。很多研究关注了移民、国家、文化的互动。卡奇里尼强调“移民混合体”的空间尺度，移民混合体是由母国和居住国居民的文化混合形成交融的统一连续体（Canclini，1995）。移民的回归也为母国文化注入了新的元素。

二、逐步深化的族裔经济

20 世纪 60 年代以来，美国通过了《1965 年外来移民与国籍法修正案》（又称《哈特-塞勒法案》），废除了根据移民来源国所设立的定量配额制度，引起了又一次移民潮。这次移民潮不仅人数众多，且多数来自于与美国主流文化不同的国家和地区，如亚洲、加勒比海地区与拉丁美洲；移民以有色人种而非白人为主，唐人街、韩国城、小哈瓦那等聚居区与 20 世纪初的移民聚居区形成了鲜明的对比，掀起了新一轮的族裔研究热潮。

伯纳西奇（Bonacich）针对以暂居（sojourning）为特征，通常集中在某种流动性行业的少数族裔提出“中间人少数族裔”（middleman minorities）理论（Bonacich, 1972），认为中间人（middleman）作为社会缓冲器（social buffer）介于雇佣者和被雇佣者、生产者与消费者、拥有者与租赁者等之间，协调主流社会精英阶层与普通大众之间的矛盾，从而促进了“族裔经济（the ethnic economy）”的发展。伯纳西奇和莫德尔（Modell）（1980）定义的“族裔经济”概念，泛指族裔群体成员从事的经济活动，包括移民或少数族裔拥有并经营的企业（或雇主与雇员属同一族裔群体的企业）。莱特（Light）（2004）重新表述了这一概念：第一，强调“自我雇佣（self-employment）”，所有族裔群体成员拥有和经营的企业，包括雇主、同族成员和不付报酬的家庭劳动力，自我雇佣者多于被雇佣者；第二，强调其对群体就业（group employment）的贡献，即使族裔成员在族裔经济中无法获得与主流经济一样高的工资，但族裔经济的存在却为在主流经济中无法获得就业机会的成员提供更现实的选择；第三，并不强调企业的空间集聚或企业的密度大小，确定地理上的核心是毫无必要的（周敏，1995）。

波特斯（Portes）对迈阿密的古巴人进行研究，发现他们并不追求融入美国主流经济，而是发展出一种“族裔聚居区经济模式”作为融入主流社会的另一条可供选择的途径，从而总结了聚居区族裔经济的三个先决条件：第一，有大规模拥有商业经验的移民，这些商业经验在来源国已经获得；第二，资本的可利用性；第三，劳动力的可利用性（Portes et al.，2002）。

“聚居区族裔经济”理论是族裔经济中的一个特殊类型，内涵相对较窄。周敏（1995）进行了颇为全面的总结：一个族裔群体拥有自己的聚居区族裔经济必须满足以下几个条件：第一，这个族裔的群体内必须有相当大比例的雇主，即创业者和企业家；第二，它的服务对象不仅限于本族裔的成员和社区，还致力于满足主流社会大众的消费需求；第三，它的经济活动多元化程度高，不仅包括限于族裔社区内且有族裔文化特色的商贸活动和服务业，还包括与主流经济接轨的商贸活动、制造业及各种专业行业；第四，族裔成员以共同的族裔性和族裔文化价值观作为雇主与工人、业主与顾客、委托人与受托人之间日常关系和互动的基础；第五，也是最重要的一个条件，聚居区经济需要一个特定的区域，即一个族裔聚居区来支持。这里，“聚居区”是指某一族裔群体及其内在的组织系统、社会结构和社会关系，突出族裔资本对族裔聚居区发展的重要作用，用于强调基于族裔聚居区内经济活动这一特殊现象的本质。

1990 年以来逐渐发展的第三种观点认为某些移民继续与其母国联系的同时也成为接收国的一分子，家庭、社会、经济、宗教、政治和文化等过程都跨越国境发展（Levitt and Jaworsky，2007）。巴思琪（Basch）等（1994）把“跨国主义”定义为移民者铸造和维持联系来源国和定居国多元关系的过程。移民研究已从白人移民发展到有色人种，从经典同化理论发展到分层同化理论、“跨国主义”等全新研究领域。

针对中国跨国移民族裔聚居区的研究仍处于起步阶段。例如，Kim（2003）研究了韩国移民在中国北方城市的族裔经济，并且更好地理解了种族划分和移民同化之间的关系。Wu 和 Webber（2004）研究了北京的外国人门禁社区的兴起，视其为跨国公司和合资企业工作的专业技术人员对于住房需求的增长所带来的结果。文嫮等（2005）分析了上海的国际社区的形成。何波（2008）分析了北京望京“韩国城”的特征，提出全球化背景下的社区和谐管理的新机制。马晓燕（2008）通过对望京“韩国城”的研究，探讨了文化差异带来的生活方式和行为方式的不同使城市社会各主体面临着异国文化的冲击与摩擦。孙亚楠（2009）通过对青岛韩国人社区的个案研究，揭示青岛韩国人社区在文化适应上的“漂浮性和权宜性”；刘云刚等（2010）分别从生活空间与城市宜居性角度分析广州日本人的分布、行为及其对广州城市的评价。

进入新时代，中国城市融入全球化的步伐越发快速，城市经济、社会、文化的全球化时代正在全面到来。作为结果，中国城市已经进入多层叠合的复杂转型期：从计划转向市场，同时从地方转向全球。一方面出现了高收入的跨国公司白领，加剧了社会分层；另一方面出现了各类全球化、国际化的居住空间、消费空间和生产空间，丰富了城市空间的类型与结构。“全球地方化”的新社会空间，特别是外国人聚居区在沿海城市、诸多大城市不断涌现，“中国梦”正在取代“美国梦”，成就国际移民对于美好生活的向往和追求。这些新的变化，也对中国城市的治理、规划及相关政策提出了全新的要求，构成全新的挑战。

第四节　政府与制度因素

政府与制度因素无疑也是影响和塑造城市社会空间的最为重要的因素之一。在社会主义计划体制下，中国的城市不是资本积累的实体，而是国有企业的集群。此时的主要资本积累方式是国家主导的工业化，而资本积累的最核心的单元则是单位，单位几乎是居民生活的全部。这种独立于城市之外的空间生产，因其结构性矛盾导致了社会主义城市化不足，在造成资本积累危机（经济发展难以持续）的同时，也造成了发展的危机。

改革开放以来，城市成为中国经济发展的重要载体，新的财税制度、土地市场、房地产市场的建立加剧了地方政府的竞争激励和企业化趋势。分权后的地方城市在某种程度上作为独立决策的实体，它的选择带来了具有导向性的社会空间重构。例如，城市新区建设、旧城改造、大学城、开发区等，在短时间改变一个地方的社会空间属性，充分体现了政府在社会空间改造方面的力量。

房地产开发商的直接介入同样对城市社会空间变迁影响巨大。例如，广州的华南板块带来的城市居住空间格局的改变。这些房地产导向的郊区化背后，其实是地方政府，特别是历史上的番禺县政府，在2000年左右的行政区划调整前，基于地方利益的考虑而选择大量出让土地。再如，“给你一个五星级的家”的碧桂园，进入二线城市后往往直接打造一个脱离于原有城市的“新城”，不仅影响了原有的居住、消费空间，甚至直接影响了城市的整体规划和发展方向。

同时，城市开发过程中新型交通工具的应用也带来社会空间结构的转变。如同汽车的广泛使用直接导致美国的郊区化一样，中国政府对交通设施的高效率投资及汽车在家庭的普及也推动了中国城市郊区化的进程（冯健，2004），从而打破了原有城市空间结构（也包括社会空间结构）的骨架。加之某些大城市的地铁建设直接导致了沿线的商业空间和居住空间的升值等，也使得货币筛选机制越来越得以奏效，出现地块因其货币价值不同而对居住人群（以社会经济地位为依据）的重新遴选。

第四章　中国城市社会空间分异与融合

第一节　中国城市社会空间分异

改革开放以来，中国城市正从相对均质型的“簇状”单位大院向异质型的以社区为单位的新空间转变，中国城市居民正由“单位人”向“社会人”转变（李志刚和吴缚龙，2006）。特殊的历史背景塑造了中国城市与西方城市的差异性，其中也存在现代主义城市所共有的特征——多元、异质、匿名（Wirth，1938；吴缚龙，2006）。时代赋予中国及其城市深刻的变化，包括政治经济转型，如市场机制的引入和“分权化”趋向；城市发展模式的转变，如政府主导的综合发展、土地有偿使用制度、房地产业的兴起；中国经济与全球经济的逐步整合、中国城市特别是大城市的全面国际化和全球化。在此背景下，中国城市的社会空间演化极为剧烈，社会空间分异与融合问题备受关注。

一、理论背景

城市社会空间是城市社会的物质表现形式，是城市阶层结构的地理位置与空间结构的表征，是城市复杂的人类社会活动在城市物质空间上的表现，即社会变迁及经济发展变化赋予城市物质空间以社会意义。城市社会空间通常具有泛指与特指两重含义：城市社会空间可以用来泛指城市里面一切人类所感知或体验的空间；城市社会空间也可特指城市里面具有相同社会经济属性、宗族种族乃至行为心理的社会群体所占有的空间，如唐人街、贫民窟、富人区等。

社会分层是社会阶层和阶层结构的客观表现，用以描绘城市社会的纵向结构。社会分层是社会中的人们区分不同等级、层次的一种社会现象，是通过城市社会流动来实现的。随着城市社会阶层分化现象的深化，在城市空间内会出现与社会阶层分化相关联的城市空间分异，导致贫富相对聚集，体现为集体消费资源、住房、工作的动态性和可获取性的趋同现象。住宅的商品化、市场化带来居住空间在经济、权利层次的再分化，并扩大至社会文化、生活方式、价值观念等维度。而当居住空间成为不同社会阶层的身份、地位的象征之后，居住分化便成了社会分化在城市空间上的体现。城市社会空间分异的过程，实质就是城市社会经济关系分化推动物质环境分化的过程，是指社会群体基于社会经济属性和文化等方面的差异而在空间分布上所呈现的不均衡状态，它强调的是一种群体趋于相互隔离的动态过程。社会结构的分异和极化最终反映为城市空间的分异和极化。

二、城市社会空间分异的动力学

城市社会空间分异的动力一般包括经济社会地位、种族和生活方式等三方面因素。

1. 经济社会地位

经济社会地位不仅影响社会交往，也造成居住分异，与人们的教育水平、职业和收入等状况相关，同时也包括价值观和文化，因此产生的社会阶层是以经济组织和社会结构为基础的，如中产阶级。经济社会地位成为婚姻、社会化过程及社会隔离产生的基础。由于社会地位分化而产生的社会空间分异的典型是绅士化社区。

伴随中国城市社会经济转型及经济全球化，中国城市居民的收入差异逐渐凸显，城市社会阶层日益分化，居民的社会经济地位成为其社会阶层分化的主导因素。而城市社会空间是城市社会等级结构在城市空间上的外在表现。因此，城市社会阶层的分化是其社会空间分异的前提。在市场经济体制下，社会的分化会造成相应的城市社会空间的分异。住房的价格门槛使同类收入水平的社会阶层和群体聚居在一起，居民的经济收入成为城市社会空间分异的主导因素。住宅的商品化和市场化促进了基于经济和权力地位的分化。最终，迁居流动和逐渐成熟的住房市场促进不同阶层之间的居住隔离，空间筛选形成了不同类型的居住区，它们既包括单位大院、外来人口的聚居地、保障性住房，也包括普通商品房、豪华公寓和别墅（李志刚和吴缚龙，2006）。

2. 种族

种族又称为人种，指代在体质形态上具有某些共同遗传特征的人群。“种族”这一概念及其划分是极具争议性的课题，在不同的时代和不同的地区均存在差异。种族的概念涉及社会认同感及民族主义等其他范畴。不同群体之间由于人种、宗教、国家、文化等特征形成种族差异，这些种族群体在空间上集聚从而形成了族裔社区。当然，族裔社区的形成是由一系列因素共同作用所导致的，包括国际政治、全球经济、国家政治的变化及一系列城市环境的改变等。族裔社区与全球主流的经济之间有着广泛的外部联系，这也使得族裔社区的居民一般有着较高的社会经济水平。

3. 生活方式

不同的阶层、家庭类型和种族的群体的生活方式也是多种多样的。具有相同或相似生活方式的人们常聚集在一起，由此形成了如老龄化社区、蚁族社区等城市社会空间。生活方式影响着人们居住迁移的决策。例如，美国有以下三种典型的城市生活方式。

（1）家庭至上主义者——以家庭为中心，希望花费更多的时间跟自己的孩子在一起，他们的生活方式决定了他们对居住环境的倾向：靠近学校、公园，远离喧闹的城市中心等。

（2）事业至上主义者——他们倾向于选择那些交通便利的居住环境，靠近工作地或交通节点。

（3）主张消费主义者——倾向于选择居住在城市中心区，靠近俱乐部、剧院、美术馆、餐馆等具有便利的服务设施的地方。

三、城市社会空间分异的模式

社会空间分异具有多种模式。20世纪50年代流行的社会区分析（social area analysis）发现，集同心圆、扇形和多核心为一体的模式在北美城市中具有普遍性。北美城市的社会空间模型多为“伯吉斯-霍伊特”模式：不同类型的家庭呈同心圆分布，不同社会经济阶层的居住呈扇形分布，而少数民族倾向于集中在城市某个特定区域，三者叠加而形成城市社会空间的复合结构。然而，“伯吉斯-霍伊特”模式并不完全适用英国、澳大利亚等国家。在拉丁美洲等发展中国家，往往表现出“反向同心圆”的结构模式。社会空间分异的模式还可以通过两种主要的形式来评估，空间的分化和空间的集聚。空间的分化适用于一个较大规模数量的群体——这种分布的均等性的偏差越大，空间分化的程度就越大。

当代中国由于市场化改革与对外开放，城市正处于转型时期，多样复杂的新社会空间类型正不断出现：新城市贫困空间、新富空间、新移民空间、“国际化”空间、“城中村”等，表现为一种特别的“中国式社会空间”，它兼具多元、异质、高密度及某种程度的过渡性。在此背景下，城市空间进入无休止的分异和重构状态：拥有最大选择能力的人开始迁往郊区（如广州的华南板块）或是中心城区的“绅士化”地区（如上海新天地）；具有有限选择能力的人则在城市旧改的浪潮中被迁往远郊，或是进入政府经济适用房社区或安居工程小区；而选择能力最为有限的外来务工人员或流动人口则或是住在厂区，或是进入“城中村”，或是选择“房中房”聚居（吴启焰和朱喜钢，2001）。不同的选择带来的社会空间“再边界化”，无论富人的门禁社区还是下岗工人或外来务工人员聚居的贫困社区，或是广州的“城中村”与小北路非洲人社区，均体现了新型社会空间的生产和逐步发展。

第二节　分异的结构与测度

一、深圳的社会空间结构

因子生态分析是社会空间结构研究的传统方法，根据该方法的一般步骤，采用

SPSS 软件，通过因子分析得到社会空间结构的主因子，再根据各因子得分运用聚类方法划分社会区，在此基础上提取社会空间结构。2010 年深圳下辖 9 个行政区和 1 个新区。采用第六次全国人口普查数据展开分析，该数据由国家统计局在 2010 年 11 月 1 日零时采集，普查登记对象为普查标准时点在中华人民共和国境内的自然人及在中华人民共和国境外但未定居的中国公民，不包括在中国内地（大陆）短期停留的中国香港、澳门、台湾居民和外籍人员。研究区总面积为 1997.47km^2，人口总数为 1343.88 万人。

1. 主因子

提取 2010 年的第六次全国人口普查问卷中家庭人口结构、社会经济地位、住房条件等 64 个主要指标进行因子分析。首先，确定因子数量。随着指标选取量的变化，系统自动选取因子数为 11～14，其解释方差累计百分比为 69%～75%，可以看出，指标之间具有高度相关性、不易压缩。综合考虑决定选取 64 个指标，并根据碎石图指定系统选取 4 个主因子。其次，指定系统进行 Varimax 正交旋转，如表 4.1 所示，解释方差累计 82.253%，旋转因子载荷矩阵参见表 4.2。多数研究的因子分析采用 0.4 为选取标准，我们界定载荷在 0.4 以上的指标为具有重要性的指标。根据载荷矩阵中各指标的特征，我们将 4 个主因子界定为外来人口、离退休人口、本地人口和工薪阶层。

表 4.1　深圳市社会空间结构的特征根及方差贡献

成分	初始特征值			提取平方和载入			旋转平方和载入		
	合计	方差的比例/%	累积比例/%	合计	方差的比例/%	累积比例/%	合计	方差的比例/%	累积比例/%
外来人口	34.418	53.778	53.778	34.418	53.778	53.778	27.716	43.306	43.306
离退休人口	13.995	21.867	75.645	13.995	21.867	75.645	14.080	22.000	65.306
本地人口	2.476	3.868	79.513	2.476	3.868	79.513	7.354	11.490	76.796
工薪阶层	1.754	2.740	82.253	1.754	2.740	82.253	3.492	5.457	82.253

注：提取方法为主成分分析。

表 4.2　深圳市社会空间结构主因子的载荷矩阵

指标类型	指标	主因子			
		外来人口	离退休人口	本地人口	工薪阶层
人口特征	男	0.960	0.271	0.046	–0.015
	女	0.925	0.352	0.077	0.034
	18 岁以下	0.732	0.636	0.161	–0.015
	18～64 岁	0.964	0.255	0.038	0.006
	65 岁及以上	0.247	0.649	0.583	0.214
	未婚	0.978	0.109	–0.029	0.054
	有配偶	0.912	0.367	0.097	–0.031
	离婚	0.184	0.758	0.428	0.337
	丧偶	0.476	0.706	0.304	–0.009

续表

指标类型	指标	主因子			
		外来人口	离退休人口	本地人口	工薪阶层
户口指标	户口在本市	0.036	0.446	0.816	0.204
	户口在其他县（市、区）	0.964	0.244	−0.065	−0.024
	户口待定	0.694	0.464	0.006	−0.052
	没有离开户口登记地	0.002	0.339	0.859	0.201
	离开户口登记地 2 年以下	0.979	0.093	0.089	0.015
	离开户口登记地 2～6 年	0.904	0.388	0.000	0.016
	离开户口登记地 6 年以上	0.584	0.726	0.046	−0.034
	离开户口登记地务工经商	0.981	0.158	−0.072	−0.024
	离开户口登记地工作调动	0.404	0.642	0.351	0.218
	离开户口登记地学习培训	0.467	0.501	0.149	0.093
	离开户口登记地随迁家属	0.464	0.812	0.047	−0.129
	离开户口登记地投亲靠友	0.668	0.501	0.103	0.148
	离开户口登记地拆迁搬家	−0.045	0.550	0.671	0.200
	离开户口登记地寄挂户口	−0.060	0.669	0.335	0.109
	离开户口登记地婚姻嫁娶	0.215	0.874	0.235	0.076
	其他	0.637	0.601	0.068	0.036
	出生地在本县（市、区）	0.527	0.608	0.503	−0.003
	出生地在本省其他县（市、区）	0.711	0.649	0.126	0.081
	出生地在东部地区	0.956	0.200	0.065	0.057
	出生地在中部地区	0.976	0.173	−0.004	0.016
	出生地在西部地区	0.975	0.052	−0.042	−0.091
	集体户比例	0.005	−0.186	−0.575	0.012
	非农业人口比例	−0.540	0.076	0.736	0.273
教育水平	中学及以下	0.967	0.212	−0.053	−0.054
	大学及以上	0.229	0.516	0.605	0.339
工作情况	不在业人口	0.568	0.732	0.323	0.111
	劳动收入	0.981	0.175	−0.002	−0.008
	离退休金养老金	−0.150	0.412	0.718	0.355
	失业保险金	−0.091	0.436	0.421	0.241
	最低生活保障金	0.088	0.486	0.253	−0.077

续表

指标类型	指标	主因子			
		外来人口	离退休人口	本地人口	工薪阶层
工作情况	财产性收入	0.564	0.684	0.213	0.121
	家庭其他成员供养	0.620	0.718	0.224	0.041
	其他	0.652	0.619	0.158	0.068
	周工作时间 20 小时以下	0.640	0.166	0.009	0.010
	周工作时间 20～40 小时	0.615	0.250	0.098	0.199
	周工作时间 40 小时及以上	0.982	0.170	–0.005	–0.014
住房类型	租赁廉租住房	0.817	0.146	–0.078	–0.075
	租赁其他住房	0.974	0.096	–0.066	–0.029
	自建住房	0.689	0.327	–0.190	–0.415
	购买商品房	0.047	0.694	0.598	0.169
	购买二手房	0.023	0.884	0.256	0.136
	购买经济适用房	0.008	0.418	0.363	0.086
	购买原公有住房	–0.309	0.075	0.380	0.531
	其他	0.825	0.112	–0.017	–0.250
房屋质量	平均每户住房间数	–0.432	0.093	0.711	0.024
	月租房费用 1000 元以下	0.969	0.046	–0.101	–0.166
	月租房费用 1000～2000 元	0.050	0.494	0.160	0.729
	月租房费用 2000～3000 元	–0.104	0.160	0.252	0.859
	月租房费用 3000 元以上	–0.059	0.082	0.240	0.808
	建成时间在 1979 年以前的户数	0.846	0.036	–0.110	–0.181
	建成时间在 1980～2000 年的户数	0.680	0.606	0.146	0.160
	建成时间在 2000 年以后的户数	0.960	0.077	0.003	–0.101
	住房面积 $50m^2$ 以下的户数	0.982	0.021	–0.078	–0.058
	住房面积 50～$110m^2$ 的户数	0.308	0.870	0.272	0.098
	住房面积 $110m^2$ 以上的户数	0.344	0.386	0.675	0.051

注：提取方法为主成分分析。旋转法：具有 Kaiser 标准化的正交旋转法。旋转在 5 次迭代后收敛。

第一主因子为外来人口。其方差贡献率为 43.306%，第一主因子主要反映 43 个指标的信息，且大多为正相关。如表 4.2 所示，人口特征方面，该因子与男性（0.960）、女性（0.925）；18 岁以下（0.732）、18～64 岁（0.964）；未婚（0.978）、有配偶（0.912）、丧偶（0.476）呈正相关，表明该群体中在不同性别、年龄段、婚姻状况的人口中分布较广。其次，这一因子与外来人口指标呈很强的正相关，户口登记地在其他县（市、区）人口（0.964）、户口待定人口（0.694），离开户口登记地时间在 2 年以下（0.979）、2～6 年人口（0.904）、6 年以上人口（0.584），离开户口登记地的原因多样，包括务工经商人口（0.981）、工作调动人口（0.404）、学习培训人口（0.467）、随迁家属人口（0.464）、投亲靠友人口（0.668）、其他原因人口（0.637），该群体出生地在本县（市、区）人口（0.527）、本省其他县（市、区）人口（0.711），出生地在东中西部地区均有分布，该因子与非农业人口比例（−0.540）呈负相关，因此，将这一主因子命名为外来人口。同时，这一群体教育水平较低，大部分为中学及以下（0.967）。工作情况方面，与不在业人口（0.568）、劳动收入为收入来源人口（0.981）、财产性收入为收入来源人口（0.564）、家庭其他成员供养为收入来源人口（0.620）、其他为收入来源人口（0.652）呈正相关，周工作总时间在各时间段均有分布，20 小时以下人口（0.640）、20～40 小时人口（0.615）、40 小时及以上人口（0.982）。就住房条件而言，获得住房来源途径以租赁为主，租赁廉租住房人口（0.817）、租赁其他住房人口（0.974）、自建住房人口（0.689）、其他人口（0.825），其月租水平较低，与月租费用 1000 元以下（0.969），与平均每户住房间数（−0.432）呈负相关。该因子与房屋建造时间在 1979 年以前（0.846）、在 1980～2000 年（0.680）、在 2000 年以后（0.960）呈正相关，居住面积较小，与住房面积 $50m^2$ 以下的户数（0.982）呈正相关。图 4.1 显示了这一因子的空间分布，呈圈层分布，因子的高分区主要分布于历史上的关外地区，关内地区因子得分较低。西乡街道办事处、福永街道办事处、沙井办事处、松岗街道办事处、公明办事处得分最高。自 20 世纪 90 年代以来，深圳工业逐渐向特区外搬迁，当前的第二产业大部分分布在传统的关外地区，提供了较多的就业岗位，同时，特区外较低的租居住费用吸引了一大批前来务工的城市外来人口。

第二主因子为离退休人口。其方差贡献率为 22.0%，反映了 31 个指标的信息，大多为正相关。如表 4.2 所示，这一因子与 18 岁以下人口（0.636）、65 岁及以上人口（0.649）、离婚人口（0.758）、丧偶人口（0.706），均具有较高的正向相关性。与本市户口人口（0.446）、户口待定人口（0.464）、离开户口登记地六年以上（0.726）呈很强的正相关。同时，与离开户口登记地的原因中的工作调动人口（0.642）、学习培训人口（0.501）、随迁家属人口（0.812）、投亲靠友人口（0.501）、拆迁搬家人口（0.550）、寄挂户口人口（0.669）、婚姻嫁娶人口（0.874）、其他原因人口（0.601）呈正相关。与出生地在本县（市、区）人口（0.608）、本省其他县（市、区）人口（0.649）呈正相关。该群体教育水平较高，与大学及以上人口（0.516）呈正相关。在工作方面，与不在业人口（0.732）、收入来源为离退休金养老金人口（0.412）、失业保险金人口（0.436）、最低生活保障金人口（0.486）、财产性收入人口（0.684）、家庭其他成员供养人口（0.718）、收入来源为其他人口（0.619）呈正相关。就住房而言，住房来源以购买商品房（0.694）和购买二手房（0.884）、购买经济适用房（0.418）为主。居住条件较好，与月租费用在 1000～2000 元（0.494）呈正相关，与居住房屋建筑时间在 1980～2000 年（0.606）呈正相关，与住房面积 50～110m^2 以上的户数（0.870）呈正相关。图 4.2 显示了这类因子的空间分布，原关外地区普遍得分较低，由于关外地区发展较晚，是非传统居住工业区，离退休人口分布较少。该因子高分区主要出现在福田区，以及西乡镇、布吉镇、横岗镇、龙岗镇等地区。福田区发展较早，自 20 世纪 80 年代中期以来，形成大规模的工业园区，城市设施建设较为齐全，集中大量离退休人口；西乡镇、布吉镇、横岗镇、龙岗镇受益于良好的交通区位，自 90 年代以来发展迅速，逐渐成为特区外城市发展的核心。西乡位于宝安区的中心地段，与龙岗镇在 1993 年并入深圳特区，城市发展迅速，工业、服务业发达；布吉镇南邻深圳经济特区腹心地带罗湖区，发展起步较早，经济实力较强；横岗街道是深圳经济特区东部的工业重地，现有各类工业园 25 个，各类企业 5800 多家，第三产业较为发达，因此成为众多离退休人口聚集地。

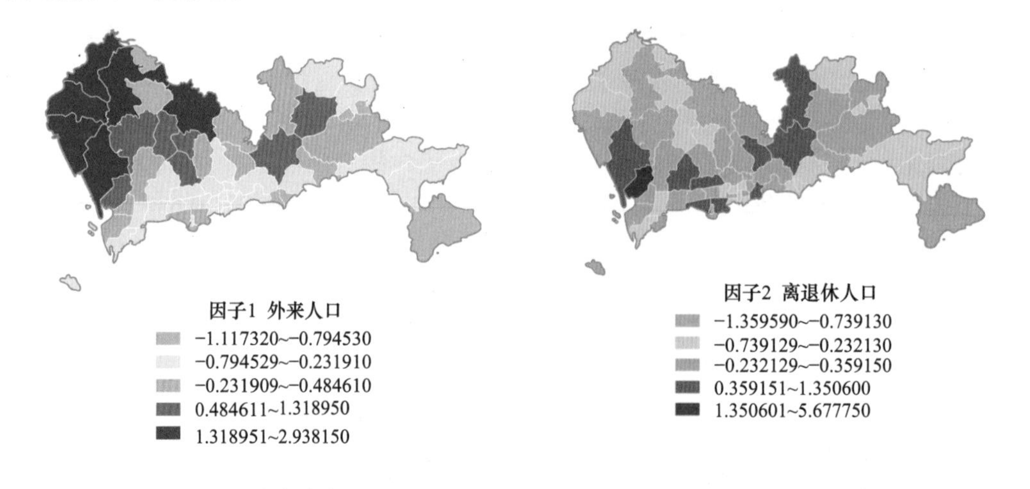

图 4.1 深圳空间结构外来人口得分图　　图 4.2 深圳空间结构离退休人口得分图

第三主因子为本地人口。其方差贡献率为 11.490%，反映了 14 个指标的情况。该因子与 65 岁以上人口（0.583）、离婚人口（0.428）呈正相关。在户口方面，该因子与户口在本市人口（0.816）、没有离开户口登记地人口（0.859）、离开户口登记地原因为拆迁搬家人口（0.671）、出生地在本县（市、区）人口（0.503）有较强的相关性，与集体户比例（–0.575）呈负相关，与非农业人口比例（0.736）呈正相关，因此将此因子命名为本地人口。这一人群教育水平较高，与大学及以上人口（0.605）呈正相关。工作方面，与收入来源为离退休金养老金人口（0.718）、失业保险金人口（0.421）呈正相关。该群体住房条件较好，以购买商品房（0.598）为主，住房面积在 110m^2 以上（0.675），与平均每户住房间数（0.711）呈正相关。图 4.3 显示了这类因子的空间分布，该因子得分普遍较高，高分区主要分布在传统关内地区，以及关外的观澜镇、龙城街道。南山区、福田区、罗湖区是深圳的中心城区，发展最早，经济发达，城市设施建设较为齐全，因此是本地人口的集中区；观澜是著名的侨乡、革命老区，素有文化之乡、教育强镇之称，是当地客家人聚居地，历史悠久；龙城街道是深圳东部的政治、经济、文化中心，自然条件优越、城市环境优美，吸引了大量的本地居民居住。

第四主因子为工薪阶层，其方差贡献率 5.457%，将载荷在 0.3 以上的指标认为是具重要性的指标，这一因子与 8 个指标相关。该因子与离婚人口（0.337）呈正相关。该群体教育水平较高，与大学及以上人口（0.339）呈正相关。工作方面，该因子与工作收入来源为离退休金养老金（0.355）呈正相关。居住方面，该群体与自建住房人口（–0.415）呈负相关，与购买原公有住房人口（0.531）呈正相关，其花费的月租费用较高，与月租费用为 1000～2000 元（0.729）、月租费用为 2000～3000 元（0.859）、月租费用 3000 元以上（0.808）有较强的相关性。图 4.4 显示了这类因子的空间分布，东西部因子得分差异较大，深圳西部因子得分较高，集中在福田区、罗湖区及布吉镇、福永镇。福田区、罗湖区是深圳中心老城区，第三产业发达，因此成为工薪阶层的集聚区；布吉街道是深圳市户籍制度改革唯一的试点街道，由于紧邻罗湖区，因此较多工薪阶层选择居住在布吉街道；福永镇下辖多个工业区，同时有大批国内著名的大企业，交通便利，第三产业、城镇建设发展迅速，吸引了部分工薪阶层居住。

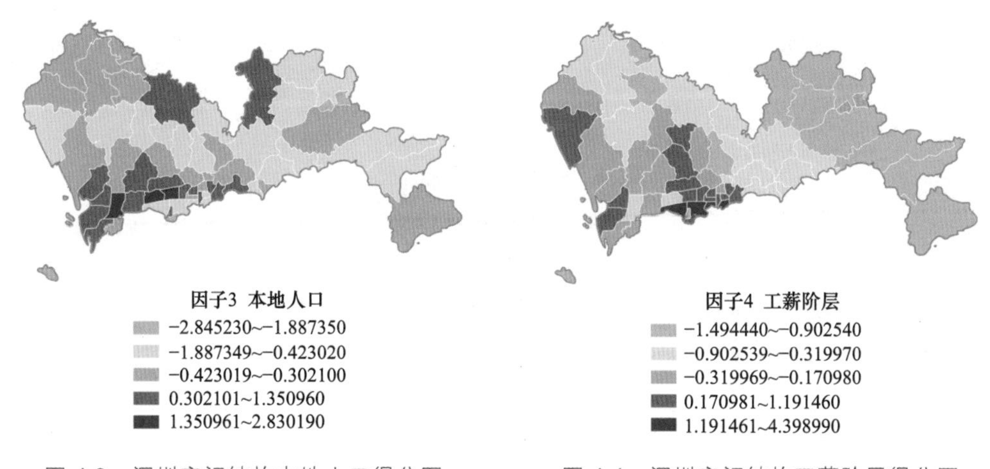

图 4.3　深圳空间结构本地人口得分图　　图 4.4　深圳空间结构工薪阶层得分图

2. 社会空间结构

通过主因子分析，得到反映这 64 个社会经济和住房指标的 4 个主因子，进一步利用 4 个主因子得分，将其进行标准化处理，并采用聚类分析方法来划分社会区。运用 SPSS 软件进行 *K* 平均数聚类分析，该方法较为常用且多用于处理大数据量的情况，结果如表 4.3 所示，得到 4 类社会区。通过计算各个街道的因子得分，并利用 ArcGIS 进行空间圈层分析，绘制相应社会空间格局（图 4.5）。

表 4.3　深圳社会空间结构聚类分析结果及各主因子平均值

聚类类别	街道数量	主因子 1 外来人口	主因子 2 离退休人口	主因子 3 本地人口	主因子 4 工薪阶层
社会区 1 原关外住宅区	32	–0.047	–0.193	0.207	0.088
社会区 2 本地人口高档住宅区	4	–0.249	0.180	4.352	–0.070
社会区 3 工薪阶层聚居区	2	–0.562	–0.797	0.222	0.988
社会区 4 本地人口普通住宅区	21	–0.412	2.672	–0.567	0.172

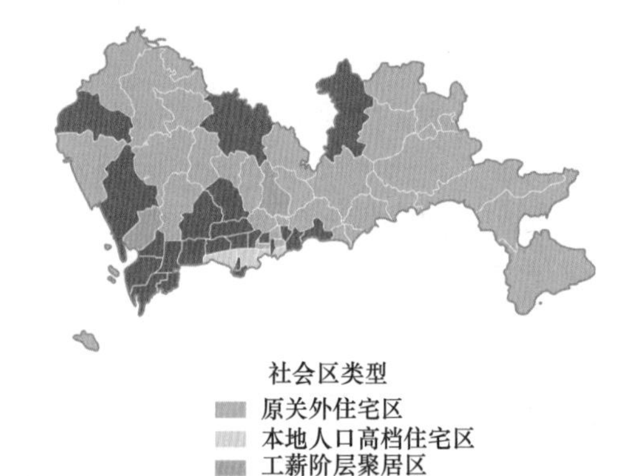

图 4.5　深圳社会空间格局

第一类为原关外住宅区。这类社会区主要分布在深圳市的宝安、龙岗、盐田等区域，属于城市的关外地区。有 32 个街道被划入这类社会区，是所有社会区中街道数量最多的，主因子 3 和主因子 4 都为正值，得分分别为 0.207 和 0.088，可以看出这类社会区主要聚居的是本地人口和工薪阶层。关外地区近年来发展迅速，大量住宅区新建起来，商业、娱乐等各类服务设施不断配套，同时与关内地区悬殊的房价差吸引了大量的工薪阶层。另外，关外地区也聚居了较多的本地人口，这些本地居民有自己的宅基地，从事农业或者自主经营。

第二类为本地人口高档住宅区。这类社会区主要包括福田的沙头街道、南园街道和罗湖的南源街道等高档住宅区，有 4 个街道被划入这类社区，主因子 3 得分最高为 4.352，其他 3 个因子得分较低或为负，这类社区的隔离程度比较高。它主要集中在中心城区，这类社会区以本地人口为主，地处福田 CBD 商业中心，房价高，属于高档住宅区。

第三类为工薪阶层聚居区，有两个街道被划入这类社会区，即布吉街道和新安街道，在主因子 4 上得分最高，为 0.988。这两个街道有个共同的特点，属于关内和关外的交接地区，相对关内较低的房屋价格、便捷的交通和居住环境，使它们成为在深圳工作的打工族密集居住的地方。

第四类为本地人口普通住宅区，在主因子 2 上得分最高为 2.672，共计 21 个街道划入这类社会区。这类社会区主要分布在罗湖、福田和南山等关内中心城区，交通便捷、配套设施成熟，因此吸引了大量的白领、工薪阶层购买住房或者出租房屋居住。

二、深圳市新移民社会空间分异度

空间指数是用来测量城市空间分异程度的常用手段。在具体测算方法上，采用最为常用的分异指数（the index of dissimilarity，ID）、交往指数 P、孤立指数（the index of isolation，II）、隔离指数（index of segregation，IS）和区位熵 LQ。

其中分异指数 ID 的公式为

$$\mathrm{ID}=0.5\times\sum\left[\left(\frac{x_i}{x_{\mathrm{all}}}\right)-\left(\frac{y_i}{y_{\mathrm{all}}}\right)\right] \tag{4.1}$$

式中，x_i 为空间单元 i 中类别为 X 的人数；x_{all} 为类别 X 的总人数；y_i 为空间单元i中类别为 Y 的人数；y_{all} 为类别 Y 的总人数。分异指数 ID 用于测算不同群体之间的隔离程度，其分布区间为[0, 1]，ID 小于 0.3 则隔离程度低，ID 大于 0.6 则隔离程度高。分异指数将用于测算深圳市的外来人口分异情况。

交往指数 P 是测度人群交往程度的常用方式。本节将测度族群 a 与族群 b 之间的交往指数的公式定义为

$$P_{a\times b}=\sum_{i=1}^{n}\left(\frac{a_i}{A}\right)\left(\frac{b_i}{t_i}\right) \tag{4.2}$$

式中，a_i、b_i 和 t_i 分别为类别为居住单元 i 的 a、b 的人口数量总人口；A 为类别 a 在该地区的总人口；n 为该地区内部居住单元的编号。交往指数的作用是测度同一个居住单元中人口比例高的族群与人口比例低的族群之间的联系程度，相对忽略了居住在不同空间单元的族群之间的交往可能性。

孤立指数 II 的公式为

$$\mathrm{II}=\sum\left[\left(\frac{x_i}{x_{\mathrm{all}}}\right)\times\left(\frac{x_i}{T_i}\right)\right] \tag{4.3}$$

式中，x_i 为空间单元i中类别为X的人数；x_{all} 为区域内类别X的总人数；T_i 为空间单元i的总人口数。孤立指数 II 用于衡量绝对集中程度，II 的分布空间为[0, 1]，II 小于 0.3 则集中程度低，II 大于 0.6 则集中程度高。孤立指数将用于测算深圳市的外来人口集中情况。

隔离指数 IS 和分异指数 ID 类似，区别在于 y_i 为空间单元 i 中除了类别为 Y 以外的人数；y_{all} 为总人数中除了类别Y的人数。

区位熵 LQ 又称为专门化率，由哈盖特（Haggett）首先提出并运用于区位分析之中。该方法用于衡量某一区域要素的空间分布情况，反映区域要素空间的集中度及某一区域在高层次区域的地位和作用。数学公式为

$$\mathrm{LQ}=(x_i/t_i)/(X/T) \tag{4.4}$$

式中，x_i 为空间单元 i 中类别为 X 的人数；t_i 为空间单元 i 中的总人数；X 为类别为 X 的总人数；T 为深圳市的总人口数。当 LQ 大于 1 时意味着某一区域要素的空间集中

性较高，LQ 大于 1.2 时则意味着某一区域要素的空间集中性程度很高。

1. 分异指数

就户口类型指标而言，本市户口与其他县（市、区）户口、户口待定这两类人口的分异指数较高，分别为 0.430、0.402（表 4.4），说明具有本市户口的人口与户口在其他县（市、区）及户口待定的人口空间分异程度较大。进一步分析发现，拥有本市户口的人口包括深圳市大多数原住居民和部分具有深圳市户口的外来移民，他们多集中分布在深圳市的南山区、福田区、罗湖区等中心城区，属于深圳市发展较快且生活水平较高的区域。而大多数外来移民受到中心城区高生活消费的限制，多集中分布在宝安区和龙岗区等关外地区，生活成本和费用较低，因此可以看出，深圳市外来移民和本地居民之间的空间分异度高。

表 4.4 户口类型指标分异指数

项目	本市户口	其他县（市、区）	户口待定
本市户口			
其他县（市、区）	0.430		
户口待定	0.402	0.182	

离开户口登记地时间的指标中,没有离开户口登记地与离开户口登记地 2 年以下、离开户口登记地 2～6 年、离开户口登记地 6 年以上这 3 类人口的分异指数较高分别为 0.400、0.385、0.324（表 4.5），即本地居民和外来移民之间的空间分异程度较高。与户口类型指标类似，深圳市外来移民与本地居民之间的空间分异度较高。

表 4.5 离开户口登记地时间指标分异指数

项目	没有离开户口登记地	离开户口登记地 2 年以下	离开户口登记地 2～6 年	离开户口登记地 6 年以上
没有离开户口登记地				
离开户口登记地 2 年以下	0.400			
离开户口登记地 2～6 年	0.385	0.129		
离开户口登记地 6 年以上	0.324	0.254	0.159	

户口所在地类型指标，本县（市、区）户口、本省其他县（市、区）户口、东部户口、中部户口及西部户口的人口彼此之间分异指数较低，普遍低于 0.3，仅有本县（市、区）户口人口与西部户口人口分异指数为 0.327（表 4.6），可以发现，户口所在地不同并不影响本地居民和外来移民之间的空间分异程度。

表 4.6　户口所在地指标分异指数

项目	本县（市、区）户口	本省其他县（市、区）户口	东部户口	中部户口	西部户口
本县（市、区）户口					
本省其他县（市、区）户口	0.159				
东部户口	0.223	0.151			
中部户口	0.270	0.181	0.073		
西部户口	0.327	0.250	0.157	0.110	

2. 交往指数

计算表明，户口在本市的人口与户口在其他县（市、区）的人口的交往程度较低，交往指数为 0.134，不是非常密切。

从离开户口登记地时间指标来看，没有离开户口登记地的本地居民与离开户口登记地 2～6 年、离开户口登记地 6 年以上人口的交往指数较高，分别为 0.269 和 0.209（表 4.7），这是由于在深圳市生活较长时间的外来移民已经被本地居民逐渐接受，彼此在生活、工作等方面都有来往；相反，没有离开户口登记地的本地居民与离开户口登记地 2 年以下的新移民交往指数则较低，仅为 0.112（表 4.7），说明本地居民和新移民之间联系不密切。

表 4.7　离开户口登记地时间指标交往指数

项目	没有离开户口登记地	离开户口登记地 2 年以下	离开户口登记地 2～6 年	离开户口登记地 6 年以上
没有离开户口登记地				
离开户口登记地 2 年以下	0.112			
离开户口登记地 2～6 年	0.269	0.278		
离开户口登记地 6 年以上	0.209	0.174	0.193	

从居民的户口所在地指标来看，具有深圳市本地户口和广东省其他县（市、区）户口的人口交往较为密切，交往指数高达 0.306（表 4.8），广东省其他县（市、区）的人口愿意在省内发达地区生活或者工作，因而多数人选择深圳作为理想城市，增加了与深圳本地居民的交往机会，在语言、饮食习惯及文化等方面的习惯，广东省内人口交往更加频繁；拥有非广东省（主要包括山西省、安徽省、江西省、河南省、湖北省和湖南省）内户口的外来移民与深圳市当地居民、广东省其他县（市、区）户口的居民交往指数较高，分别为 0.271 和 0.278（表 4.8），中部毗邻珠三角，深圳市有大量的中部外来移民，随着时间推移，外来移民和广东省居民之间的交往程度较为密切。

表 4.8　出生地指标交往指数

项目	本县（市、区）户口	本省其他县（市、区）户口	东部户口	中部户口	西部户口
本县（市、区）户口					
本省其他县（市、区）户口	0.306				
东部户口	0.119	0.118			
中部户口	0.271	0.278	0.293		
西部户口	0.196	0.202	0.219	0.226	

3. 孤立指数与隔离指数

在孤立指数中，就户口指标而言，户口在其他县（市、区）人口的孤立指数高达0.858（表 4.9），这些外来移民主要集中在宝安区、龙岗区等关外地区，分布在低房价、低生活成本的街道；离开户口登记地 2 年以下的人口孤立程度较高，这类人口来深圳时间短，可以看作“新移民”，集中性较强；离开户口登记地务工经商、出生地在其他县（市、区）和中部地区的人群，由于地缘和乡缘等因素影响，同一出生地的人群出现集群现象，经营相同的生意，居住在同一片区，出现同乡同村这种人口聚居区。

表 4.9　户口指标的孤立指数与隔离指数

户口指标	孤立指数 II	隔离指数 IS
户口在本市	0.285	0.430
户口在其他县（市、区）	0.858	0.412
户口待定	0.010	0.176
没有离开户口登记地	0.219	0.420
离开户口登记地 2 年以下	0.539	0.171
离开户口登记地 2～6 年	0.288	0.074
离开户口登记地 6 年以上	0.221	0.214
离开户口登记地务工经商	0.733	0.313
离开户口登记地工作调动	0.020	0.271
离开户口登记地学习培训	0.024	0.216
离开户口登记地随迁家属	0.081	0.205
离开户口登记地投亲靠友	0.059	0.185
离开户口登记地拆迁搬家	0.025	0.424

续表

户口指标	孤立指数 II	隔离指数 IS
离开户口登记地寄挂户口	0.005	0.499
离开户口登记地婚姻嫁娶	0.006	0.278
其他	0.022	0.188
出生地在本县（市、区）	0.107	0.228
出生地在本省其他县（市、区）	0.308	0.165
出生地在东部地区	0.123	0.072
出生地在中部地区	0.299	0.104
出生地在西部地区	0.241	0.181

在隔离指数中，户口在本市、户口在其他县（市、区）和没有离开户口登记地的人群隔离程度较高，通过分析，本地人口、潮汕人、客家人等都在深圳人口中占有较大比重，这些人群居住、工作以乡缘关系为纽带，与其他人群的隔离程度较高；离开户口登记地务工经商人群与集中指数分析类似；另外，离开户口登记地拆迁搬家、寄挂户口这两类人群的隔离程度也较高，受益于城市旧改补偿新住房，这类人群大多被分配在同一个片区甚至同一小区，因此隔离程度较高。

三、上海居住空间分异及其演变

人口普查数据的时滞性和历史数据的缺乏制约了我国居住空间分异研究的展开。在无法获得更有效数据的情况下，居住空间分异的量化研究不得不寻求替代数据。但常见的抽样社会调查数据和住房市场数据都只适用于现状研究或近 10 年的纵向对比分析。考虑到大量的实证研究已证明无论是计划经济时期还是转型时期，居住条件一直是我国大城市社会/居住空间分异的主要因子之一，因此，可以用长时间序列居住用地类型（居住条件的综合表征）空间分布数据来研究城市居住空间分异程度的变化。基于上海中心城区 1947～2007 年 11 个时相的居住用地类型数据，通过对其空间分异程度的测度，分析其变化过程，借此管中窥豹，解析我国城市居住空间分异程度的变化情况。

1. 数据资料与研究方法

原始数据资料为 1947～2007 年 11 个时相的上海土地利用遥感综合调查数据集，其中城市居住用地被细分为 4 个亚类。为满足研究需要，在《上海住宅建设志》《上海市统计年鉴》《上海 21 世纪初的住宅建设发展战略》等资料辅助下，对居住用地类型进行重分类（图 4.6 和表 4.10）。分异度的计算采用分异指数 D 和多组群（multi-group）分异指数模型 $D(m)$，以及各自的空间修正指数 $D(s)$和 $SD(m)$。

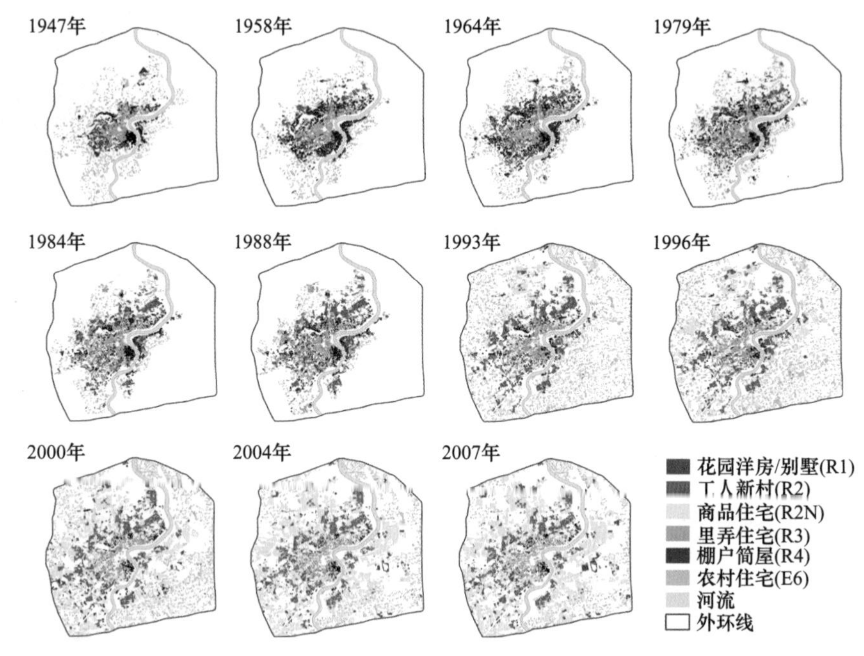

图 4.6　各类上海住宅用地分布图（1947～2007 年）

表 4.10　上海中心城区住宅类型划分标准

代码	名称	类型说明	遥感解译说明	统计年鉴中的住宅类型	居住用地类型划分
R1	一类居住用地	市政公用设施齐全、布局完整、环境良好、以低层住宅为主的用地	花园洋房/别墅	花园洋房	花园洋房/别墅
R2	二类居住用地	市政公用设施齐全，布局完整，环境较好，以多、中、高层住宅为主的用地	高层和环境较好的多层住宅	1949 年前的高层公寓和 1949～1988 年新建的公寓，一、二类职工住宅	1949 年前的高层公寓；1949 年后的工人新村
R2N	二类居住用地	市政公用设施齐全，布局完整，环境较好，以多、中、高层住宅为主的用地	高层和环境较好的多层住宅	商品住宅小区及 1988 年后新建的一、二类职工住宅	商品住宅
R3	三类居住用地	市政公用设施比较齐全、布局不完整、环境一般或住宅与工业等用地混合交叉的用地	里弄住宅和环境较差的多层住宅	新、旧里弄，三类职工住宅	里弄住宅
R4	四类居住用地	以简陋住宅为主的用地	棚户区	棚户简屋	棚户简屋
E6	农村居民用地	集镇、村庄等农村居住点生产和生活的各类建设用地	集镇和农村住宅	农村住宅	农村住宅

2. 各类住宅用地分异度变化过程

（1）花园洋房/别墅（R1）：如图 4.7（a）所示，1947～2007 年，花园洋房/别墅在街坊尺度上基本维持 0.90 左右的高分异度，乡镇尺度上则在 0.62～0.83 波动。这表明无论是 1949 年前，计划经济时期，还是转型期，作为高档居住小区的花园洋房/别墅始终与其他类型居住用地存在显著的空间分异。

（2）商品住宅（R2N）：20世纪90年代后出现的商品住宅的分异度较低（1993年为0.64/0.31），并逐年减小（2007年为0.37/0.19[①]）。表明商品住宅小区逐渐遍布整个中心城区范围，与整个居住用地分布趋于一致，不存在明显的空间分异。

（3）1949年前的高层公寓和1949年后的工人新村（R2）：1947年高层公寓分异度高达0.96/0.83，主要是因为其数量稀少（仅占1947年上海中心城区居住用地总量的1%）。1949年后R2主要是工人新村，其分异度迅速下降到1964年的0.71/0.47，直至1988年的0.59/0.37，这表明，工人新村的大规模建设和分散布局，显著地降低了其空间分异的程度。20世纪90年代后，工人新村用地面积和分布不变（商品住宅开发替代了工人新村建设），而道路建设导致中心城区街坊数量增加，使得工人新村的分异度在街坊尺度上升，而在乡镇尺度则维持不变。

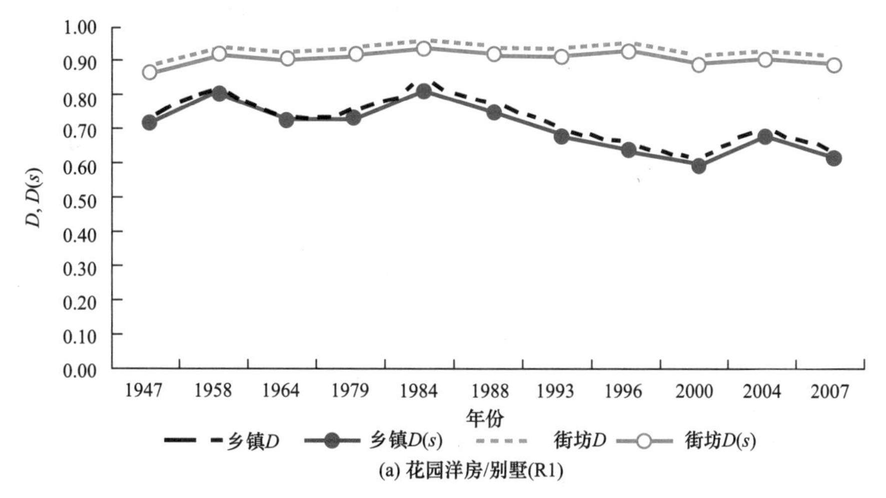

(a) 花园洋房/别墅(R1)

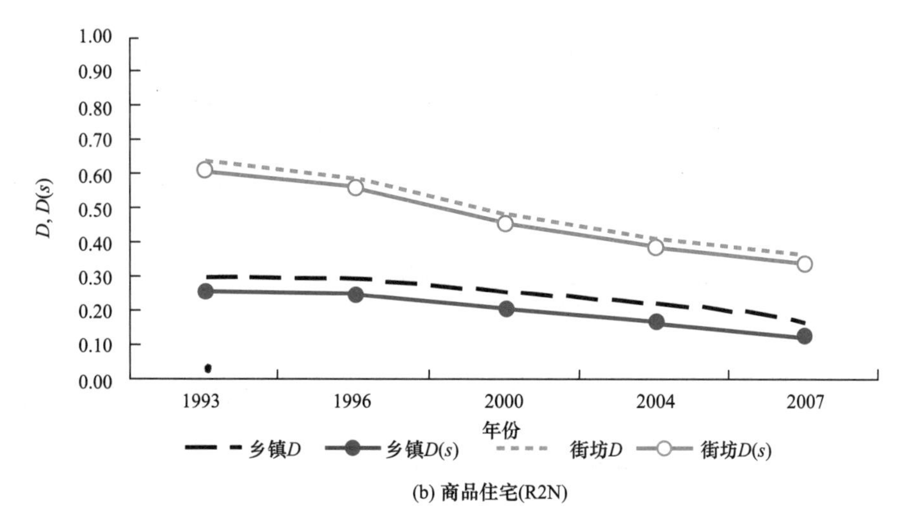

(b) 商品住宅(R2N)

① 如未特别说明，分异度值均指分异指数D值，用"0.37/0.19"方式表示街坊尺度下分异度为0.37，乡镇尺度下分异度为0.19。

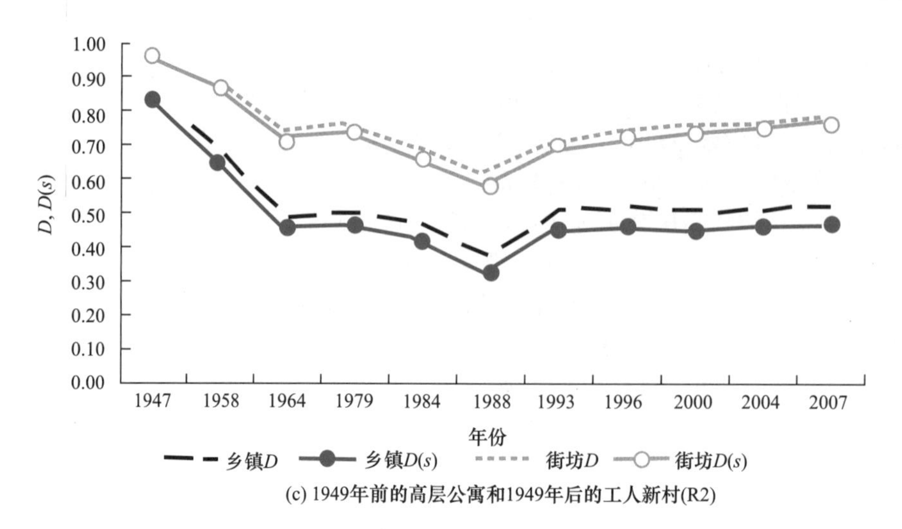

(c) 1949年前的高层公寓和1949年后的工人新村(R2)

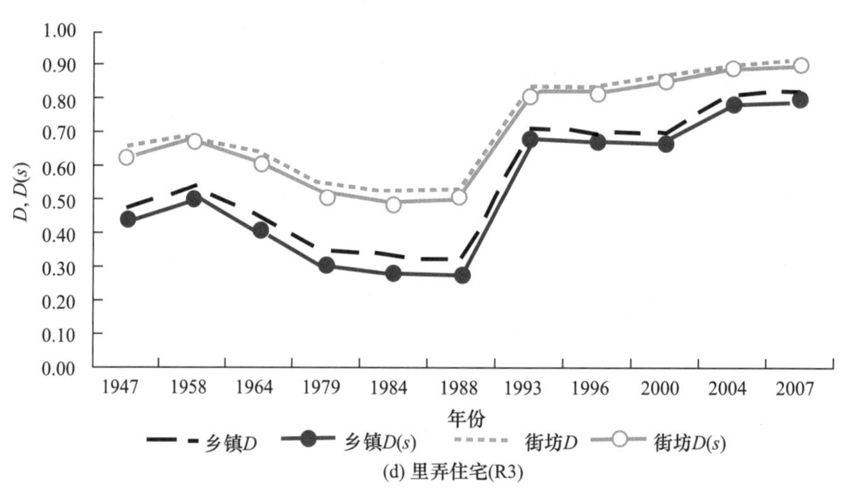

(d) 里弄住宅(R3)

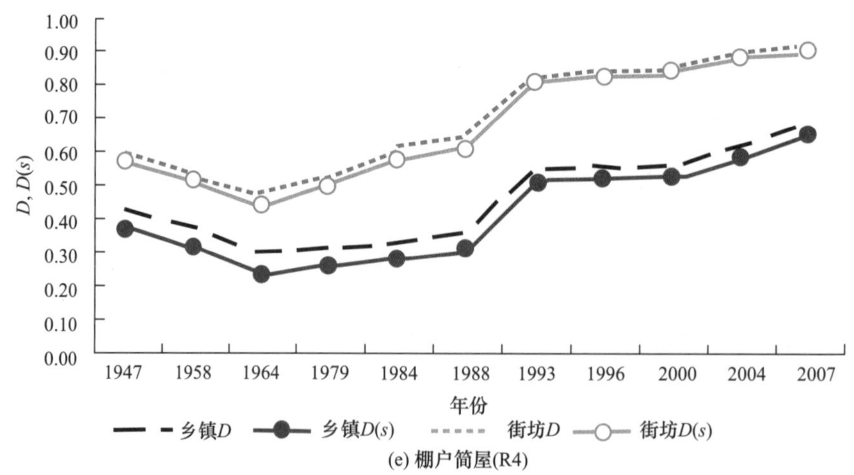

(e) 棚户简屋(R4)

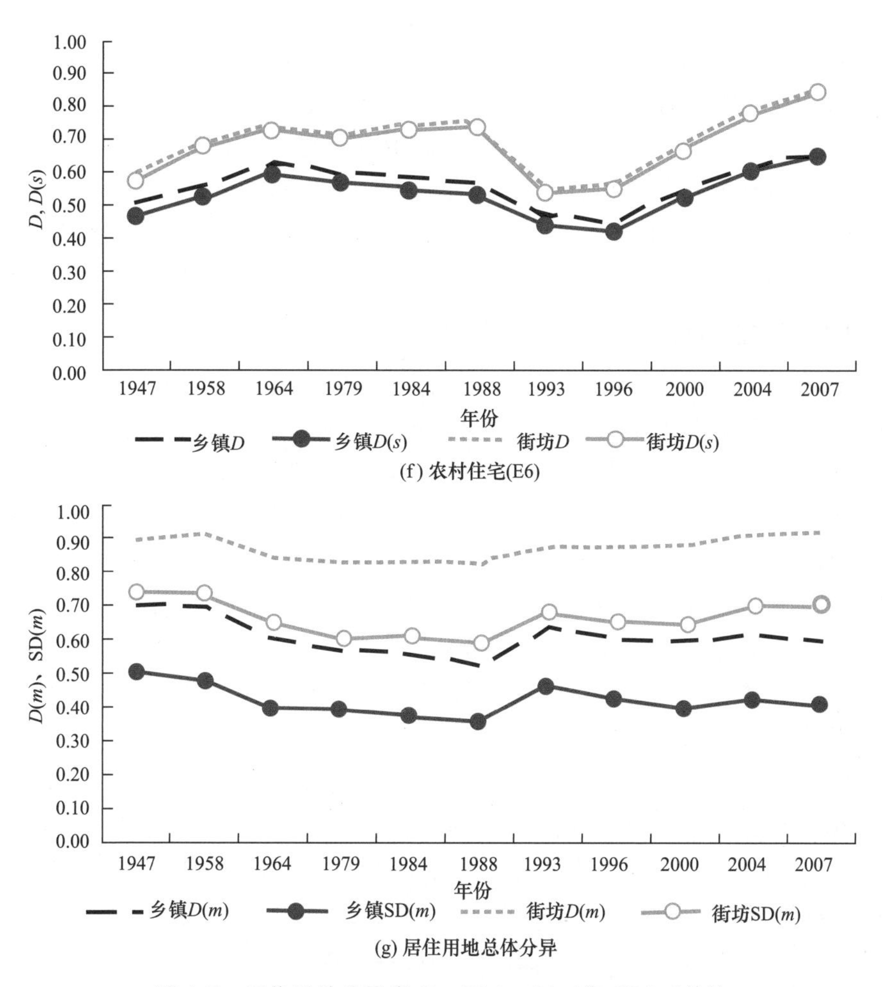

图 4.7　居住用地分异度 D、$D(s)$、$D(m)$和 SD(m)的值
在街坊/乡镇尺度上的变化（1947～2007 年）

（4）里弄住宅（R3）：其分异度在 1958～2007 年是先降后升，呈波动变化[图 4.7（d）]：其中 1958 年相对 1947 年上升，说明 1949 年后里弄住宅用地面积维持不变，总居住用地增加会提高其分异度。1958～1988 年里弄住宅分异度从 0.70/0.54 下降到 0.53/0.32，则反映了该时期城市住宅的老化与城市建设的混乱。1988 年以后，里弄住宅的分异度开始上升，2007 年时达到 0.92/0.83，则是该时期居住用地总量激增与旧城改造下大量里弄住宅用地被置换所致。

（5）棚户简屋（R4）：1947～1964 年其分异度从 0.62/0.43 下降到 0.48/0.30。探究其原因，发现 1949 年以来的初期棚户简屋用地不是减少，而是显著增加，并且零散分布于市区，多与其他用地形成混合用地模式，因此其分异度明显下降。20 世纪 60 年代后，棚户简屋作为最简陋的住宅成为城市居住改造的首要对象，特别是 90 年代后，在旧城改造和中心城区居住用地扩张的双重作用下，棚户简屋用地面积及占居住用地总面积的比例大幅下降，集中分布于特定区域，分异度也就不断增高，2007 年时达到 0.93/0.70。

（6）农村住宅（E6）：1947～1964 年农村住宅分异度的增加，反映的是 1949 年后城市第一次快速扩张时期上海中心城区农村住宅比例相对减少的情况。1964～1988 年分异度变化很小，则是因为“文革”时期城市住宅建设的停滞。20 世纪 90 年代，分异度突减则源于中心城区范围的变动。90 年代以后，在城市住宅大规模开发作用下，上海中心城区农村住宅相对比例不断减小，其分异度又持续上升，2007 年时达到 0.86/0.67。

3. 居住用地总体分异度变化过程

（1）1947 年，上海中心城区居住用地总体分异度 $D(m)$值高达 0.91/0.71，这从居住空间物质层面印证了“1949 年前中国开放性港口城市（如上海）由于租界分割形成华洋分居，居住空间结构宏观上呈组团拼贴模式，因而居住分异显著，存在严重的居住隔离”的观点。

（2）1947～1979 年，居住用地总体分异度 $D(m)$值从 0.91/0.71 下降到 0.83/0.57[图 4.7（g）]，表明计划经济时期上海居住用地总体分异程度较 1949 年前有所下降。这也从居住空间物质层面佐证了国内外研究认为社会主义城市弱化了“社会主义前期”城市的居住空间分异的观点。但 1979 年时总体分异度值为 0.83/0.57，说明计划经济时期居住用地仍存在明显的空间分异。

（3）1979～2007 年，居住用地总体分异度在街坊尺度明显上升，由 1979 年的 0.83 上升到 2007 年的 0.93，在乡镇尺度变化则不明显，由 1979 年的 0.57 上升到 2007 年的 0.60。这说明在街坊尺度，转型期居住用地空间分异不断加剧，已存在严重的空间隔离——2007 年街坊尺度下居住用地总体分异度比 1947 年还高。这与已有微观实证研究认为现阶段我国城市已存在居住隔离的观点一致。

4. 不同时期居住用地空间分异特征与演进过程

（1）1947 年（1949 年前），上海中心城区居住用地空间分异结构特征表现为“一高两低”：“一高”是高等级居住用地（花园洋房和高层公寓）的分异度高，“两低”是中等居住用地（里弄住宅）和低等级居住用地（棚户简屋）的分异度相对较低（图 4.8）。这种“一高两低”结构反映的是 1949 年前上海半封建半殖民地社会在“华洋分居”模式下形成的特殊的居住用地空间分异结构特征。

（2）1958～1979 年（计划经济时期），上海中心城区居住用地等级与其分异度大小演化为“正相关”结构：即住宅等级越高，其空间分异程度越大：花园洋房>工人新村>传统里弄>棚户简屋（图 4.8）。这种“正相关”结构是短缺经济下城市住宅建设滞后的空间反映，即居住条件越好的居住用地，其面积越少，分异度也越高。

（3）1984～2007 年（转型期），1984～1988 年改革开放初期（土地有偿使用制度改革前）上海中心城区居住用地空间分异结构特征向“U”形演化：最高和最低等级的居住用地分异度高，而中等居住用地分异度低。90 年代后，即土地有偿使用制度改革后，居住用地空间分异特征进一步强化为“V”形结构（图 4.8）——说明上海居住用地的空间分异已经存在极化，这与基于住宅价格数据显示当前西安、上海住宅档次与其分异度构成的呈“U”形结构的结论相同。根据前面对商品住宅和老旧住宅用地分异度变化趋势的分析，这种“V”形结构的居住用地空间极化态势还将进一步加剧。

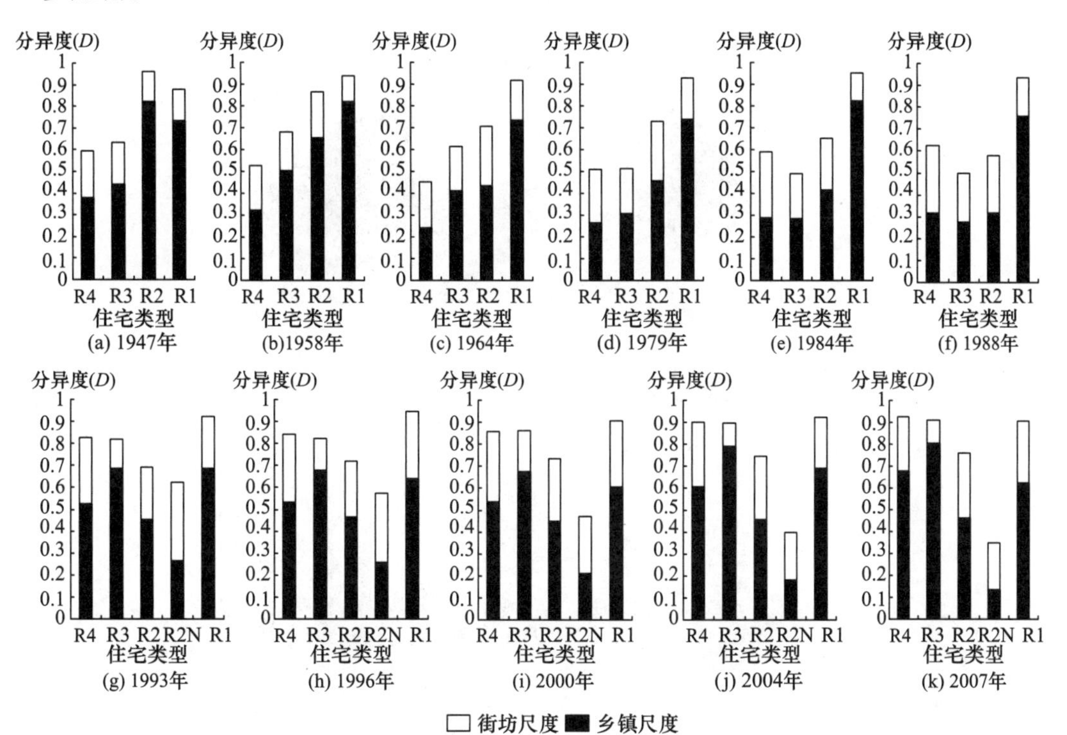

图 4.8　不同时期居住用地类型与分异度之间的关系（1947～2007 年）

四、上海外来人口空间分异度的变化

上海市外来人口[①]概况：2000～2010 年，上海市常住人口从 1641 万增加到 2295 万。2000 年，流动人口约为 306 万人，约占上海总人口的 18.63%。2000～2010 年，上海人口增加了 655 万人，流动人口增加到约 896 万人，增长了 193.06%，而本地人口增长了 4.82%，即 2000～2010 年净人口增长的 90.18%可归因于流动人口涌入。

1. 上海外来人口空间分布格局及其变化

1）外来人口的空间分布格局

图 4.9（a）和（b）显示了 2000 年和 2010 年流动人口的分布及其变化。2000 年，流动人口主要集中在内城和外围地区，这两个地区的流动人口占上海流动人口总数的 70%以上。但在 2010 年分布更加均匀[图 4.9（d）]——大部分人口流入的地区在边缘地带，极少数区域外来人口有所减少，如虹桥综合交通枢纽和 2010 年上海世博公园

① 上海外来人口的定义：在上海居住半年以上且没有上海户口的人口。

[图 4.9（c）]，这些开发项目涉及将住宅用地转换为非住宅用地和原始居民搬迁（包括本地和外来人口）到其他位置。

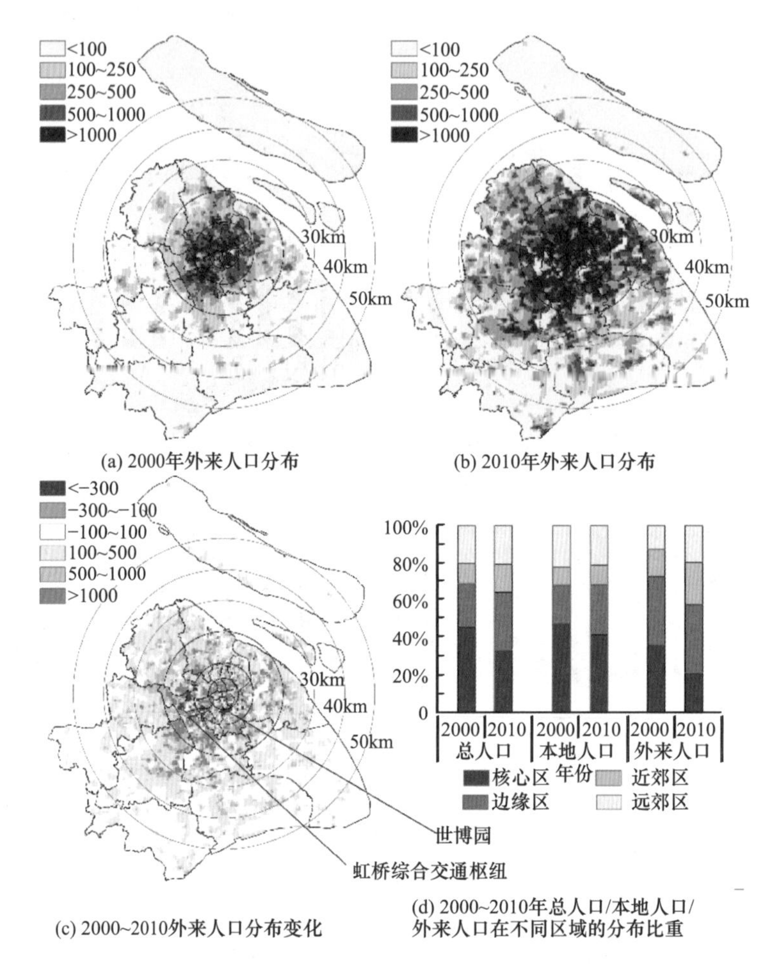

图 4.9　上海外来人口空间分布变化（2000～2010 年）

注：人口分布数据基于 500m×500m 的格网，每个格网内记录人口数量而非密度

如图 4.10（a）所示，在 2000 年和 2010 年，内城和周边地区的人口最多，随着时间推移，人口最多的地区已经向外扩张，从 2000 年的 5km 范围扩大到 2010 年的 10km 范围甚至更远。2000～2010 年，在距离中心 6km 以外的所有地区，人口都在增加，而外围环（10～20km）的人口增幅最大。图 4.10（a）中的虚线清楚表明人口增长集中在边缘地带和更远处，这是郊区化的一种形式。图 4.10（b）显示本地人口更集中于内城区域，特别是距中心 15km 范围内（在此范围外，随着距离增加，本地人口数量急剧减小）。一方面，流动人口趋向于集中在中心城区外，从边缘区向郊区扩散。在两次人口普查期间，流动人口在所有地区都有所增加，特别是在边缘地区和其他地区。即使在内城地区，增长也相当显著。另一方面，内城失去了大量的本地人口[图 4.10（c）虚

线]。因此，上海的流动人口中有很大一部分被吸引到市中心。但总体而言，2000～2010年流动人口的空间分布变得更加郊区化。

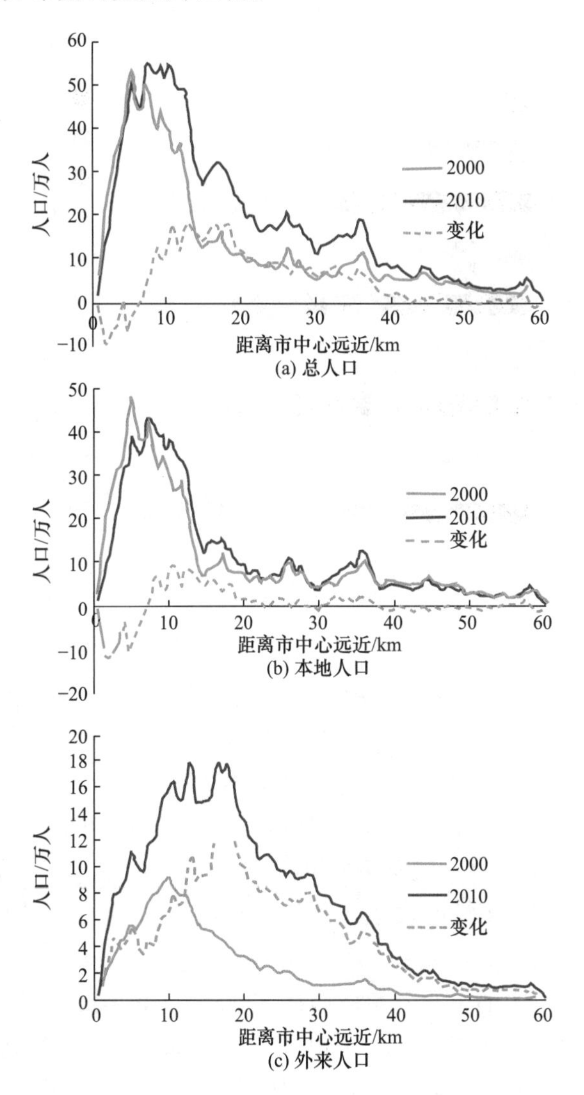

图 4.10　人口数量分布距离曲线

2）外来人口的空间分布变化特征：去中心化和空间集聚

图 4.11 显示了两次人口普查期间在整个城市及城市内不同区域内（中心城区、边缘区、近郊区和远郊区）流动人口的各自集中程度。水平条上的灰色程度，表示居委会单元内流动人口的比例。例如，灰度最深的代表居委会内 90%是流动人口，以下简称为浓度，水平条的长度则表示该类型（以外来人口比重为划分标准）居委会内居住的外来人口数量占区域外来人口总数的比例。如图 4.11 所示，2000～2010 年，整个城市（图 4.11 底部的一组条形图）流动人口随着时间的推移变得更加集中：2010 年整个城市和所有区域（上层）的深色部分数量都大于 2000 年：在 2000 年，整个

城市只有 0.21%的流动人口居住在浓度高于 90%的社区，但这个数字在 2010 年增加到 8.57%。

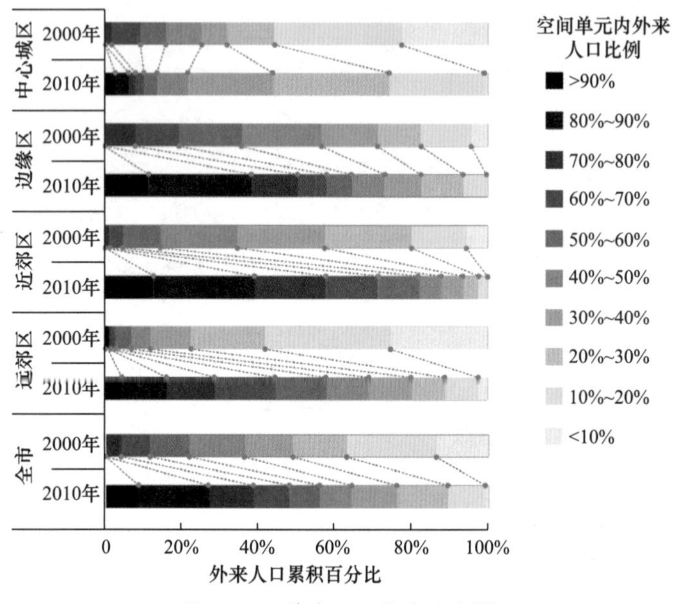

图 4.11　外来人口集中度剖面

在市中心（图 4.11 第一组，中心城区），流动人口浓度最高（>90%）单位的流动人口数量在 2000～2010 年显著增加。与此同时，在浓度最低（<10%）的地区的流动人口数量急剧减少，从 22%降至 1%。在市中心以外，所有区域（边缘区、近郊区和远郊区）都经历了浓度较高的社区（较长、较深的条形区段）中的流动人口比例的急剧增加。2000 年，流动人口相对集中的社区主要集中在边缘地区，而不是近/远郊区，但到 2010 年情况发生了逆转——近/远郊区在高浓度地区的流动人口比例最大。

总之，上海外来人口的空间分布格局在 2000～2010 年发生了显著变化。2000 年外来人口还主要集中在中心城区，而 2010 年上海外来人口已扩散到郊区。各个圈层区域内，外来人口数量、外来人口占总人口的比例都在增加，相反，本地人口占总人口比例都在下降。尤其是外环-郊环间，外来人口比例已超过本地人口比例。同时，外来人口在城市大部分区域内的集中程度有所增加，并且高度集中区域已经从中心城区向郊区扩展。

2. 上海外来人口空间分异程度及其变化

采用 Wong（1996）所开发的空间修正分异指数 $D(s)$，以居委会/村委会为基本空间统计单元，对 2000 年和 2010 年上海全市和不同区域、区县外来人口-本地人口的居住空间分异程度进行测度，结果如表 4.11 所示。

表 4.11　上海外来人口居住空间分异度（2000～2010 年）

地域范围划分		2010 年	2000 年	变化	地域范围划分		2010 年	2000 年	变化
环线划分	内环以内	0.21	0.24	−0.03	环线划分	郊环以内	0.45	0.41	0.04
	外环以内	0.33	0.39	−0.06		全市范围	0.46	0.41	0.05
中心城区	黄埔区	0.18	0.17	0.01	中心城拓展区	闵兴区	0.48	0.41	0.07
	卢湾区	0.25	0.19	0.06		宝山区	0.5	0.42	0.08
	静安区	0.18	0.2	−0.02	浦东区		0.43	0.41	0.02
	虹口区	0.21	0.24	−0.03	郊区	嘉定区	0.51	0.37	0.14
	徐汇区	0.25	0.43	−0.18		松江区	0.47	0.42	0.05
	长宁区	0.18	0.42	−0.24		青浦区	0.48	0.4	0.08
	普陀区	0.32	0.41	−0.09		金山区	0.37	0.33	0.04
	闸北区	0.27	0.27	0		奉贤区	0.42	0.36	0.06
	杨浦区	0.27	0.29	−0.02	崇明县		0.54	0.41	0.13

就上海市域范围而言，空间分异度呈上升趋势。2000 年时，外来人口与本地人口间的分异度为 0.41，属于中度居住空间分异。到 2010 年时，分异度上升到 0.46。说明 2000～2010 年，本地人口和外来人口已各自形成集聚区，混合居住程度下降，空间距离增大，导致以“户口特征”为标准的居住分化在加剧。该趋势已经在上海形成了差异鲜明的大批的“外来人口”街区和“本地人口”街区，类似于美国以种族隔离为特征的黑人区和白人区，而在上海则以“户口”为特征形成居住隔离。

不同区域分异度大小的顺序是: 全市范围＞郊环以内＞外环以内＞内环以内。不过，2000～2010 年，内环以内和外环以内区域，外来人口与本地人口的分异度都呈减小趋势，但郊环以内和全市范围的分异度在增大，这从侧面反映了整个市域居住空间分异增加的原因是外环外、郊环内的外来人口密集区，见表 4.11。中心城区的外来人口的分异度则在逐步降低。

外来人口居住空间分异在区县间差异：2000 年，中心城区的分异度小于 0.30，属于轻度居住分异；其余区县分异度大于 0.30，属于中度居住分异，但其分布特征是近郊区分异度大于远郊区（崇明县除外）。2010 年时，虽然所有区县分异度均小于 0.60，不存在严重居住分异区域，但中心城区外围（近郊区、远郊区）区县的分异度均有增加，形成中心城区与郊区外来人口分异度差异对比明显的格局。2000～2010 年外来人口分异度变化特征主要是传统中心城区分异度降低，传统郊区分异度增加。变化最为明显的是嘉定区和崇明县，其分异度都显著增加。

第三节　中国城市社会空间融合

纵观新中国历史，在计划经济下，城乡虽然对立，但社会是高度整合的，沿袭了传统乡村社会的特色。中国乡村长期稳定，强调类似保甲制度的基层管理，社会隔绝于国家主导的城市工业化之外。而在城市社会中，以国家单位为单元，形成相对稳定的熟人社会，通过福利分房实现居住稳定，避免了居住的社会空间分异。虽然社会主义城市存在着其特有的社会不平等，但因现代化程度低，行政系统整体规模较小，整个社会是高度整合的。“总体性”和“依附性”是改革开放前的城市社会的基本特征（孙立平，2005）。

改革开放以来，中国城市出现转型，城市社会出现了明显、复杂而剧烈的阶层化趋向，空间呈现破碎化（Wu，2008）：沿城乡二元结构，出现了大量城中村和商品房封闭小区；城市快速扩张，囊括了广袤的乡村，在郊区形成半城市化地区，不同居住类型并置，形成巨大反差。随着个体消费逐渐从集体消费中分离，社会的总体性弱化，城市的社会整合出现了问题。随着中国成为“世界工厂”，社会分割逐渐成为改革后城市的新特征。通过政治经济分析，可以看出城市的社会分割是有其政治经济根源的（Wu et al., 2006；陈钊和陆铭，2008）。在社会转型过程中，原有的城乡对立逐步转化为城市社会中的新二元结构，即城市体制内群体与外来人口的二元对立（黄锟，2011）；同时，社会的二元对立与空间的二元割裂相互作用，塑造出“断裂”的社会空间格局（孙立平，1998），空间问题趋于社会化，而社会问题则同样走向空间化（Lefebvre，1991）。在此背景下，中国城市的健康发展面临着构建、融合、重塑社会的艰巨任务。

一、社会融合的概念与理论

在相关的多个概念中，有关社会融合的表达有以下几种方式，其含义略有差别（悦中山等，2009）。社会同化（assimilation）指的是少数民族融入主流文化，适应主流社会（Alba and Nee，2003）。而社会融合（social integration）强调社会人群之间的互相协调和适应，是双向的过程。社会整合（social cohesion）强调社会的平等和由社会包容（social inclusion）而达到社会的整合状态。社会包容（social inclusion）与社会排斥（social exclusion）相对，强调公民权利和社会权益，使各类人群有公平的发展机会。而社会混居（social mix）更多的是强调空间上的混合，特别是不同住房类型（如所有权）在居住区层面的共处一地（Musterd and Andersson, 2005）。社会嵌入（social embeddedness）则强调个体如何和整体社会建立适应和联通渠道，成为社会的一员。

从理论视角看，西方学界提出社会整合问题，其原因在于对社会极化而带来的社会分割问题的忧虑（van Kempen，1994）。学者们多将社会极化现象归因于经济积累体制的转变，即在后福特体制下，伴随着全球化，特别在全球城市形成职业极化，如高收入的金融管理阶层和低收入的社会服务阶层之间的分化，表现为收入的极化（Sassen, 1991）。是否存在社会极化问题，在学术界是有争议的。有的研究认为，社会极化的研究基于北美城市的原型，存在大量国际移民，而没有考虑到欧洲社会福利体制的影响。在欧洲的城市，收入差异加大，但在职业构成上，仍然是两头小、中间大，即低收入和高收入的人口数量少，而存在大量的中产阶级，社会的分化是职业化（Hamnett，1994）。

西方学界从政治经济视角对社会空间分割做出了解释。在政治经济体制上，因推动市场化和私有管制（private governance），造成了社会分割，其推动力在于崇尚市场的新自由主义化（neoliberalism）（Jessop, 2002；Wu, 2008）。在凯恩斯主义下，弱势群体因公民权而获得社会权益和包容，进而融入社会。但在市场化的过程中，集体消费弱化，个体的角色显现，出现空间的私有化。例如，在门禁社区，许多原来由市级政府提供的公共物品转为由市场提供，如区内的保安由私人保安公司提供。有学者认为，门禁社区是消费者的俱乐部，因收入、社会方式的差异，出现社会分化，表现在空间上，形成同质社区（Wu and Li，2005；Vesselinov，2008）。门禁社区形成的同质社区，据说是市场提供服务的有效形式。在这些私有管制社区，政府从公共服务中退出，由市场（如私有保安）提供服务（Le Goix，2005）。从某种意义上来看，中国的城中村也可以看作一种特殊的没有门禁的集中居住区，是一种针对某一特定社会群体（农民工）而形成的居住方式（Wang et al.， 2009），因为住房供给渠道的缺失，农民工进城后不得不从非正规租房市场中寻找住房,而其各种社会需求也往往由市场提供，如子女到付费的农民工学校中上学，而非由政府通过税收而投入。城中村实际是一种住房的特殊消费方式，是适应了外来人口的租房需求的、成本极小化的产物。随着外来人口增加，本地房东迁到城市其他条件较好的地方，而外来人口则出现集中居住，出现原城郊村落社会构成的全面演替。

目前学术界主要从现代化、社会资本与社会网络、制度主义等三种理论范式出发，对外来人口城市融入问题进行阐释（梁波和王海英，2010）。运用社会嵌入的视角，即个体通常通过三种整合方式（互惠、再分配和市场交换）同社会建立整合，可以看出商品化是社会分化的主要原因（Polanyi，2001）。传统中国乡村社会以互惠为主要的嵌入方式，个体通过家族网络，成为其中一员，从自己的生活圈子出发，按远近关系，形成“差序格局”（费孝通，1985）。这种互惠在单位制社区也或多或少保留下来。但在国家单位社区中，国家再分配是主要的整合渠道，通过集体消费，居民同时又是企业或单位职工，享受相应的权益，而且这个权益是因其身份而获得的，并非相对固定，通常不会被剥夺和丧失。在经济改革后，市场交换成为新兴的嵌入渠道，劳动者通过出卖劳力获得收益，在市场交换的基础上，和其他成员发生关系。商品化带来的差异，更多是一种片面关系，是一种暂时的耦合关系。房东与房客的关系，相较于同村家族成员、同单位成员来看，的确是一种流动的、非稳定的关系。外来人口的个人和家庭状况、社区参与和社会资本、城市的制度安排等因素均影响其社会融合（任远和乔楠，2010；悦中山等，2011）。进入城市的外来人口脱身于乡土社会，脱离了互惠的嵌入方式（当然，外来人口之间仍然可以发生互动、互惠，进而嵌入，形成如老乡圈子等的社会网络关系），而外来人口也没有在城市社区享有国家再分配带来的权益，虽然国家为了加强管理，实施外来人口登记并发放暂住证，但外来人口很难以其暂住的身份而成为城市社区的成员。实证表明，城市居民对外来人口整体持肯定态度，但在日常交往中对流动人口仍持疏离甚至排斥的态度（宋月萍和陶椰，2012）。而外来人口中的低收入者，如农民工，因其收入所限，无力购买商品房，更无法逐步形成其社区，成为城市一员。而对于老城居民，传统社区正随城市拆迁而瓦解，国家再分配对于这些历史上就处于边缘的体制外人群，也逐步缩减；因缺乏人力资本，这些人群亦无法进入新兴就业市场，无法建立以市场交换为主体的嵌入渠道。因之往往经过拆迁和迁居，城市弱势群体进一步丧失社会融入能力。总之，随着商品化的推行，中国城市社会正进入一种基于个体消费能力差别而分化的新格局。

二、社会空间分异的表现形式

社会空间分异表现为居住空间的分异和在同一社区的阶层分异。改革后城市社会空间从改革前的高度整合且混居状态转向为居住空间的社会分异。这种居住分异通常被认为会造成社会分异。为了解决居住分异问题，西方，特别是欧洲，近来鼓励建设混合居住区。不同人群在空间上分异、同类集聚，对于整个城市而言，空间呈现分异和破碎的状态。但是对于社区内部，社会可能是相对整合的。例如，高档的门禁社区，基于共同产权呈现了基于社区的社会动员能力，居委会联合起来反对某些对社区有影响项目的建设。但是，即便在空间上呈现混居，不同阶层仍然可能出现社会隔离。城中村是典型的混合居住模式：本地村民、居住在出租屋的外来人口共同生活在此，作为房东和租客，在经济上共同生存和相互依赖（symbiosis）。但是在社区事务上，两者之间并不整合。外来人口被排斥在社区之外，缺失相应的决策权利，也没有对社区的认同感。已有研究表明，城市农民工的地方融入意愿主要受个人、自然、社会、经济特征、区域环境条件等因素的综合影响，其中尤以婚姻状况、居留时长和就业难度因素的影响最为显著（王桂新等，2010）。

虽然外来人口和本地人口在社区事务上的互动受到限制，在外来人口的集聚区，邻里的互动强度并不弱。外来人口之间存在着相当的邻里互动，其强度超出门禁社区中的居民互动。这是因为城中村居住的环境比较简陋、缺少空间的私密性、邻里共用设施，常为老乡集居。又因其外来的身份，需要互帮互助。而门禁小区的社会整合不是建立在邻里互动之上，更多的是基于产权的利益共同体，邻里强调私密性，而缺乏互动。外来人口的互帮互助在其集聚区表现得特别明显，对新来的外来人口适应居住地的生活有益。在西方，近来的研究也肯定少数民族集聚区的正面意义，认为集聚区能够促进少数民族的相互帮助，帮助他们登上社会阶梯。而在郊区，少数民族的郊区（ethonoburb）形成了少数民族经济，其聚居并不对社会融合造成负面影响（Li，2006）。不过大规模的同质人口集中居住，有时确实会对社会融合有负面的影响（Marcuse and van Kempen，2002；Slater and Anderson，2012）。在第二次世界大战后西方建立的公屋区（public housing estates），建设后出现了很大的社会问题，失业率高，社区在经济上与主流社会隔离，依赖于福利救济（Wacquant，2008）。这正是 90 年代以来，加拿大、德国等强调公屋区应当分散，在房地产开发时要求地产商开发一定数量的公屋，以避免公屋过度集中的原因。目前国内大规模建设社会保障房，形成相对单一的社区类型，将来对社会融合可能会有负面影响，需及时研究和调整。

三、对社会空间分异成因的解释

不同于其他城市（如美国城市或西欧发达经济体的城市），中国城市社会空间分异有以下成因（Li and Wu，2006）。

（1）历史的继承：中国社会的城乡二元结构在改革开放后的城市发展空间中形成了新二元结构。外来人口很难进入工业化的公有住房正规社区。而国家管理的强势，禁止移民随意搭建，避免了类似发展中国家贫民窟的形成。中国的社会空间分异因而有着特殊的模式。

（2）世界工厂模式的建立：改革开放后，国家以放权为手段，调动地方政府的积极性。后者通过出让土地吸引投资，而工业投资的到来，吸引了外来人口打工。城市建设因而基本上是围绕着这一运营模式而开展。外来人口是工作者，而不是市民。

（3）基于产权的管治：和公民权相对，产权成为进入社区管理的基本条件。农村的土地为集体所有，基于户口的产权分配定义了参与福利分配的权力。而集体土地产权的股份化和权益成员的固化强化了城乡的差异和农村的封闭性。村委实际成为农村土地产权的董事会。因为缺乏农村基层的民主化，外来人口基本上没有参与社区事务和社区管理的权力。

（4）城市社会功能市场化：类似于社会管理的新自由主义化（neoliberalism），城市社会服务经历了一系列市场化，出现了住宅商品化、社会服务的市场化、城市政府的企业化（entrepreneurialism）。劳动力的再生产实际上处于自由放任状态。因而外来人口缺乏以国家再分配而融入社会的渠道。

社会空间分异的本质实际上是在世界工厂体制下的特有社会形态，有其必然性。从积累体制和治理的模式的动态关系视角，可以看出社会分异所负担的政治经济功能，即为世界工厂体制的表现形式和支撑。正如福特制下的大众生产、大众消费而形成凯恩斯国家福利主义，由国家组织在城市单元形成集体消费一样，世界工厂体制排除了外来人口，因为对于该体制而言，外来人口在完成了劳动生产后，只是负担，不是构成经济循环的消费者（陈钊和陆铭，2008）。而地方政府不必也不可能负担外来人口的劳动力的再生产。在这种体制下，社会空间分异是特定政治经济条件下的措施，甚至是一种空间手段（Harvey，2006）。但是这种手段也为进一步的发展埋下了危机的种子。

首先，社会不能融合，将演化为经济危机，进而可能演化为社会危机。经济增长过度依赖于投资、土地经营和出口，而消费严重不足。

其次，社会融合的危机实际上是经济积累危机。要化解这个危机，就必须依赖以人为本的城市化，从为资本的城市化转换到人的城市化（Wu，2013）。而以人为本的城市化，就必须实现社会融合。

四、从社会空间分异走向社会融合

近年来，经济、社会交往、文化适应等要素对外来人口社会融合的影响越来越显著：经济适应是社会融合的基础；文化适应是影响社会融合最重要的因素；经济适应和社会交往对社会融合产生间接的影响（陆淑珍和魏万青，2011）。新生代农民工与城市社区的关系正在发生变化，正从隔离、排斥和对立转向理性、兼容、合作的新二元关系（马西恒和童星，2008）。此外，相比第一代农民工，新生代农民工有着更强的定居城市的意愿（侣传振和崔琳琳，2010；王春光，2010；马祖明和侣传振，2011），有的已经处于“中度市民化”阶段（董延芳等，2011）。未来数十年，中国城市社会必然向社会融合发展。城市社会空间从分割走向融合，不是出于意识形态的需求，而是必然出现的趋势。这是因为世界工厂体制将随世界经济危机的深化而瓦解，为了满足资本积累的需要，新一轮社会融合将开辟新的积累空间（刘晓峰等，2010）。进一步而言，社会融合受到以下推动力的作用。

（1）双向运动（double movement）为社会融合提供社会自我保护和再分配渠道。经济的商品化造就市场性社会，经济运行镶嵌于社会之中，带来剧烈冲击。而运用商品手段解决社会的问题，必然造成更大的问题。例如，次贷危机就是在住房市场用住房所有权和住房贷款的金融化来解决低收入人群的住房问题，造成世界性危机。为了抗击冲击，社会形成了自我保护运动，即双向运动（Polanyi，2001）。这种双向运动要求对社会底层、外来人口予以基本的权益保护，以形成社会的稳定性和整合性。

（2）劳动力成本的升高为社会融合提供了市场交换渠道。随着“刘易斯拐点”的到来，劳动力不再无限供给（蔡昉，2007）。同时世界工厂模式下的市场社会在劳动力再生产上有着重大局限，未来劳动力的供给必然出现问题。随着城中村拆除，片面地把劳动力再生产推向乡村，出现了留守儿童问题，正常家庭生活缺失，这种把劳动力再生产经济化的策略的运用已达到了极限。而劳动力价格的上升，最终将强化通过市场而融入城市社会的渠道，外来人口也具备一定的消费能力，甚至像西方少数民族集聚区那样，形成社会资本，进而积累资源，通过日益扩大的融入渠道成为城市的一员。新城市移民的经济潜力不容低估。

五、实现社会融合要解决的问题

城市外来人口的社会融合包含着多个维度：文化融合、心理融合、身份融合和经济融合等（张文宏和雷开春，2008），而社会融合则与多重因素相关：制度供给（陈丰，2007）、管理方式、土地流转、劳动力市场及社会保障等。外来人口的融入轨迹是多方面、多层面因素综合作用的结果，需要通过公共机制、私人机制和社会机制等方面的综合作用（梁鸿和叶华，2009），其融入模式因人而异，通常首先发生经济整合，其次为文化接纳，再次为行为适应，最后是身份认同（杨菊华，2009）。为实现社会融合，目前需着力解决以下两方面问题。

（1）城市边缘区和半城市化地区的本地农村人口的城市化：通过对产权的认可，将农村人口的资产转换为和城市居民同样的容许经营的资产。对于事实上处于经营的资产，予以服务化管理，虽然可以对经营实现免税，但是对地区的税收是公共服务的最终资金来源。实现从土地经营之外的正常税收来源，取之于民，用之于民。实现本地农村人口的全面城市化（而非半城市化）（王春光，2006），使其融入城市社会。

（2）外来人口的融合问题。根据本章的研究，外来人口的居住满意度与设施相关，但是更与社区归属感相关（Li and Wu，2013）。外来人口缺失社区归属感，无法仅由设施的改善解决。鼓励社区参与是外来人口的社会融合的主要途径。而外来人口集聚区的社会网络并不局限于城中村（Liu et al.，2012）。但是，集聚也可能限制外来人口和本地人口之间形成社会网络。事实上，农民工的市民化，并不是简单地把他们转化为市民，因为市民自身的社区归属感也在下降。强调社区事务的公共参与，以此培育外来人口的社会资本（赵立新，2006）并促其“本地化”（任远和陶力，2012），特别是在社区层面，加强社区建设，是强化社会融合的根本策略之一。

第四节　社会融合的测度与实证

一、广州等六市新移民及其社会融合

基于广州、东莞、沈阳、成都、杭州和郑州等六个城市调查所得的3168份有效新移民问卷，对新移民的基本情况进行分析。在性别、婚姻方面，六市新移民的男女比例接近1∶1，除沈阳、郑州差异较大外，未婚与已婚比例也接近1∶1。在户籍状况方面，外地户口的比例远大于本地户口比例，总体上本地户籍与外地户籍的比例为11.9∶88.1，其中东莞本地户籍与外地户籍比例差异最大，为1.9∶98.1，新移民中获得本地户口的人口偏少，反映现阶段新移民入户当地城市困难较大，“户籍制度”可能是新移民社会融合的重要影响因素。在年龄结构方面，总体上67%的新移民为21～30岁，以年轻人口为主。在受教育水平方面，受过中学教育的（初中、高中）的比例为56.7%，大专以上教育水平占38%，可见城市新移民的受教育水平较高，新移民主体以高中以上学历为主，受教育水平可能对新移民的社会融合产生重要影响。在收入结构方面，接近50%的城市新移民收入为1001～2000元，中高收入的比例较小，新移民中不同收入群体的社会融合可能存在较大差异。在住房状况方面，65.2%的新移民租房，其次是单位宿舍19.3%，自购房的比例为11.4%，住房问题是当下全社会关注的焦点，对社会发展具有重要影响（李志刚，2008），推测住房将影响新移民的社会融合状态。在新移民类型方面，三类新移民的数量较为接近（智力型新移民∶劳力型新移民∶投资型新移民=31.1∶41.7∶27.2），但城市间差异较大，其中劳力型新移民的比例差异较为明显，广州、东莞、郑州的劳力型新移民较多，杭州则智力型新移民较多，这与城市的产业结构、科研院校数量等相关。

在社会融合测度方面，因“社会融合”概念的包容性大，不同研究基于不同的侧重点和研究方法提出的测度不同（吴缚龙和李志刚，2013）。在社会融合的具体维度方面，张文宏和雷开春（2008）通过因子分析提出城市新移民社会融合包含文化融合、心理融合、身份融合和经济融合四个维度，高向东（2012）同样采用因子分析方法发现社会融合包括经济适应、社会接纳、文化与心理融合三个层面，周皓（2012）则认为社会融合应涵盖经济融合、文化适应、社会适应、结构融合、身份认同等五个方面。在社会融合状况的评价方面，任远和乔楠（2010）基于流动人口融入城市的过程提出

可从“自我身份的认同”、“对城市的态度”、“与本地人的互动”、“感知的社会态度”四方面对融入状态做评估，罗仁朝和王德（2008）则从居住满意度、对城市的主观感受、社会交往等方面做评价，陈钊和陆铭（2008）则认为城市公共事务、政策决定的权利是新移民社会融合的重要评价指标，此外还有从居住环境、受歧视程度、方言掌握程度、与本地居民的社会交往、不同群体间的联姻情况等方面进行的社会融合度研究（Martinovic et al.，2009；Matschke et al.，2010；Rubin et al.，2012）。总体而言，与城市本地居民的同质化水平是多数研究衡量移民社会融合的主要标准（马西恒和童星，2008；王桂新等，2010；悦中山等，2009）。另外，因社会融合与社会适应的关联性较强，故社会适应的测度指标也可作为社会融合测度的参考（风笑天，2004；田凯，1995）。

综上，“社会融合”是一个以移民群体为核心的概念，新移民社会融合从个体向外部环境可分为“身份认同”、“生活方式”、“社区邻里交往”和“城市文化融合”四个层面，即“个体内在-个体生活-社区-城市”四个维度。在个体内在维度上，本节选择了“身份认同”作为变量；在个人生活维度上，选择了“个人生活方式”作为衡量指标；在社区维度上，选择了“邻里交往”作为变量；在城市维度上，选择了“文化融合”作为衡量指标。在调查问卷中，反映“身份认同”的问题是“您认为自己目前的身份是？（本市人=1，外来人=0）”，反映“生活方式”的问题是“您认为自己目前的生活方式与本地人一致吗？（一致=1，不一致=0）”，反映“邻里交往”的问题是“您与邻居的关系如何？（交往多=1，交往少=0）”，反映“文化融合”的问题是“您对本市语言的熟悉程度如何？（听说无障碍=1，听说存在困难=0）”。

将社会融合度作为以上四个维度的综合指标，计算公式为

$$\text{社会融合度} = \frac{\sum x_i}{i} \tag{4.5}$$

式中，x_1为身份认同（0/1）；x_2为生活方式（0/1）；x_3为邻里交往（0/1）；x_4为文化融合（0/1）。社会融合度则将反映四个维度的（0，1）变量等权相加，得到一个（0，0.25，0.5，0.75，1）的变量，然后将 0、0.25、0.5 定义为低社会融合度（0），将 0.75、1 定义为高社会融合度（1），以此得到社会融合度变量（0，1）。

从表 4.12 可知，55.5%的新移民社会融合度高，六个城市可分为三类融合度，低融合度的城市是杭州、东莞，中间水平的是广州，高融合度的城市是沈阳、郑州和成都。在身份认同上，89.6%的新移民认为自己是城市中的外来人，认为自己是本市人的只有 10.4%，可见新移民城市身份的认同感相当低。在生活方式上，新移民中认为与本地居民生活方式一致的比例为 55.2%，总体上相差不大，但各城市间的差距较大，其中东莞的比例最低。在邻里交往上，只有 24.5%的新移民邻里交往属于强交往类型，各城市的强交往比例都较低。在文化融合上，接近 70%的新移民无语言障碍，可见新移民与本地居民的文化差异较小，这与西方移民或族裔社会融合的情况差异较大（周敏，1995）。在融合的四个维度上，身份认同和邻里交往的比例较低，而生活方式、文化融合的比例较高。

表 4.12　六市新移民社会融合状况

城市	样本量	社会融合度/%		身份认同/%		生活方式/%		邻里交往/%		文化融合/%	
		低（0）	高（1）	外来人（0）	本市人（1）	生活方式不一致（0）	生活方式一致（1）	弱交往（0）	强交往（1）	存在语言困难（0）	无语言障碍（1）
广州	538	54.8	45.2	93.9	6.1	55.0	45.0	77.5	22.5	36.6	63.4
东莞	580	66.2	33.8	96.9	3.1	65.0	35.0	63.4	36.6	59.3	40.7
沈阳	528	23.5	76.5	83.3	16.7	29.5	70.5	82.4	17.6	2.7	97.3
成都	552	28.8	71.2	86.1	13.9	33.9	66.1	73.6	26.4	13.4	86.6
杭州	452	69.5	30.5	88.1	11.9	48.5	51.5	83.4	16.6	70.4	29.6
郑州	518	25.9	74.1	88.8	11.2	35.7	64.3	75.3	24.7	1.9	98.1
合计	3168	44.5	55.5	89.6	10.4	44.8	55.2	75.5	24.5	30.2	69.8

在城市新移民社会融合的影响因素上，以户籍为代表的制度因素对城市新移民的社会融合影响显著，但职业、城市发展环境等市场机制已发挥重要作用。在具体的四个维度上，以户籍为主的制度因素对身份认同有显著影响，但对生活方式、邻里交往、文化融合等无显著影响，市场因素则对生活方式影响较为明显，而空间因素则对四个维度都有明显作用，家庭/个人因素对生活方式、邻里交往等有较明显影响，其中城市生活满意度对五个因变量都有显著影响。

“户籍”对新移民社会融合的影响显著，主要是对身份认同维度有重要影响；受教育水平对社会融合度没有显著影响，但对生活方式和邻里交往具有影响；新移民中不同收入群体的社会融合存在差异，当前收入水平对城市新移民的社会融合影响较小；住房模式对新移民社会融合的影响不显著，但对身份认同和文化融合影响显著，可见住房具有城市身份的标签作用（吴维平和王汉生，2002）。珠三角、长三角等经济圈作为中国主要新移民聚居地，应如何有效吸纳规模如此巨大的城市新移民呢？新移民如何才能更好地融入城市呢？在房价高企、生态环境恶化的背景下，大城市的社会融合议题是否会回归到传统人地关系的大融合之上呢？另外，本节研究发现城市新移民的住房问题已成为社会融合的重要阻碍，当前大城市的公共住房能否覆盖城市新移民呢？如何覆盖？其效果又会是怎样？这些问题，均有待进一步研究。

二、呼和浩特市的多民族居住融合

呼和浩特是中国蒙古族、满族、汉族多民族融合程度较高的典型城市。明、清至民国时期，互市贸易、“走西口”及旅蒙商日渐兴盛，作为“草原茶叶之路”重要节点城市的呼和浩特，蒙古族、满族、汉族多民族混居态势业已形成，民族间关系十分融洽。1949 年以来，呼和浩特多次荣获“全国民族团结进步模范城市”称号，成为中国民族和谐城市的代表。另外，近年来在政策和经济推动下，大量农村牧区少数民族（尤其是蒙古族）迁入呼和浩特，促使城市少数民族和汉族人口比例发生变化，城市社会空间出现转型，城市民族间居住融合格局也随之发生变化。因此，以呼和浩特市为例，对其居住分布格局进行定量研究，深入系统地探讨民族间居住融合空间演化和影响因素，从空间视角展示民族融合进程，有利于理解呼和浩特城市内部民族融合的基本格局、演变规律和驱动特征，并以此实证中国蒙古族、满族、汉族多民族聚居城市社会空间演变，对蒙古族、满族、汉族共居城市具有一定的代表性和适宜性，也为多民族聚居城市社会空间转型提供借鉴和对比。

（一）研究方法与数据来源

1. 研究区概况

研究区域为呼和浩特市辖区，包括玉泉区、回民区、新城区和赛罕区，共 37 个街道和镇（简称街区）（图 4.12）。由于历史原因，少数民族主要聚居在研究区内，这种居住格局已延续四百余年。2010 年呼和浩特市第六次人口普查数据显示，研究区内居住的少数民族占全市少数民族总人口的 81.9%。研究区内汉族、蒙古族、回族和满族是主要民族，他们的构成比例为：汉族 83.7%、蒙古族 12.1%、回族 1.8%和满族 1.5%。说明蒙古族是呼和浩特首要少数民族，同时被官方定位为呼和浩特主体民族（王俊敏，2001），因此研究重点在于分析少数民族与汉族的居住融合和其中蒙古族与汉族居住融合。

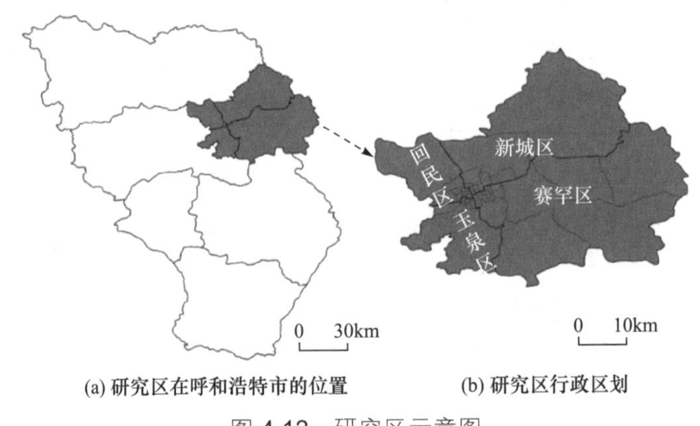

(a) 研究区在呼和浩特市的位置　　(b) 研究区行政区划

图 4.12　研究区示意图

2. 数据来源

数据来源于呼和浩特市 2000 年和 2010 年全国人口普查资料，辅以部分民族统计数据。ArcGIS 矢量化底图来源于 2015 年《呼和浩特市行政区划图》，考虑到呼和浩特市区街区行政区划调整，因而以 2015 年街区数据为准，同时获取并修正 2000～2014 年街区数据。

3. 研究方法

1）融合指数

设定融合指数=1–分异指数。融合指数计算源于分异指数。分异指数是当前最为常见的衡量居住均匀性的方法（李志刚和吴缚龙，2006），因此也被称为居住分异指数。

它是从均质性维度出发，为达到整个城市人群居住均匀分布的目的，而对少数群体的比例进行重新空间定位的方法（陈杰和郝前进，2014）。具体做法为：通过计算单元内少数群体占整个城市少数群体比例的平均绝对偏差来测算居住均匀时少数群体人口数量比例的理论最高限度（James and Taeuber，1985）。居住分异指数的数学公式为（Massey and Denton，1988）

$$D=\sum_{i=1}^{n}\left[t_i\left|p_i-P\right|/2TP(1-P)\right] \tag{4.6}$$

式中，t_i为单元空间i总人口数；p_i为单元空间i内少数民族占单元空间总人口的比例；T为城市内研究对象总人口；P为少数民族占研究对象总人口比例。D值为0～1，D值为0表示少数民族在研究区域内完全均匀分布；D值为1表示少数民族在研究区域内完全隔离居住，他们的居住空间同汉族没有交集。根据已有的研究划分标准：融合指数值为0.7～1，意味着高度融合；融合指数值为0.3～0.7，意味着中度融合；融合指数值为0～0.3，意味着低度融合（陈杰和郝前进，2014）。

鉴于上述居住融合指数只能分析整个研究区域而无法分析各单元空间的融合状况，因此引入局部融合指数，用以衡量城市内部各街区间的居住均匀性。局部融合指数来源于局部分异指数（local dissimilarity index），局部分异指数的数学公式为（Wong，1996）

$$\mathrm{LD}=100\times\left|\frac{x_i}{X}-\frac{y_i}{Y}\right| \tag{4.7}$$

式中，x_i和y_i分别代表单元空间i的少数民族人口数量与汉族人口数量；而X和Y则分别代表研究区域内少数民族人口总数与汉族人口总数。LD的取值为0～100，LD值为0表示少数民族和汉族在单元空间内分布均匀；LD值为100表示单元空间内少数民族群体聚集。根据局部分异指数可以推导出：局部融合指数=100−LD。根据已有的研究划分标准：局部融合指数为75～100，意味着民族间居住高度融合；局部融合指数为60～75，意味着中度融合；局部融合指数为0～60，意味着低度融合（李松等，2015）。

2）反距离加权插值法

为了提高可视性，揭示居住融合变化特征，借助ArcGIS软件平台，将街区面数据转化为点数据，利用反距离空间插值法进行分析。数学公式为

$$Z(s_0)=\sum_{i=1}^{n}\lambda_i Z(s_i) \tag{4.8}$$

式中，$Z(s_0)$为s_0处局部融合指数的预测值；n为样本点的数量；λ_i为各个样本点的权重值；$Z(s_i)$为s_i处局部融合指数值。权重的确定公式为

$$\lambda_i=d_{i0}^{-p}/\sum_{i=1}^{n}d_{i0}^{-p},\quad \sum_{i=1}^{n}\lambda_i=1 \tag{4.9}$$

式中，$-p$为指数值，用以降低权重值，通常P取值为2；d_{i0}为s_o到s_i的距离。

3）双变量相关分析

双变量相关分析的原理为两个连续变量的散点在散点图中分布趋势相近，那么这两个连续变量间存在相关趋势。皮尔逊相关系数是相关趋势检测的常用方法（王真等，2009），其数学公式为

$$r=\frac{\sum X-\bar{X}\sum Y-\bar{Y}}{\sqrt{\sum X-\bar{X}^2\sum Y-\bar{Y}^2}} \tag{4.10}$$

式中，r 为居住融合同影响因子间的相关系数值；X 为影响因子；Y 为居住融合；$\bar{X}$ 和 $\bar{Y}$ 分别为两者的均值。r 取值范围为−1～1，r 为 0 说明居住融合同自变量之间为零相关；$|r|$ 为 1 说明两者之间完全相关；$|r|$ 接近 1 说明两者间的相关程度高；r 的正负值表明正负相关。

4）多元线性回归分析

以局部居住融合指数为因变量，潜在影响因素为自变量，建构多元线性回归模型，分析影响居住融合的主导因子并量化因子贡献率，其一般表达式为（王秀圆和闫建忠，2015）

$$y_i=x_0+\sum\beta_i x_i+\varepsilon \tag{4.11}$$

式中，y_i 为因变量；x_0 为常数项；β_i 为自变量的回归系数；x_i 为自变量；ε 为随机误差项。

（二）分析结果

1. 呼和浩特市区民族居住融合及其演变

地理学研究对象的时空格局依赖于尺度（李双成和蔡运龙，2005），民族间居住融合的时空格局同样具有尺度依存特性，不同尺度居住融合的时空特征并不一致。因此，若要准确真实地揭示呼和浩特市区民族间居住融合的时空规律，需要从城市（宏观）、市辖区（中观）和街区（微观）三个尺度衡量居住融合特征，揭示居住融合的差异性。同时，对微观尺度进行细致分析，更能精确反映城市内部民族间居住融合程度及居民居住选择的自由化程度。因此在对国内不同异质性的城市进行居住融合研究时，既要关注宏观特征也要把握中观、微观规律，进而从居住空间视角衡量民族关系在不同尺度上的融洽度，为城市民族管理工作提供必要的引导和支持。

1）城市尺度居住融合及其演变

将 2000～2015 年市辖区范围内总人口及少数民族人口数量作为基础资料，利用融合指数测度呼和浩特市区近 16 年来少数民族居住融合变化趋势（图 4.13）。结果表明，呼和浩特市区居住融合指数值在 0.9 以上，接近 1，说明以城市作为分析单位，民族间居住呈现高度融合状态。同时在研究时段内，2004 年城市内部民族间居住融合指数波动相对较大，主要原因在于以下两点。一方面，根据内蒙古统计年鉴数据显示，2003～2004 年呼和浩特进行大规模城市居住社区建设，城市实有住宅面积 2003 年是 1865 万 m^2，而 2004 年上升至 2314 万 m^2，上升幅度达 24%，住宅销售面积上升幅度更高，

达 34%。2005 年城市住房供给量和销售量趋向稳定，上升幅度都显著小于 2004 年，维持在 5%和 27%左右。因为这种大量新房销售时，各民族可公平购买，实际上大幅提升了城市的居住融合度，形成了 2004 年的异常高值。另一方面，随着城市南部居住区的大范围开发，2004 年新城区少数民族人口数量比上年减少 11009 人，下降 16.6%，而城市南部赛罕区和玉泉区则快速上升。而 2005 年之后这些趋势减缓。因此，两者共同对城市居民居住选择和居住迁移产生影响，最终使城市尺度民族间居住融合指数发生变化。除 2004 年之外，其余年份波动程度较小，整体上呈现显著的上升趋势，表明城市民族间混居程度不断加深。

为进一步探究主体民族的居住融合，利用融合指数测度市区蒙古族居住融合变化趋势（图 4.13）。结果表明，研究时段内蒙古族在城市的居住融合指数值高于 0.9，为 0.927～0.945，这与民族间居住融合指数值相接近，说明蒙古族在城市尺度上的居住同样处于高度融合状态。在研究时段内，蒙古族居住融合呈现同民族间居住融合大致相同的波动上升趋势，表明城市内部蒙古族混居程度不断加深。少数民族和蒙古族两者居住融合演变区间接近，且演变趋势大致相同，说明蒙古族居住融合是市区民族居住融合的主要体现。然而值得关注的是，蒙古族的居住融合自 2010 年开始，其指数相对略有下降，具体原因尚不明朗。

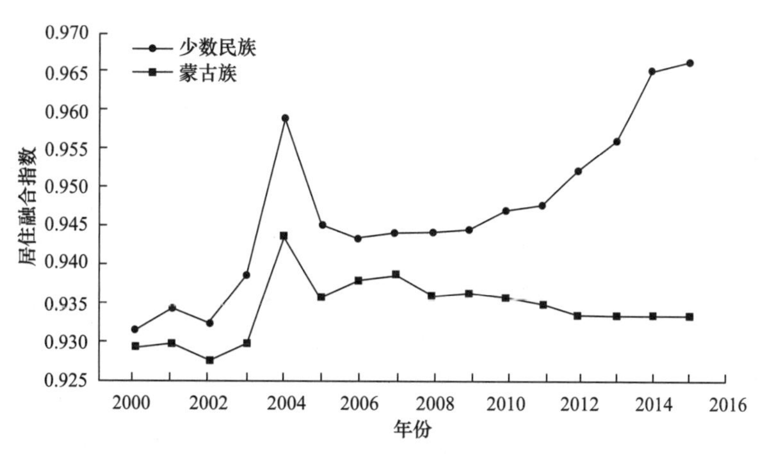

图 4.13　呼和浩特市少数民族及蒙古族融合指数变化（2000～2015 年）

2）市辖区尺度居住融合及其演变

为了定量分析呼和浩特市区少数民族居住融合的现状，以 2000～2015 年市辖区各乡镇街道的总人口数量同少数民族人口数量为基础信息，利用居住融合指数测度呼和浩特市辖区近 16 年来少数民族居住融合变化的趋势（图 4.14）。结果表明：①玉泉区居住融合指数由 2000 年的 0.853 波动上升到 2015 的 0.884，上升 0.031，融合程度在研究的时间段内呈现高度融合状态。②新城区居住融合指数由 2000 年的 0.782 波动上升到 2015 年的 0.838，上升 0.056，呈现高度融合状态，融合程度低于玉泉区，高于赛罕区和回民区；以 2007 年为分界点，2007 年前，融合指数波动明显，之后呈现持续上升趋势。③回民区居住融合指数由 2000 年的 0.73 波动上升至 2015 年的 0.746，上升 0.016，上升幅度在市辖区中处于最低水平，说明回民区居住融合变化趋势不明显，居住格局稳定。以 2007 年为分界点，2007 年后回民区居住融合指数低于赛罕区，成为四个市辖区中融合指数最低的区域。④赛罕区居住融合指数由 2000 年的 0.695 波动上升到 2015 年的 0.788，上升 0.093，成为上升速度最快的区域，民族间居住融合程度显著加深。以 2007 年为分界点，2007 年后赛罕区居住融合指数由末位上升至第三位，且与回民区融合值的差距逐年拉大。由此表明，当前呼和浩特市民族居住融合程度玉泉区居首，新城区、赛罕区次之，回民区最低；赛罕区融合指数上升速度最快，新城区次之，而玉泉区和回民区则变化较平稳。

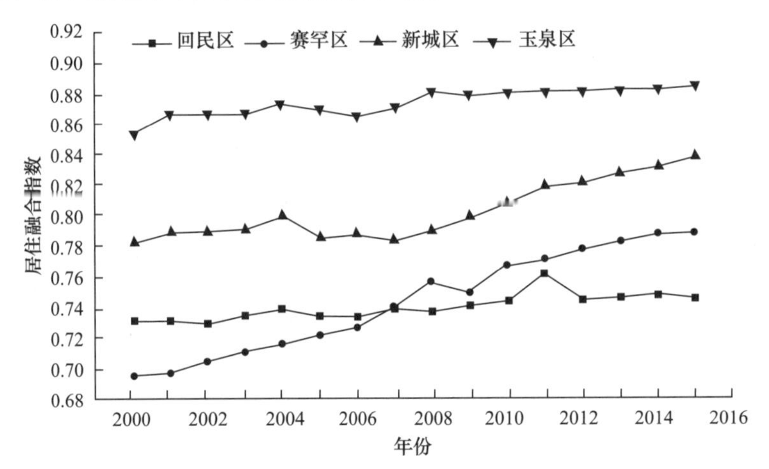

图 4.14　呼和浩特市辖区少数民族融合指数变化（2000～2015 年）

利用居住融合指数测度呼和浩特市辖区蒙古族居住融合变化趋势（图 4.15）。结果表明：①研究时段内，4 个市辖区蒙古族居住融合指数都高于 0.7，处于高度居住融合状态。这与少数民族在 4 个市辖区的融合状态相一致。②玉泉区和回民区融合指数明显高于赛罕区和新城区，这与民族间居住融合指数在四区的排列方式不一致，这是因为长期以来蒙古族主要集中居住在赛罕区和新城区，玉泉区和回民区相对较少，且族群内部居住较为分散，融合程度更高。③回民区蒙古族居住融合指数演变趋势不显著，而其他 3 个市辖区融合指数演变趋势相对较为明显，根据实地调研发现，随着城市向南扩张，玉泉区和赛罕区新建了大量的居住小区，同时交通、医疗等基础设施较为便捷与发达，促进蒙古族向城市南部的玉泉区和赛罕区迁移。④回民区蒙古族融合指数高于少数民族融合指数，原因在于回民区是回族居民长期聚居区域，且回族具有聚居特征，因此该区域民族间融合指数相对较低。总体上蒙古族在各市辖区融合指数变化区间同该区域民族间融合指数接近，进一步说明蒙古族居住融合是市辖区民族融合的主要体现，从一个侧面反映出蒙古族居住空间格局是呼和浩特民族居住融合的促进因素。

随着研究尺度的细化，民族居住融合空间特征呈现明显差异，城市尺度融合指数高于市辖区尺度，民族间居住呈现一定意义上的大杂居小聚居特征。同时市辖区尺度的演化特征并不能被城市尺度完全反映和取代，而是从更为细致的方面刻画出城市不同区域的融合特点，为市辖区间的对比提供条件。

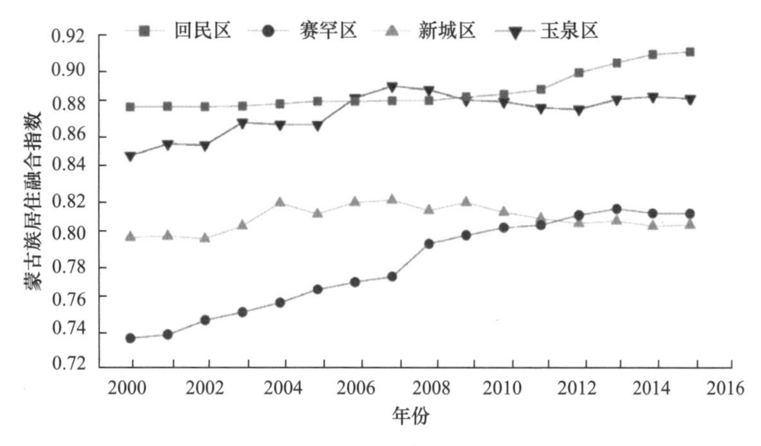

图 4.15　呼和浩特市辖区蒙古族融合指数变化（2000～2015 年）

3）街区尺度居住融合及其演变

以街区少数民族人口数量和汉族人口数量为基础，利用局部融合指数测度 2000～2015 年街区尺度少数民族居住融合状况，发现研究时段内各个街区局部居住融合指数都高于 95，说明呼和浩特所有街区民族间居住融合处于高度状态。利用 2000 年、2005 年、2010 年和 2015 年局部融合指数进行可视化划分，根据自然断点法将局部融合指数划分为 4 个等级，获得呼和浩特市区 4 个年份居住融合的空间分布格局（图 4.16），进而探究居住融合的时空演变特征。

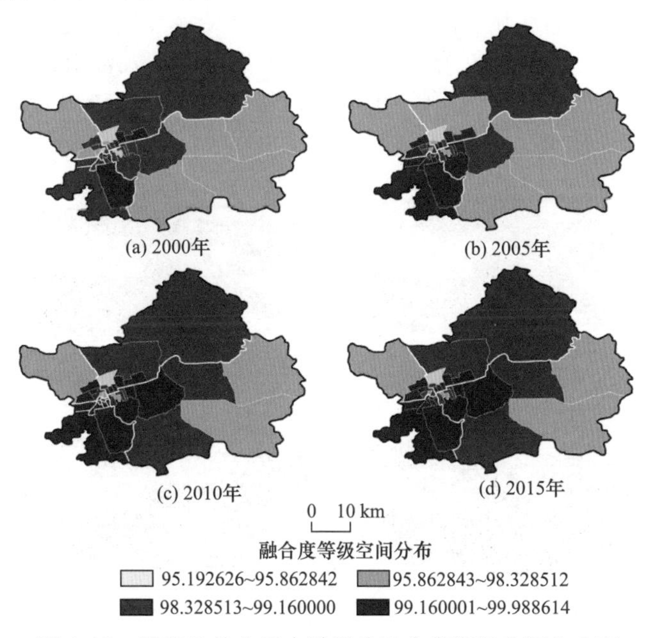

图 4.16　呼和浩特市区少数民族融合度等级空间分布图

结果可得：图 4.16（a）呼和浩特市区民族间居住融合空间布局呈核心-外围的圈层结构，4 个区交界的城市核心区域，特别是海拉尔东路街道、大学西路街道和通道街街道局部融合指数为 95～98，成为融合度相对较低的区域，是呼和浩特市少数民族聚居的主要街区。紧邻核心区域的街区融合指数最高，接近 100，成为民族间居住分布最为均匀的区域。图 4.16（b）研究时段内，少数民族聚居街区（海拉尔东路街道、大学西路街道和通道街街道）融合指数逐年上升，尤其是大学西路街道和通道街街道，2000 年两者融合度处于最低等级，到 2005 年向上一等级转变。海拉尔东路街道居住融合等级在图中一直处于最低，但根据历年数据可以发现，它的融合指数也呈上升趋势，只是上升程度较另外两个街道低。总体而言，少数民族在街区内聚居格局发生改变，民族间居住融合加深。图 4.16（c）从时间推移来看，融合程度最高的区域范围向东北和西南方向不断扩张。2000 年融合程度最高的区域主要出现在新城区的迎新路街道、东风路街道、东街街道，玉泉区的昭君路街道、兴隆巷街道、长和廊街道，回民区的新华西路街道。之后融合度最高的区域逐年扩大，到 2015 年该区域面积扩大近 4 倍，包括赛罕区和回民区邻近城市中心的部分街区、新城区（除海拉尔东路街道、锡林路街道、保合少镇）的大部分街区和玉泉区全部街区。整体来看，研究区域内所有街区民族间居住呈现高度融合状态，玉泉区所属街区是融合程度最高的区域，融合程度最高区域随时间推移快速扩散；融合程度相对偏低的街区主要集中在城市核心区域，但其融合趋势显著。

利用局部融合指数测度 2000～2015 年街区尺度蒙古族居住融合状况，发现研究时段内各个街区局部居住融合指数都高于 95，说明呼和浩特所有街区蒙古族居住融合处于高度状态。利用 2000 年、2005 年、2010 年和 2015 年局部融合指数进行可视化划分（图 4.17），结果可得：图 4.17（a）蒙古族居住融合与少数民族一致，呈现出核心-外围的圈层结构，城市核心区融合值相对较低，以海拉尔东路街道和大学西路街道为首，是蒙古族主要聚居的区域。图 4.17（b）同少数民族聚居区变化相对应，在研究时段内，蒙古族聚居区（海拉尔东路街道和大学西路街道）融合指数逐年上升，2000～2015 年大学西路街道融合指数上升一个等级，尽管海拉尔街道融合等级未发生变化，

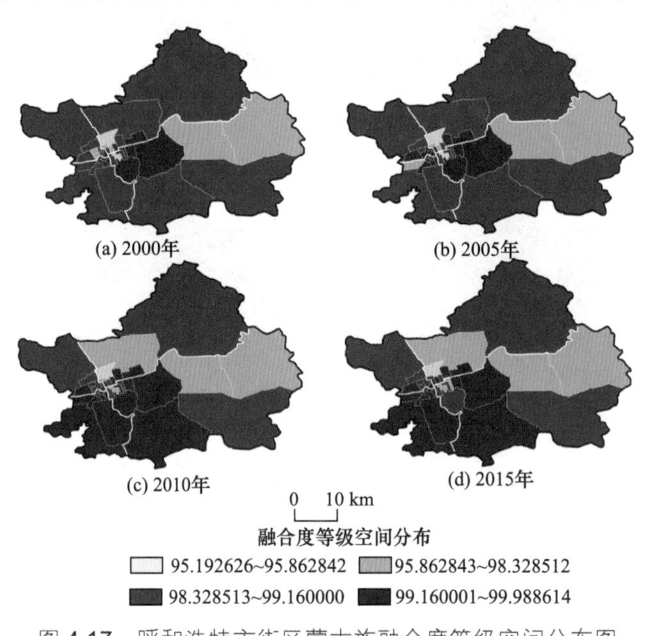

图 4.17 呼和浩特市街区蒙古族融合度等级空间分布图

但其指数值呈上升趋势，只是上升程度较小，因此变化不明显。图 4.17（c）从时间推移来看，蒙古族居住融合最高的街区从 12 个上升至 22 个，融合范围从核心区周边向玉泉区和赛罕区的多数街道扩张。但值得注意的是，蒙古族居住融合高值街区与少数民族居住区并不完全一致，存在一定的差异，例如，新城区北部的成吉思汗街区融合值在少数民族居住区中逐渐上升，但在蒙古族居住区中则逐渐递减，可能是由民族间的自由迁居所形成的。

从街区尺度可更为直观清晰地看到，呼和浩特市区民族间及蒙古族居住融合度由高至低依次为城市近郊区、城市远郊区和城市核心区，且其融合程度的变化趋势并不一致。主要原因在于，呼和浩特城市核心区域属于老城区，自明清两代起，蒙古族、回族和满族等少数民族一般选择老城区居住，为战略防御和商贸服务，存在一定的历史传统。1949 年以后城市核心区大力发展民族基础设施，为少数民族生活、工作和学习提供便利条件，使之仍为少数民族聚居的核心区域。近年来，呼和浩特市区房地产价格增长快速，城市核心区房地产价格居高不下，核心区与近郊区的地租落差显著。在级差地租、土地价格和容积率等因素的作用下，呼和浩特城市通过大量拆迁，向近郊区扩张，造成核心区居住融合程度相对偏低，且变化幅度相对较小。而且，随着流动人口的迁入、房地产市场的大量资本投入，城市在向近郊区扩张的过程中，开发了大量的商品房，同时随着各民族人口的自由流动与迁居，加快促进民族间居住融合。远郊区融合程度稍偏低，是因为历史上呼和浩特远郊区多是汉族居民长期务农聚居之地（王俊敏，2001），少量其他民族迁移至该区域会通过建立民族聚居点或通婚等方式适应务农环境，尽管在长期的交流过程中，形成融洽的民族关系，但由于城市化进程还未完全覆盖该区域，远郊区民族居住融合程度相对低于近郊区。

4）居住融合演变的冷热点分析

将各街区融合指数作为基础数据进行空间插值（图 4.18），分析冷点、热点区变化趋势。结果表明：图 4.18（a）2000 年呼和浩特市区民族居住空间形成三个明显的核心冷点区：海拉尔东路街道冷点区、通道街街道冷点区和大学西路街道冷点区。实地调研发现，海拉尔东路街道是民族特色大中专院校集中区域，而大学西路街道则是内蒙古本科及以上高等教育资源集中区域，吸引自治区大量少数民族学生在此就读，同时也吸引民族教育工作者在此居住。通道街街道是呼和浩特市回族居民世代居住的区域，回族特色的宗教文化设施齐全，满足回族居民日常工作、生活所需。但是随着研究时段的推进，三大核心冷点区的模拟指数都有不同程度的上升，其中通道街街道和大学西路街道模拟指数上升速度快于海拉尔东路街道。图 4.18（b）热点区范围从西南区域不断向城市东北方向延伸，次热点区则从城市东部向西部延伸，到 2015 年，3/4 的研究区域成为热点和次热点覆盖区域，同时次热点周边区域模拟指数上升趋势明显 ，说明民族间居住融合呈扩散状。总之，呼和浩特市区居住融合的热点区呈面状向整个研究区域扩散，民族间居住融合范围不断扩大，融合程度不断加深；而少数民族聚居区以学习型为主、生活型为辅，两类冷点区模拟指数上升趋势显著，民族间居住空间向更加均匀的方向发展。

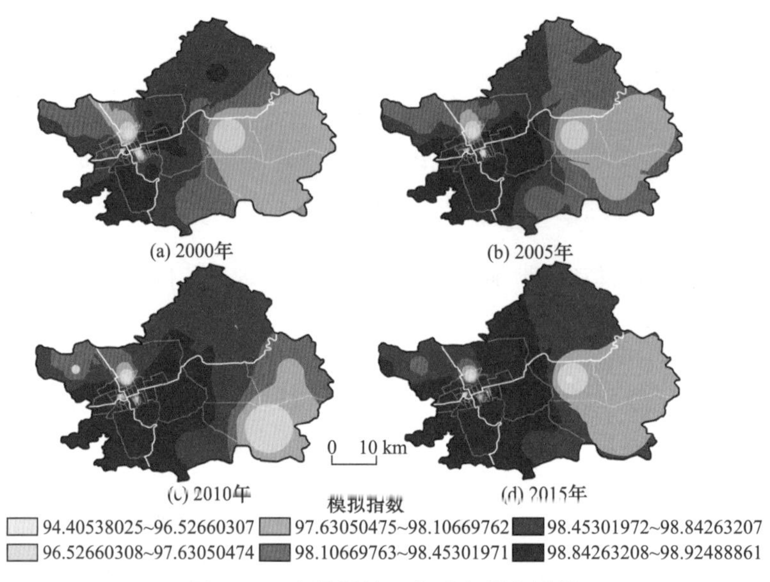

图 4.18 少数民族居住融合插值模拟

将各街区蒙古族融合指数作为基础数据进行空间插值（图 4.19），分析冷点、热点区变化趋势。结果表明：图 4.19（a）中 2000 年呼和浩特蒙古族居住融合呈现两个明显的核心冷点区，即海拉尔东路街道冷点区和大学西路街道冷点区。这与各街区少数民族居住融合空间插值结果相对应，说明这两个冷点区是蒙古族聚居的主要街区，原因在于蒙古族特色大中专院校集中。随着时间的推移，两大冷点区模拟指数都有不同程度的提升。图 4.19（b）热点区范围从城市中部区域向南部和西南方向延伸，次热点区向东北和西北方向区域延伸，说明蒙古族居住融合呈扩散趋势。这与少数民族居住

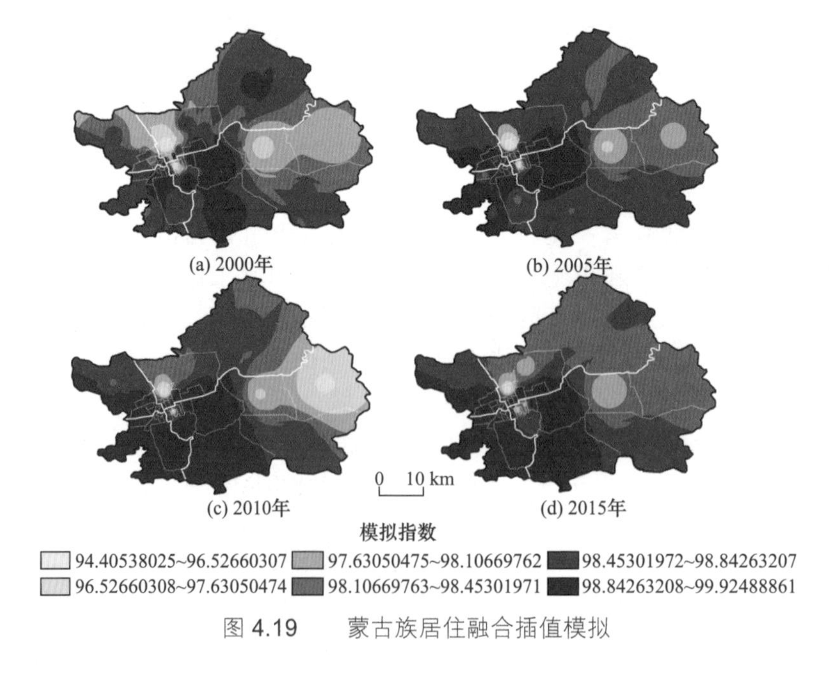

图 4.19 蒙古族居住融合插值模拟

融合热点区范围的扩散方向存在一定的差异，蒙古族居住融合热点区主要向正南和西南方向扩张，但少数民族居住融合热点区还包括向北部扩张的趋势。总体而言，呼和浩特蒙古族居住融合范围和民族间居住融合一致，呈现面状扩散趋势，融合程度不断加深。

2. 呼和浩特市区民族居住融合演变的影响因素及机制

1）居住融合的形成机制

借鉴同化理论民族居住融合的影响因素，将呼和浩特民族居住融合形成机制分为文化动力、历史延续、政策动力、城市化影响和个人因素五方面（图 4.20）。其中，文化动力和历史延续是基础，政策动力、城市化影响和个人因素是直接推动力量。

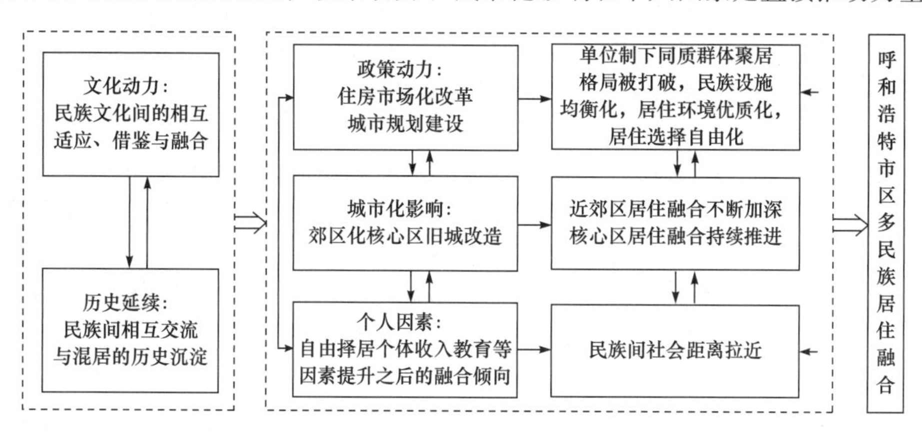

图 4.20　居住融合形成机制

a. 文化动力下的民族文化融合

呼和浩特蒙古族文化、满族文化和汉族文化间的相互适应、借鉴具有悠久的历史渊源，尤其在元、清两个朝代，三种文化间的融合实现质的飞跃。以宗教文化为例，自成吉思汗统治时期，蒙古族就以积极开放的心态借鉴、吸收汉民族的佛教和道教思想（宝贵贞，2004；王佳鹏，1995）。而满族入关后，汉族宗教信仰的特征对满族产生了重要影响（宝贵贞，2008；杜家骥，1993）。蒙古族、满族和汉族在交融中形成相通的宗教文化信仰氛围，所以呼和浩特并未出现由于宗教信仰不同所产生的居住分异局面。同时，这三大民族在风俗习惯上也相互学习借鉴，例如，蒙古族的白节和汉族的春节在元朝时期合而为一，满族将春节安排在农历正月初一等都是文化融合的具体表现。尽管回族宗教文化和风俗习惯上与其他三个民族有较大的差异，但是根据马宗保（2001）的研究，历史上回汉文化间存在求同存异的特点，同时回族文化分散在伊斯兰文化、儒家文化和藏传佛教文化圈中，穿插过渡特性明显。2007 年内蒙古自治区成立 60 周年大庆的举办，带来民族歌曲、民族特色建筑及民族体育、文化及教育的长足发展，进一步带动呼和浩特民族文化融合的提升。民族文化多元融合的格局，成为民族间居住融合的基础，带动居住融合不断加深。

b. 民族间互动、交流与混居的历史延续

历史上，呼和浩特是典型的由蒙古族建立的城市，建城伊始，蒙古族为化解不定居民族建立定居城市的矛盾，以及修建庙宇、经商垦荒和补充军需的需要，招募大批汉族居民迁入居住，形成最初的蒙汉民族混合居住的空间格局。回族迁居呼和浩特最早起源于清朝初年，解甲归田的回族军人途经呼和浩特在此定居，后又有大同以西的回族居民因商贸所需迁居于此，在城市北部形成聚居态势。同时也有部分回族居民由于商业活动所需，迁入新城、玉泉和赛罕三个区域，在城市中形成不同区域的小聚居态势。尽管回族选择聚居，但其他民族对其保持充分的尊重，各民族间相处融洽。满族迁入源于清代公主和亲和军事防御，由于日常生活接触和严厉的驻防管束，满族同城市内其他民族关系融洽，且满蒙通婚在清代已成定俗，加之民国时期满汉通婚增多，城市内部民族间的关系更为融洽，民族居住融合向更为和谐的方向发展。

c. 政策动力下的住房市场化改革和城市规划建设

计划经济时期，中国以单位为基本单元进行住房分配，造成同质化群体的集中居住，如南街一号院、利民街、前进巷归属于内蒙古文化厅民族艺术团和内蒙古师范大学单位住宅区，是少数民族居住相对集中的区域。1998 年，呼和浩特市响应国家政策号召，取消单位住房配给体制，实行住房市场化改革，促进城市居民购买商品住宅的快速发展。据统计，2002 年，呼和浩特个人购买商品住宅量比 1998 年提升 409%，提升速度显著。住房商品化与市场化，排除了不同民族群体集中居住的制度性障碍，为不同民族的自由购房提供了条件。以前进巷所属大学西路办事处为例，住房市场化改革前少数民族人口数量达到 21590 人，而 2003 年则下降到 15814 人。在市场力的推动下，住房买卖自由的开放程度加深，促进各民族居民在城市中的自主流动和迁居，带动城市居住空间的重组，进而推动呼和浩特市居住融合程度的加深。

2010 年城市东部和南部的城中村被呼和浩特市规划局列为重点改造区域，居住环境不断改善。同时呼和浩特大力规划发展民族特色基础设施建设，为少数民族工作、生活和学习等提供便利，促进少数民族在城市内部的自由迁移，降低因民族设施需求而聚居某一区域的少数民族比例，对民族间的居住融合产生推动作用。以民族教育设施为例，2013 年呼和浩特出台“三片两区”民族语言授课学校的发展规划，在城市不同区域新建多所民族中小学和幼儿园，实现民族教育设施的均衡化。这些规划管理举措在一定程度上有利于民族居住融合的形成与发展。

d. 城市化影响下的郊区化和旧城改造

城市化对人类居住格局的影响已经被一些学者所证实（吴启焰和崔功豪，1999；周春山等，2016），因此民族间的居住格局也会受到城市化的影响。2000 年呼和浩特制定城市建设“十年巨变”发展规划，在城市建设的推动下，2000～2015 年呼和浩特市区常住人口从 108.38 万人增加至 206.49 万人，增长 1.9 倍，其中少数民族人口数量增长 1.3 倍。市区人口数量快速增长，使城市核心区住房压力凸显，但是受限于城市核心区的高地价和高人口密度，在经济利益的驱动下，城市房地产市场向近郊区扩张，研究时段内呼和浩特市建成区面积从 120 km^2 增加至 260 km^2，城市近郊区发展明显。不同规模和档次的居住小区快速取代近郊区原土地利用方式，满足人们对居住选择多样性的需求，带动城市人口向近郊区自由流动，促使近郊区居住融合不断加深。

同时呼和浩特也注重核心区旧城改造工作。核心区历来是呼和浩特少数民族聚居的主要区域，同时低层老旧小区占据主要比例。城市化使核心区地价凸显，高层小区快速取代老旧小区，提高了单位面积的入住率，原老旧小区居民被就近安置，同时又吸引大量外部不同民族新居民的入住，使民族间居住融合加深。此外自 2000 年起，核心区各类大中专院校（包括民族特色院校）掀起新校区建设热潮，2004 年后，大批新校区的建成带动与之相关的各民族居民在城市内部迁移，促使核心区居住融合的持续提升。

e. 居民自由择居和收入、受教育程度等个体因素提升下的居住融合倾向

市场化改革赋予各民族居民自由择居的权利，城市化带来居住选择的多样性，两者共同对城市居民住房选择产生作用，促进各民族居民在城市内部的自由迁居。研究表明，个体收入、受教育程度、职业、年龄、户籍、迁移情况、民族通婚等因素对民族间居住融合起着重要作用，尤其是收入、受教育程度的提升会带来民族间居住融合的倾向（马戎和潘乃谷，1989）。2010～2015 年，呼和浩特市人均 GDP 由 1 万美元[①]上升至 1.6 万美元[②]，位居中国各大中城市前列，人均可支配收入在 5 年内提升了 10.6%。同时，居民接受高等教育的人数不断攀升，其中 2013 年少数民族普通高等教育在校人数比 2000 年提升 46.7%。据此可以得到，在个体因素提升的促进下，呼和浩特各民族居民居住融合倾向不断深化。在民主、法治的社会体系背景下，个体价值只有通过自身能力才能获得社会群体认可的思想已深入人心（梁茂春，2004），激发了各民族居民对提升个体社会竞争能力的需求，消除了民族间的受教育程度、经济收入、职业选择等方面的差距，最终民族间的“社会距离”被拉近，成为居住融合的发展动力。

总之，居住融合形成机理是一个复杂系统，需从多维度视角进行探索。为了进一步验证呼和浩特居住融合的促进机制，对多项因素进行定量检验。由于第五次全国人口普查和第六次全国人口普查资料数据的限制，多种因素无法进行量化，只能借助其中一些个体属性，从一个侧面表现政策、城市化、个体因素等对居住融合的影响。同时鉴于难以对个体属性进行某一因素的单纯归类，只能将其作为统一要素进行定量分析。基于当前城市移民研究已涉及的影响因素（Jean-Louis，2010；李志刚等，2014；刘云刚和苏海宇，2016；张利等，2012），加入民族特征变量（Freeman，2009），结合第五次全国人口普查和第六次全国人口普查数据中的可测变量，从人口、家庭、制度、职业和住房五个维度设计自变量指标（李志刚等，2014）。

2）相关性分析

表 4.13 中罗列了人口、家庭、制度、职业和住房 5 个维度 20 个指标与呼和浩特两个时间段居住融合的相关系数。选取双侧显著性小于 0.05 的指标，发现 5 个维度的多个指标同居住融合存在显著相关，但各相关系数在正负和数值上存在差异，说明呼和浩特民族间居住融合演变过程受到各类指标不同程度的影响。

① 根据 2010 年美元-人民币汇率，1 万美元≈6.77 万元。

② 根据 2015 年美元-人民币汇率，1.6 万美元≈9.97 万元。

表 4.13　居住融合与各变量指标的皮尔逊相关性与显著性

维度	指标	2000 年		2010 年	
		皮尔逊相关性	双侧显著性	皮尔逊相关性	双侧显著性
	X_{11} 女性比例	−0.400*	0.016	−0.397*	0.015
	X_{12} 未婚人口比例	−0.539**	0.001	−0.446**	0.006
	X_{13} 60 岁及以上人口比例	−0.702***	0	−0.526**	0.001
X_1 人口维度	X_{14} 30～59 岁人口比例	0.613***	0	0.694***	0
	X_{15} 受高等教育人口比例	0.331**	0	0.449**	0.005
	X_{21} 一人户比例	−0.191	0.264	−0.017	0.92
	X_{22} 二人户及以上比例	0.06	0.728	0.278	0.096
	X_{23} 三人户比例	0.244	0.152	0.246	0.096
	X_{24} 四人户比例	−0.166	0.333	−0.324	0.051
	X_{25} 五人户及以上比例	0.116	0.502	−0.122	0.472
X_2 家庭维度	X_{26} 一代户比例	0.083	0.63	0.071	0.674
	X_{27} 二代户比例	0.254	0.134	0.145	0.392
	X_{28} 三代户及以上比例	−0.716***	0	−0.578***	0
	X_{29} 民族混合户比例	0.453**	0.006	0.498**	0.002
X_3 制度维度	X_{31} 非农业户口比例	0.395*	0.017	0.465*	0.004
	X_{32} 流动人口占常住人口比例	−0.484**	0.003	−0.443**	0.006
X_4 职业维度	X_{41} 单位负责人及专业人员比例	0.345*	0.039	0.332*	0.045
	X_{42} 服务及生产人员比例	−0.340*	0.042	−0.331*	0.046
X_5 住房维度	X_{51} 近 10 年新建住房比例	0.188	0.272	0.321	0.052

注：*0.01<p<0.05；**0.001<p<0.01；***p<0.001。

a. 人口维度

人口维度的 5 项指标同两个时间段居住融合都存在 95%以上的相关性，且相关程度上出现差异，说明人口维度是影响居住融合演变的重要因素。“女性比例”同居住融合存在负相关，相关系数从 2000 年的−0.400 上升至 2010 年的−0.397，负相关程度进一步减弱。说明相对男性而言，女性在住房选择过程中倾向同民族聚居，但是这种倾向表现不强烈，且出现减弱的势头。这是因为随着女性社会化程度的加深，她们的交往意愿发生改变，民族因素对她们居住选择的影响变弱，居住融合进一步推进。“未婚人口比例”与居住融合之间有显著的负相关，一定程度上表明，婚姻对民族间居住融合程度的影响在加深，未婚群体的民族融合度低于已婚群体。调研发现，未婚群体的交友范围容易局限在同一民族内部，而已婚群体交友范围超越民族界限，朋友间更多追求相同的志趣和品位。年龄属性对居住融合产生显著影响，尤其是“60岁以上人口比例”与居住融合存在显著且较强的负相关（2000年和2010年相关系数分别为−0.702和−0.526），而“30～59岁人口比例”则与居住融合存在显著的正相关（2000年和2010年相关系数分别为0.613和0.694），说明老年人口更倾向于同民族聚居，而中青年人口则是居住融合的重要推动力量。另外，老年人口与居住融合的负相关程度在降低，中青年人口的正相关程度在不断上升，最终促使呼和浩特市区居住融合程度加深。年龄因素印证了当前老年群体对家庭居住选择影响力的减弱，中青年群体作为社会的中坚力量，日益成为家庭决策的主导者（王梅梅等，2015）。居住融合程度随着高等教育群体人数的增加而深入，一般而言高等教育群体思想更加开放，更容易接受不同文化的影响，因此他们更愿意倾向于民族间的居住融合。同时高校扩招政策培育出更多接受过高等教育的年轻群体，进一步促进呼和浩特市区民族间的居住融合。人口维度是个体因素对居住融合影响的验证，结果显示，个体因素与呼和浩特民族间居住融合具有显著的相关性，这与马戎等研究赤峰地区民族关系的结果相一致（马戎和潘乃谷，1989）。同时接受高等教育人数既是个体教育水平提升的结果，也受政策动力影响，可以在一定程度上表现政策对融合的促进作用。

b. 家庭维度

家庭维度同样也是个体因素对居住融合影响的验证，相关系数和双侧显著性变化显示居住融合演变同家庭规模的变化没有显著关系，只与家庭户类型中的“三代户及以上比例”和民族混合户有相关关系。2010年“三代户及以上比例”的相关系数绝对值低于2000年，同“60岁以上人口比例”的相关系数绝对值下降趋势相呼应。“民族混合户比例”相关系数从0.453上升至0.498，即民族婚姻对居住融合产生正向的影响作用，且正相关程度随着时间推移在缓慢上升。这是因为不同民族间通婚本身就意味着民族融合的深入，根据第五次全国人口普查和第六次全国人口普查数据可得，呼和浩特市区民族混合户比例增长不明显，因此尽管他们与居住融合存在正相关，但相关系数变化趋势不明显。

c. 制度维度

制度维度与居住融合存在显著的相关性，一定程度上表明，制度力量是中国多民族聚居城市居民住房选择的重要影响因素。一方面，“流动人口占常住人口比例”对居住融合产生显著的负相关，流动人口比例越高，街区居住融合程度越低，这是因为流动人口是影响中国城市社会空间结构的核心因素（李志刚和吴缚龙，2006）。但另一方面，2010年“流动人口比例”与居住融合负相关值的增长则说明，流动人口对民族间居住融合的影响程度在减弱。“非农业户口比例”与居住融合呈现显著的正相关，非农业户口比例越大，街区居住融合程度越深，说明户口因素同样对民族间的居住融合产生影响，这是因为非农户口的居民长期受到城市多元文化环境的影响，更容易接受不同文化，成为居住融合的促进因素。此外，随着呼和浩特市住房市场改革推动下的房地产市场快速发展和城市化进程，市区面积不断向周边扩张，原先郊区逐渐成为市区的一部分，到2010年，呼和浩特四个市辖区农村户口急剧下降，这也在一定程度上造成非农户口与居住融合相关性发生改变，验证了政策动力和城市化影响对居住融合的促进作用。

d. 职业和住房维度

职业在某种程度上是个人经济、文化资源的表现（吴莉萍等，2011），职业维度同居住融合相关性和双侧显著性变化的趋势显示，职业对居住融合演变起促进作用，验证了个体收入 、受教育程度提升后的居住融合倾向。“单位负责人及专业人员比例”与居住融合间存在正相关，说明呼和浩特市单位负责人及专业人员的住房选择对居住融合起到正向的促进作用。而从事服务和生产行业的人员则与居住融合存在负相关，这类人员比例越高，街区居住融合程度越低，但是根据相关系数的变化可以得出，随着时间推移，这类群体的融合程度在不断加深，这是因为当他们融入城市生活的时间越久，他们的社会化程度会相应提升，从而影响其对民族间居住融合的接受程度。另外，随着教育普及和文化程度提升，服务和生产人员的整体文化水平发生改变，也会影响他们对民族间居住融合的感知度，有利于促进民族融合。住房维度同居住融合无显著关系。

综上所述，呼和浩特市区民族居住融合演变受到人口、家庭、制度和职业等多种要素的共同影响，其中人口属性特征和家庭特征的影响更为复杂。

第五章　保障房社会空间

第一节　中国城市保障房制度概况

伴随着2007年《国务院关于解决城市低收入家庭住房困难的若干意见》的出台，我国的保障房体系进一步优化，住房政策从经济政策向社会政策回归（表5.1）。在此背景下，保障房建设也进入一个新时期，保障房供应也相应进入“井喷期”。各地保障房完工率备受关注的同时，相关问题也日益显现：一是保障房社区自身建设存在问题，如空间选址偏僻，配套设施匮乏，职住分离严重，部分住房存在漏水、渗水、地面塌陷的质量问题（宋伟轩和朱喜钢，2009）；二是政府导向的国家保障房建设导致当前城市低收入邻里产生（刘玉亭，2005），特别是保障房社区在城市边缘区大规模建设的背景下，低收入邻里空间进一步强化，贫困社区所产生的邻里效应及贫困的代际传递将对社区居民和地方的发展产生消极影响（Harding，1997）。

表5.1　部分重要保障房制度梳理

年份	政策	规定
1994	《国务院关于深化城镇住房制度改革的决定》	建立以中低收入家庭为对象、具有社会保障性质的经济适用住房供应体系
1998	《国务院关于进一步深化城镇住房制度改革加快住房建设的通知》	最低收入家庭租赁由政府或单位提供的廉租住房，中低收入家庭购买经济适用住房
1999	《城镇廉租住房管理办法》	为城镇常住居民户口最低收入家庭提供租金相对低廉的普通住房
2003	《国务院关于促进房地产市场持续健康发展的通知》	经济适用住房是具有保障性质的政策性商品住房
2007	《国务院关于解决城市低收入家庭住房困难的若干意见》	城市廉租住房制度是解决低收入家庭住房困难的主要途径
2010	《关于加快发展公共租赁住房的指导意见》	明确提出“公共租赁住房”作为解决城市中等偏下收入家庭住房困难的主要模式
2015	《关于优化2015年住房及用地供应结构促进房地产市场平稳健康发展的通知》	市、县可收购商品房用于保障性住房

一、中国保障房制度的演变

保障房是与商品性住房相对应的一个概念，特指我国的经济适用房、廉租房、公租房等不同性质的、带有政府福利色彩的住房形式。有关的英文概念有 social housing（社会住房，与“市场住房”相对应）和 public housing（公共住房，与“私有住房”相对应）。其中，社会住房以英国为代表，指的是由地方政府和社会性机构所拥有的住房。公共住房以美国为代表，特指社会住房中由政府供应的那部分住房。

我国的保障房作为政府提供的公共资源，核心任务是用政策性手段为城市低收入居民提供住房，同时指向对商品化住房市场的政府调控。从 1980 年正式实行住房商品化政策以来，为了体现各个时期政府对住房市场的调控需要，我国“渐进式”的城镇住房制度发展经历了保障房建设起步、保障房建设缺位、保障房建设回归和加大保障房建设四个阶段，各阶段保障房供应主体的确定、保障人群的甄别、保障房的分配和退出、保障房建设资金的筹集和滚动等内容也存在较大的差异。同时，保障房住区建设受各时期政策要求和城市总体规划的影响较大，在区位上呈现“边缘—中心—边缘和中心”的趋势，在规模上呈现从大型住区向各类规模住区转变的趋势，在居住环境建设上呈现从传统的住区规划建设向针对居民社会经济、行为特征的规划建设演变的趋势。

1. 1988～1997 年保障房建设起步：个人/单位集资房建设

自 1949 年至 20 世纪 80 年代末，我国一直实行的是福利分房制度，每个单位将住宅和完善的生活配套设施安排在单位大院内，形成“单位制”居住单元。这些居住单元邻近机关单位或工厂，位于城市中心和近郊位置；单位大院配有一套完整的生活服务设施，包括幼托所、中小学校、浴室、医院和邮电局等。1980 年，国务院宣布实行住房商品化政策，逐渐取代传统的单位制福利分房制度。在市场经济背景下，贫富差距的扩大导致住房购买力分异，更多的中低收入居民无力购买住房。1986 年，国务院进行“提租补贴”试点，使得企业和行政单位内部的住房困难职工人数日渐增多。1988 年，国务院颁发的《在全国城镇分期分批推行住房制度改革实施方案的通知》提出要实现住房商品化，同时倡导集资建房，组织建房合作社。1994 年，国务院在《关于深化城镇住房制度改革的决定》中指出要建立以中低收入家庭为对象、具有社会保障性质的经济适用房供应体系和以高收入家庭为对象的商品房供应体系。至此，我国的住房制度改革正式开始，保障房制度正式确立，政府和单位开始建设与供应经济适用房，经济适用房的建设形式主要为单位/个人集资建房。1995 年，我国开始推进“安居工程”，之后开始大量建设安居房。其中，“安居工程”主要向工厂和单位住房困难家庭供应住房，政府兴建的经济适用房供应量较少，且未完全向社会住房困难家庭开放；安居房的供应对象包括中低收入住房困难家庭、机关干部及教师系统和医疗系统内的职工等，保障对象由集资房的单位企业住房困难职工扩大到了少量社会中低收入家庭。

从区位、居民类型和规模上看，如北京宋家庄经济适用房小区、吴家场经济适用房小区，以及广州的同德、棠德和聚德三大小区等，多为单位集资房，邻近工厂和机关单位，位于当时的城市边缘区，但随着城市扩张，这些小区的区位从边缘变成中心；随着城区产业“退二进三”、工厂外迁、住房产权变化和小区后期扩建等，这些住区的居民性质也发生了较大变化（从城市低收入居民转变成城市中低收入居民），居民构成日益复杂。由于覆盖面广、需求大和土地资源充足，早期保障房住区的规模较大，用地面积普遍在 $20hm^2$ 以上，居民规模在 1 万人以上，多为居住区级住区。

2. 1998～2005 年保障房建设缺位：经济适用房和廉租房建设

1998 年，以《国务院关于进一步深化城镇住房制度改革 加快住房建设的通知》的颁布为标志，我国的住房保障体系正式确立，出现了两类保障房：一是面对最低收入家庭（“双困”家庭）的、具有救济性质且完全福利化的廉租住房；二是为中低收入家庭提供的、具有援助性质的经济适用房，即“政府贴一部分，个人掏一部分”。当时的住房保障对象主要是企业和单位住房困难家庭，以及部分社会困难家庭，向社会开放的程度较前一阶段有所加大。在住房保障制度确立之后，全国各地开始大规模建设经济适用房和廉租房，在最高峰的时候，经济适用房投资额占到全国住房投资总额的 17%。

2003 年 8 月，国务院出台了《国务院关于促进房地产市场持续健康发展的通知》，确立了以房地产作为国民经济的支柱产业，使普通商品房成为市场的供应主体，经济适用房由“住房供应主体”转变为“具有保障性质的政策性商品住房”，意味着我国对商品房建设的全面推进，经济适用房建设步伐逐渐减缓。同时，部分城市提出了“经营城市”的理念，以出让土地换取财政收入，政府建设经济适用房的积极性逐步减弱。受此影响，2003～2005 年，我国各地的经济适用房建设几乎停滞，只有原大型保障房住区项目有少量住房供应。这个阶段的保障房建设以组团型住区为主，规模小、布局分散，住房和居住环境也未有提升。

3. 2006～2009 年保障房建设回归：住房补贴和廉租房建设

随着我国商品房市场的不断扩大及居民消费需求的分异，商品房的价格持续上升，且速度越来越快。2006 年，国务院颁布“国六条”，提出“重点发展中低价位、中小套型普通商品住房、经济适用住房和廉租住房”，拉开了房地产调控的序幕。2007 年，国务院发布《国务院关于解决城市低收入家庭住房困难的若干意见》，规定廉租房、经济适用房和中低价位、中小套型普通商品房建设用地的年度供应量不得低于居住用地供应总量的 70%，这标志着以廉租房为重点、多渠道解决城市低收入家庭住房困难的保障房政策重新回归房地产政策。特别是 2007 年保障房建设资金由地方政府申请专项补贴向国家专项资金支持转变后，保障房建设呈现大幅度的飞跃式发展。此时，国家政府重点建设廉租房和经济适用房，并实行住房补贴和实物供应并行的多渠道保障形式，以减轻政府实物供应的压力，同时给予居民更多住房选择的空间；保障房全面向社会开放，并优先保障城市最低收入住房困难家庭，例如，广州重点解决了 77177 户住房困难家庭的住房问题。

由于该时期的保障对象为城市最低收入家庭，且保障房建设任务重、数量多，保障房住区多采取集中建设的方式，受土地经济规律和市场化住房的挤压，这个时期的大型、独立保障房住区的区位愈加边缘化，在规模上多以居住小区级住区为主。同时，随着城市中心大量工厂的搬迁，保障房住区建设结合中心区“三旧”改造同时进行，但这类住区规模普遍较小，多为居住组团级住区。在这一时期，我国住区规划建设全面吸收国外的先进理念，并在保障房住区中予以实施，包括无障碍设计、住宅底层公共活动空间设计等。但由于缺少相关实践经验和资金的限制，对国外经验的借鉴有限，存在的问题较多，如公共服务设施配套缺乏针对性、住区运营管理存在滞后性等。

4. 2010年至今保障房建设力度加大：公租房建设

2010 年 4 月 17 日，国务院发布了《国务院关于坚决遏制部分城市房价过快上涨的通知》，指出要加快保障性安居工程建设。2011 年 3 月 6 日，国家发展与改革委员会在第十一届全国人民代表大会第四次会议记者会上指出，“未来五年要建设城镇保障性安居工程 3600 万套，使保障性住房的覆盖率达到 20%”。2011 年，国务院发布《国务院办公厅关于保障性安居工程建设和管理的指导意见》，提出“大力推进以公共租赁住房为重点的保障性安居工程建设”。至此，我国保障房建设迎来新的转折：一方面，保障房的建设目标和任务得以明确，国家加大对地方的政策倾斜和资金投入，地方更加重视保障房的建设；另一方面，公租房成为保障房建设的重点，保障对象以城市“夹心层”（如新就业大学生、白领和外来打工者等）为重点，住房保障的重点从“人人有房产证”转变为“人人有房子住”，保障形式以实物配租、租金补贴和租金核减等多元化形式为主。我国全面确立了由廉租房、公租房、经济适用房和限价房四类住房构成的保障房实物供应体系。2015 年以来，住房和城乡建设部等部门和多地连续出台新政策，从租赁用地供给、培育专业化住房租赁企业、支持租赁融资、推进租购同权等方面，加快培育和发展住房租赁市场，推动租购并举。例如，厦门特色为“租购并举”，提供保障性租赁房、公租房和保障性商品房三类保障房；广州特色为“以租为主”，公租房是最主要的保障房品种；上海特色为“四位一体”，廉租房、共有产权房、公租房、征收安置住房四类保障房并行。

保障房住区规模多样，城市边缘区的住区以居住小区为主，内部住区以组团级小型住区为主，但也有个别大型住区，例如，广州的龙归城小区提供了约 1.2 万套保障型住房，可容纳 3 万人居住，而住区边缘化引起的职住分离和配套不完善等问题仍然存在。我国保障房建设吸取了国外经验，开始采用混合式的建设模式，即将保障房配套建设到商品房住区中，供给主体也从政府扩大到房地产企业，并配套相关优惠政策，给配建保障房的房地产企业予以增加容积率、降低地价等奖励，鼓励社会集体和社会资金加入保障房建设中，在减轻政府压力的同时，促进社会融合，营造高质量的居住环境。此外，保障房住区的居住环境也有了较大提升，住区建设采用人车分流、无障碍设计和低碳设计等先进的住区规划理念，并针对保障房内居民社会经济和行为特征的不同，差异化配置公共服务设施。需要注意的是，混合式住区在我国的试验才刚起步，其成果仍待检验。

二、中国保障房的制度特征

1. 分阶段的保障方式和住区建设

中国住房保障制度实行近30年，除了在1998～2006年的市场经济背景下由大量建设商品房而导致保障房建设的暂时缺位外，其他阶段的保障房建设均有较大的规模，特别是从2010年开始，国家对各地提出保障房建设的目标要求，对促进社会公平、解决城市中低收入住房困难家庭的住房问题和调节住房市场起到了较大的作用。在中国住房制度从福利化向市场化转变的大背景下，住房类型、供应对象、供应主体、住区规模和居住环境等从单一走向多元，保障的覆盖面扩大，针对性和实效性也逐渐增强。①在住房类型上，从单一的保障房向多类型保障房并行转变，体现了对多元社会阶层住房需求的重视。②在区位规模上，早期建设的保障房住区多位于城市边缘区，随着城市扩张逐渐融入城市中心区，特别是近年来，随着城区“三旧”改造的进行，中心城区建设用地功能被置换，政府将部分保障房安排在中心城区，但是规模较小，且大部分新建住区仍位于城市边缘区。③在住区居住环境建设上，受各个时期规划思潮和时代背景的影响，早期的保障房住区多重视基本生活设施配套的建设，包括菜场、商店等消费性设施，在环境设计上也较少考虑城市低收入居民的特殊需求；近期建设的住区则考虑整体居住环境的营建和改造，如针对残疾人、精神病患者和独居老人等特殊人群设置非障碍设施，设置老年人活动中心，在社区服务中心提供特殊人群关怀服务等。④从供给主体看，从早期的由单位供给到国家、地方政府供给，再到政府和企业多主体供给，体现了对保障房建设这种维护社会稳定的社会责任的共同担当，这也是实现保障房保质、保量供给的有效途径（表5.2）。

表5.2　中国住房保障制度演变

演变内容	1988～1997年保障房建设起步	1998～2005年保障房建设缺位	2006～2009年保障房建设回归	2010年至今保障房建设力度加大
保障背景	住房制度改革，福利分房转向住房货币化，住房制度改革的序幕拉开	房地产作为国民经济的支柱产业，使普通商品房成为市场的供应主体	商品房的价格持续上升，住房问题越发严重	住房问题受到重视，公租房成为政策倾斜的重点
政策目标	解决城市中低收入家庭住房问题	解决城市中低收入家庭住房问题	解决城市中低收入家庭住房问题	解决城市中低收入家庭住房问题
住房类型	个人/单位集资房、安居房	廉租房和经济适用房	廉租房和经济适用房	廉租房、公租房、经济适用房、限价房
新建住房区位	城市边缘地区	城市边缘地区	城市边缘地区和中心区	城市边缘地区和中心区
社区环境	关注住宅本身，社区环境设计和建设不足	关注住宅本身，社区环境设计和建设不足	住区整体居住环境的营建	住区整体居住环境的营建
社会发展	住区构成基本以单一类型居民为主，住区与城市形成阶层隔离	住区构成基本以单一类型居民为主，住区与城市形成阶层隔离	强调混合式住房类型和居民社会结构多元化，促进社会融合	强调混合式住房类型和居民社会结构多元化，促进社会融合
供给主体	以个人和单位集资、国家投资为主	以单位集资、国家投资为主	以国家和地方政府、开发商投资为主	以国家和地方政府、开发商投资为主

2. 多层次的住房保障体系

随着住房商品化的推进，我国的保障房供需的结构性矛盾逐渐凸显。由于我国实行多层次的住房保障体系，保障对象从单一的国企单位和政府机关住房困难家庭扩大至社会中低收入家庭，在住房类型上也逐步细分，从准入、退出制度等方面对保障对象进行分类界定，各类保障房的保障形式、住房价格等都各不相同。以广州为例，其廉租房和经济适用房针对城市低收入居民，其中廉租房针对城市最低收入居民，特别是身体和精神残疾、独居老人等丧失工作能力或工作能力低的人群；公租房则针对城市的“夹心层”；限价房主要是向那些不符合经济适用房条件但暂时又无能力购买普通商品房的中等收入家庭提供中低档次、中小户型的商品房，其与经济适用房类似，在租用5年后可进入市场流通，具有保障房和商品房的双重特征，是政府在一定时期内调控房地产市场、调节住房供需矛盾的有效手段。公租房是今后重点建设的对象，政府通过租金补贴、租金核减和实物供应等多种方式保证住房供应，而政府补贴从“补砖头”向“补人头”转变，也让保障对象可以自主选择居住地点，在市场的调节下实现职住平衡（表5.3）。

表5.3　广州市各类保障房的管理制度情况

住房类型	准入机制				退出机制
	保障方式	户籍	家庭年人均收入限额	现有住房	
廉租房	租赁补贴 实物配租 租金核减	申请人及共同申请的家庭成员具有本市市区城镇户籍	7680元	无自有产权房或自有产权住房人均居住面积低于10 m^2	出现不符合廉租房保障条件的情形
经济适用房	实物销售	同上	18287元	同上	满5年，购房人缴纳土地收益等价款后可获得完全产权
公租房	租赁补贴 实物配租	同上	24795元	无自有产权住房，或现自有、租住、单位自管房人均建筑面积低于15m^2	出现不符合公租房保障条件的情形
限价商品房	实物销售	同上	个人税前年收入低于10万元；夫妻税前年收入低于20万元	本人（已婚的含配偶和子女）在广州市没有自有产权住房	满5年，购房人缴纳土地收益等价款后可获得完全产权

3. 较单一的社会保障房供应体系

我国的保障房供应主体为国家和地方政府，以地方政府为主，无论在土地还是生产销售上，均享有国家优惠政策。近年来，在政策要求和政策福利下，部分开发商参与到保障房建设中，政府予以开发商土地和容积率方面的奖励，开发商出资建设保障房并移交给政府管理，总体上由地方政府推动。

4. 住区环境建设仍处于探索阶段

我国保障房住区环境建设整体质量较差，近年来才开始认识到住区环境提升对住区社会融合的积极作用。早期建设的保障房住区多存在设施配套缺失、人车交通混杂、公共活动空间被非法侵占、住区安全堪忧和设施使用不便等问题，这些问题大多是由对居住环境的重视程度低和相关政策规范引导不足引起的。随着我国保障房建设的持续加快，为了避免“贫民窟”现象的出现，有必要创造一个激发人们生活积极性和社区整体健康发展的住区环境。

第二节　保障房社区的社会空间特征

在保障房社区的社会空间研究方面，国内学者主要将保障房及保障房社区纳入低收入邻里范畴进行探讨。研究表明，城市低收入邻里存在贫困高度集聚、社会隔离程度高等现象，形成小尺度的贫困空间聚集单元（刘玉亭等，2006；袁媛等，2006；何深静等，2010）。何深静等（2010）基于中国六个大城市的大规模低收入邻里调查研究，探讨中国大城市低收入邻里及其居民的贫困集聚程度和决定因素，发现租住公共住房、继承住房、补贴房及福利房住户中享受最低生活保障的比例最高，相对其他的低收入邻里，其享受更多的国家福利机会，他们的贫困集聚度也是最高的。李志刚等（2009）采用第五次全国人口普查数据，探讨广州中心城区的居住分异现象，其中以社区作为研究的基本空间单元，发现在住房类型上，单位分配的保障房（房改房）的居住空间分异程度最高，广州市同质群体的集聚与异质群体的分化甚至隔离程度比较严重；刘玉亭等（2006）对南京市低收入邻里的空间分布特征和产生机制进行探讨，指出政府导向的城市发展政策和国家福利住房供应制度是当前城市低收入邻里产生的根源；袁媛和许学强（2008）以广州为例，分户籍和流动人口两种类型来探讨城市贫困空间分布特征和形成机制，发现户籍贫困人口聚居区呈现同质性、稳定性高的特征，其内部存在居住环境、人口构成及更新机会等特征的分异，认为住房供应制度是导致贫困空间分异的主要因素；袁奇峰和马晓亚（2012）通过对广州典型保障房的实证研究，认为不同时期建设的保障房社区内部的现状社会空间可以分为四种，也即与西方相似的“社会型”公共住区的高度贫困均值空间、介于中国城市普遍存在的“贫困混杂空间”和西方混合社区的“有序混合空间”之间但混杂性高的贫困空间、有序性强的混合空间及类商品房住区的均质非贫困空间。基于既有研究发现，政府主导的保障房社区不仅是低收入群体集聚的空间单元，其建立还强化了城市内部居住空间的分异。

第三节 保障房社区的分异与融合

“融合”（integration）是一种地理空间现象，是特定地理环境下的一种社会进程。约翰斯顿等（Johnston et al.，2000）强调地理空间是融合（integration）进程的核心，融合进程中将产生新的地理联系，亦会产生新的地理融合。“社会融合”（social integration）则是一个多维度的概念，在欧美城市研究和城市政策中占有重要位置，而不同研究的度量维度差异较大。在社会融合的测算方法上，主要有4种常见方法，分别是因子分析、单定量指标表示、多定量指标表示、多定量指标等权相加等。张文宏和雷开春（2008）对上海城市新移民的社会融合进行研究，发现其存在文化融合、心理融合、身份融合和经济融合等4个维度。总体而言，“社会融合”概念的包容性大，不同学科、不同研究者对社会融合的认识存在一定差异，但多偏重于移民（流动）群体的研究，缺少对于城市内生群体社会融合问题的深入实证；同时，其分析多聚焦社会维度，缺少对空间维度的关注。为此，本章以广州保障房社区为例，使用广州市12个典型保障房社区的一手调查资料，对保障房社区社会融合进行研究。

一、研究方法

具体而言，以因子分析所得融合值为因变量，以制度因素、个人因素、社会经济因素及时间因素等为自变量，进行回归分析，探讨这些变量对社区社会融合的影响。

所用数据为2013年9～11月按分层抽样方法在广州采集的保障房社区调查数据，共选择了12个保障房社区（表5.4），其中天河区保障房社区4个，荔湾区保障房社区3个，海珠区保障房社区1个，白云区保障房社区4个，共240个样本。

表5.4 广州市保障房社区及其抽样情况

社区		居民入住时间/年	样本量/个
天河区	安厦小区	2013	20
	广氮花园	2011	20
	泰安花园	1999	20
	棠德花苑	1999	20
荔湾区	郭村小区	1995	20
	芳村花园	2011	20
	党恩新社区	2009	20
海珠区	聚德花苑	1996	20
白云区	丽康居	2008	20
	惠泽雅轩	2011	20
	积德花园	1998	20
	泽德花园	1999	20
合计			240

二、保障房社区居民及其社区生活基本状况

基于调查所得的 240 份问卷，对保障房社区居民的总体状况予以分析。从表 5.5 可知，保障房社区居民的就业率低，无业比例为 75%，且社区居民的平均年龄为 49 岁，社区失业率高，居民平均年龄偏大。在家庭状况方面，社区居民已婚比例为 88.3%，核心家庭（指由两代人组成的家庭）占 74.6%，困难家庭占 32%，其中家庭月总收入低于 4000 元的家庭比例为 49.9%，2013 年 8 月广州廉租住房保障的收入线标准为月人均 1300 元，即社区超过一半家庭处于较贫困的状态[①]。在受教育水平方面，大专及本科以上的比例仅为 12.1%，社区居民的受教育水平偏低。因城市住房保障的政策影响，本地非农户口的居民比例为 83.8%，但将户口迁入保障房社区的居民只有 27.5%，“人户分离”的现象普遍。在住房状况方面，住房以“廉租房”和“经济适用房”为主，占 71.2%；户型以“两室一厅”为主，占 59.2%；住房面积的均值为 $61.3m^2$，其中“廉租房”和“公租房”的平均面积为 $45.7m^2$。可见，保障房社区贫困家庭集中，呈现就业率低、学历低、高龄化等特点。

保障房社区居民的社会融合度也较低。在社区交往方面，68.7%的居民认为与同社区居民的交往“较多”，但近 50%居民的同社区的朋友数少于 10 人，且 56.7%的居民认为与周边社区居民交往较少。在社区参与方面，58.8%的居民较少参与社区户外活动，72.1%的居民“较少关注”社区问题，其中高达 54.2%的居民“从不关注”社区问题。在社区互动方面，90.9%的居民“很少”前往周边社区，51.7%的居民“从不前往”周边社区，且对周边社区居民的信任度仅为 25%，66.2%的保障房居民不主动与周边社区居民交往。在社区评价中，52.9%的居民认为与周边社区（特别是商品房社区）存在较大差异，对社区环境的满意度为 57.9%，对周边公共服务设施配套的满意度为 40.4%。在居民情感方面，75.4%的社区居民对日常生活环境感到安全，且 65.5%的居民对当前生活感到幸福。综上可见，保障房社区呈现“内卷化”的特征，居民社会交往同质化，邻里社区的交往少、信任度低，且居民对社区问题的关注度低。

表 5.5　保障房社区居民基本情况

变量		数量/位	百分比/%	变量		数量/位	百分比/%
就业情况	就业	59	24.7	户型	一室一厅	50	20.8
	无业	180	75.3		两室一厅	142	59.2
性别	男性	89	37.1		两室两厅	11	4.6
	女性	151	62.9		三室两厅	10	4.2
婚姻状况	单身	11	4.6		其他	27	11.2
	已婚	212	88.3	家庭类别	低收入家庭	54	22.5
	离异/丧偶	17	7.1		低保户家庭	14	5.8

① 2013 年 12 月广州市消委会发布的《广州市日常消费物价指数对居民生活影响研究报告》显示，广州市居民平均月收入为 5952.1 元。

续表

变量		数量/位	百分比/%	变量		数量/位	百分比/%
受教育水平	未受过教育	4	1.7	家庭类别	特困家庭	1	0.4
	小学	27	11.3		残疾人、烈士家属等特殊家庭	8	3.3
	初中	71	29.7		普通家庭	159	66.2
	高中/中专	108	45.2		其他	4	1.7
	大专/本科	29	12.1	住房类型	廉租房	48	20.0
户籍属性	本市非农户口	201	83.8		公租房	5	2.1
	本市农业户口	5	2.1		经济适用房	123	51.2
	外地非农户口	18	7.5		商品房	20	8.3
	外地农业户口	16	6.6		其他	30	12.5
是否迁入社区	是	66	27.7	家庭月总收入/元	<999	18	7.5
	否	172	72.3		1000～1999	26	10.8
年龄/岁	均值	49			2000～2999	39	16.2
	标准差	11.89			3000～3999	37	15.4
住房面积/m^2	均值	61.3			4000～4999	37	15.4
	标准差	15.79			5000～5999	33	13.8
家庭类型	单人家庭	14	5.8		6000～6999	24	10.0
	核心家庭	179	74.6		>7000	26	10.8
	直系家庭①	43	17.9				
	其他	4	1.7				

①“直系家庭”指由三代人组成的家庭。

三、保障房社区居民社会融合测度

如前所述，“社会融合”是一个多维度的综合概念，不同学科、不同研究对象的社会融合度量维度差异较大,因此采用因子分析法对保障房社区的社会融合进行测度，探究保障房社区社会融合的不同维度，并将其转化为可估测的数值，以更好地研究保障房社区不同维度的融合状况。

1. 保障房社区社会融合的不同维度

首先从“居民情感”、“邻里交往”、“社区参与”、“社区互动”、“社区认同”、“社区满意度”等社区维度构建由 10 个变量组成的因子分析指标库（变量间两两相关系数均大于 0.3）。在 SPSS 软件中采用方差最大正交旋转（Varimax）方法，得到特征根大于 1 的 4 个公因子（表 5.6）。在模型的检验上，KMO 检验值为 0.690，接近 0.7，模型分析的效果较好，Bartlett 球形检验值为 395.944（$P<0.001$），因子分析的适用性检验通过[①]。在因子命名上，第 1 公因子 F_1 在“与同社区居民交往情况 3”、“与周边社区居民交往情况 4”、“本社区的朋友数量 5”上载荷较大，分别达到 0.845、0.756、0.713，主要反映人际交往方面，定义为“邻里交往”因子。第 2 公因子 F_2 在“是否主动与周边社区居民交往 9”、“去周边社区的频率 8”、“是否信任周边社区居民 10”上载荷较大，分别为 0.787、0.775、0.646，主要反映社区间的互动，命名为“社区互动”因子。按此类推，第 3 公因子 F_3 主要反映居民情感适应方面，定义为“情感适应”因子，第 4 公因子 F_4 主要反映居民对公共空间和公共服务设施的评价，故命名为“环境融合”因子。

表 5.6　保障房社区社会融合因子分析结果

自变量	F_1		F_2		F_3		F_4		共同度
	因子得分	因子载荷[①]	因子得分	因子载荷	因子得分	因子载荷	因子得分	因子载荷	
与同社区居民交往情况 3	0.500	0.845	−0.120		−0.037	0.115	0.040		0.734
与周边社区居民交往情况 4	0.451	0.756	0.022	0.253	−0.238	−0.151	0.109		0.662
本社区的朋友数量 5	0.373	0.713	−0.105		0.183	0.363	−0.125	−0.167	0.673
是否主动与周边社区居民交往 9	−0.130		0.494	0.787	0.032	0.123	−0.066		0.639
去周边社区的频率 8	−0.076	0.125	0.488	0.775	−0.076		−0.092		0.625
是否信任周边社区居民 10	−0.026	0.162	0.372	0.646	−0.009	0.111	0.108	0.201	0.496
对环境的安全感 1	−0.105		−0.051		0.597	0.839	−0.047		0.712
对生活的幸福感 2	−0.030	0.159	0.022	0.168	0.516	0.775	−0.011	0.120	0.669
社区内公共空间满意度 12	0.021		−0.062		−0.003		0.567	0.828	0.652
社区公共服务满意度 13	0.028		0.007		−0.080	0.129	0.598	0.796	0.695
因子命名	邻里交往		社区互动		情感适应		环境融合		
特征根	2.635		1.594		1.285		1.042		
方差贡献率/%	26.350		15.935		12.845		10.424		
累积方差贡献率/%	26.350		42.285		55.130		65.554		

① 因子载荷可说明各因子在各变量上的载荷，即影响程度，数值由初始因子载荷矩阵进行方差最大旋转所得，为因子命名的主要依据。

2. 保障房社区社会融合度

在公因子分析中采用回归法可得到各公因子的得分值，即可获得每个研究样本的

① 从表 5.6 可见，4 个公因子的累积方差贡献率为 65.554%，除“是否信任周边社区居民 10”为 0.496 外，所有指标的共同度(communalities)都在 0.6 以上，所得 4 个公因子对各指标的解释能力较强。

邻里交往值（F_1）、社区互动值（F_2）、情感适应值（F_3）、环境融合值（F_4），反映社会融合的不同方面。社会融合综合度则按各公因子对应的方差贡献率为权数计算，并将其转换为相应的0～100的数值[①]（表5.7）。从表5.7可发现，保障房社区社会融合度总体水平较低（51.99），相对而言，“情感适应”最高（68.42），其次为“环境融合”（53.19）和“邻里交往”（50.33），最低为“社区互动”（40.70）。可见，保障房社区的物质环境较好地满足了社区居民的需求，迁居至保障房社区对其生活有较大改善，但保障房社区与其他社区的交往程度明显偏低。

表5.7　保障房社区社会融合状况

	社会融合度	邻里交往（F_1）	社区互动（F_2）	情感适应（F_3）	环境融合（F_4）
均值	51.99	50.33	40.70	68.42	53.19
方差	11.23	20.51	23.09	22.08	17.59
最小值	25.43	0.00	0.00	0.00	0.00
最大值	78.97	100.00	100.00	100.00	100.00

四、保障房社区居民社会融合的影响机制

为进一步探讨保障房社区社会融合的影响机制，以社会融合度、邻里交往、社区互动、情感适应和环境融合为因变量，以制度因素（户籍属性、户口是否迁入社区）、个人因素（性别、年龄、身体状况）、社会经济因素（家庭收入、有无工作）及时间因素等作为自变量，进行一般线性回归分析。其中，“户口迁至社区”取“1”，“户口未迁至社区”取“0”；“有工作”取“1”，“无工作”取“0”。

从表5.8可知，各模型的显著性水平均为0.000，表明所建立的回归模型具有统计学意义。第一，就社会融合状况而言，户口、工作、身体状况和家庭收入指标具有较强的统计意义，说明这些指标是决定保障房社区居民社会融合状况最为重要的因素。其中，“户口迁至社区”对社会融合度影响最大（5.504）。可见，户籍制度不仅对外来流动人口的住房情况影响显著，还对城市保障房居民有重要影响。例如，因户口未能迁至社区所在街道，居民日常生活受到较大影响。

“因为我自己住的是廉租房，不属于自己的房子，所以户口不能迁过来，要办证什么的都得回到自己的户口所在地，我们都叫这个是‘翻广州’，经济适用房的人就会好点。”（金沙洲保障房何女士，2014-01-15）

“她（他老婆）去参加居委会的培训，在大德路那边，参加残疾人机动车安全培训

① 社会融合综合测度 $F=[K_1/(K_1+K_2+K_3+K_4)]\times F_1+[K_2/(K_1+K_2+K_3+K_4)]\times F_2+[K_3/(K_1+K_2+K_3+K_4)]\times F_3+[K_4/(K_1+K_2+K_3+K_4)]\times F_4=0.402F_1+0.243F_2+0.196F_3+0.159F_4$。将所得公因子分析结果标准化处理为0～100的数值，计算公式为[(原始数值−最小值)×100]/(原始数值最大值−原始数值最小值)。

班[①]，因为我们的户口不在这里还在大德路，所以得跑回去上这个课。”（金沙洲保障房陈先生，2014-01-18）

“有无工作”的社会融合度为负（–4.094），说明与无工作居民相比，有工作居民的社会融合度较低。保障房居民中有能力改变生活状况的居民更可能搬离社区，在居住空间上进行“向上流动”，而无工作居民因在社区内活动和与人交往的时间更多，其社会融合度较高。

“自己很穷，没经济适用房的人有钱，平时是可以做朋友的，但是说到自己住在廉租房里面，他们就不跟你做朋友了，等我储够了钱，就去买套商品房，不想再遭人歧视。”（气愤地说）（芳和花园保障房赖先生，2013-09-10）

“平时哪有什么事情做的啊，‘等’咯……就是逛逛街、唱唱歌咯，有时候搓搓麻将，找人聊聊天，生活就是这样的啦。”（金沙洲保障房居民易先生，2014-01-18）

“身体状况”（2.115）和“家庭收入”（0.688）对社区融合状况也有正向影响，说明身体健康、家庭收入相对较高的居民的社区融合较好。在家庭收入上，收入较高的居民社会融合度高，家庭收入较低的居民社会融合度低，说明在低收入阶层中存在社会融合的差异，在低于贫困线的情况下，家庭收入越高融合度越高，但超出贫困线后则不能继续享受保障房的福利，故不少家庭收入已接近“贫困线”标准的家庭不愿意离开保障房社区。

“现在住的地方（比以前）好多了。现在的高层（6 楼以上）是 21 元/m^2，低层是 19 元/m^2（1～5 楼）。哎，以后脱贫了，我们就不可以住在这里了，现在我们都没工作，靠低保，如果过两年我女毕业工作（有收入）了，可能就‘过线’了，（不能住在这里）以后可能更苦呢。”（金沙洲保障房居民陈阿姨，2014-01-18）

表 5.8　保障房社区社会融合的线性回归分析

变量	社会融合度		邻里交往		社区互动		情感适应		环境融合	
	相关系数	显著性检验	相关系数	显著性检验	相关系数	显著性检验	相关系数	显著性检验	相关系数	显著性检验
户籍属性	–2.115	–0.768	0.340	0.066	–5.743	–0.982	–3.822	–0.720	–0.675	–0.156
户口迁至社区	5.504**	3.138	7.185*	2.174	1.923	0.516	6.501	1.921	5.500*	1.990
性别	–1.464	–0.966	–3.768	–1.320	2.740	0.851	–2.251	–0.770	–1.092	–0.457
有无工作	–4.094**	–2.373	–6.845*	–2.106	–2.640	–0.721	–0.900	–0.270	–3.297	–1.213
居住时间	0.010	0.703	0.039	1.415	0.043	1.373	0.001	0.021	–0.100***	–4.332
身体状况	2.115**	2.306	0.232	0.134	0.983	0.504	8.647***	4.887	0.557	0.385
家庭收入	0.688*	1.967	0.425	0.645	1.810**	2.438	0.591	0.876	–0.243	–0.441

① 《广州市残疾人专用机动车管理办法》第十一条：“驾驶残疾人专用机动车的残疾人，应当在其所属的街、镇残疾人联合会进行登记，参加安全学习。”

续表

变量	社会融合度		邻里交往		社区互动		情感适应		环境融合	
	相关系数	显著性检验	相关系数	显著性检验	相关系数	显著性检验	相关系数	显著性检验	相关系数	显著性检验
年龄	1.599	1.025	–0.306	–0.104	0.477	0.144	8.548**	2.841	–0.435	–0.177
常数	38.971	7.255	46.822	4.627	28.592	2.507	19.602	1.892	58.858	6.955
R	0.346		0.265		0.237		0.392		0.307	
R^2	0.119		0.070		0.056		0.123		0.094	
S.E.	10.7899		20.3255		22.9115		20.8118		16.9999	

注："*""**""***"分别代表 5%、1%、0.1%显著水平上显著（双尾检定）。

第二，保障房社区社会融合的四个维度中，“户口迁至社区”（7.185）与“有无工作”（–6.845）对“邻里交往”影响显著，可见户口迁至社区的居民和无工作的居民在保障房社区中的邻里交往更广，其中无工作居民主要因失业而在社区活动的时间更长。“家庭收入”（1.810）对“社区互动”有显著影响，说明家庭收入较高的保障房居民与周边社区的交往更频繁。“身体状况”（8.647）和“年龄”（8.548）对“情感适应”影响显著，反映出身体健康状况较好的居民的社区情感值更高，年龄较大的居民对社区的依恋度更高（更愿意长期居住于本社区）。而“环境融合”则受“户口迁至社区”（5.500）和“居住时间”（–0.100）影响，其中，居住时间为负效应，主要对于青年贫困居民而言，居住时间越长对环境越不适应。

迁居至保障房社区，城市贫困家庭的居住环境和居住质量有较大提升，但居民在社区生活上参与度低，与周边社区的互动少，社会融合呈现“内卷化”趋势。在影响因素方面，户籍制度、工作、个人及家庭社会经济特征等具有显著影响，其中户籍制度和工作对“邻里交往”影响显著；个人和家庭社会经济特征对“社区互动”“情感适应”影响显著；而“环境融合”则受户籍和居住时间的影响。保障房社区居民在物质环境获得改善后，对社区发展、社区生活和阶层流动有了更多诉求。

目前我国的住房保障政策主要集中在住房建设之上，对社区发展关注不足。在加快城市保障房建设速度、提升城市保障房覆盖率的同时，还应逐步完善相关社区发展政策，避免产生“贫困孤岛”现象。具体而言，在社区建设方面，应提高保障房社区居民之间、保障房社区居民与周边社区居民（如商品房社区居民）之间的交往度，提升社区内部凝聚力及不同社会群体的相互认同。其中，应重点优化公共空间，为居民交往创造条件。在社区发展方面，应注意增加保障房社区周边的就业机会，建议将保障房居民的就业需求纳入保障房片区的发展规划之中，为保障房居民创造就近就业机会。此外，注意完善保障社区与城市中心区的交通联系，降低交通成本，避免造成社会空间的边缘化、隔离化。总之，城市保障房建设不仅包括住房建设，还应包括社区建设、社会认同建设和居民情感建设。

第四节　保障房社区生活的“战略”与“战术”

一、广州保障房社区的空间生产

广州保障房社区建设始于 1986 年，其建设历程大致可划分为四个阶段：解困房建设阶段（1986～1994 年）、安居房建设阶段（1995～1998 年）、相对停滞阶段（1999～2005 年）和全面开展阶段（2006 年至今）。

（1）解困房建设阶段（1986～1994 年），主要针对体制内人均居住面积不足 $2m^2$ 的家庭进行住房扶贫，建设规模小而分散，主要有天河石牌的南苑小区、芳村的桥东小区、白云区云苑直街的云苑小区、柯子岭等四处。

（2）安居房建设阶段（1995～1998 年），仍主要针对体制内人员，但保障门槛拓展到人均居住面积低于 $7m^2$ 的家庭，主要采取大规模集中建设安居房和解困房的方式，包括聚德花苑、棠德花苑和同德围等庞大住区。

（3）相对停滞阶段（1999～2005 年），被保障对象仍是体制内住房困难家庭，集中针对党政机关和教师医疗系统职工，这一阶段主要建成部分教师新村和党政机关安居住区，包括集贤苑、育龙居、云山居、云泉居、丽康居、天雅居、云宁居、芳园居、东激教师新村、珠江大家庭花园、芳村花园等。

（4）全方面展开阶段（2006 年至今），保障性住房的建设主体趋于多元：政府投资建设新社区住房、开发商建设限价房、国有企业单位建设单位自建经济房。新建新社区主要包括金沙洲、棠下棠德花苑、同德小区（泽德花苑和积德花苑）、大塘聚德花园、芳和花园、党恩新街、万松园、花都区廉租公寓、南沙区珠江安置区一期 C 地块、黄埔区拆迁安置区新溪二期、龙归城保障性住房项目、南方钢厂（一期）保障性住房项目、大沙东保障性住房项目、南岗保障性住房项目、郭村小区、泰安花园、誉城苑、广氮新社区、安厦花园等。

广州市保障性住房建设力度不断加大，覆盖面也不断扩大；其建设主体逐步增加，市场和社会力量开始进入；而其分配对象的覆盖范围则一直被严控，从未全面覆盖社会各群体，具体如下。

第一，就保障房的供给模式来看，一直为地方政府单一供给，地方政府是保障房建设的唯一主体，直至最近才转向更为多元的供给模式（政府+开发商+国有企业单位）。事实上，就各国情况而言，由政府全覆盖的保障房体系并不多见，政府介入模式与程度亦多种多样。市场供给的保障房其实一直存在，即广州的 140 多个城中村及其集体土地上的小产权房，但一直无法得到合法性认可，反而广受诟病乃至被直接拆除。此外，对地方政府而言，保障房供给缺乏“硬约束”或制度“激励”：在“GDP 竞争”的背景下，保障房的供给必须服从于经济建设的大局，只有在财政已经满足经济建设，或供给不足将影响社会稳定的前提下，地方政府才会保证保障房建设的供给。

第二，保障房的布局一直以城市边缘区为主。从总体布局看，除东峻荔景苑、东海嘉园和南苑小区等拥有优越区位，其他保障房均远离就业岗位集中、交通便利、公共服务设施良好的地区，如天河和荔湾。从历史角度看，保障房的空间选址也曾有逐步远离城市中心之势。一方面，在“土地财政”的背景下，位于城市中心区高地价的地块往往优先用于商品房开发，以获取高额资金，加之中心区土地资源有限，进而造成保障性住房建设逐步趋于城市边缘地块，这样政府负担的经济成本相对较低；另一方面，20 世纪 90 年代以来，为进一步实现产业结构调整升级，广州新城建设频繁，大量老旧居住区拆迁重建，原住户多被异地安置且多地处边远区位。例如，广州保障性住区同德围的 30 万居民中，大部分是 90 年代地铁建设和旧城改造的拆迁户。

第三，在新社区的规划布局上，一直以柯布西耶式的“高楼＋开敞空间”格局为主，以此节约土地资源，实现空间集约利用。例如，金沙洲新社区建设的 64 栋楼宇中，就有 9 栋 11 层住宅楼、20 栋 18 层住宅楼。在保障房的空间设计上，一直采取的是单一、标准化的建设模式，以小户型和微型空间为主体，以此降低建设成本。金沙洲新社区的住房基本是 90m^2 以下的中小户型，以建筑面积 60m^2 左右和 80m^2 左右的户型为主，套型建筑面积小于 90m^2 的住房面积所占比例近 90%，90m^2 以下户数占总户数比例为 88.5%。在分配机制上，保障房社区的分配一直限定为本市户籍居民乃至企事业单位群体，对其他群体则是封闭的。

第四，在社区管理上，将新社区封闭管理以实现对群体的高效控制。保障房不得上市，从而形成封闭体系，以避免对商品房市场的冲击。国务院 2007 年颁布的《国务院关于解决城市低收入家庭住房困难的若干意见》第十一条规定，“严格经济适用住房上市交易管理。经济适用住房属于政策性住房，购房人拥有有限产权。购买经济适用住房不满 5 年，不得直接上市交易”，对于廉租房则规定严禁申请人擅自将租住的住房转让、转租、出借、调换等等。金沙洲新社区始建以来，就一直被冠以“保障房”或“廉租房”的称号，更因其特有的建筑形式和颜色与周边其他小区的建筑相区别，因为特殊的“民生工程”性质而受到媒体及报刊的关注。部分媒体直指金沙洲新社区在不少广州人眼中已然成为“贫民区”，并与广州另一个保障房社区同德围做比较，探讨“分区居住”问题。

总之，广州保障性住区的战略设计使得社区居民被其边缘化的空间“锁定”，是地方政府为实现低成本劳动力再生产而采取的空间战略。相对异质化的社会空间状态使得部分保障房社区面临一种被动或主动的“底层化”、“边缘化”和“污名化”的文化心理定位问题。

二、金沙洲居民的日常生活实践

一方面，社区居民为了解决住房困难问题，不得不接受和服从政府的空间战略安排，从而处于一个被边缘化空间“锁定”的位置。另一方面，社区居民并非消极接受，而是根据自身处境，在既有规则中不断谋求个人生存空间，施展技巧和计谋，显示出老百姓所特有的智慧和机智。

1. 生活回市区

因为社区区位选址偏远，生活配套设施也远比不上市区，所以，“住在金沙洲，生活回市区”成为居民的一种应对手段。虽然居住在新社区，但大部分居民并没有将户口迁入新社区。2012 年 4 月新社区的住户统计资料表明，新社区经济适用住房与廉租住房居民总共 4674 户，只有 275 户将户口迁入新社区，仅占总住户比例 5.88%，其余多达 4399 户并未将户口迁入新社区。根据访谈，大多数居民表示并不打算将户口迁入新社区，主要原因是新社区生活配套设施远比不上市区，尤其是医疗配套设施和教育配套设施，此外，各个区为低收入群体提供的福利不同也是一个原因。新社区居民普遍属于中低收入群体，其中低保、低收入人群占到将近 60%，他们对物资的需求很大，注重户口在市区所能提供的福利，如老人保障金、节日慰问、慈善超市救助等。广州市各区财政投入不同，所能提供的福利存在差异，其中，市区的荔湾区、越秀区、天河区和海珠区等为低保、低收入群体提供的福利较高。此外，户口维系着居民作为“老广州”的情感归属，当问及“你是哪里人”时，多数居民回答为原有住区，而不是“新社区”。因此，户口是居民社会关系的基础，将户口留在市区，代表着居民的日常生活也维系在原市区。

“户口是不会迁过来的，孩子上学要靠户口，而且现在的学位竞争这么激烈，不管怎么样，都要让孩子接受良好的教育。”

（受访者 19，社区居民）

“过年过节，区和街道都来慰问几次，而且超市（慈善超市）可以选择的东西也多，但是新社区这边就相对少，而且还贵。”

（受访者 17，社区居民）

“不迁（户口），在那（老城区）住了十多年了，如果把户口迁了，就什么也没有了，而且迁户口也很麻烦，现在有什么事情都是回市区去办。”

（受访者 11，社区居民）

2. 巧妙改造

新社区住房中以建筑面积 60m² 左右和 80m² 左右的户型为主，90m² 以下的户型所占比例将近 90%。多数居民表示，与之前的住房相比，住房条件相对得到了改善，然而，住房面积仍然较小，如何有效利用空间使空间利用最大化？面对这个问题，底层民众显示了他们特有的生活智慧。张阿姨一家人现在住的是 60m² 左右的两室一厅的房子，她说：“比原来租的房子好多了，面积也大些，但是空间还是不够用，我们就只能自己想办法了，使用折叠式餐桌是可以节省地方（空间）的。”

由于新社区缺乏活动设施，居民经常去附近环境较好的广场和公园锻炼身体或散步；针对新社区菜市场菜价贵的情况，部分居民自己开垦新社区周边的荒地种菜，也有些居民利用小花盆种菜；部分居民用小花盆装饰自家的阳台，这些小花盆既便宜又能改善所处的环境；新社区周边自发形成集市，每天下午都很热闹，这些集市为社区居民提供基本的日常需求。对于所处的环境，居民总能进行巧妙的改造，以满足自我的需要。

“有好多居民开荒种菜的，社区周围就有一些荒地，一般种一些一家两三个人就够吃。”

“那些小花盆，有的居民也用来种菜，韭菜等，又新鲜又便宜。”

（受访者 15，社区综合服务中心工作人员）

3. 隐性就业

隐性就业是指不按照规范就业渠道获取固定职业的一种工作和生活状态，是一种实际处于就业状态并拥有相应的收入来源,但同时却在“制度”上处于失业者的状态。新社区居民文化程度普遍较低，收入低，社会经济地位边缘化，多依靠政府的补贴维持生活。然而，他们并非消极被动地接受补贴，而是通过隐性就业改善自身生活处境。访谈发现，很多新社区居民都有“工作”：销售、给私人打工、开出租车、当“走鬼”（街头小贩）、做手工活等。在新社区，一辆辆黄色的残疾车引人注意，部分已改造成拉客车或拉货车。社区居委会工作人员称，这些车的载客收入相当可观。此外，多数被访者（除有正规职业的居民）表示，一定会做一些临时工作，只凭政府的补贴，生活很困难。作为隐形就业者，其工作时间长短不一、收入多少不固定，就业活动具有隐蔽性、流动性、间断性、不申报、未统计等特点，容易逃开政府的税收监督与管理。

“他们都是隐性就业，有的人是“走鬼”，有的人出去给私人打工，销售保健品等，具体能赚多少钱，大家也都不知道，有的人挣得很多啊……我都不吃下午茶，人家吃下午茶，我都有看到过。其实，一般只要做的不要太过分就可以……”

（受访者 5，凤岭社区居委会工作人员）

“很多人都是用那个车（残疾人专用车）出去拉人，赚钱之后再买大一点的车子，这种车很便宜的，八九千一辆，只有残疾人才可以买的……查的很少，就算是查到了也就是罚款之类的……”

（受访者 7，社区居民）

4. 维护原有社交网络

访谈发现，部分居民依然维护着原有的社交网络，表现为以下三个方面：第一，新社区居民的大部分社交关系依然维系在原所住街道，居民与原来社区或者街道的邻居、朋友及熟人等保持着联系，办事也经常回市区去办。其中户口在居民的社交网络中扮演着重要的角色，正因为户口还在原街道，其计划生育工作、老人保障金的领取、逢年过节领取物资等都是回到原街道办理，这在居民社交关系中起到了基础性作用。李阿姨是 2008 年第一批入住新社区的住户，但她还和原来的街道保持着联系，她觉得自己“只是住到了新社区”；第二，新社区居民与新社区居委会及街道办事处没有太多联系；一方面，金沙街道办事处及新社区居委仅掌握居民的基本信息，对于新社区居民没有更深入的了解；另一方面，新社区居民对居委会也并不熟悉：有居民表示，没有什么事情，就“从来都不会去社区居委会”，居民的社交关系并没有随着居民入住而转移到新社区；第三，新社区居民多来自于广州原老四区，即天河区、荔湾区、海珠区、越秀区。作为老广州，他们搬到新社区后，基本维持着自己原有的社交网络，并没有融入当地社会。有居民表示，“不愿意，也不想”与当地的村民交往。

“大家都是原来老四区的，所以是比较熟了，与本地村民很少沟通，也很难沟通，也不愿意沟通，不想……”

（受访者 8，海珠区社区居民）

“新社区只是个住的地方，由于居民的户口不在这里，所以我们对于一些就没有办法进行管理，大家还是回到原来的街道，平时也不和本地村民打交道，觉得他们素质低……”

（受访者 16，社区居委会工作人员）

5. 积极生活

新社区居民多积极乐观，坚信通过自己的努力可以改善现有生活。如前所述，新社区居民多数通过“隐形就业”谋取生存，其他由于身体原因（年老、患病或者残疾）不能从事工作的，则会主动参与社区综合服务中心的活动以丰富自己的生活，例如，社区粤剧团就是在社区服务中心的帮助下，居民自发组织形成的。此外，多数居民会利用社区内的体育设施锻炼身体，如踢毽子、跑步等，一方面，身体的改善会降低家庭中的医疗费用，减轻家庭的负担；另一方面，也能丰富居民的日常生活。总之，居民总是在不断改善自己的生存状态并充满信心。

“大家都是早出晚归的，努力地改善现在的生活，不管干什么，都是为了生活……”

（受访者 1，社区综合服务中心工作人员）

“我又不可能永远这样子，我的儿子身体会越来越好，我的孙女现在学习也好，我们家肯定会好起来的。”

（受访者 2，社区居民）

保障性住房建设的实质是城市政府低成本劳动力再生产的空间战略，在战略实施的过程中，保障性住房社区居民被“边缘化”的空间锁定，社区居民通过各种“战术”应对，这些“战术”主要包括：生活回市区、巧妙改造、隐性就业、维护原有的社交网络、积极的生活态度。从这个角度看，这样的日常生活充满了新奇的可能与力量。

保障性住房社区居民的“抵制”战术在一定程度上改善了他们自身的处境。然而，这些“战术”毕竟是个人的、小规模的、细微的，不足以真正从根本上彻底改善此类群体的状况。因此，仍然需要政府在推出保障性住房供给和建设时对社区居民日常生活空间给予足够重视，从而使其处境得到真正的改善。

随着中国城市发展由“增量开发”逐步向“存量提升”转型，空间生产与空间的再生产无疑将会更加深入地影响到我们每一个人，需要对城市中的边缘群体（如保障房社区居民）予以更多关注。面对急速发展变化的大时代，城市居民需要在社区这样一个生活场域寻求心理支持、地方依恋和情感慰藉。转型使得这一目标的达成具有了某种特别的时代性与挑战性，重建社会空间意义重大，尤其需要社会、市场和政府三方的充分协商与融合。

第五节　保障房社区的提升与优化

一、案例概况和研究方法

选取广州市八个具有代表性的保障房住区作为案例，包括棠德花苑、聚德花苑、泽德花苑二期、泰安花园、金沙洲新社区、芳村花园、党恩新社区和万松园新社区，其建设时期、住房类型、住区规模和区位各不相同，基本包括了各类保障房住区。其中，棠德花苑是广州早期建设的大型保障房住区，后期房屋产权转换和居民异质现象严重，涵盖各类保障房和各类中低收入居民。聚德花苑、泰安花园建设的开始时间较早，约在2000年前建成入住，后期又陆续有建设，跨越了多个政策时期，涵盖了各类保障房，新旧居民差异明显。金沙洲新社区、芳村花园、泽德花苑二期、党恩新社区、万松园新社区等都为2006年后建成的“新社区”（广州市对2006年以后建成的保障房住区的统一称谓），住房构成以廉租房和经济适用房为主，规模较早期的住区小，且多为低收入居民。从区位上看，几个住区均衡分布于中心区及边缘区（图 5.1）。各案例住区的特征总结如表5.9所示。

表5.9　案例住区特征

住区	建设时间特征		居民构成特征		住区规模特征		区位特征	
	建设时间	时期特征	住房套数比例	居民构成	住区规模/人	住区等级	住区区位	周边设施配套成熟度
棠德花苑	1986～1998年	早期住区	低收入家庭28% 中等收入住房家庭72%	中等收入	40000	居住区	中心区	高
泰安花园	1998～2011年	跨越多个政策阶段	低收入家庭68% 中等收入住房家庭32%	中低收入	5070	居住组团	中心区	高
聚德花苑	1994～2013年		低收入家庭60% 中等收入住房家庭40%	中低收入	20000	居住小区	中心区	高
金沙洲新社区	2005～2007年	新社区	低收入家庭88% 中等收入住房家庭12%	低收入	20000	居住小区	边缘区	低

续表

住区	建设时间特征		居民构成特征		住区规模特征		区位特征	
	建设时间	时期特征	住房套数比例	居民构成	住区规模/人	住区等级	住区区位	周边设施配套成熟度
芳村花园	2009～2011年		低收入家庭 100%	低收入	18000	居住小区	边缘区	低
泽德花苑二期	2009～2011年		低收入家庭 100%	低收入	10000	居住小区	边缘区	低
党恩新社区	2009～2011年		低收入家庭 70% 中等收入住房家庭 30%	低收入	1640	居住组团	中心区	高
万松园新社区	2007～2009年		低收入家庭 99% 中等收入住房家庭 1%	低收入	256	居住单体	中心区	高

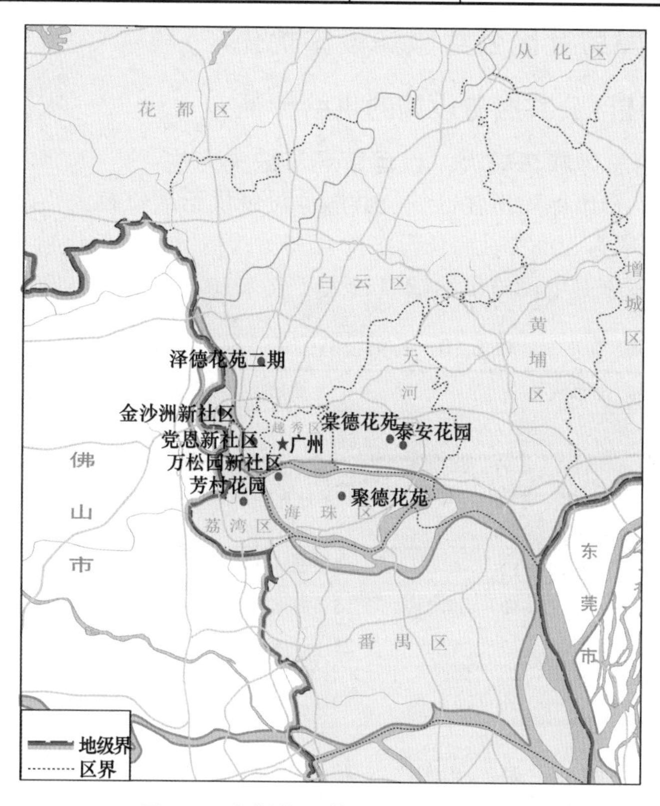

图 5.1　案例住区的区位分布示意图

本节采用实地观察注记、访谈和问卷调查等方法，对案例小区公共服务设施的现状配套和运营情况、住区户外公共空间使用状况（包括居民的户外活动频率、时间分布特征、参与活动及所涉及的场地信息）、居民的满意度及需求情况进行了详细调研。各住区问卷数量约为住区家庭数的 2%，在居委会的协助下，问卷发放过程中保证调查对象选择的随机性及住区内受访者分布的均衡性。本次调查总共发放问卷 820 份，回收有效问卷728份，回收率为88.8%。其中2005年前建成的住区与2006年后建成的新社区问卷数量比为5∶5，中心区和边缘区问卷数量比为6∶4，居住区、居住小区和居住组团问卷数量比为3∶6∶1。调查对象方面，男女比例均等，年龄覆盖12～83岁，以30～60岁年龄段为主，文化程度以初中和高中文化为主。总体而言，样本的代表性和有效性较好。

为了更直观地反映问题，采用设施"有效供给率"和"需求率"来量化体现各类、各项设施的供给、需求情况，"达标配套率"和"有效运营率"两个数值分别从设施配套和运营两个环节反映设施的供给情况。

本节调研的基本思路是，总结保障房住区住户、保障房住区公共服务设施和公共空间的一般特征，通过访谈和问卷分析得出保障房住区住户的真实需求，分别结合保障房住区公共服务设施特征、公共空间特征和住户的真实需求，提出针对性的优化设计策略和措施。

二、广州市保障房社区公共服务设施优化

1. 保障房住区公共服务设施的供给特征

1）设施供给总体缺口较大，以运营环节缺失为主

总体来看，广州市保障房住区的公共服务设施供给缺口较大，设施达标配套率为59.7%，有效运营率为50.8%。综合设施配套和运营情况，有效供给率仅为44.5%。其中，文化体育、医疗卫生设施供给缺口较大（表5.10）。

表5.10　各类设施的总体供给情况

设施	配套情况/处				运营情况/处			供给情况/处			排名
	应配套	实际配套	达标配套	达标配套率	应运营	按规定运营	有效运营率	应供给	有效供给	有效供给率	
教育	25	24	12	48.0%	25	13	52.0%	25	9	36.0%	4
医疗卫生	15	11	10	66.7%	15	6	40.0%	15	5	33.3%	5
文化体育	25	19	12	48.0%	25	10	40.0%	25	7	28.0%	6
社区服务与行政管理	80	61	51	63.8%	80	50	62.5%	80	46	57.5%	1
邮政及市政公用	40	27	25	62.5%	40	15	37.5%	40	15	37.5%	3
商业服务	6	5	4	66.7%	6	3	50.0%	6	3	50.0%	2
合计	191	147	114	59.7%	191	97	50.8%	191	85	44.5%	—

设施供给的配套和运营环节皆存在较大程度的缺失，以运营环节为主。设施配套单体数占应配套的设施单体数的77.0%，且达标配套率仅59.7%，说明在住区规划编制和建设环节都存在缺失。同时，设施有效运营率仅为50.8%，较达标配套率低（图5.2）。

实际调研发现，设施运营缺失的表现为设施运营时滞、供给主体异质和功能异质等现象。例如，现状供给缺口较大的文化体育设施中，文化设施运营时滞和功能异质问题严重，体育设施维护不佳而导致无法使用的现象普遍存在。棠德花苑、泽德花苑二期、党恩新社区的文化活动站已建成，但未投入使用。其中，棠德花苑规划的5处文化站均未投入使用，除了1处已建成还未运营，其余4处位于住宅底层的文化站皆已转变为商铺；聚德花苑的室外居民健身设施损坏严重，已无法正常使用。

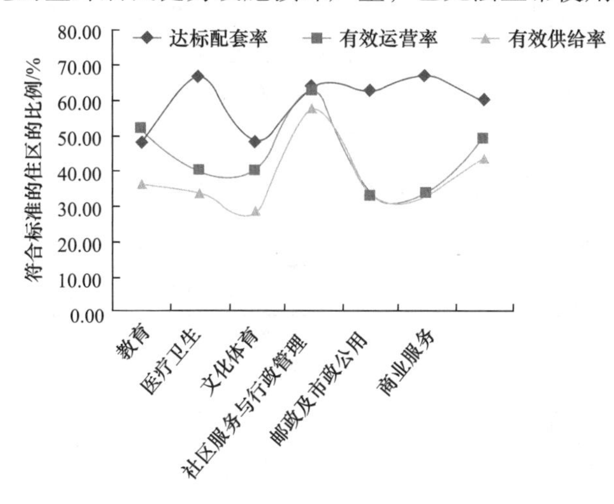

图5.2　各类设施现状配套、运营和供给情况

2）低等级设施和社区共有产品的供给缺口较大

从设施等级分类和设施公共产品属性分类两个方面分析设施分类供给情况，以反映设施供给主体变化引起的设施有效供给差异。

一方面，级别越低的设施现状供给情况越差。各案例住区中，区域统筹级/城市级设施供给情况最好，有效供给率达69.2%；居住区级设施供给情况次于区域级设施且差距不大；居住小区和组团级设施供给情况较差，且和前两类设施差距较大，特别是文化活动站、公共厕所等设施，现状有效供给率小于10%（表5.11）。

表5.11　不同级别公共服务设施的供给情况

设置级别	应配设施	达标配套率/%	有效运营率/%	有效供给率/%
区域统筹级/城市级	高中、综合医院、老年人服务中心、街道办事处、派出所、市政及其他管理用房、社区服务中心、110kV变电站、垃圾压缩站、社会停车场/库	84.6	84.6	69.2
居住区级	初中、卫生服务中心、综合文化活动中心、居民运动场/馆、邮政所、肉菜市场（生鲜超市）	72.7	66.7	63.6
居住小区和组团级	小学、幼儿园、卫生站、文化活动站、居民健身设施、老年人服务站点、托老所、托儿所、社区居委会、公共厕所、物业管理（含业主委员会）	53.5	39.4	33.9

另一方面，公共产品纯度序列两端的设施供给率较高。根据公共产品理论，将公共服务设施按经济属性分为纯公共产品（社会公共产品）、准公共产品（社区共有产品、专营行业设施）和市场化运营设施，高纯度公共产品由政府供应，按此序列公共产品纯度依次下降，市场调节力越强，政府干预力越弱。居住区公共服务设施大部分属于纯公共产品和准公共产品，需要由政府提供建设和运行成本，通过强制性指令确保及时配套和长期稳定的运营。经统计，纯公共产品和专营类设施有效供给率较高，市场化运营设施有效运营率低，大部分新社区商业设施未出租运营；而社区共有设施有效供给率较低，主要反映在文化活动设施、残疾人康复中心、肉菜市场等设施上。总体来看，公共产品纯度序列两端的设施供给率较高，即由政府单向供应和由市场主导、政府协调供应的设施有效供给率较高（表 5.12）。

表 5.12　住区不同经济属性公共产品的现状供给情况

公共产品经济属性	设施项目	达标配套率/%	有效运营率/%	有效供给率/%
纯公共产品	小学、初中、社区服务与行政管理设施（除托老所、市政管理用房、物业管理）	59.7	63.9	52.8
社区共有产品	社区卫生服务中心、残疾人康复中心、卫生站；综合文化活动中心、居民运动场/馆、文化站、居民健身设施；市政与其他管理用房、物业管理、托老所；肉菜市场	59.3	53.7	46.3
专营行业设施	高中、幼儿园；综合医院；游泳池；邮政所、垃圾压缩站、公交首末站、出租车停靠站	63.6	54.5	54.5
市场化运营设施	社会停车场/库、小区商店	80.0	30.0	30.0

3）供给缺口集中在早期和中心区住区

从建设时间和区位两个维度观察不同类型保障房住区公共服务设施的供给情况，分析不同供给主体在设施供给中的博弈随时间的变化，以及基于住区内部和外部设施互补的“区位性”差异而引起的设施供给差异。

一方面，早期住区的设施供给缺口大，公益性和营利性设施有效供给率差别明显。根据住区建设时期分类，早期住区的设施有效供给率远低于新社区。早期建成的棠德花苑多数设施存在运营主体异质、维护不佳等问题，特别是公益性设施。同时，新社区的商业设施有效供给率最低，但公益性设施供给情况较好。

另一方面，城市中心区住区的设施水平低于边缘区住区，集中表现在公益性设施上，而边缘区住区的高等级设施供给不足，包括综合医院、高中等。

2. 保障房住区公共服务设施的需求特征

1）总体和分类设施需求强度与供给缺口相对应

总体来看，保障房住区的公共服务设施的需求强度与供给缺口基本对应。保障房住区居民对住区公共服务设施的总体需求率为89.2%（图5.3），总体需求强度高，特别是缺失严重的医疗和文体设施。同时，居民表示有约10.8%的设施不需要配置，包括部分机动车、非机动车停车位、出租车停靠点等。部分设施供给缺失，但居民满意度仍较高，包括商业服务设施等。

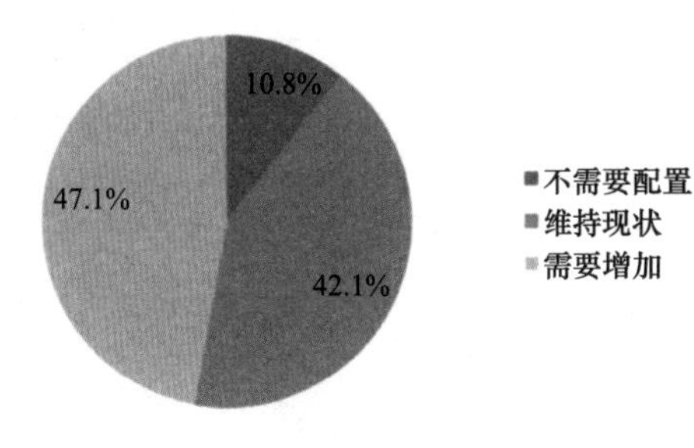

图5.3　居民对设施需求的总体情况

从分类设施需求程度（表5.13）来看，低等级设施（公共厕所、社区居委会、居民健身设施、文化活动站、老年人服务站、托老所、卫生站等）和社区共有产品（社区卫生服务中心、卫生站、残疾人康复中心、综合文化活动中心、居民健身设施、物业管理、托老所等）需求强度都为"迫切需求"，居民对设施的需求强度随着设施公共产品属性的增强而变大。

表5.13　住区各项公共服务设施的需求程度

需求强度与需求率	设施项目
迫切需求为90%	公交首末站、公共厕所、社区居委会、物业管理、社区服务中心、老年人服务中心、服务站、托老所、综合医院、卫生站、残疾人康复中心、街道办事处
一般需求	中学、小学、幼儿园、托儿所、邮政所、机动车停车位、肉菜市场
隐性需求在85%	非机动车停车位、出租车停靠点、小区商店

2）早期住区居民重视设施服务质量，边缘区住区居民对高等级设施需求强

调研发现，早期住区（棠德花苑、聚德花园）的居民汽车拥有率较高，对社区服务、文化体育等生活休闲相关的设施满意度低，对服务质量和内部设备配套不满意。

边缘区住区的居民对高等级设施的需求率明显高于中心城区居民。广州市区域型公共服务设施空间分布呈现明显的"中心城区—郊区"递减特征（高军波等，2011）。边缘区住区规模未达到高等级设施配套标准，导致住区内外的高等级设施双向供给不足，特别是高中、综合医院等。

3）基于居民属性和行为偏好的需求分析

a. 居民属性和需求分析

居民收入和消费水平低。广州市保障房居民年收入在24796元以下的居民占90.1%（图5.4），相比2012年广州市城镇居民人均年收入38053元，具有明显的低收入特征。从消费结构来看，保障房居民家庭的恩格尔系数为 40.1%，高于 2013 年我国城镇居民家庭的 37.9%，表明其家庭生活基础消费（食品、教育、医疗等）较一般城镇居民家庭高，而交通消费较低（图 5.5）。收入直接影响消费能力，保障房居民对教育、基础医疗、平价商业和公共交通设施的需求较大，而对于电影院、酒吧、KTV、机动车停车场、出租车停靠站、综合商场等高消费设施的需求较小。

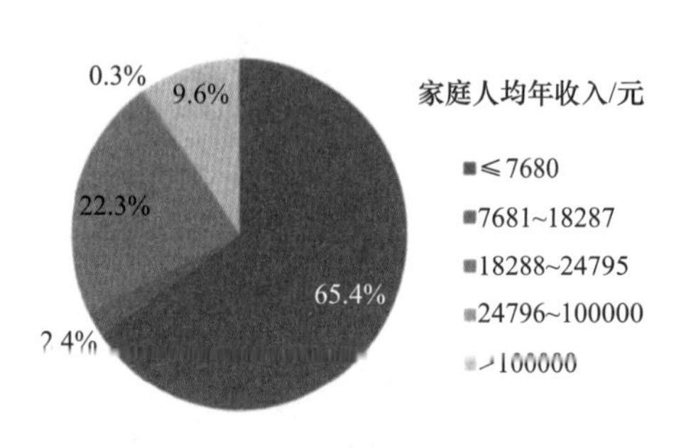

图 5.4　保障房居民的家庭人均年收入分布

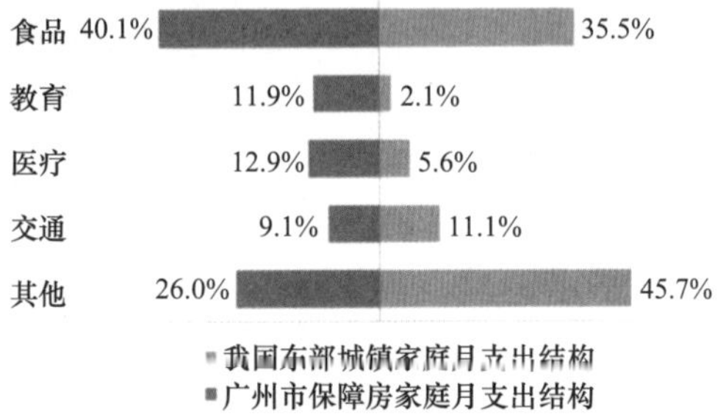

食品 40.1% 35.5%
教育 11.9% 2.1%
医疗 12.9% 5.6%
交通 9.1% 11.1%
其他 26.0% 45.7%
我国东部城镇家庭月支出结构
广州市保障房家庭月支出结构

图 5.5　保障房居民的家庭消费结构

老年人及独居老人较多。65 岁以上居民比例达到 6.6%（图 5.6）。同时，单身家庭中，60 岁以上老人占比 27.2%，独居老人数量多（图 5.7）。实际调查中，有 91.3% 的居民表示需要配置老年人服务中心/站，需求强度高于平均水平。

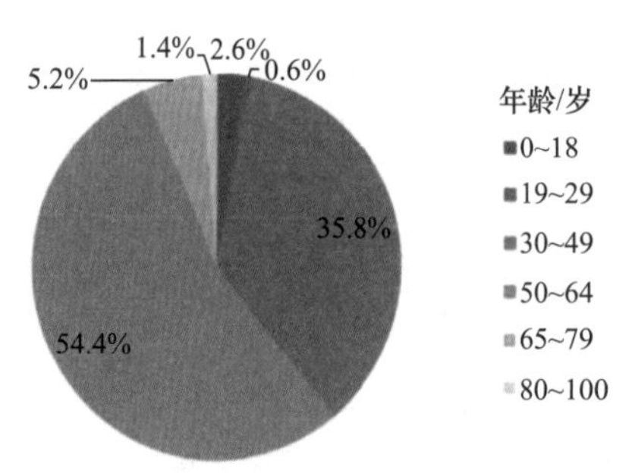

图 5.6　保障房居民的年龄结构

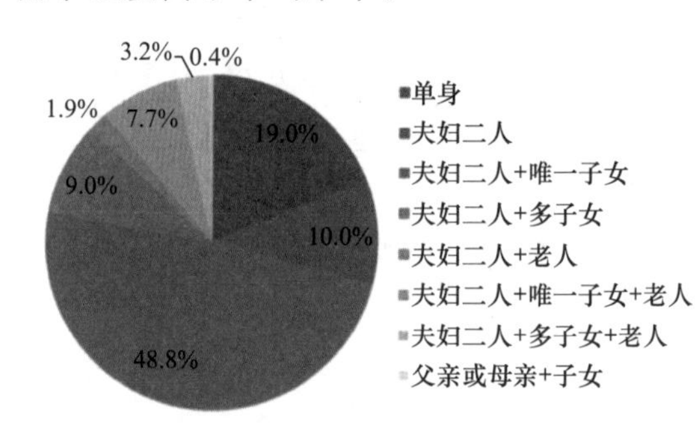

图 5.7　保障房居民的家庭结构

居民文化程度和职业水平较低。高中及以下学历的居民比例为 87.2%，初中及以下学历占比为 41.1%（图 5.8），低文化程度直接影响居民的就业率和就业水平。居民的失业率高，无固定工作和无业人员占比高达 72.3%（图 5.9）；居民主要从事基础性服务和生产工作，包括商业和服务业、生产和运输设备操作等。结合上述情况和问卷访谈可知，保障房居民对文化活动中心/站、社区服务中心等提高文化生活水平、拓宽工作信息渠道的设施需求程度较高。广州市保障房住区 77177 户住房困难家庭中，有残疾、重症、精神疾病和智障病患的家庭有 2000 多户，因离婚或丧偶导致的单亲家庭和有劳改判刑家属的家庭有 700 多户（图 5.10），残疾人、重症、精神病人比例高于一般城市住区，导致住区的突发事件多，居民对医疗、社区综合服务等设施需求高，且对服务人员和服务质量的要求高，而残疾人康复中心基本无供给，与居民需求不符。

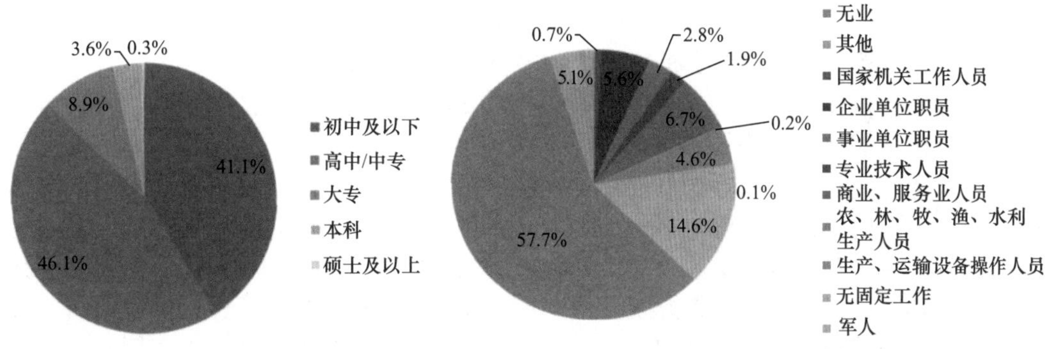

图 5.8　保障房居民的受教育结构　　　　图 5.9　保障房居民的职业结构

b. 居民行为偏好和需求分析

从居民出行方式来看，根据问卷统计，44.2%的居民通勤以公共汽车为工具，仅有 8.4%的居民使用地铁通勤。而新建的保障房普遍远离中心城区，居民通勤距离远，地铁站的服务范围有限且消费较高，居民对公交站的需求高于地铁站。保障房居民对机动车停车位和非机动车停车位的需求都较小，居民驾驶汽车和骑自行车出行的比例分别为 0.27%和 4.26%，分别小于我国 2013 年机动车保有率 18.99%和非机动车保有率 17.41%（图 5.11）。

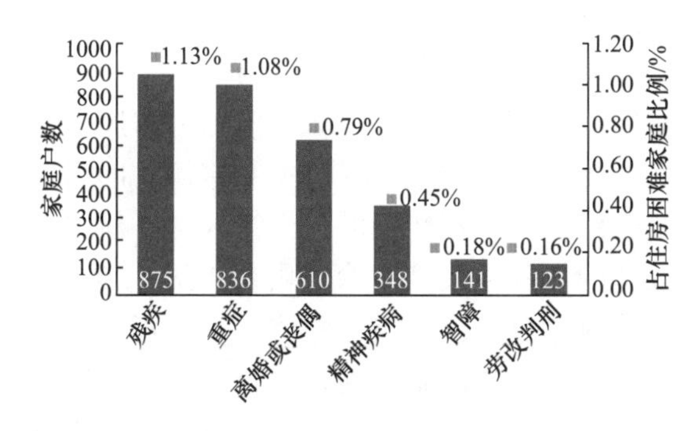

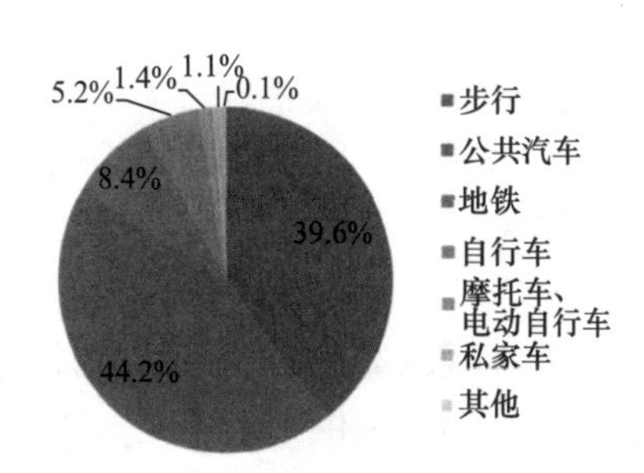

图 5.10　广州市住房困难家庭特殊情况信息汇总　　　　图 5.11　保障房居民通勤方式

此外，广州市保障房居民每月要领取政府发放的社保补贴，而调研中居民普遍反映住区缺少 ATM 或银行网点设施。广州市现行住区配套标准取消了金融类设施，以充分发挥市场对金融设施配套的自动调节作用。事实上，经市场调节的金融类设施布局往往远离保障房住区，造成居民使用不便。

3. 保障房住区公共服务设施供需特征的成因机制分析

1）居民需求因素

根据马斯洛需求层次理论，居民的收入水平影响其需求层次，进而影响对公共服务设施的选择性使用。同时，居民的生活和工作状态、身体健康状态、行为偏好等也影响其对设施的需求。

总体上看，广州市保障房住区居民低收入的特征指向其对高纯度的公共产品和平价市场运营设施的需求；残疾、老龄化、低文化程度、低就业率等特征指向对医疗卫生、老年人服务、就业服务设施的需求；日常出行范围小、通勤以公共汽车为主的特征指向对活动范围内设施配套的充足性和多样性，以及公交站的需求。

从住区居民构成差异来看，随着时间的推移和住房保障政策的变化，广州市各类保障房住区的居民构成产生两个方向的变化，并导致不同类型的住区的差异性需求。一是，20 世纪 90 年代入住的早期的保障房居民，其家庭收入随经济发展得到一定程度的提升，同时早期的保障房进入市场流通，住房的转卖、转租导致初始居民群体的部分置换，中等和中等偏下收入居民增多，居民整体收入水平和消费能力提高，家庭消费结构随居民经济收入的提升发生根本性变化，家庭设备用品、医疗保健用品、交通通信和服务消费支出逐渐增加，而食品支出相对减少（陈波，2013）。例如，早期建设的保障房住区内的机动车数量较多，居民对生活耐用品的需求提升，但相应的设施（机动车停车位）配套不足。同时，居民更注重教育和精神生活投入，重视教育、文化体育、社区服务、商业消费等设施的配套规模和运营质量。二是，从福利分房制度到保障房制度，住房保障的对象从单位、企业住房困难家庭延伸至城镇中低收入家庭，因此，2006 年后建成的新社区居民呈明显的社会弱势群体特征，低收入者、老年人、残疾人、失业者等居民比例增长，相应对老年人服务、残疾人服务、就业服务设施等基础性社会福利设施的需求增加。

2）规划建设因素

一些规划建设因素，如住区的区位与高等级设施分布的关系，以及住区分期配套与住区规模变化的协调关系等，影响保障房住区公共服务设施的供给。

保障房住区虽然是一个相对独立的居住空间，但居民在物质和信息上与周边地区存在频繁交流，因此住区设施的“自足性”与住区的“区位性”关系密切，即当住区位于建设较完善的地区时，居民对小区配套设施的依赖性较低；当住区位于新开发且建设不完善的地区时，居民对小区配套设施的依赖性较高（徐晓燕和叶鹏，2010）。位于中心城区的住区周边营利性设施和高等级公益性设施供给到位，一定程度上抵消了住区内部设施供给的不足，因此虽然中心区住区的设施供给缺口较大，但居民对设施数量、规模的需求较小。位于边缘区的住区，住区内部和周边高等级设施供给不及时，居民对这些设施表现出较强的需求。

保障房住区建设用地由政府划拨，部分保障房住区规模较大，多采用分期建设的方式，所建设的设施和住区人口规模也呈现相应的阶段性特征，但设施供给存在以下问题：当期建设的设施只满足当期的住区人口规模增长的需要，未考虑后期住区建设人口增长引起的住区的整体人口规模等级的提升；各期建设为独立占地设施预留的用地不足，中学、小学、文化活动中心等设施难以落地。以上问题直接导致高等级设施供给的不足。例如，棠德花苑分两期建设，一期居民规模约 2.5 万人，一期设施规划规模满足一期人口规模对应的标准要求。二期廉租房将入住近 1 万居民，已达到居住小区的规模，但二期项目中只按居住组团的标准配套设施，二期自身设施供给不足，且棠德花苑整体上已达到居住区的等级，相应的高等级设施未有补充建设，高等级设施现状供给严重不足。

3）运营管理因素

设施供给缺失主要由运营环节引起。我国保障房供给主体以政府为主，由于高等级公共服务设施服务范围大、影响程度高，政府对其供给的支持力相比低等级设施高。而低等级设施主要服务于住区，影响范围小，且后期多由物业公司运营，由于缺少政府的监督和资金支持，公益性设施运营不善的问题普遍存在，低等级设施的供给缺口较大。供给主体对设施供给的介入和持续时间影响到不同经济属性设施的运营效率。根据公共产品理论，政府支持力随着设施公共产品纯度下降而降低，市场调节力则呈反向变化（图 5.12）。政府支持力和市场调节力在时间断面上的进入时间和持续时间不一致导致了不同类型的公共产品有效供给率的差异。保障房住区中，纯公共产品由政府供应，且多为高等级设施，可以得到及时且长期供给。在早期建设的住区中，市场化运营设施在长时间的市场调节后有效供给率较高；新社区中，政府力限制市场力介入，导致居民入住几年后商业设施仍未投入运营。社区共有设施和专营行业设施由政府和市场双向供应。由于社区共有设施具有公益性且多为低等级设施，后期多由物业运营，政府力逐渐减弱而市场力增强，社区共有设施转变为营利性设施，出现产权转移、功能和服务主体异质等现象，例如，聚德花苑的医院运动场变成驾校，棠德花苑的中学变为民办学校。而专营行业设施由市场供给，在政府监管下，市场调节力能够及时介入并持续性地支持设施供给。

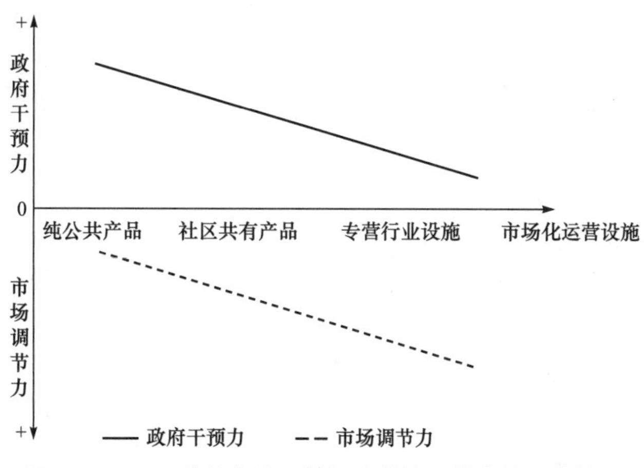

图 5.12　不同公共产品属性设施供给主体的作用力情况

保障房住区的开放管理导致设施负外部效应增加，导致居民对设施使用的满意度降低，影响设施的有效供给。目前，广州市大型的保障房住区多实行完全开放或半开放式管理，以充分发挥公共产品的正外部效应，但却给住区管理带来一些问题：一方面，公共服务设施的实际服务人口增加，特别是文化体育设施，如棠德花苑、聚德花苑、芳和花园等住区，在居民活动高峰时段的活动空间和设施明显不足；另一方面，开放式管理也对住区的安全、卫生和噪声管理等提出更高要求。

4. 实现保障房住区公共服务设施有效供给的对策建议

保障房是保障城镇低收入阶层居住权益的重要工具，而公共服务设施的有效供给则是确保公众权益得以深入落实的关键。面对保障房住区公共服务设施现状供给的问题和居民需求特征，在明确其成因的基础上，提出以下几方面的优化建议。

1）综合居民属性和行为偏好进行针对性供给

公共服务设施的有效供给由供给和需求两个方面组成，只有满足了居民真实需求的供给才能称为有效供给。应针对保障房居民社会经济弱势的特征，加强保障房住区公益性服务设施的刚性供给和平价营利性设施的弹性供给；增设银行网点、就业指导中心等设施；对残疾人康复中心、老年人服务中心、文化活动站、居民健身设施等居民需求最大的设施，应及时且持续地有效供给。

2）针对居民结构性变化特征进行阶段性供给

保障房住区的居民结构随时间的推移不可避免地发生变化，居民的收入水平一定程度上呈上升趋势，导致其需求也逐渐转向文体、教育、娱乐类的设施。因此，住区设施的供给宜有阶段性变化，避免现状"一次性"的刚性供给。一方面，提高服务质量，另一方面，采取"弹性预留+功能置换"的方法，特别是机动车停车位和出租车停靠站等后期可能需要增加的设施，不能因为居民收入较低而主观性地减少规模或不建设，要在规划时预留停车空间，早期可作为公共活动空间使用，后期随着居民结构变化可作为机动车停车场使用。

3）针对公共服务设施的区位和分期建设特征进行均衡性供给

公共服务设施的规划既要实现设施的足量配套，又要满足资源最大化利用的原则。保障房住区的"区位性"决定其设施供给的强度，其设施配套要从住区所处的区域条件和住区自身整体两个层面考虑，平衡住区内外部设施供给的时间和规模。对于边缘区的新建住区，要在区域层面保证周边高等级设施建设的同步性。对于大规模住区，住区规划要充分考虑住区人口的增长情况，针对规划末期居民规模一次性配套足量设施，预留高等级设施的独立用地。住区建设要严格按规划进行，防止住宅超量建设占用设施用地的问题发生。

4）针对公共服务设施的等级和经济属性特征进行协调性供给

针对不同等级和经济属性的设施，政府今后需协调各等级设施的投资和管理力度，对不同经济属性设施的刚性控制要适时且适当，适量引入市场力进行弹性调节。将学校、社区服务等纯公共产品移交给公共机构管理，以保证公益性设施的持续性供给，防止后期设施主体和功能异质。对于社区共有产品，政府要及时且大力推进供给，各类设施的管理部门负责设施的内部硬件配套和工作人员的派出，定期检查设施运营管理情况和服务质量。对于专营类设施要以市场供给为主、政府调控为辅，充分发挥市场的作用，同时政府稳定其价格水平，满足低收入居民的消费需求。对于市场化运营设施，政府应该及时放开约束并采取激励措施，促进市场力介入，同时政府要规范市场行为，保证服务和商品的供应与保障房居民的需求相当。

三、广州市保障房社区公共空间优化

1. 住区公共空间的建设现状

由于建设时间不同，保障房住区公共空间的环境质量存在较大差异。建成较早的问题较多，如停车位、凉亭廊道和公共服务设施配套不足等，此类问题短期内难以解决，其对公共空间的质量产生了较大的消极影响。

1）步行道路系统

泰安花园、泽德花苑二期这几个建设较晚的保障房住区，交通系统的建设较为完善，各等级道路区分明确，较好地实现了人车分流；人行道的路面铺设材料、道路密度设计、无障碍设计都基本合理。但从设计小区道路级别开始就缺失盲道的铺设，给盲人的出行造成不便。

聚德花苑、金沙洲新社区、棠德花苑的道路系统存在严重的人车混行现象，小区路、组团路、宅间路均有车辆穿行的情况。聚德花苑与棠德花苑的园路等低等级道路已经出现不同程度的损坏，使用不便。金沙洲新社区与棠德花苑则存在严重的机动车占道停车现象（金沙洲新社区主要是残疾人三轮车占道停放），在一定程度上侵占了公共活动空间。

2）健身康体场地与运动场地

各个保障房住区均设置了一定面积的活动场地，但其健身康体设施的类型和新旧程度差异明显。芳村花园、泽德花苑二期等住区的健身康体场地建设情况较好，各类型的活动设施充足。棠德花苑、聚德花苑等建设较早的保障房住区，健身康体场地中的设施比较陈旧，地面排水不畅，一些活动腰部和腿部的转盘和踏步设施等缺乏，部分陈旧的儿童游乐设施存在一定的安全隐患。

其中，芳村花园、金沙洲新社区、聚德花苑设置了供居民使用的运动场地，主要是篮球场，芳村花园还配备了四个羽毛球场。除芳村花园的球场为塑胶颗粒铺地外，其余住区的篮球场均为混凝土铺地，存在场地凹凸不平、排水不畅等问题。

3）休息设施

各保障房住区都在住区中心、组团处设置了一定数量的花架、凉亭和座椅等休息停留设施。芳村花园、泰安花园等几个较新的住区，凉亭、座椅等休息设施的设计施工质量较好，数量也比较充足，但由于住区建成时间不长，缺乏高大的乔木以提供遮阴空间。而建设时间较早的聚德花苑、棠德花苑，凉亭、座椅等休息设施老旧，且存在排水不畅、表面破损等问题，但此类住区却有高大乔木提供遮阴空间。

4）建筑架空层

除了党恩新社区外，其余的保障房住区都建有一定数量的架空层。芳村花园、泽德花苑二期、泰安花园的架空层高度较高，能够满足作为公共活动场地的要求，而棠德花苑、聚德花苑等建造时间较早的住区，其住宅建筑的架空层层高较低，仅能用于停车。

5）环境绿化

各个保障房住区的绿化植物配置情况都比较好。在住宅组团围合的空间、休息活动场地周围、住宅建筑出入口附近都进行了一定的绿化植物配置。大面积的非硬质铺地空间也基本配置了草坪或地被植物。在住宅组团及住区中心绿地附近也都有较大的乔木提供遮阴空间。绿化植物生长维护情况都比较好。

6）维护管理

一方面，由于所有的保障房住区均采用非封闭式管理，不同程度地存在外来人员与住区居民共用住区公共活动空间的情况。棠德花苑、芳村花园二期由于附近存在较多的城中村、老旧住宅，且住区周边并无大面积的绿地、广场，在傍晚时间会有大量外来人员进入住区，一定程度上增加了住区公共活动空间的负担。

另一方面，住区的日常维护管理也会对公共环境品质产生较大的影响。大塘住区的日常维护状况较差，存在垃圾长期堆放未清理、树木未修剪等问题，极大地降低了住区公共环境的品质。部分空地用于车辆停放，侵占了居民的户外活动空间。金沙洲新社区的地下停车场长期停用，地下空间的出入口也被杂物塞满，存在一定的安全隐患。所有保障房住区也都不同程度地存在宠物随地大小便的问题。

2. 住区公共空间使用状况

总体来看，保障房住区的公共空间使用率较高，在上午、傍晚等时段均可观察到大量的使用人群。各类型的公共活动空间（健身康体设施、篮球场、散步道、乒乓球台、遮阴空间等）配置基本齐全。大部分住区的户外活动主要集中在运动场地（篮球场、健身康体设施场地等）、树荫、凉亭及座椅等休息停留空间。泽德花苑二期、芳村花园的建筑架空层配置了乒乓球台、麻将桌、座椅等设施，极大地提升了建筑架空层的使用率。在户外阳光较强烈的时段，架空层成为居民主要的聚集空间。

1）户外开放空间

通过现场观察，大部分的居民活动集中在户外开放空间内，其中带有遮阴空间的硬质空地聚集的居民相对较密集，居民在户外开放空间进行的活动以休息聊天、带孩子、散步为主。在一些相对较为开阔的硬质场地，也能观察到毽球、羽毛球、轮滑等活动。

2）健身康体场地与运动场地

健身康体场地的使用者多为中老年人。除了使用健身康体设施活动身体以外，许多中老年人也喜欢在健身康体场地附近停留休息，因为该区域属于以中老年人为主的群聚活动场所。而篮球场、羽毛球场的使用者多为青壮年，甚至有少数居住在保障房的青少年也会前来进行体育活动。

3）架空层

芳村花园、泽德花苑二期在架空层布置了乒乓球台、棋牌麻将桌、座椅等设施。从现场观察来看，布置了上述活动设施的架空层使用率较高，早上、下午及傍晚均有大量的居民在此活动。而泰安花园、棠德花苑的架空层基本处于空置状态，只有少部分空间用于停车。

3. 广州市保障房住区居民的活动特征

根据 2008 年《广州市城市低收入住房困难家庭住房状况调查分析报告》，广州市符合低收入住房困难家庭条件的人群具有如下特征：职业以打散工、无业、退休为主，占符合条件调查对象有效比例 65.3%；年龄以 30～60 岁为主，占有效比例的 84.20%；家庭规模以 2～3 口之家为主，占有效比例的 70%，户均人口为 2.71 人；调查对象的文化程度较低，其中初中及以下文化程度的占有效比例的 51.4%；家庭年人均可支配收入偏低，且集中趋势明显。保障房住区居民的社会属性与普通住区的居民存在差异，其自身的户外活动也呈现出一定特征。

1）户外活动时间

问卷统计数据表明，保障房住区居民的户外活动，从频率上看，每天户外活动次数不定的人居多，占受访者的 39.91%，而在户外活动时间相对固定的居民中，每天户外出行一次所占的比例最高（图 5.13）。

从时间段来看，47.69%的受访者都会选择在晚饭后进行户外活动，所占比例最高，而选择下午进行户外活动的比例最低（图 5.14）；从活动时长来看，每天户外活动在半小时到 1 小时的居民所占比例最大，为 40.46%，1 小时以上的居民也占到总数的 35.34%（图 5.15）。

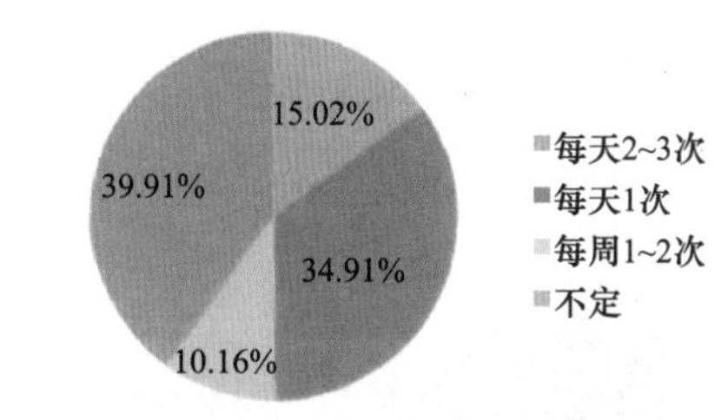

图 5.13　居民户外活动频率

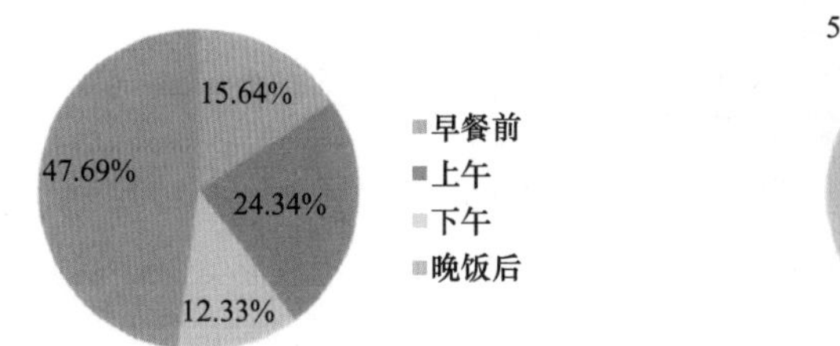

图 5.14　居民户外活动时间段分布

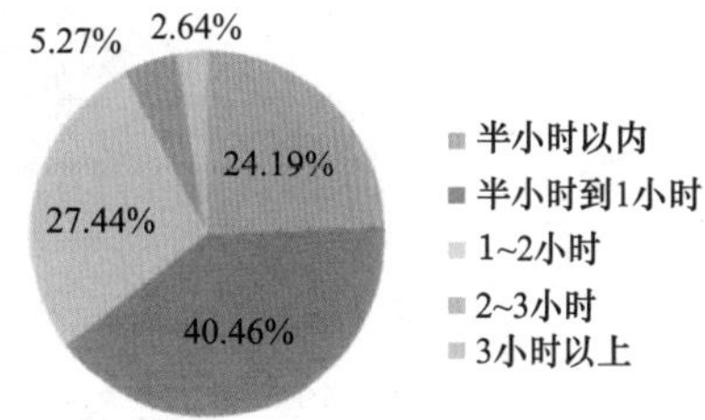

图 5.15　居民户外活动时长

2）户外活动类型及其空间分布

案例住区中，中老年人是户外活动的主要参与者。居民在户外公共空间的活动可分为运动健身、家居生活和休闲娱乐这三种类型。户外运动健身的活动主要有散步与慢跑、操类运动（舞剑、跳舞、打太极拳、扇子舞等）和球类运动（羽毛球、篮球、乒乓球、毽球、壁球等）。与家居生活有关的活动主要包括聊天、带小孩及外出购物等。而主要的休闲娱乐活动则有遛狗、棋牌、麻将等。尽管居民户外活动的类型多样，但从问卷调查数据来看，活动构成的比例中，户外散步、休息聊天所占比例最大，占比超过 50%，且不同保障房住区的活动构成情况差异不大。

从户外活动的场所分布来看，主要集中在树荫及路边休息空间，条件较好的建筑架空层是住区户外活动场所的补充，居民更希望能在有盖顶的硬质场地（凉亭、廊道、

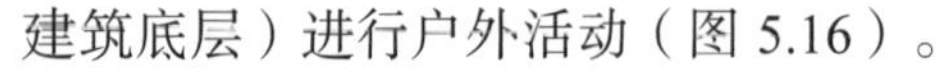

建筑底层）进行户外活动（图 5.16）。

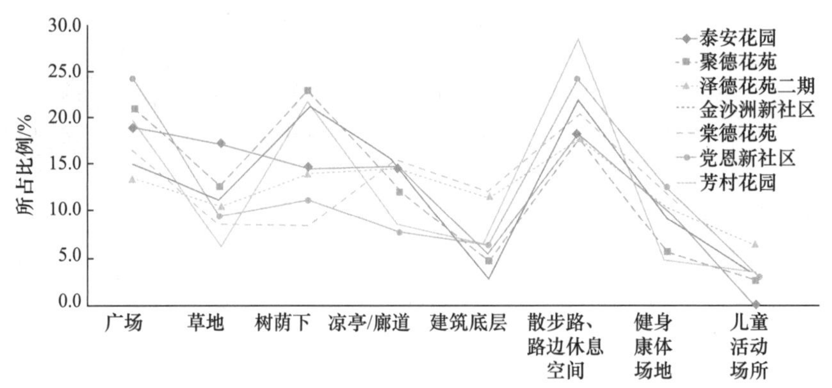

图 5.16　各住区活动场所分布图

此外，问卷调查数据表明，在保障房住区居民中，各项运动健身方式的受欢迎程度如图 5.17 所示，排名前五的分别为羽毛球、足球、乒乓球、游泳、器械健身。其中，除了游泳对场地、设备有较高的要求之外，其余几项所需的场地尺寸与设备，按照现有保障房住区的条件均能满足。

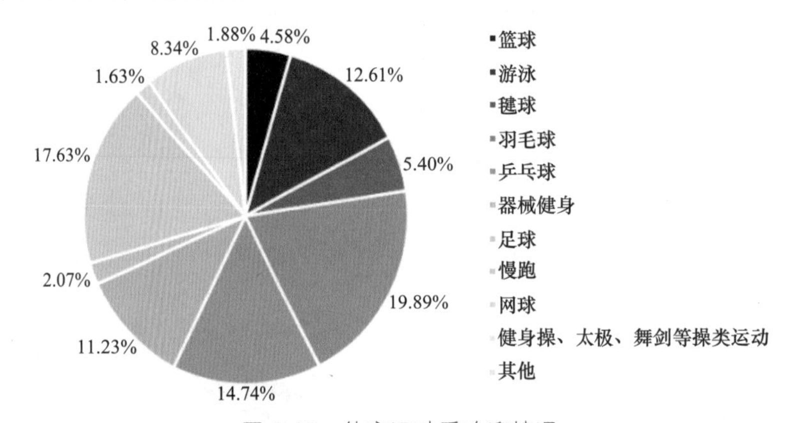

图 5.17　体育运动受欢迎情况

3）居民对保障房住区公共活动空间的满意程度

根据调查，保障房住区居民对其公共活动空间的满意程度不一（表 5.14）。从平均值来看，居民对保障房住区公共活动空间的满意度打分在 3 分左右。其中，芳村花园、党恩新社区等新建住区的总体满意程度相对较高。

表 5.14　保障房居民对公共活动空间的满意度

住区	泰安花园	聚德花苑	泽德花苑二期	金沙洲新社区	棠德花苑	党恩新社区	芳村花园	综合
平均得分	3.1	2.7	2.9	2.9	3.1	3.8	4.0	3.2

结合问卷调研和居民访谈数据得知，居民将保障房公共空间存在的问题归结为几个方面，包括住区外的居民占用保障房住区内部的公共空间、对儿童和老人等特殊群

体的户外活动需求考虑不足、夜间照明不足等。

4. 广州市保障房住区居民的公共空间需求

结合保障房住区居民的社会属性特征，通过调研与分析，总结保障房住区居民对公共空间的需求主要集中在以下几方面。

首先，保障房住区的步行系统的道路宽度、路面铺装、室外坡道与台阶都应满足无障碍设计的需求，应更关注行动不便者的使用需求，并结合该类人群的活动特征（保障房住区内的残疾人和老年人比例较高），重点对住宅建筑周围 150m 范围内的道路交通系统进行调整。

其次，保障房住区的户外活动空间应结合保障房住区居民对户外休闲娱乐活动、运动健身活动的需求进行调整，主要关注健身康体场地、体育运动场地与休息停留空间，并重点改善建筑架空层的条件。

最后，由于保障房住区内残障人士较多，户外标识系统应考虑视觉不便者的使用需要，夜间照明系统也应根据老年人的使用需要做出调整。

四、广州市保障房住区公共空间的优化设计对策

结合调研数据及居民的主体需求，保障房住区的中老年人、行动不便人士所占比例比普通住区高，户外活动以休息聊天、散步等内容为主。保障房住区公共空间优化的重点可考虑集中在改善步行交通环境、优化配置住宅周边的休息空间和拓展架空层的功能等三个方面。

1. 步行交通环境改良

中老年人与行动不便者行走较慢，持续行走时间有限，活动半径相对较小。因此保障房住区的步行交通系统应适当地设置小范围内的循环步行系统，并穿插足够的小型停留休息空间，以满足中老年人及行动不便者的需求。建设时间较早的保障房住区，道路的宽度、路面铺装、台阶与坡道存在的问题较多，且对无障碍设计的考虑较少，保障房住区步行交通环境的改良应该重点进行道路的平整。

小区级与组团级的道路必须保证路面平整，纵坡应为 0.2%～3%，并且铺设盲道。保障房住区中的宅间路与园路经常使用“健身按摩路”做法，即采用小石子铺设路面的做法，根据现场调研的情况，真正使用此功能的居民非常少，且此类路面存在轮椅使用者通行不便、下雨天排水难等问题，因此宅间路与园路应避免使用砾石、卵石路面，也不应采用汀步形式。

另外，早期建设的保障房住区，在道路交界处、凉亭等休息设施边界处缺乏无障碍设计，应根据无障碍设计的要求加设坡道。

2. 室外公共空间改良

1）在住宅建筑周边增加休息停留设施

保障房住区的居民以中老年人为主，居民的活动以休息、停留、聊天等静态活动为主。从活动空间的分布来看，在住宅建筑周围（宅间绿地、组团绿地等）停留的时

间大于去住区中心活动的时间。因此，着重提升住宅建筑周边的休息停留空间更有利于住区整体的公共空间品质的提升。

住宅建筑附近的休息停留空间可按线型与点型进行综合配置。线型休息停留空间主要分布在住宅建筑出入口附近，包含座椅和花基。点型休息停留空间主要分布在住宅组团的中心位置或者住区组团道路交叉口，包含小型硬质活动广场、围坐的座椅等。线型休息空间的主要功能是为居民提供坐下歇息的场所，将一般住区的以座椅为主的休息停留设施换成“座椅+花基”的线型休息设施。另外，对座椅有必要进行一定的尺寸修正：坐高缩减为 380mm，宽度为 350～450mm，靠背高度为 600～700mm（图 5.18）。

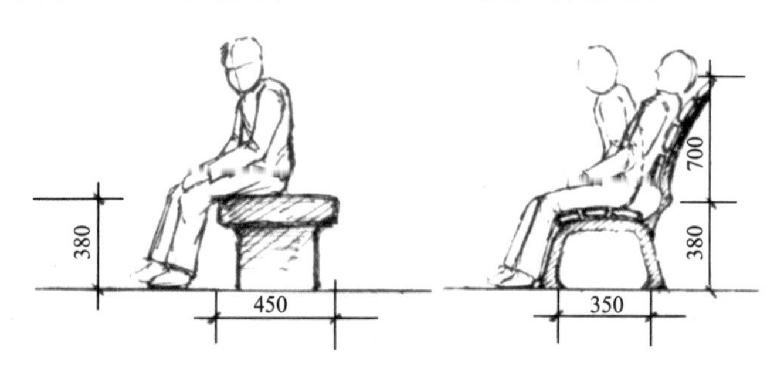

图 5.18 户外座椅设施尺寸示意图（单位：mm）

点型休息停留空间主要是为多人聚集的集体活动提供场所，其座椅设置为多人围坐的形式，以鼓励居民间的交流互动。点型停留空间的设计可采用 6.5m×6.5m 或者 6m×8m 的尺寸配置。一个基本的点型停留空间包括硬质活动场地、座椅、树荫或者盖顶这三个基本要素。

2）健身康体设施布置改良

根据现场调研的情况，保障房住区的健身康体设施一般集中设置在篮球场、羽毛球场等运动场地附近，且一般按照一个住区 1～2 个的标准集中配置于住区中心绿地或者组团绿地附近。一般情况下中老年人并不愿意前往住区的中心绿地或者组团绿地来使用这类设施。同时，根据问卷调查的数据，由于保障房住区的居民以中老年人为主，参加篮球等较激烈运动的居民所占比例相对较少，应适量减少篮球场地的数量，转而增补羽毛球场的数量。

因此在运动场地面积有限的情况下，应优先保证羽毛球场与健身康体设施的布置，健身康体设施可采用“小规模，广分布”的形式布置，一个小规模的健身康体场地尺寸为 4m×4m，包括 2～4 件基本的健身康体设施，甚至可以进一步精简至 1m×2m 的规模，设置在组团路甚至园路附近。

3）盖顶及遮阴空间设计改良

根据调研，保障房住区居民对休息停留空间的选择主要按照以下顺序考虑：是否靠近自己所在的住宅建筑，是否存在可供坐下休息的场所，是否存在盖顶或者树荫。因此在住宅建筑周边布置花架、凉亭等有盖顶的休憩设施的同时，应尽量同时配置足够的可供坐下的设施。可按照“盖顶+座位”与“树木+树池与座位”这两种模式来配置。“盖顶+座位”模式可作为一个占地面积 4m×4m 的凉亭进行设计，直接利用凉亭的边界作为休息坐卧的功能，并在中心配置一组围坐桌椅，“树木+树池与座位”模式则可在树池边缘设计成完整连续的条形座椅。

4）硬质广场的增设

住区中心绿地的大面积的户外活动场地不宜单纯设置成草地，应优先保证硬质铺地的面积。在小区整体绿地率不低于30%的情况下，小区公共活动空间应包含更多的集中布置的硬质铺地活动场所。

3. 架空层公共空间改良

根据现场调研，2005年以后建成的大部分保障房住区都建有架空层，大部分保障房住区的架空层使用率不高。事实上，架空层可以作为户外活动空间的补充。

1）高度低于2.8m的架空层功能强化

建设时间较早的几个保障房住区，其架空层的层高都较低。根据现场调研，保障房住区内存在较多的自行车、摩托车及残疾人三轮车，这三种交通工具需要有足够的停放空间。架空层则可以很好地解决车辆停放的空间需求问题，以避免车辆占道停放的情况发生。

架空层的层高在 2.8m 以下的保障房住区，应尽可能发挥架空层作为停车位的作用，在架空层的空间与住区道路之间设置连接点，并用坡道的手法处理高差问题。

2）高度大于3.6m的架空层功能强化

广州市2008年以后新建的保障房住区，其架空层的层高基本都在3.6m以上，但大部分的架空层仍处于空置状态，且缺少活动设施。另外，许多居民自己创造条件在架空层内进行各种户外活动：自己划分场地打羽毛球、打壁球；简单铺上木板进行棋牌麻将活动；部分居民甚至将桌椅搬到架空层休息。综合上述情况，将架空层的空间充分利用起来是一个切实可行的提高保障房住区公共空间品质的方法。

对层高在 3.6m 以上的架空层，在保证住宅入户大厅与管理用房的面积之后，应尽量将其作为公共活动空间对居民开放，保障房住区架空层的活动设施配置可采用以下策略：将棋牌麻将桌等所需空间小、布置灵活机动的活动安排到兼具交通功能的架空层；架空层外围景观较好，适宜在柱子之间直接布置座椅供人坐下歇息；剩余的空间用于设置乒乓球运动场地，每两根柱子的间隔空间可布置一个乒乓球运动场地。

第六节　保障房社区空间共享

一、案例概况和研究方法

棠德花苑与芳村花园均位于广州城市中心区，虽然都是政府提供、建设和管理的保障房住区，住户规模也相仿（5600～6000户），但两者在封闭程度上存在较显著的差异，前者是半封闭住区，部分实现了国家街区开放政策的要求，而后者是完全封闭住区。虽然两个保障房住区的建成时间存在差异，但内部建成环境相似，如都拥有宽敞的绿地和广场等公共空间、绿化率均在40%左右，其中棠德花苑周边地区建筑密度较高，住区拥有附近唯一的大规模开敞空间，而芳村花园周边则有两个较大规模的广场。与芳村花园相比，棠德花苑内部有较多类型的公共服务设施，可以实现日常生活的自给自足（表5.15，图5.19，图5.20）。值得关注的是，棠德花苑不是完全封闭的住区，外来人员可以轻松进入小区，而且小区内布局有公交车站，部分实现了国家街区开放政策的要求，但小区内每栋楼的入口都有门禁，外来私家车辆也不能穿过小区；芳村花园是完全的封闭住区，外来人员难以进入小区，遍布小区的闭路电视监控更让侥幸进入的外来人“无所遁形”，而且每栋楼都有门禁，在大堂设有闭路电视系统监视进入的人员。

表5.15　案例住区基本信息

项目	棠德花苑	芳村花园
入住时间	1996年	2011年
容积率	3.0	3.4
绿化率	36%	40%
建筑平均层数	9（无电梯）	29（有电梯）
住房套数	5649	5935
区位	中心城区、天河区	中心城区、荔湾区
社区内部环境概况	较大规模的绿地空间、广场，底层商铺、公交车总站、幼儿园、小学、中学、社会停车场、家庭综合服务中心、社区居委会和邮政所等	较大规模的绿地空间（附近地区唯一）、篮球场、文体广场、文化中心、多处健身设施和居委会等
社区外部环境概况	综合医院、肉菜市场、中学、广场、综合购物中心、棠下城中村、公园、商品房社区等	公交车站场、底层商铺、地铁站、家庭综合服务中心、肉菜市场、中学、小学和幼儿园、广场、综合购物中心、城中村和商品房社区等

为进一步了解居民对住区空间共享的主观感受，在2015年5～7月选择上述两个案例小区住户总数量1%的住户（60户）作为样本进行问卷调查，在棠德花苑与芳村花园分别收集到有效问卷56份和58份，有效率分别为93.3%和96.7%。调查问卷的主要内容包括居民个人及家庭信息、对街区开放政策的了解情况、对街区开放政策和空间共享的益处与不便之处的主观态度及相关政策建议等，用五分制李克特量表来表征居民的主观感受。在调查过程中，作者发现棠德花苑约有半数的活动者为外来人员，而此指标在芳村花园不足10%。按照研究目标，这部分外来群体不在本次调查样本范围内。作者进而在两个住区的问卷回答者中分别选取15个态度较认真的住户进行了半结构式访谈，以期深入了解居民主观感受背后的原因。

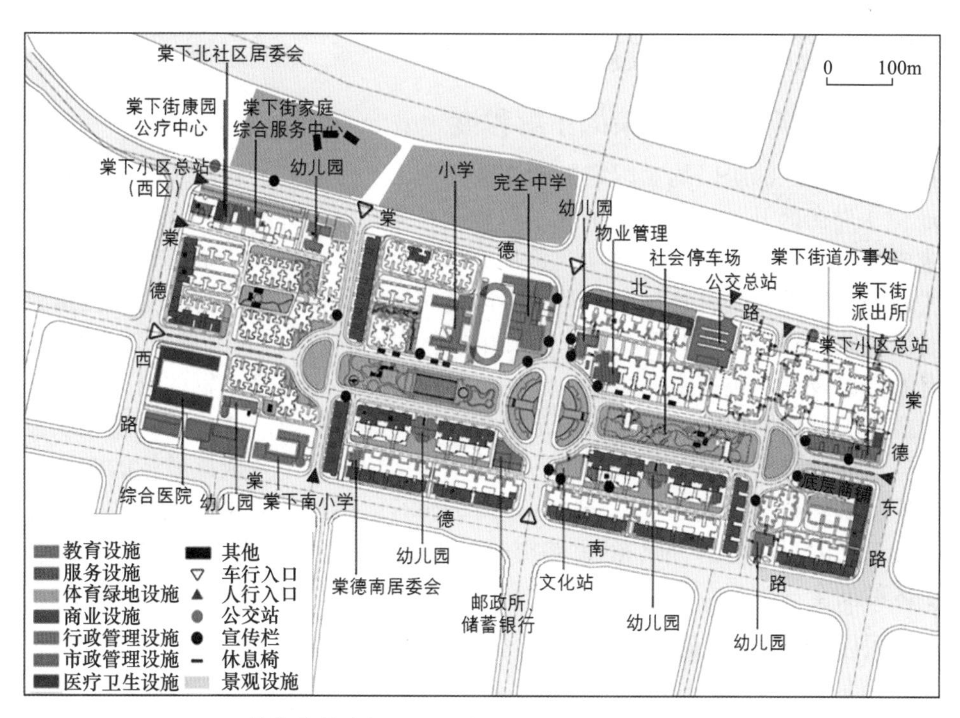

图 5.19　棠德花苑内部公共服务设施和公共空间供给情况示意图

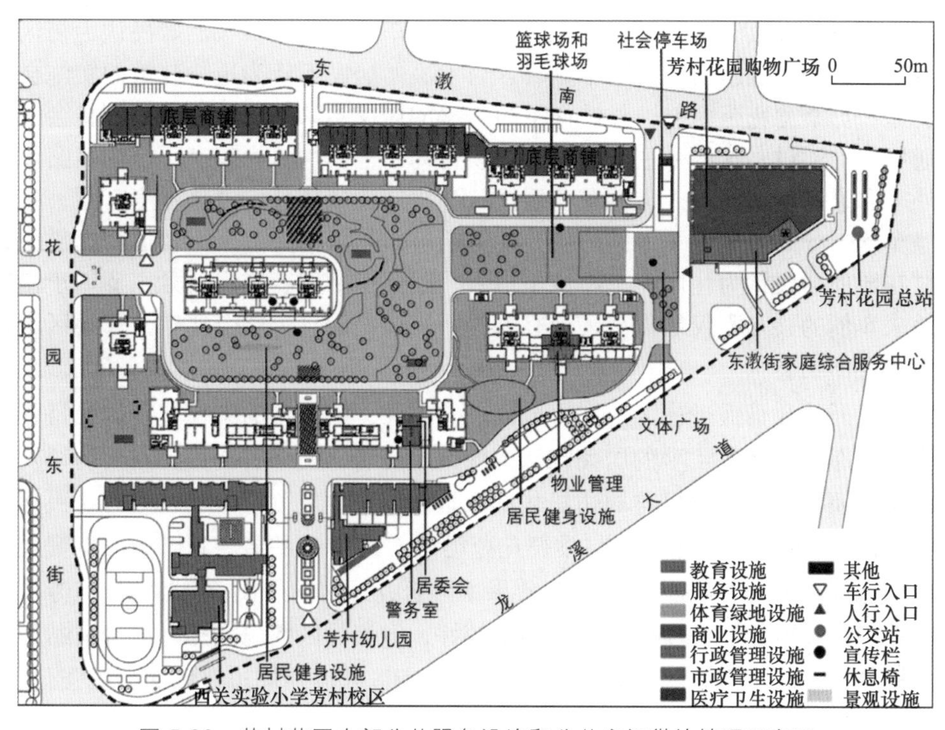

图 5.20　芳村花园内部公共服务设施和公共空间供给情况示意图

二、居民主观感受评价及影响因素

1. 居民对街区开放政策的了解程度

两个案例住区的居民均对国家街区开放政策不甚了解。①超过 80%的棠德花苑居民（45 位）对街区开放政策不了解或了解程度一般，他们并未觉察到政策对自己住区生活造成的潜在影响。在了解该项政策后，多数居民（95%）不赞成或非常不赞成自己的住区完全对外开放，特别是不赞成小区道路用做外来车辆通行的交通性道路。进一步访谈发现，居民认为住区已经对外来群体开放了，住区东北部也有公交线路通过，但现有的道路设计（包括道路宽度、走向）只适合生活，外来车辆的通行将对小区的安全造成极大的威胁。②虽然仅有不足 15%的芳村花园居民（8 位）对该项政策十分了解，但所有调查居民在了解该政策后，均不赞成或非常不赞成该政策的实施，对居民访谈揭示虽然公交车辆的穿过会进一步方便出行，但居民非常担忧住区的对外开放将会打扰现在的平静生活，增加的过路交通和外来人群会增加交通与治安方面的隐患，影响小区的安全。

2. 居民对街区开放政策带来益处的认识

两个样本住区的绝大多数居民认为街区开放政策对缓解周边交通压力的效果有限，这主要与住区内部的道路系统设计有关，但有助于促进小区与周边地区的融合及住区居民心态的开放。虽然棠德花苑内部有公交车穿过，但 75%的居民认为街区开放政策对缓解周边交通压力的效果不显著，约 16%的居民不认为这一政策的实施会改善周边交通；与棠德花苑相似，芳村花园约 78%的居民不认同街区开放政策将会缓解周边交通压力。通过对这两个住区居民的访谈得知，他们均认为现有小区的道路设计不适合外来私家车辆的穿行。棠德花苑居民认为小区建成较早，道路宽度有限，且未能规划停车库，导致停车成了道路的主要功能之一，难以再为外来车辆通行提供服务；而芳村花园的居民认为住区停车库位于地下，路面道路宽度有限，且主要用于慢行交通，外来车辆的驶入不仅妨碍小区现有的慢行交通，而且可能会塞车，让小区道路成为巨大的停车场。

在街区开放政策促进住区与周边地区融合方面，约 57%的棠德花苑居民持赞成或非常赞成的态度，余下 43%的居民则认为效果不显著，而未有居民反对。访谈发现该住区的半封闭状态使得居民与周边居住的人群联系较为密切，60%以上的居民拥有超过 10 位朋友居住在周边地区；与棠德花苑类似，约 61%的芳村花园居民持赞成或非常赞成的态度，另有 34%的居民认为效果不显著，反对的居民占 5%。虽然芳村花园是全市保障房住区的标杆项目，建成环境较好，但该住区的居民感觉自身被贴上了低收入的标签，与周边居民交流极少，他们想通过街区开放与周边住区的居民强化联系，增加了解。

多数保障房住区居民认同街区开放政策将促进更多的底层商业服务及生活更便捷，但认为对促进周边小区的资源共享方面的影响有限，这与住区内部公共空间资源的丰富程度有关。棠德花苑已经拥有非常便捷的底层商业服务，是街区开放政策的受益者，故约 54%的居民赞成该政策带来的生活便捷，而剩下 46%的居民已经习以为常，对此评价为一般；而芳村花园虽然于 2011 年已经入住，但住区内部不允许存在底商，而周边底层商铺一直未能完成招商，在一定程度上造成居民生活的不便。故 72%的居民对街区开放政策带来更多底商和更便捷的生活持赞成或非常赞成态度，仅有 16%的居民认为政策的效果一般。

在街区开放政策带来的周边资源共享方面，约 54%的棠德花苑居民认为效果一般，不赞成的居民比例稍高于赞成的比例，这与棠德花苑住区特殊的周边环境有关。棠德花苑拥有该地区唯一的大规模公共空间，而周边大型的城中村和小规模的商品房住区的居民都在闲暇时候来棠德花苑散步、遛狗或进行其他休闲活动。棠德花苑的居民认为，过多外来人群的涌入占据了他们的休闲空间。有居民提出，晚饭后如果推迟 10 分钟下楼，都难以找到休息的地方。约 64%的芳村花园居民认为政策的实施效果一般，但持赞成态度的居民要高于不赞成的居民。由于住区拥有周边地区最丰富的公共空间资源，大部分居民认为不需要去周边；另外，也有居民对周边封闭的商品房住区充满好奇，认为政策实施后，可以多去这些住区逛逛，体验一下不同的环境，也促进与住区居民的交往（图 5.21，图 5.22）。

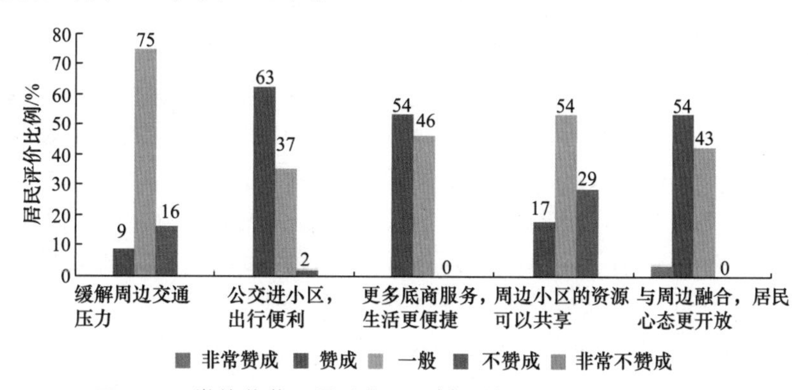

图 5.21　棠德花苑居民对住区“拆围墙”所带来益处的评价

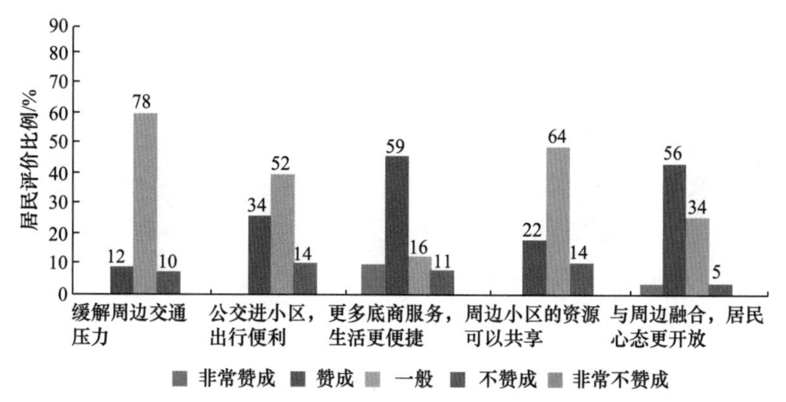

图 5.22　芳村花园居民对住区“拆围墙”所带来益处的评价

由于小区的形状和公交站布局的差异，棠德花苑居民赞同街区开放将促进公共交通进小区，促进出行便捷，而芳村花园的居民则认为这方面的效果不明显。如图 5.21 所示，棠德花苑东西长约 1000m，仅靠西门附近的公交车站难以便捷服务小区的全部居民，而公交车站入驻住区的东部极大地方便了该部分居民的出行，故作为受益者，约 63%的居民对政策的实施将促进居民便利出行持赞成态度；芳村花园形状较规整，面积较小，东门和北门附近都布局有公交站，可达性较高，居民可以便捷地乘坐公交，而不需公交进入小区，故 52%左右的居民认为政策效果一般，仅有 1/3 的居民持赞成态度。

3. 居民对街区开放政策带来不便之处的认识

两个保障房住区的居民均认为街区开放政策会对住区的慢行交通、公共空间和公共服务设施、治安环境的维护产生负面影响，加重噪声污染，增加交通事故发生的风险和住区管理的难度，最终导致住区生活品质的降低。

由于上述的保障房住区道路的宽度和现状功能的制约，绝大多数居民认为街区开放政策势必干扰住区的慢行交通。分别有 92%的棠德花苑居民和 95%的芳村花园居民非常赞成或赞成"拆围墙"将对住区的慢行交通产生干扰。在回答"拆围墙"是否会增加住区治安事件时，约 89%的棠德花苑居民和 96%的芳村花园居民持非常赞成或赞成态度（图 5.23，图 5.24）。据访谈，当前棠德花苑居民虽然对外来人群进入住区的现象习以为常，但认为这可能是住区盗窃事件频发的重要原因；而芳村花园的盗窃事件时有发生，居民认为这与现有封闭管理不严格导致外来人群进入小区密切相关，故几乎全部调查样本对"拆围墙"将带来的较大规模外来人口的涌入及其对治安环境的影响抱有极大的戒心。两个保障房住区绝大多数的居民（均在 90%以上）认为街区开放政策将造成住区生活品质的全方位下降，包括加重住区的噪声污染，对公共服务设施造成破坏，增加小区的交通事故，进而增加小区的管理难度，最终导致住区生活品质的降低。在棠德花苑居民的访谈中发现，外来人群时常来楼宇一楼架空层的公共空间打牌或打麻将，遗留下大量的瓜子皮、果壳等垃圾，由于缺乏物业管理人员的及时清理，公共空间的品质下降，居民对其很无奈。这揭示了低收入群体对街区开放政策在主观感受方面的不适应，也显示了该政策在实施过程中将面临的挑战。

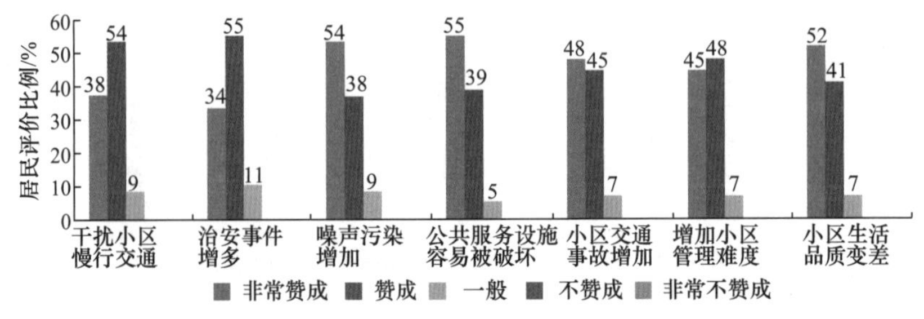

图 5.23 棠德花苑居民对住区"拆围墙"所造成不便之处的评价

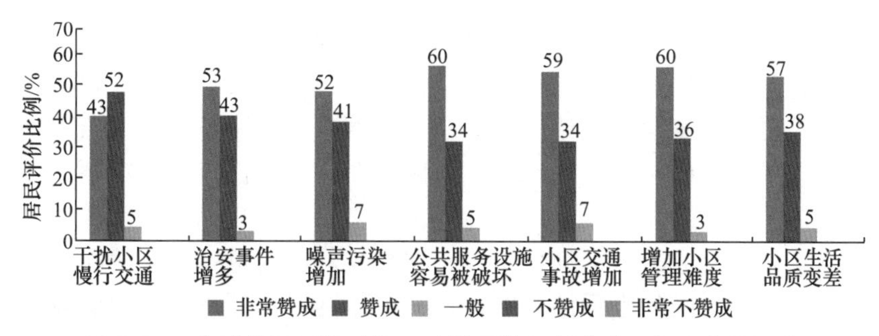

图 5.24　芳村花园居民对住区“拆围墙”所造成不便之处的评价

三、实施街区开放政策的对策与建议

全球化进程的深化、社会经济持续转型及满足城市居民的多元化需求是中国封闭住区出现和大面积蔓延的主要原因（宋伟轩和朱喜钢，2009），但其带来的负面社会效应不容小觑；需要采取积极的措施来有效引导及合理控制封闭住区的扩散（余侃华等，2009）。国家出台街区开放政策无疑是适时之举。街区制政策的实施涉及政府、房地产开发商、住区业主和物业管理等相关利益主体的协调，特别需要充分尊重居民的意愿及主观感受。作者针对保障房住区居民对街区开放政策的负面感受，提出以下改善建议，为实施该政策提供参考。

首先，需要明确住区需要开放的范围和边界。街区开放政策的核心在于路权和公共空间的开放，这也是保障房住区居民密切关注的重要内容。根据问卷调查结果，面对街区开放政策的实施，棠德花苑居民最为认同的三项应对措施为制定合理的住区开放策略（如限定时段和地点）、完善小区交通引导措施、加强对公共服务设施和公共空间的维护管理，而芳村花园的居民则选择制定合理的开放策略(如限定时段和地点)、完善小区交通引导措施、加强小区安全管控及对居民财产的保护三项措施。可见，街区开放政策在实施时需要明确哪些属于城市空间、设施和资源，还需要慎重确定街区开放的规模，合理地把握“度”，在开放街区的同时还要保护其领域感和私密性。

其次，住区的开放需要依据《物权法》，稳步推进，让居民充分参与到住区的开放方式、交通组织、安全及私密性保障等政策落实的过程中，听取他们的诉求；此外，住区开放后，部分原属居民的空间转变为城市的公共空间，政府需要积极投资以完善相关配套设施，加大管理力度，维护公共空间及服务设施，使用监控等智能设备以提升物业管理和安保水准，保障小区的安全（曾烨璐和廖晓明，2017），确保居民的利益不受侵害。

再次，街区开放政策的实施需要政府提升城市整体公共设施的品质和公平性方能持续。街区开放需要城市政府正视本应承担的公共服务责任（提供公共服务设施和公共空间等），并对以往未支付的建设成本和管理成本进行合理的补偿（杨保军等，2016）。需要注意的是，开放式街区是基于高品质和均衡的城市公共服务而存在的，其比封闭住区对城市公共服务的依赖性更强，故政府需要继续推进城市公共服务均等化和高水平化，促进公共空间和公共资源的共享。

最后，政策的推行需要因地制宜，循序渐进。政府在实施街区开放政策时需在不同地域分步骤、差异化推进，先增量后存量，切忌“运动式”的大规模推进。在建设开放街区前，需要先对基地的土地出让面积、路网、公共服务设施供给等因素做深入调查与评估，选择条件成熟的地块作为“街区制”住区的试点，然后再逐步推广；对于未来新建的住区，政府需要在土地出让环节向市场提供小面积的地块，而非以往的大地块，以丰富城市交通的“毛细血管”；在控规层面需进一步明确哪些道路专门用于过路交通，哪些是居民的生活性道路，这有助于住区在后续设计时建设舒适宜人的慢行系统，营造有活力的街区（杨保军等，2016）。此外，在车流量较大的地段（如市中心），在与居民充分协商的基础上，可以适当开放一些大型的封闭住区，而在车流量较小的地段，住区开放的必要性不强（曾烨璐和廖晓明，2017）。

第六章 城 中 村

第一节 概　况

作为一种特殊的社会空间现象，城中村是一种地处中国大城市区内部、邻近郊区、处于快速城市化进程中的转型地区，常见于珠三角等地和广州、深圳、武汉等地的都市区。这类村庄处于由乡村过渡到城市的特殊阶段，多为外来人口聚居区。作为一种非正规社区，城中村脱胎于农村，因城乡二元割裂的现实而产生，其空间因城市扩张而为城市建成区所包围。作为建设在集体土地上的半城市化地区，它们往往被视为城市藏污纳垢之处，抑或是城市社会文化最为落后的所在，被当作需要“改造”“正规化”的“落后地区”。城中村处于城市与乡村的“双重边缘”地位，它们既不再是农村，也还未能成为城市。

从中文字义来看，“城”本义是指都邑四周用作防御的高墙，亦有国、国家之意，如“中央之城”。在现代语义中，“城”引申为人口密集、工商业发达的地方，通常也是周围地区政治、经济、文化的中心。“村”意指乡下聚居的处所。因此，“城中村”不仅是一种居住形态，同时也是一种社会形态。

自 20 世纪 70 年代末 80 年代初以来，基于改革开放和市场化进程，与这些大都市的快速空间扩张相同步，城中村在广州等地的近郊、远郊和外围地区大量出现，例如，广州长期保有 149 个城中村，人口密度和建筑密度不断增加，发展为与周围地区差异明显的城乡混合景观。城中村现象与发展中国家常见的城市边缘区、城市非正规性、贫民窟等社会空间现象相关，多被理解为城市与乡村两个社会基本组织形式在空间分布上的过渡地域，是城市建成区与周边广大农业用地融合渐变的地域。中山大学的李立勋教授最早将城中村与其他概念，如都市边缘区等相区分，他认为城中村概念侧重强调地处城市市区，但性质或居民认同局限于乡村社会的区域。城中村是存在于城市与村落之间的混合社区，兼具城市和乡村特征，又与二者均存在一定差别。中国城中村与发展中国家贫民窟的根本区别在于其蓬勃的经济发展、活跃的人口流动及其中所蕴含的企业家创业精神，城中村是比较典型的“落脚社区”，为移居大城市的新移民群体、农民工群体等提供了落脚空间，进而成为一种自下而上发生的廉价住区。由于产权问题，城中村也往往是“小产权房”比较集中的地区。

第二节 城中村的社会空间特征

一、人口特征

随着改革开放的推进，中国进入了前所未有的社会转型期。在这一转型过程中，伴随着非农化、现代化的高速发展，城中村的村民逐渐开始流动和分化，城中村社会结构从简单向复杂转变。

20世纪80年代的农村逐步实行的以家庭联产承包责任制为核心的农业经济制度，实现了农业生产微观组织的重构，农户取代生产队成为农业经济的基本生产单位。这也促使农村组织系统的基础和运行方式随之发生根本变化，导致了人民公社体制的解体。这一农村改革的一个突出特点就是下放权力，以此来调动农户的积极性。在城市周边的农村也是这样，在自主权和多样性原则指导下的农村改革，使得农户有了生产经营的自主权，村民也有了自由流动的可能，村里也有了自主选择发展道路的权利，从而为农民的分化提供了体制前提。而普遍推行的家庭联产承包责任制所带来的农村劳动力的再解放，使长久隐匿于集体劳动之中的农业劳动力剩余问题日益显化，逐渐形成一股强大的势能，推动农业剩余劳动力向外转移。于是随着限制农村人口流动的政策及城乡关系的逐步放开和松动，以及市场机制被引入农村，农户的社会流动受利益驱动在不同经济单位之间、产业之间、社区之间全面展开，从而创造出多样化的转移，由此导致了农民的角色和身份转换。

由于当前中国农民的流动是多元化的，就流动单位而言，他们可以选择公有企业，也可以选择个体私营企业，以及其他所有制单位；就职业流动而言，他们可以选择到第二、第三产业工作，也可以坚持务农或从事兼业劳动；就流动地域而言，他们可以选择留守本村、进入城市或小城镇或去异地农村。许多农民以不同的方式完全或部分从传统农民中转移和分离出来，从而导致成员之间明显的地位差别，均质性的农村社会分化为若干阶层和群体。相应地，农村社会结构呈现出多元化和复杂化状态。

“城中村”的人口特征主要包括：①人口构成倒挂，大量外来工的涌入使转型社区成为典型的移民聚居区；以深圳龙岗区A村为例，该村由15个居民小组组成，拥有8031户家庭，总人口规模达到9.6万，是龙城街道人口最多的社区。其中户籍人口4042人，暂住人口达到9.3万，暂住人口与户籍人口比例达到23∶1，属于典型的外来人口占绝大多数的社区。②随着征地与留用地开发，农业退减乃至消失，物业出租取而代之，成为集体和个人的主要经济来源。③传统的均质型社区被打破，土地房屋资源（征地、占用、加建、高密度化等）和人口（村民、外来工、白领甚至外国人）转向异质化构成。

城中村里的人员构成复杂，大体可分为原住村民和外来人口。从20世纪80年代发展至今，城中村的原住民，尤其是年逾六十的老人们，每天在村中由祠堂改造而成的活动室中娱乐，或在祠堂边大树下的小广场上休闲，历史文化所塑造的地方性地标在他们心目中仍然具有极为重要的意义，既是打发闲暇的空间，也是交流信息，维持本地社会网络的主要空间节点（或载体）。村民的下一代一部分在村外的城市发展，另一部分则留在村中，成为靠出租房屋、参与社区分红谋生的“房东”。其中的一部分“房东”在村中谋求发展，部分成为村中小店铺的老板，收入来源于村民及外来人口的消费；而另一部分村中居民则无所事事，满足于房屋出租的租金和集体股份的分红收益，《南都周刊》就曾报道，“……冼村村民冼传添目前的6间出租房大约月收入4000元……”，“……在石牌，（凭借股份）每股每月大概能分红1000～1300元，但在冼村，分红大概在每月150元左右……”。可见，集体经济的存在，使得村民身份的认同被强化，而社会网络与经济网络紧密联系，交织出“类单位”式的生活状态。但是，由于文化和技能较低，这些村民很难在城市中找到合适的工作，部分成为无业的食利阶层。随着城中村的发展与本地人口的流动，其实目前部分城中村已经较少有本地村民聚居，典型的例子如广州三元里村，大量本地村民实际已经到周边商品房楼房居住，以谋求更好的生活环境，而城中村则成为典型的“出租村”、“移民村”。

城中村的外来人口数量往往数倍于原居民，可划分为两类：文化水平较高，暂时无法承担城市高额房价的IT从业者、大学毕业生等；文化水平不高、寄居于村中、在城市里谋生的打工者。村中本地人口与外来人口混杂、文化分异明显，这些居民或依赖村庄、从事服务业，或早出晚归、视城中村为容身之所，或胸怀志向、直面现实并追求理想。外来人口文化水平普遍不高，而城中村村民的文化程度较外来人口更低。此外，部分原村民虽然和外来人口住在同一社区，甚至住在同一栋楼里，但村民和外来人之间只是房东和租客的关系，除了交易关系，几乎就没有其他关系，除了与租赁有关的来往，几乎就没有其他的来往，二者泾渭分明，形成两个相互隔离的小社会。一种“二元社区”由此出现。这种人口的二元性，不仅是空间和地理上的，更重要的是心理上的。本地人口和外来人口二元性，使得外来人口对所在社区甚至所在城市缺乏归属感。由于二者纯粹的经济关系，原村民对外来人口表现出冷淡和提防，而外来人口也不参与社区的公共事务，从而形成互不干涉、貌似和谐的社区景象，不利于社区整体和谐发展。

二、经济特征

城中村经济活动主要包括两种。一是物业租赁活动，由集体股份合作公司和原村民为一方、城中村租户和经营者为另一方，双方通过房屋及土地出租及承租，形成城中村的主要经济活动，主要表现为住宅租赁、厂房租赁、各类商业服务设施租赁等。通过以物业租赁为主的经济活动，城中村经济形成具有相对封闭性特点的经济体系。二是依附于房屋建筑的经营活动，主要由承租城中村物业的经营者开展包括商业配套服务（如购物）、生活配套服务（如娱乐）、加工制造活动等（图6.1）。通过这些依附型经济活动，城中村经济与城市经济建立一定的经济联系。此外，一些传统的加工制造业仍然保留在城中村，但由于城中村土地政策带来的经济驱动，大部分厂房逐渐转变为商业用途，具体情况则视城中村所处“外部性”环境而言。也就是说，周边

图 6.1 城中村的经济活动
（来源：作者 2009 年拍摄于广州石牌村）

地区的产业会辐射或者渗透进城中村内，进而带来“外部性”的“内部化”。例如，调查发现，广州大塘片区的几个城中村外来人口中有 80%左右来自湖北，其中有 90%左右来自湖北天门一带，集聚度很高。而因为本地邻近号称“亚洲第一”的中大布匹市场，所以整个大塘片区成为服装产业的聚集地，来这里聚居的天门人绝大部分也都是在本地段的服装厂里打工，还有不少选择自主创业，成为企业主。

以深圳龙岗 A 村为例：从城中村经济活动主体的构成和层次上看，A 村具有三个层面的产业内容：一是整个 A 村辖区范围内的所有产业。包括第一、第二、第三产业，也包括村民小组集体物业、乡镇企业、外资企业、民营企业等，即所有的产业类型。这些产业在空间范围上以 A 村为依托，是城市经济的重要组成部分。A 村范围内的集体发展用地上，散布着由村集体股份合作公司掌控的厂房物业，这些物业本身是农村集体经济的主要部分。同时，集体收益是村民收入的重要来源。依附于城中村集体物业的附属经济活动，也是辖区范围内产业经济的重要组成部分。因此，集体物业经济的研究，主要是从股份合作公司和土地资源盘活两个角度入手，目的是提高物业管理水平（公司的规范化运作）和优化土地资源配置，确保集体经济发展的可持续性，其实施主体是集体股份公司。此外，还有村民私宅的出租物业，主要指农民私房出租，包括居住和厂房出租。在市场利益的驱动下，村民的“寻租”行为导致了大量廉租屋（居住和厂房）的存在，出租物业收入已经成为村民经济收入的主要来源。依附于村民房屋物业的附属经济活动，虽然不是 A 村产业经济的主要部分，但它对村民的经济收入和社区的间接经济收益影响很大。因此，村民私宅出租物业的研究，主要从社区管理、村民收入等两个角度切入，目的是提升社区生活质量和居民收入水平，改造实施主体是城市政府、社区和村民三方。

改革开放后，A 村所属的龙岗经历了数次行政区划调整。先是于 1979 年 3 月将龙岗所在的宝安县改为深圳市，1980 年 8 月深圳市建立经济特区后，又于 1981 年 10 月恢复宝安县制，归深圳市领导，当时辖宝安和龙岗两个区，1992 年 12 月再次撤销宝安县建制，建立宝安、龙岗两个深圳市辖新区。尽管龙岗与深圳特区有着这种历史渊源，但由于深圳城市发展的重心一直在特区内，而且特区内外实行不同的发展政策，龙岗与特区产生了不同的城市发展过程。

根据这个时期的工业化发展战略，龙岗的发展又可分为两个阶段：第一，1980～1985 年以计划经济为主体的“重点墟镇”建设时期。建设重点放在宝安县城及重要墟镇，农村城市化开始起步。工业化第一次发展战略是大规模发展“三来一补”企业。龙岗是以发展“三来一补”企业作为经济社会发展战略突破口的，20 世纪 70 年代末和整个 80 年代，特别是 1984 年以后大规模发展，形成“三来一补”企业遍地开花的格局。初时的“三来一补”企业规模小，多属粗加工业，后期层次逐步提高，这一时期可以说是龙岗的第一次工业浪潮，世代耕作的农民开始从落后的农业生产进入相对有组织的工业生产模式中，虽然这一时期企业对工人的素质要求不太高，主要需要操作性的人员，从事手工或简单的机械操作，但大批能适应工业生产需要的产业大军逐步得到锻炼。第二，1985～1992 年以农村工业化为主导的“城镇化”建设时期。随着 1985 年以后改革开放政策向农村基层的渗透，以及香港劳动密集型工业向内地转移的影响，以“三来一补”为主的工业企业在各镇迅速发展，推动了村镇建设的全面开展，城市化进程全面启动。工业化第二次发展战略是“三来一补”企业的转型。从 90 年代开始，“三来一补”企业向精加工和技术密集型方向发展，龙岗开始有计划、有步骤、有重点、分地区实行“三来一补”企业的转型提高，“三资”自营高科技企业不断出现，“三来一补”加工项目不断由原来的粗加工向深加工和精加工转变，高层次行业增多，专业化逐步形成，龙岗外向型经济发展态势良好，投资环境进一步优化。这一时期，企业对高技能人才的需求增加，大多数青年在工作中掌握了现代技术和管理，技术型、管理型人才不断成长。

1992 年，龙岗区成为深圳市辖新区，开始进入以市场经济为主体的城市化推进时期。虽然这一时期龙岗的农村城市化步伐加快，但在社会经济发展水平、现行行政体制、土地利用制度及地方习俗等诸多因素影响之下，村镇建设仍存在盲目性和外延式发展的现象。而这一时期，深圳特区已实现全面城市化，龙岗无论是在经济发展还是城市化水平上都与特区有着不小的差距。

这一时期随着特区内产业结构的调整和香港地区制造业的内迁，大量“三来一补”企业继续转移到生产成本较低的龙岗区，从而使小规模外向型的工业成为龙岗村镇经济的支柱和主导产业，同时也形成了大大小小的工业园区，如龙城工业园、嶂背工业区等。由于本地镇村靠的是土地资本收益，并不直接参加工业生产过程，参加生产过程的是来自内地农村的剩余劳动力——外来人口。因此，本地农村人口靠出租土地、厂房等获取收入，不再从事农业生产；外来农村人口受“三来一补”企业的吸引，从事工业生产和服务业，这样就在农村实现了由从事农业生产向非农生产的转变、由农村人口向城市人口转变的城市化过程。这种投入要素以劳动力为主的“三来一补”企业的发展不仅推动了龙岗农村城市化的进程，也导致了龙岗区外来人口数量的激增。

2003 年 10 月，深圳市政府颁布《中共深圳市委深圳市人民政府关于加快宝安龙岗两区城市化进程的意见》，龙岗开始全面城市化。首先是村、镇的改制，作为龙岗区城市化试点的龙岗镇分别被改为龙岗、龙城两个街道办事处，A 村改为居委会，下辖的村民小组改为居民小组；其次是集体资产的管理，将原村委会和原村小组集体经济组织的所有财产等额折成股份，组建股份合作公司，设立集体股和个人股，股份合作公司下设 15 个股份分公司，分公司不具有企业法人资格；土地管理体制也发生转变，集体土地转为国家所有，为原集体经济组织留有工商用地每人 $100m^2$，为原村民安排居住用地每户 $100m^2$，但规定居住用地每户建筑面积不能超过 $480m^2$，道路、市政、绿地、文化、卫生、体育活动场所等公共设施用地按每户 $200m^2$ 的面积进行规划。

2004 年年底，龙岗 12.5 万农村人口全部完成从村民到居民的身份转换。虽然从行政体制上 A 村已不是农村，但是在土地利用、建设、景观、规划管理、社区文化等方面仍表现出农村的特点，而 A 村地处龙岗中心城建成区内，与周围完全城市化的地区形成鲜明反差，成为都市里的村庄，即城中村。2004 年 10 月，深圳市政府为了扼制全市大量的原村民违法建私房的行为，使特区外避免重蹈过去特区内的覆辙，拉开了大规模、全面改造城中村的序幕。这意味着 A 村的发展正在进入一个新的历史时期。

城中村的经济活动及其提供者多属于非正规经济与非正规就业范畴，即通常所说的“无证经营”。城中村建筑通常表现为一楼商用、二楼以上村民住宿及出租的形态，而村中的商业活动常常缺乏工商、卫生等相关部门的审批。正如蓝宇蕴所说：“城中村……与一般的社区相比，人口构成上以年轻的外来人口为主，内部却有一个小商业体系或者非正式的商业体系，是一个没有被纳入到政府统计中的，管理、税收相对松散的管理体系。城中村内的小店铺往往只要给村里交一个治安费、一个卫生费就 OK 了……。”（蓝宇蕴，2005）“非正规性”的特质使得城中村所带来的城市化实际是一种低成本的城市化，它为成千上万有志进入城市发展的人群提供了一个别样的发展路径与社会空间，在一定意义上丰富了中国城市化模式本身，也使得“中国式社会空间”具有了更为丰富的内涵。

三、空间特征

就土地利用而言，城中村多呈现如下特征：第一，土地功能置换，土地景观快速变革。土地功能置换是城市化的驱动力之一。随着交通完善，城中村的干道沿线土地升值设施升级，农业用地快速向附加值较高的商业服务业设施用地、居住用地（商品房）、政府社团用地等转变。第二，可控空间不断收缩，逐渐融合到新的城市空间中。随着土地征用、转地等行动的开展，居民小组可控制的土地范围不断收缩，同时随着城市土地利用高级化的进程快速推进，城市景观得到加大改善，居民小组用地不断融入新的城市空间中，成为新城市不可分割的一部分。第三，土地利用的自发性与无序化。这表现为居住用地、工业用地、商业用地的混杂，居住小区毫无规划观念和秩序感，横七竖八，使得村内道路断头路众多，而且大多没有统一的标准，衔接不当。居住与工业互相干扰，噪声、工业“三废”的污染、工业运输穿越居住区等现象广泛存在。山体被侵占，开山建厂、挖山建房的现象比较常见。由于建筑缺乏明确规定，加上利益驱动或生活需要（如采光等），城中村建筑出现“握手楼”“种房子”的景象（图 6.2），使得居住空间在纵向上增多，穿行空间也时常被楼层所掩盖，低层住宅几乎难以采光、全天依赖电灯照明，或在依稀的光线中摸索。这些现实情况背后的原因则是制度供给的严重不足。城中村的公共基础设施极度缺乏，原因在于村中的基础设施经费几乎都来源于村集体自筹或部分富裕家庭投资，城中村基础设施建设的来源几乎完全有赖于本地村民，因此始终跟不上城市的发展。由于缺乏专业规划，居民或村民自主搭建的管线等错乱交杂，容易给人留下混乱的外部印象。在这样的情况下，城中村环境的一成不变或逐步恶化，相较于城市的飞速发展与景观品质的不断提升，呈现出越来越矛盾的空间格局。第四，村中绿色空间不断受到蚕食和挤占，生态控制面临威胁，景观面貌较差。以广州白云区某村为例，该村2006年共有3471栋房屋，其中4层以下2835栋、4层以上906栋，村总建筑面积160.07万m^2，成为都市中名副其实的“钢筋混凝土森林”。村中用地性质混杂，居住、工业、商业等相互交错，建筑密度及总量都很大，例如，深圳市2001年12月底统计显示，全市城中村共有私宅35万栋，总用地面积93.49km^2，总建筑面积1.06亿m^2；虽然特区内私房建设用地面积不足全市的1/10，但特区内私房建设强度大，建筑面积共2139万m^2，占全市总量的1/5[①]。

图6.2 握手楼

（来源：作者2009年拍摄于广州石牌村）

下面以广州荔湾区C村为例，说明城中村的土地利用与空间特征的具体情况。

C村位于广州市荔湾区中南部，花地分区西北部，西邻花地河。根据广州市城市总体规划，该村地处广州市中心组团区，在城市空间结构上属于城市中心区向西南方向空间过渡的城市开敞区。C村周边有其他村庄的同时，也有正在蓬勃建成的城市交通枢纽工程。C村村域面积38.8万m^2，另外还有水域面积141.38hm^2，其中村属土地（有集体土地所有证）873亩（1亩≈666.67m^2）。

就社会经济情况而言，C村总人口2006年达到3576人，比1996年增长702人，环比增长率为2.22%。村男女比例1996年为100（男）：124（女），2000年为100：127，到2006年继续增加为100：129，女性比例在不断增加，原因在于周边工厂对于女工有较大需求。总人口增长比率较低，2003年开始进入人口负增长状态，自然增长趋于停滞。外来人口占总人口的比率逐年上升，2003年首次超过本地人口，2006年外来人口占总人口比率为50.50%。C村总体就业特征表现为本村村民就业率低，就业结构稳定。三次产业就业比率比较稳定。1995～2005年第三产业一直占据70%左右的比例，是村民就业的主要方向。虽然农业用地在大幅度减少，但是一直存在比较稳定的农业从业者比例。近十年来，本村各类就业人口构成的结构没有明显的变化，而就业量的规模则略有上升。

村集体年收入总额为800万左右，村集体年支出总额为1060万，医保支出1076841元，社保支出9294094元，卫生费用215839元，经营支出119028元，管理费用4132156元，基础建设支出840万元。村民年人均收入为12000～14000元，村民的人均收入在过去的十年中基本上没有增长。如果扣除通货膨胀的影响，村民的实际可比收入自1995年以来实际处于退减状态。此外，C村已按政府要求完成村民的社保工作，2007年村集体在社保方面投入900多万，使得村民开始全面享受社保红利。村民每年交60元作为医保，在指定的12家医院看门诊可报销40%，住院报销封顶，一年最多8000

① 来源：《深圳市城中村(旧村)改造总体规划纲要》，2005。

元。目前，村集体每月在医疗报销方面约要支出 12 万元。

在这一经济格局之下的，是 C 村典型的“城中村”土地利用与空间特征。C 村村域总面积为 388 万 m^2。其用地以村生活用地为主，面积为 705023m^2，其中居住用地为 658666m^2，行政办公用地为 20904m^2，中小学用地为 14549m^2，公共绿地为 10932m^2，服务设施所占用地面积较小。C 村居住用地以二类、三类为主，建筑密度畸高，布局混乱。四类用地具体如下：一类用地主要是上一轮规划所建设的集资房，房屋质量较好，居住小区达到了相关技术经济指标的规定。二类用地主要是自建房，建筑质量良好。三类和四类用地是改造的重点，主要是村内的旧厂房及一些老的村落建筑。

就设施而言，C 村内环境卫生质量较差，对居民健康构成威胁，存在水污染、工业污染问题。没有统一规划的市政设施，大多属村民自建。村公共文化设施不足，无法满足村民的生活需要。交通网络布局混乱，村落组织不成系统。尤其村落周边缺乏公交站点，附近的地铁站点并不能缓解村内交通问题。道路状况不尽理想，急需改善。在建筑密度方面，建筑密度很大，且有多个地段建筑布局十分密集；新村建设虽将附近河网纳入规划布局，但总体尚未成型，需进一步调整。村内公共设施用地偏少，布局比较零乱。虽在小区内零散分布小规模的商业、文化娱乐、教育设施用地，但却缺乏成规模的设施集中用地。文化娱乐、体育设施用地基本空白。此外，已经配置的部分公共服务设施配套标准低，相对滞后于实际发展需要。此外，C 村内有小学、幼儿园、托儿所各 1 所。小学规模较小，面积不足，尤其缺乏运动场地；各项教育设施指标偏低，小区设施共享程度低，造成一定程度的资源浪费，学校的各类支出，尤其是教师工资主要来自村集体经济。村内仅有卫生站 1 处，服务半径较小，服务空间不均衡。文化娱乐、体育设施十分缺乏。就防火要求而言，村域道路普遍不能满足防火通道的要求（现状道路宽度多小于 4m）。此外，断头路现象比较普遍，需对原有道路格局进行疏导。

四、管理特征

城中村的公共事务管理包括日常管理和市政维护，市政维护又包括教育、环卫、市政（水、电）、治安等。从目前情况看，各村公共事务管理呈现缺乏统一标准、事权与财权划分不一致的特征。总体上，城中村的积累体制具有地方化、非正式化和边缘化特征，其社会空间兼具生产和消费功能。作为独立的经济单元，城中村的管理构架脱胎于“三级所有，队为主体”[①]的农村体制，“生产大队-生产队”体系转为“经济联社-经济社”或“股份公司-股份分公司”体系，以控制和管理集体所有的生产资料——征地返还的 10%～15%的留用地。原村领导班子直接转为市场机制下的“职业经理人”，管理层仅是换块牌子，其管理模式与人员构成均保持了地方化特征。尽管这些“代理人”曾尝试开办实业、开设工厂、经营商铺等，但多因经营不力而以失败告终，“内生”的“积累体制”面对复杂多变的市场显得无力应对。以深圳福田 15

① 根据 1978 年宪法规定，农村集体经济实行公社、生产大队、生产队三级所有，以生产队为基本核算单位。

家股份公司为例，其投资失误及占压资金高达 1.5 亿元（谢志岿，2005）。与村民出租私房挣取租金一样，多数集体组织纯粹出租物业，其“积累体制”表现出“过密化”和“内卷化”趋势。社区管理与维护基本由股份公司负担（表 6.1）。由于没有交纳土地出让金、城市建设配套费等费用，城市公共财政并不覆盖村内市政设施，城中村实际处于“类单位制”或“集体自治”状态，如更新变压器、改建道路、修缮上下水系统，乃至其成员的退休、殡葬事务等。以广州白云区某村为例，其年收入仅为 500 多万，而支出高达 800 多万，其中治安费 200 万，环卫费 200 万，水费 300 万～400 万，医疗报销 170 万[①]，可谓入不敷出。作为城市主体发展模式边缘的“累积体制”，“内生”转型实际表现为“非正规城市化”（informal urbanization）。

表 6.1　广州某村的公共服务财权、事权的划分

		区	街道	居委会	村集体	个人
中小学教育	出资	●	●		●	●
	执行		●			●
环境卫生	出资	●	●		●	●
	执行		●			
市政设施维护和绿地养护	出资	●	●		●	
	执行	●	●		●	
治安、流动人口管理与出租屋管理	出资	●	●		●	
	执行		●	●	●	
消防	出资	●	●		●	
	执行		●		●	
民政（孤寡、计生）	出资	●	●		●	
	执行		●	●	●	

注：●表示该层级具有该职能。

“城中村”实际是一个乡土社会与法理社会兼而有之的混合社区。村民基于共同信仰、习惯、仪式、标志等建立相对封闭的“村社共同体”，而村民与外来人口之间则建立了相互依赖的复杂劳动分工。其“积累体制”实际是失地农民充分利用社会资本实现自我保障的一种方式，是对城市化冲击的主动应对。在国家社会保障体系尚未完全建立，尤其失地农民保障制度尚不成熟的形势下，城中村这种“政企不分”的“积累体制”有其积极性与必要性。

城市化之前，城中村还属于农村管理体制，是农村社区。它的组织结构是“党支部—村委会—村集体经济组织”。在城市化后纳入城市管理体制，转变为“党支部—股份公司—居委会”的过渡期组织结构。

① 数据来源：广州市城市规划设计研究院 2007 年相关规划。

仍以深圳龙岗A村为例，在农村社区阶段，A村的产业结构已经基本实现非农化，但在建制上仍然属于农村。党支部和村委会在农村社会事务中居于主导地位，党支部是领导核心，村委会负责管理本村土地和其他财产，二者事实上是农村集体经济的领导者和决策者。党支部和村委会的负责人同时兼任村集体经济的负责人。村集体经济组织本身基本上没有作为独立的社会组织在村庄事务中发挥作用。村庄的权利运作主要是在党支部和村委会之间展开。村庄是礼俗性的社会，农村的干部和群众的法制观念淡漠，管理制度不规范、不完善。A村又处于经济发达的深圳特区外龙岗区的中心位置，土地蕴藏的利益巨大，行政村可以决定农村集体土地的使用，乱批地现象比较严重，经济问题相对突出。农村管理体制在市场化大潮下，已经不适应深圳城市化的发展，急需改革和转变。

随着城市发展，A村的农业地位不断下降，其所在的龙岗区也完全形成了城市形态。严格说来，它不再是农村地区，但在制度上仍然属于农村：它的村民在户籍上还是农民，仍然不是城市居民，它的组织仍然是农村村委会而不是城市居委会，它的市政建设和社会管理仍然是农村的而不是城市的，当然，它的土地也是农村集体所有制而不是国家所有，如此种种，严重影响了城市的一体化发展，于是，2003年，深圳市政府开始对特区外宝安、龙岗区实行全面城市化改革。城市化改制在组织上的变化主要是：村集体经济组织改制成股份合作公司；撤销村委会，成立居民委员会；党组织仍然保留，由此形成了A社区的“党支部—股份合作公司—居委会”的组织格局（图6.3）。

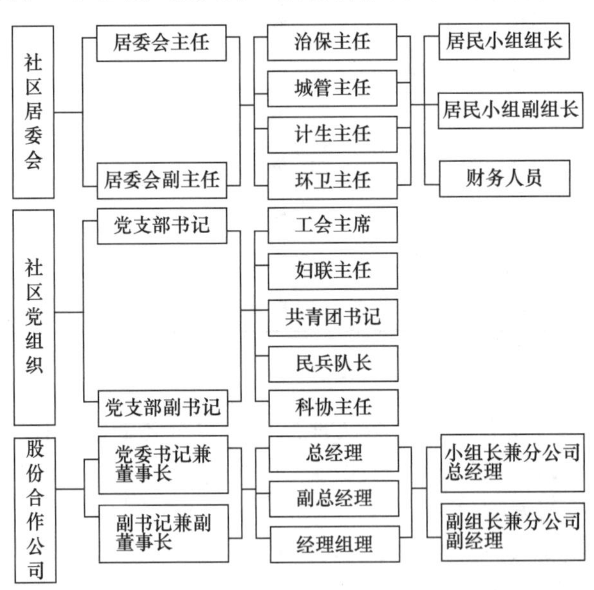

图6.3 深圳A社区组织人员任职情况

就A社区的现状来看，主要组织和团体有社区居委会、股份合作公司、工商企业、学校、医院、文体娱乐性团体、志愿者队伍等。以下主要分析居委会及其与社区党组织的关系。目前，A社区居委会主要组织机构有党支部、居委会、股份合作公司和居民小组。其机构组成及人员构成为：党支部书记1人，兼任股份合作总公司董事长，党支部副书记1人，兼任股份合作总公司经理，居委会主任1人，副主任2人，居委会委员 5 人，分管妇联、治保、城管、环卫和计生工作，另设文书 1 人，股份合作总公司副经理 1 人，经理助理 1 人，共 13 人。社区居委会下分 15 个居民小组，每个居民小组包括组长在内一般设置 3～5 人，其中比较大的居民小组，如新西村，户籍人口 400 人，除了组长、副组长和财务人员各 1 人外，还有 1 个专管计划生育和妇女工作的妇女组长和一个负责小组治安和环卫工作的委员。全社区治安员共 600 人、环卫人员 300 人，城管人员 30 人，计生人员 12 人，整个社区的管理和工作人员队伍近 1000 人，其工资开销全部由股份合作总公司及其子公司承担。

第一，A 社区有 1 个党总支部，设立在股份合作公司，支部书记由股份公司董事长兼任。共有党员 140 人，分 11 个支部，其中有 1 个流动支部，有些居民小组还没有设立支部。党组织是社区内各种组织和各项工作的领导核心，主要职责有：宣传贯彻党的路线、方针政策和国家的法律法规；组织党员和社区居民进行社区建设；指导社区内的工会、妇联、关心下一代工作委、科协等组织的基层建设等。与真正意义上的城市社区党组织相比，A 社区党组织除了加强党组织自身建设和搞好精神文明建设外，还负有指导和监督居委会依法履行职责、带动社区经济组织发展社区经济的重任。

第二，居委会是 A 社区党组织领导和政府指导下的居民自我管理、自我教育、自我服务的基层群众组织。下设治安保卫、环境卫生、城市管理、计划生育和人民调解等委员会。居委会成员经社区居民代表大会依法选举产生，每届任期 3 年。按照《居委会组织法》规定，社区居委会的主要任务包括社区服务、社区教育、社区文化、社区卫生、社区治安、计划生育、优抚优育和民间调解等。A 社区的主要职能突出体现在：一是代表社区居民的意愿和诉求；二是负责社区居民的公共事务和公益事务，并对社区内的各种组织行使监督职能；三是组织居民参与社区各项事务管理；四是协助人民政府或其派出机构做好与居民利益相关的公共卫生、计划生育、优抚救济、青少年教育等工作。

第三，股份合作公司是城市化地区过渡社区所特有的一种组织架构，是其与城市社区组织管理架构上最大的不同。它的前身是原农村集体经济组织，即原村委会分化出来专门管理社区经济同时兼顾集体福利的一种经济实体，是社区集体资产的所有者和经营者。其主要职责有四个方面：一是在社区党委的领导下发展社区经济，提高股民收入分配水平，并为将来过渡到现代企业形成积累；二是管理社区的集体资产、资金和财务；三是用好社区潜在资源，实现社区资产的保值增值，创造良好的经济效益；四是在过渡期内，广泛参与社区各项社会事务的管理并承担主要的经费，同时为社区福利事业发展提供一定的经济支持。

由此，A 社区的党组织、居委会和股份合作公司三种基层组织是在原行政村范围内设立的，社区组织“三位一体”，即社区党组织、居民自治组织和社区集体经济组织的领导高度交叉任职。社区党委书记兼任社区股份合作总公司董事长，副书记兼任副董事长，居委会主任兼任董事。这种模式与原农村管理体制下的村党委、村委会、村合作经济组织“三个牌子一套人马”区别不大，社会事务与经济管理职能混合。其管理模式维持了城市化前的原村委会的运作模式，社区领导班子的职能、干部的待遇基本保持不变，保证了社区的平稳过渡。由于地缘关系、经济利益、社区资源等因素基本保持不变，群众的认同感较强，减少了管理上的分歧，关系比较协调，社区发展比较平稳。但随着城市化的进一步加快和加深，在实际工作中，这种模式将无法适应新形势的发展，三者关系亟待理顺。

第三节　城中村居民的社区依恋、邻里交往和社区参与

本节通过对城中村和复建房社区之间的比较，探讨城中村改造和居民身份对居民社区依恋、邻里交往和社区参与的影响。

一、关键指标的测度方法

1. 社区依恋

社区依恋是个人对其居住的地域空间所产生一种地方依恋。具体而言，社区依恋是居民渴望融入其所居住的社区的感觉，是居民与所居住的社区之间强烈的情感联系（Scannell and Gifford，2010）。虽然社区依恋的概念较为清晰，但是在现实生活中社区依恋是变化的、抽象的，这给实证研究带来了较大的困难。

一直以来，各国学者均在寻找测量“地方依恋”（place attachment）的有效方法。到目前为止，学界已经发展出了“地方认同-地方依赖”、“人-心理过程-地方”和“地方熟悉性-地方归属感-地方认同-地方依赖-地方根基”分析框架，还有间接测量法、量表法等定量测量方法及访谈法、图片测量法等定性研究方法（Brown et al.，2003，Raymond et al.，2010）。作为地方依恋在社区空间尺度上的体现，社区依恋适用上述分析框架和研究方法。

采用“邻里认同-地方依赖”二维分析框架对社区依恋进行分析（Zhu et al.，2011；Dekker，2007）。邻里认同是个人对其所居住的地域空间的精神依恋，具体是指个人以社区为媒介对自己的身份进行定义，将自己看作社区的一分子。地方依赖是个人对社区的功能性依赖，具体是指个人对社区的地理区位、居住环境、基础设施和社区服务等方面的依附。无论是邻里认同还是地方依赖，都是建立在居民与其他社区成员的交往和居民对社区环境的使用之上（Corcoran，2002，Brown et al.，2003）。本节选取“邻里认同-地方依赖”二维分析框架的原因有二：第一，本节聚焦于城中村改造对社区依恋的影响，使用二维分析框架能够直观对比居民的地方依赖在改造前后的情况，从而更直接地反映物质空间改造对社区依恋的影响。第二，城中村居民的流动性强，封闭性弱，社区依恋的来源较为简单，不适宜使用复杂的多维度理论分析框架。

社区依恋的测量方法有两种：间接测量法和量表法（Raymond et al.，2010；Scannell and Gifford，2010）。间接测量法是选取地方依恋的替代指标对社区依恋进行测量的方法，如邻里关系等（Dekker，2007）。量表法是研究者根据研究需要自行确立地方依恋的研究维度，再针对各个维度编制量表，从而实现对地方依恋的直接测量（Brown et al.，2003，Zhu et al.，2011）。间接测量法要求研究者对研究区域里影响社区依恋的因素具备深入的认识，而通过测度替代指标来衡量社区依恋的方法略显模糊，因而该方法在反映社区依恋现状时容易出现偏差。量表法直接对地方依恋进行测量，不需要研究者对研究区域里影响社区依恋的因素进行预先了解。相比之下，量表法不仅能够准确反映居民的社区依恋，而且适用于涉及多个社区的大规模定量调查。综上所述，本节采用量表法对社区依恋进行测度。

为了把社区依恋这一抽象的概念操作化，研究者需要在问卷中把社区依恋具体化为个人与社区的若干种感情联系的综合。例如，Woolever（1992）结合"邻里认同-地方依赖"的理论分析框架对美国城市印第安纳波利斯（Indianapolis）的社区居民的社区依恋进行研究，具体的方法是向受访者询问"您对本社区具有强烈的归属感吗，您以居住在本社区为傲吗，您与邻居的感情好吗，您认同社区的整体利益对您很重要吗，您对社区的居住环境满意吗"等问题，接着让受访者就上述问题从量表中选择最适合的分值，然后计算出上述问题的平均分。Brown 等（2003）在 Woolever 的研究基础上，对美国盐湖城（Salt Lake City）内城衰败街区居民的社区依恋进行了研究。研究中除了对居民的邻里认同进行测度外，突出对居民地方依赖的测度，向受访者询问"您对自家住宅的环境满意吗，您对社区内部的环境满意吗"，让受访者从 0～10 分的量表中选取适合的分值。Zhu 等（2011）认为私有化和个人主义的兴起削弱了居民的邻里交往，使得社区依恋的主要来源转变为地方依赖。换言之，舒适的居住环境同样可以培养居民的社区依恋。Zhu 等（2011）首先对受访者的社区依恋进行测度，向受访者提问"如果您将要搬到另一个社区，那您会多留恋这个社区？"然后采用了邻里交往的测量工具对社区居民的邻里认同进行测度，例如，向受访者询问"您认识您周围的邻居吗，您如何评价您与邻居之间的关系"；最后对比分析邻里认同和地方依赖的重要性，提出"请根据您在选择住所时考虑的因素，对以下因素进行打分：地理区位、居住环境、邻里氛围、社区印象"。

本节将采用"邻里认同-地方依赖"二维理论分析框架（Williams et al.，1992），把社区依恋划分为邻里认同和地方依赖两个维度，使用"量表法"对居民的社区依恋进行分析。具体而言，我们向受访者询问您认同"我属于这个社区"的说法吗来测度其邻里认同。受访者需要在"非常同意"、"同意"、"不一定/不知道"、"不同意"和"非常不同意"当中挑选一种答案。然后向受访者询问"请您对小区居住环境和设施进行评价"来测度其地方依赖。受访者需要在一套 1～5 分的量表上打分，最高分为 5 分，最低分为 1 分。

2. 邻里交往

在西方学界中，邻里研究关注居民的关系、信任和相互之间的交往。邻里交往反映了社区居民的相互关系的紧密程度，而且根据有关研究（Zhu et al.，2011；Brown et al.，2003；Corcoran，2002），邻里交往有助于促进居民社区依恋的形成和加深。扬·盖尔（2002）在《交往与空间》中指出，邻里交往可以根据亲密的程度分为打招呼、交谈、互助及从事同一项活动。在前人研究的基础上，Forrest 和 Yip（2007）运用“您认识社区里的其他居民吗，您经常拜访社区里的其他居民吗，您与社区里的其他居民会相互照顾吗”指标测量了广州的老街坊社区、单位社区和商品房社区居民的邻里交往程度。Zhu 等（2011）运用“您认识社区里的居民吗，您怎么描述您与邻里之间的关系呢”指标测量了广州市商品房社区居民的邻里交往和邻里关系。

本节在邻里熟悉和邻里互助两个层面上测度居民的邻里交往程度。邻里熟悉可以被认为是浅层次的交往，邻里互助可以被认为是深层次的交往。本节通过“您认同‘我认识社区的很多人’这个说法吗”测量邻里熟悉程度，而通过“您认同‘我可以从邻居那里得到帮助’这个说法吗”测量邻里互助程度。受访者需要在“非常同意”、“同意”、“不一定/不知道”、“不同意”和“非常不同意”五个选项当中挑选一种答案。

3. 社区参与

社区参与是指居民参与到社区公共事务的决策过程中，或者参与其他促进社区发展的相关活动（Dekker，2007）。杨敏（2007）结合社区参与的内容和参与的深度，提出根据“是否涉及社区公共议题”和“是否参与决策”将社区参与分为强制性参与、引导性参与、自发性参与和计划性参与。Dekker（2007）认为，居民的社区参与可以划分为正式社区参与和非正式社区参与。正式的社区参与强调居民参与的活动须涉及社区的公共利益，而且居民必须具备参与决策和起草社区发展计划的权力；非正式社区参与侧重活动对社区发展的积极作用，居民参与的活动可以不涉及公共议题，也可以没有参与决策。

正式和非正式的社区参与在社区发展和社区建设上均有重要作用。因此本节并不专门对正式参与和非正式参与做出二元划分。在本节中，社区参与既包括正式社区参与，如当社区的集体利益受到侵害，居民积极参与保卫和建设家园的集体行动：也包括非正式社区参与，如离退休的社区居民志愿参与社区环境卫生的管理工作。

Wu（2012）采用“您参与社区的公共活动吗”等指标测度居民的社区参与程度。Dekker（2007）使用“正式-非正式”的二维社区参与指标测度居民的社区参与程度，分别向受访者询问“您是社区管理组织的成员吗，您参与社区的公共活动吗，您参与社区的志愿者活动吗”等问题。

在 24 个城中村的调查中，我们采用 Wu（2012a）对中国城市社区所采用的测量指标，测度城中村和复建房社区居民对公共活动参与的总体现状，向受访者询问“您对‘我经常参与社区的公共活动’这个说法有何看法”。在猎德复建社区的调查中，问卷详细列出了从“村集体经济公司、村委会领导选举”到“兴趣学习、技术学习等知识教育活动”等十项具体的社区参与活动，然后询问受访者对“我经常参与以下社区的公共活动”的看法。十项具体活动的平均值将作为受访者参与公共活动的情况。受访者需要在“非常同意”、“同意”、“不一定/不知道”、“不同意”和“非常不同意”五个选项当中挑选一种答案。

二、不同类型社区的社区依恋、邻里交往和社区参与

1. 社区依恋

首先探讨居民的社区依恋在改造前后的情况，以“您认同‘我感觉自己属于这个地方’的说法吗”对受访者的社区依恋进行测量。受访者针对上述问题在“非常反对”、“不同意”、“不一定/不知道”、“同意”和“非常同意”五个选项中选择最合适的答案。其结果如图 6.4 所示。

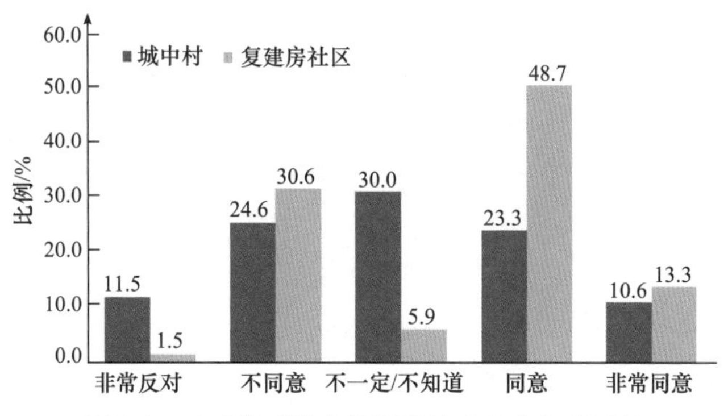

图 6.4　对“我感觉自己属于这个地方”的看法

数据显示，在未经改造的 24 个城中村里，居民选择“非常同意”和“同意”的比例共计 33.9%，是改造后复建房社区居民（62.0%）的二分之一；而在未经改造的城中村里，居民选择“非常反对”和“不同意”的比例共计 36.1%，高于改造后的复建房社区（32.1%）。这说明城中村改造提高了居民的社区依恋强度，居住环境的明显改善有利于增强居民的社区依恋。

分析社区依恋的另一个维度——地方依赖。地方依赖强调居民对社区的地理区位、居住环境、基础设施和社区服务等方面的依附。我们向受访者提出“请您就社区的居住环境、基础设施和社区服务进行评价”，评分标准为 0～5 分。

从表 6.2 可以看出，就社区的整体满意度而言，复建房社区居民的满意度（3.65 分）要高于城中村居民的满意度（3.13 分）。在城中村里，居民对交通条件、邻里关系和社区治安的评价较高，分别是 3.65 分、3.45 分和 3.33 分；然而，居民对学校托幼和物业管理的评价最低，分别是 1.98 分和 0.57 分。在复建房社区里，居民对社区绿化、社区治安、卫生条件、住房面积和住房质量的评价较高，分别是 3.83 分、3.77 分、3.70 分、3.77 分和 3.57 分；但是，居民对学校托幼和物业管理的评价最低，分别是 2.40 分和 1.62 分。这说明了城中村恶劣的居住环境在物质空间改造后得到了显著的改善，特别是社区的绿化环境和卫生环境，而居民住所的空间和质量也得到了提升。值得注意的是，无论是在城中村还是在复建房社区，居民一致认为社区里的学校托幼和物业管理水平较差。尽管经过改造后现代化的高层建筑取代了过去低矮的“握手楼”或“贴面楼”，但是，社区里的物业管理水平仍然较为落后。改造后，学校托幼等公共教育资源没有得到及时的改善，城市公共教育资源的建设仍然绕开了复建房社区进行。

表 6.2 社区居民对社区居住环境和服务的评价

评价指标	城中村	复建房社区
对社区的整体满意度	3.13	3.65
住房面积	3.09	3.77
住房质量	3.11	3.57
邻里关系	3.45	3.54
社区服务	2.89	3.45
学校托幼	1.98	2.40
购物和商业设施	3.36	3.04
交通条件	3.65	3.44
社区治安	3.33	3.77
卫生条件	2.95	3.70
康乐设施	2.40	3.22
社区绿化	2.58	3.83
物业管理	0.57	1.62

以猎德复建房社区为例，社区内的物业管理公司由猎德经济发展有限公司组建，内部的管理人员和业务人员均为本村村民，因而管理意识和服务水平较差，难以与市内专业的物业管理公司相比。而学校托幼方面，由于社区内的猎德小学尚未完成复建，社区居民需将小孩送至附近的力迅上筑小学就读，对居民生活造成了较大不便。

2. 邻里交往

居民的邻里交往的深度对居民的社区依恋和社区交往具有一定的影响（Zhu et al., 2011，Brown et al., 2003，Corcoran, 2002）。我们对邻里熟悉和邻里互助两个维度进行探讨，即通过受访者对“认识社区里的很多人，可以获得社区居民的帮助”两种说法的认同程度得出他们邻里交往的深度。

如图 6.5 所示，43.6%的城中村居民认为自己认识社区里很多人，比复建房社区略高 3.4%。但是，超过一半的复建房社区居民认为自己不了解社区里的其他居民（52%），是城中村居民的两倍（26.9%）。如图 6.6 所示，近一半（49.8%）的复建房社区居民认为遇到困难时可以获得来自社区的其他居民的帮助；仅有 38.2%的城中村居民认为自己可以获得邻里的帮助，比复建房社区的居民低 11.7%。

由此可见，城中村改造带来居民邻里熟悉程度的下降。一方面，这说明了城中村改造带来村民和外来人口基于亲缘地缘的封闭的社会网络的破裂。另一方面，城中村内村民和外来务工人员之间存在不信任和相互防范，造成城中村的邻里支持的程度较低。相对而言，城中村改造提升了受访者的邻里互助程度。

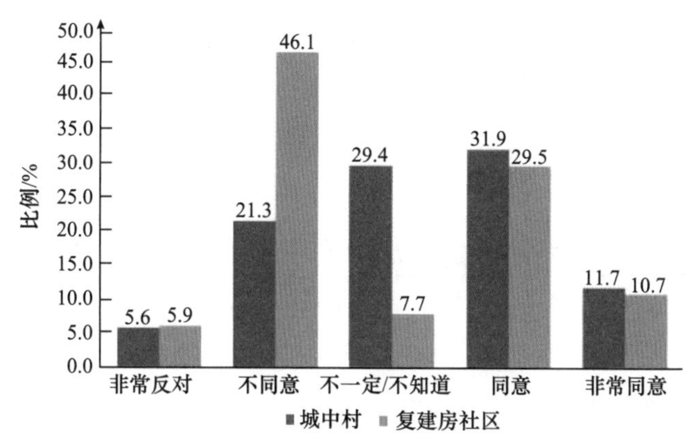

图 6.5 对“我认识社区里的很多人”的看法

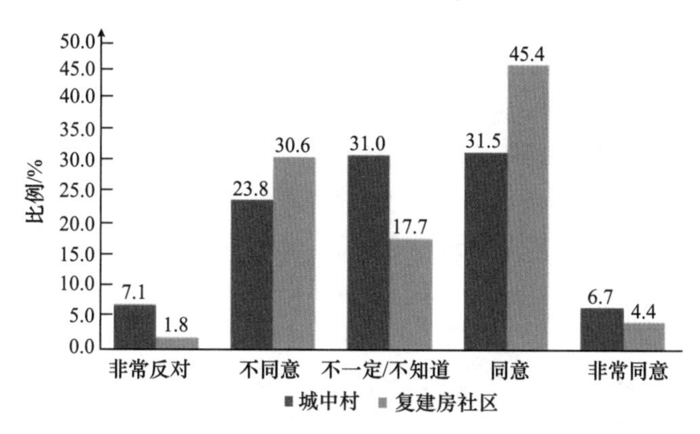

图 6.6 对“我可以获得社区居民的帮助”的看法

3. 社区参与

为了解居民社区参与的积极性，我们向受访者询问对“我经常参与社区的公共活动”这个说法的认同程度。如图 6.7 所示，城中村居民和复建房社区居民的社区参与程度普遍偏低，经常参与社区活动的居民只有 12.1%和 7.3%，复建社区居民的社区参与度仅为城中村居民的一半多。另外，复建房社区的居民中极少参与社区公共活动的居

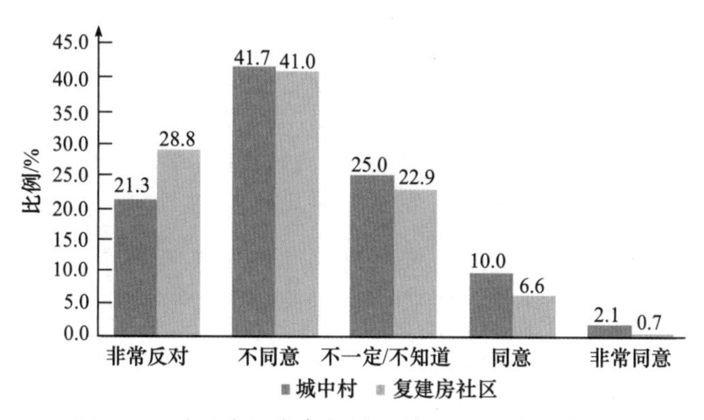

图 6.7 对“我经常参与社区的公共活动”的看法

民高达 69.8%，比城中村高 6.8%。由此可得，城中村和复建房社区居民的社区参与程度普遍较低；尽管复建房社区居民的居住环境得到明显改善，但是居民的社区参与程度反而降低。

第四节　城中村转制与城中村改造

一、“城中村”转制

“转制”指的是对“城中村”的政治、经济、文化和管理进行“自上而下”的改变，使其纳入城市体制。转制后，原“城中村”的人口由农民转为市民，土地由集体所有转为国有，经济由集体经济转为股份公司，管理由村委会转居委会，空间则面临改造（曹国栋，2006）。例如，2004 年 6 月，深圳关外宝安、龙岗两区的 18 个镇，2218 个村委会的 27 万村民全部转制，历时半年，在 2004 年底全部转为市民；除去 1997 年已试点的天河区石牌村，广州市于 2002 年下旬将黄埔区、天河区、海珠区、芳村区所辖村镇、白云区的部分村镇全面进行“撤镇设街、撤村建居”试点（曹国栋，2006）；杭州市于 2005 年 7 月将全市 155 个城中村全部转制，近 7 万村民转为城市居民（魏皓奋，2005）；武汉市也在 2005 年对竹叶山村、新荣村、航侧村等 15 个村进行转型试点；而珠海市早在 2000 年开始进行城中村改造，将其 26 个城中村全部转制并改造（曹国栋，2006）。城中村的转制主要涉及四方面的内容：第一，集体土地转为国有土地。第二，农民转变为居民。第三，村委会转变为居委会。第四，集体经济组织转制为股份有限公司或其他形式的经济组织。简而言之，城中村转制的目的就是把农民转为市民，把农村社区转为城市社区，通过管理体制的改革，把处于城市范围内的非农化村民纳入城市的统一管理体制中，实现城乡一体化与协调发展。

转制是一场自上而下的制度变迁。广州市政府在 2002 年发布的《关于“城中村”改制工作的若干意见》中明确说明，城中村转制是“按照我市率先基本实现社会主义现代化、建设现代化中心城市的要求”，要实现现代化、推进城市化，政府就要加大力量解决城中村这只“拦路虎”。在这场有明显社会效益指向的制度变迁中，农民与农村的非农化并非原因的全部，而对流动人口的社会性整合无疑是更重要的原因。政府的思路是：通过转制，把城中村纳入市政统一管理，城中村的问题则可望缓解。另外，城中村缺乏规划，导致其内部建筑拥挤、用地功能紊乱、消防安全没有保障、公共服务设施缺乏，这些无论是从景观上还是功能上都对城市的总体质量和形象构成不良的影响。所以，在城中村转制的基础上对其进行改造，是城市政府根据一定的原则和规律对城市土地进行功能划分，以形成更为合理的城市空间结构。正如列斐伏尔所说，“空间已经成为国家最重要的政治工具，国家利用空间以确保对地方的控制”。可以说，城市政府利用城中村转制，目的在于对城中村这一边缘化的城市区域进行更有效的管理和控制。

转制普遍推行“议行分设”，强调将经济联社管理层和村委会管理层完全分开，实施“政企分开”，典型的如深圳、广州、常州等。这一模式将社区居委会与股份公司相互独立出来，分离原来合并在经济联社（或股份公司）上的社会职能和经济职能，以此实现社区集体经济组织向股份公司逐步改革和过渡，按照规范企业进行市场化运作，不再承担社区建设和管理等社会职能。

也有学者指出，转制应尊重社区原有“都市村社共同体”的“社区”属性（蓝宇蕴，2005）。“城中村不仅具有强大的社区经济，且还能直接传承自组织体系及历史文化资源，这些特殊社区禀赋共同决定了它在发挥社会治理效能中的优势”（蓝宇蕴，2005）。“内生”转型社区实际是一个“嵌入”了公司股民，同时也是社区居民的种种诉求及诉求满足的共同生活体，其中蕴涵着对所属成员的保障性诉求及其实现方式，这使得城中村“内生”的“积累体制”具有典型的社会保障全覆盖的意味，其独特的人际关系网络使得这一体制具有合理性与稳定性。因而，“承续了诸多传统社区共同体特质的城中村，本身就内含发挥多重社区功能的良好基础”（蓝宇蕴，2005）。

城市社区建设的目的在于建立社区所具有的生活共同体取向，补救由于社会分工的日益细化而造成的城市社会空间单元的“破碎化”（fragmentation）。原因在于，当代城市生产与消费的矛盾更多集中在社区这一空间层次，体现在居住消费空间。社区建设应运而生，其核心目的在于把社区重建作为解决社会问题的方式，其取向或多或少都与需要发掘社区的某些社会空间特质相关。事实上，对于社区“积累体制”的认识可以界定为“行政化”和“自治化”两种观点（何海兵，2003）。在前者看来，社会转型后中国城市基层社会管理面临着管理“真空”，而社区建设作为加强政府对基层社会控制的一种替代工具出现。政府权力重心下移，将社区内各种社会组织、企事业单位、居民群众等资源整合起来，在基层政府引导下发展。这里的社区建设实际上是基层政权的功能整合，典型的例子如“上海模式”。而在后者看来，市场机制下社会成长与政府管制的矛盾日益突出，导致行政效率低下、缺乏社会认同等问题。为此，需要建构“小政府、大社会”，转变政府职能，政府管理好该管的公共事务即可，把不该管和管不好的交给社区自治，这里的社区建设实际是基层政权的功能细分，典型的如“沈阳模式”、“江汉模式”等。

“外生”推进的新模式缺乏明确的目标方向，游离于“行政”与“自治”之间。以深圳为例，在其社区转型后引入居民委员会、社区工作站和股份公司的“三驾马车”型管理模式，将社区管理事务归统到社区工作站，以实现“议行分设”，这一模式在现有行政构架上增加了社区工作站这一特殊层次，体现出一定的“行政化”趋向。事实上，“行政化”采用的是“问题-应对”思路，富于实用主义，但难以应对社区长久发展的动力问题。转型社区面临的核心问题实际恰恰是社区发展问题，也就是村民的出路与保障问题。因此无论“机械团体”打破与否，也无论转型社区新的“积累体制”是“行政化”、“自治化”，还是二者混合，迫切需要解决的核心问题是社区公共产品供给的有限性与居民实际需求之间的矛盾，一旦股份公司不再提供这类公共服务，政府需要最大程度填补所留下的“真空”。但是，当前政策设计上的诸多问题却在创造“真空”，突出表现在公共领域界定方面。例如，根据广州市政府《中共广州市委办公厅广州市人民政府关于“城中村”改制工作的若干意见》（穗办〔2002〕17号）文件，转型社区道路管理按照分片区和路况、配合财政有步骤地逐一接管，其中宽度在7m以上的道路实现由区一步到位接管，3～6m宽的路街实行区以补贴的形式由街代管，3m以下的则由居委会接管。但到目前为止，有待接管的“村路”已达800多条，但区局接手的不过50多条。其原因在于绝大多数“转型社区”的道路宽度都在3m以下，而居委会接管只会使“村路”维护失去资金来源，丧失实际维护。其结果是村集体依然负担较多的公共设施维修经费，例如，白云区A村集体每年负担水耗300万～400万元；2006年B村道路、水电改造花费200万；C村道路和市政设施改造花费274万元。又如，目前广州市白云区某村近6000人的总数中，只有近600人（以单位参保形式）得以办理全部五类社保，不足10%，而其余村民则需在股份公司的帮助下办理养老和医疗保险。其原因在于社保政策要求村集体经济负担一定的趸缴份额，村民能否得到社保直接与村集体经济能力相联系。

二、“城中村”改造

城中村的改造模式有多种，典型的如“广州模式”、“深圳模式”、“珠海模式”等。以政府、市场的互动关系为坐标，可以将典型的城中村改造划分为三种模式。

第一，政府主导、半市场化旧村改造模式：政府在改造过程中掌握主动权，实行政府调控下的市场运作模式，这是一种自上而下的改造思路。深圳是这种模式的典型代表。该模式的优势在于：①能够充分考虑全社会的综合利益，以解决经济和社会问题为出发点。与市场行为的自发调节不同，代表全体市民的政府机构并不仅仅把视角集中在经济利益上，而是更多考虑了社会、环境和经济等方面的综合效益。②能够给弱势群体充分的保护。虽然城中村村民早已摆脱贫困走向富裕，甚至在部分区位较好的村子中，很多村民已经进入了高收入阶层，但是这些收入大都来源于土地和房屋的出租收益。在城中村改造过程中，知识文化水平低、就业竞争力差的村民一旦失去了土地，必然将处于弱势地位。此时，只有由政府主导的改造才能真正全盘统筹，保护村民的利益，为其生存发展提供保障。③有利于调配各相关部门的资源。城中村改造是一个复杂的过程，当中必然牵涉到规划局、国土房管局、财政局、民政局、劳动局等各相关职权部门的配合。由政府主导改造可以更好地整合各职能部门的资源，有利于改造顺利进行。④更易于得到村民的响应。城中村改造对大量资金的需求，即使对于广州、深圳这样经济发达、实力较雄厚的大城市政府来说，也是一个艰巨的任务，使得城中村的改造仅仅依靠政府力量主导很难完成。

第二，开发商主导、市场化的综合开发模式：在政府的政策调控下，根据城市总体规划，将开发商定位为改造的主体，由开发商进行投资策划，承担拆迁安置，回迁建设和商品房建设等。改造后的剩余商品房在市场中进行交易，开发商直接获得收益。珠海是这种模式的典型代表。该模式的优势在于：①专业开发商开发房地产的经验丰富，企业经济实力、经营管理能力强，可以保证开发区域的品质和档次，提高市场价值与社会影响力，从纯经济运营视角来说无疑是最高效的。②改造完成以后新的商品房业主进入，使城中村房屋业主多元化，有利于打破城中村中封闭的地缘、血缘结构，进行规范化、市场化的物业管理。但多数城市严格限制开发商大规模改造城中村，原因在于该模式容易引起其他的问题。最直接的问题是开发商行为是以获取最大化的利润为目的，这就驱使他们可能通过提高城中村的容积率来增加利润，改造结果往往是高密度的现代化城中村，损害村民和城市的长久利益。此外，由开发商直接面对村民拆迁工作也容易遭遇钉子户、拆迁难等问题，给改造增加难度。

第三，以村集体为改造主体的模式，这是一种自下而上的改造思路，该方式最大的优点在于充分调动了村民的改造积极性，解决了外部力量主导的改造模式面临的村民阻力问题。首先，城中村改造后居住生活的环境大大改善，更宽敞的空间，更优美的环境，更安全的氛围，在这些方面，村民都是直接的获益者。其次，改造后城中村内土地的价值提高，村民作为村股份制公司的股东，可以以利润或分红的方式获得收益，这又能激发他们的积极性，推动改造的顺利进行。最后，由于村民对本村的情况最为熟悉，改造方案的选择更能够适合本村。在一些以内部力量自发性改造的城中村的实际操作中，该模式的弊端也逐渐显现。一是村集体改造的动力不足问题。前面提到的村民改造的积极性，只有在较好的预期收益的基础上才能充分地被调动起来。没有足够的预期收益，村民更倾向于维持现状，坐享房租收益，这使得城中村集体拿出自己的土地和资金进行自行改造的启动困难。二是村集体技术实力和管理能力方面的问题，改造将带来十分严峻的考验。再加上缺乏开发建设的经验，往往会降低物质空间的改造质量。

无论何种改造模式，其社会空间效能均涉及两个问题：社会成本问题和社会福利问题。前者着眼于整个城市维度，后者着眼于改造所涉及居民的维度。而从居民角度而言，城中村存在外来人口与原村民两大群体，因而其改造涉及四个维度：横向维度的社会成本与社会福利问题，纵向维度的原村民与外来人口。就社会成本而言，原村民所“内生”的社区空间带来城市土地效益的流失，其群体的隐形依赖伴随的“福利依赖”，这都是城市问题，而外来人口的聚居更是城市社会问题的“毒瘤”，使得转型社区成为犯罪沃土、城市异类。因此，其改造的着眼点往往在于对城中村进行全面改造，以消除其邻里效应，除却“问题”的集中化趋向。而就社会福利来看，一方面原村民的社会网络有助于原村民的福利保障，另一方面城中村承载了城市低收入住房功能，尤其为大量外来工提供了天然的“廉租房”（魏立华和闫小培，2005）。因此，社会福利论者多主张对城中村进行整治而非大规模重建，而就算重建亦强调原村民的回迁（蓝宇蕴，2005）。

“社会福利”论者将城中村视为城市发展的特殊阶段所需要的社会空间，倡导采取小规模整治模式，而“社会成本”论者则将城中村的旧有状态视为问题，强调对其全面改造与治理。如何平衡各方利益，协调社会效益与福利，这是社区转型的核心问题。改制先行，改建跟进。单纯从规划角度而言，社区转型的核心落脚点在空间转型与改造上。各地政府已经开始采用多种方式推进这一进程。例如，深圳市从 1997 年开始尝试改造城中村，采取政府主导、半市场化模式，典型的如渔民村模式、鹿丹村模式和蔡屋围模式。广州市采取村集体主导、非市场化模式，实行异地安置、滚动开发的迂回改造方式。珠海市自 2000 年以来采用开发商主导、市场化开发模式。开发商的开发总量中，1/3 用于旧村民回迁，2/3 作商品房经营。杭州市的村改造则以建设农转居多层公寓为核心，政府投资兴建，施行区域统筹、就近安置，原村民尽可能回迁。可见，无论以政府、市场还是社区为开发主体，社区改造的结果多为打破原有社区结构，重新安置空间布局，引导“农民上楼”，改造一旦实施，其结果多为社会空间重组、社区功能碎化。

第五节　典型城中村社区案例

一、六个中国城市的城中村社区

本节从广州、昆明、南京、武汉、西安和哈尔滨六个中国城市（表 6.3）的城中村中选取十一个典型案例开展实地调查，从空间区位角度，这些城中村可以被分成两类：位于城市范围内及城市边缘地区。表 6.4 展示了城中村的整体特点。第一，城中村的大小从 0.5km^2 到 3.6km^2 不等。城中村的范围大小并不是取决于它的位置，而是在于它们所对应的原先的农村的范围。第二，城中村的建筑高度在 1～8 层层高。这六个城市的大体情况基本相同，但城区内与城市边缘区的城中村，在建筑高度上有明显的差异。总的来说，位于城市内的城中村的最高建筑可达 8 层楼，但是城市边缘区的最高建筑只有 4 层。对低价租房的高需求量是造成这些差异的主要原因。第三，在城市内的城中村，外来农业人口所占的比例比较高。大部分调研案例中，城市内城中村的外来人口数量是本地村民的 3～6 倍，同样的数据在城市边缘区就变为 2～3 倍。于是，以上两者的人口密度不尽相同。在城市内的城中村内，人口密度超过 6000 人/km^2，相对这个数字，城市边缘区的人口密度就少了很多，大部分都低于 5000 人/km^2。

表 6.3　六个中国城市的城中村概况（2008 年）

城市	城中村数量	面积/km^2	占城市建成区比例/%	当地村民/万人
广州	138	89	25.7	38
昆明	288	28	15.6	22
南京	71	67	28.6	10
武汉	147	55	25.0	36
西安	72	15	7.9	9
哈尔滨	43	—	—	8

表 6.4 城中村的整体特征

城市	城中村	位置	面积/km^2	建筑高度/层	本地居民/人	农民工/人	人口密度/（人/km^2）
广州	三元里	城区内	3.6	3～7	9000	40000	13600
	北亭	城市边缘区	0.6	2～4	4100	1700	9700
昆明	云驰路	城区内	3.0	4～6	2900	16500	6500
	岗头	城市边缘区	1.5	2～4	3400	5000	5600
南京	藤子	城区内	1.5	2～6	2000	7500	6300
	所街	城市边缘区	2.5	2～4	3600	8000	4600
武汉	团结	城区内	2.5	4～8	5000	11000	6400
	汤湖	城市边缘区	3.0	2～4	3600	10000	4500
西安	仁义	城区内	0.5	2～6	800	3000	7600
	南河	城市边缘区	0.8	2～4	1200	2200	4300
哈尔滨	哈达屯	城市边缘区	2.0	1～3	4000	6000	5000

1. 集体经济与基层社会组织

从 20 世纪 90 年代开始，这六个城市的快速城市扩张逐渐入侵农村的范围。大量的农业用地被市政府所征用。对于土地征用，最后会形成两种结果。一种结果是，集体所有的农业用地被征收或收储，但宅基地留给了当地的村民。另一种结果是，大部分集体所有的农业用地转化为国有，少部分则留给村集体共有，如留用地，同时宅基地仍然归属于当地村民（表 6.5）。土地征用的结果主要还是取决于建设用地的需要及原村庄所处的位置。位于城市内部的城中村的村民，总体上看更能体会到土地价格的重要性，因此经常试图通过与政府协商来获取更多的留用地。

表 6.5 六个城市城中村集体经济和基层社会组织概况

城市	城中村	位置	土地利用	集体经济组织	管理组织
广州	三元里	城区内	宅基地和集体用地	股份公司	居委会
	北亭	城市边缘区	宅基地	—	居委会
昆明	云驰路	城区内	宅基地和集体用地	股份公司	居委会
	岗头	城市边缘区	宅基地	—	居委会
南京	藤子	城区内	宅基地和集体用地	股份公司	居委会
	所街	城市边缘区	宅基地	—	居委会
武汉	团结	城区内	宅基地和集体用地	股份公司	居委会
	汤湖	城市边缘区	宅基地和集体用地	股份公司	居委会

续表

城市	城中村	位置	土地利用	集体经济组织	管理组织
西安	仁义	城区内	宅基地	—	居委会
	南河	城市边缘区	住宅用地和集体产权	股份公司	居委会
哈尔滨	哈达屯	城市边缘区	住宅用地和集体产权	—	居委会

2. 本地村民的收入与社会福利

土地与房屋出租成为村集体与村民的主要收入来源。大多数村民受到土地征收的影响而获得了一个城市户口，并且得到了一大笔补偿金，在所调查的城中村里，其数额为平均每人 8000～35000 元（表 6.6）。补偿金的数额根据时间的变化、土地征用的位置与目的及当地收入等级的不同，存在一定的波动。总的来说，对于那些成立了一个集体股权公司的村民来说，本地村民成为股东并根据在土地征用前贡献的多少而获得了相应的股份。村民们能够基于他们的股份及集体经济的总量，每年获得一定的股息，在不同的村庄数额从 2100 元到 38900 元不等（表 6.6）。

除了从村集体中获得收益外,大部分村民已经建好了他们自己的房屋供出租使用。受高额利益驱使，城中村内大部分的家庭至少有一座专门拿来出租给外人的房子。在不同的城市，以及同一城市内不同的地方，房屋租金各不相同，为 8～16 元/m^2。考虑到可供出租的房间数量不同，年平均收入在不同的城中村里也有显著的差异，从每人 2000 元到每人 3000 元不等。房屋出租成了大部分村民最主要的收入来源。一些村民甚至从房屋租赁中获得了非常丰厚的收入。他们的收入甚至比所在城市的居民的平均收入水平还要高得多。

表 6.6　六个城市城中村本地村民的收入和福利（2008 年）

城市	城中村	一次性人均现金补偿/元	人均村集体股息/元	人均私人房屋租金/元	平均租金/（元/m^2）	全面的社会保障的保险方案
广州	三元里	—	38900	8900	16	部分
	北亭	20000	—	2000	10	部分
昆明	云驰路	8000	2100	6000	15	部分
	岗头	35000	—	3000	8	是
南京	藤子	15000	6000	25000	12	否
	所街	30000	—	10000	10	否
武汉	团结	—	15000	30000	15	是
	汤湖	20000	—	12000	12	部分
西安	仁义	25000	—	10000	12	部分
	南河	10000	9600	4000	8	否
哈尔滨	哈达屯	30000	—	2000	8	否

在所调查的11个城中村中，本地村民的社会福利也各有不同。对于一些像岗头与团结那样的城中村，村集体为每一位村民支付各种各样的社会保险的首付金。在这之后，村民们需要各自支付自己的部分。对于大部分城中村来说，半数以上的本地村民依靠村集体的补助，都参与了退休保险及医疗保险。那些并没有在社会保障范围内的村民每个月可获得一定的医疗补贴。未获得退休保险的年长村民，每个月也可从村集体处获得一定的退休金。只有少数村民不得不自己支付社会保险。一些村民也选择退出由村集体提供的保险。总的来说，城中村的村民相对于土地征用前来说，生活确实变得更好了。但是，他们的未来是一个未知数，尤其是当以下几种情况出现时：当他们的补偿金用完，或者他们的宅基地被征用，又或者他们不再被纳入社会保险范围之内。

3. 城中村内居民的特点：解释与分析

作者将在以下内容中分析城中村居民的总体特点。另外，城中村居民依照户口可分为三个群体，分别是本地村民、外来农村与其他的城市居民。

第一，城中村每户人家平均拥有2.88人，这比中国城市平均每户2.89人的标准要低。大部分的城中村居民是外来农村人口。相对于本地村民来说，表6.7体现出平均每户外来人口所拥有的居住面积更小，这是因为许多外来农民工已经离开他们的故乡和亲人，孤身前往到城市。

第二，居民的工作主要是一些家庭经营的个体户、手工业/社会服务工人及非正式职业，以上三者分别占到29.15%、24.62%及23.74%的比例。与城市内部城中村相对比，对于较低层次职业的关注程度，城市边缘区会显得更明显一些。由此来说，在城市边缘地区的低层次职业使当地居民的月平均收入相应较低，为1494.86元，而城市内部地区的月平均收入为1908.89元。另外，本地村民大体上相比另外两个群体拥有较低层次的职业，因此他们的月收入也相对较低。实际上，公开的本地村民的月收入数据，仅仅只有工资部分，没有包括其他的收入来源（如房租）。大约半数的村民并没有或者不想去做正式的工作，因为几乎所有的村民都可以依靠房屋出租而继续生活下去。对比而言，城中村的城市居民有更高层次的职业，且他们的月收入也比平均水平更高。

第三，城中村的平均住房面积比城市的平均水平要低。总体情况上，平均每人的居住面积为22.61m^2，城市内部的房屋面积远小于城市边缘地区。表6.7体现了城市内部的每人的平均居住面积为20.4m^2，每人平均拥有的房间数量为0.71间，同样的数据，在城市边缘区分别为24.44m^{2}与0.82间。对比三个群体，外来农村人口的住宅面积最小，本地村民则最大。给外来农村人口的每人的平均住宅面积仅14.56m^2，平均每人的房间数仅0.62间。而对于本地村民来说，则分别有43.58m^{2}与1.2间。

另外，城市边缘区的家庭的房屋状况与城市内部地区的差不多。以上两者的房屋设施索引值分别为2.48和2.71。外来农村人口的房屋状况相对于另外两个人群来说更差，他们的房屋设施索引值仅为1.98，而本地村民和其他城市居民则分别为3.60和3.07。只有很少数量的被调查家庭对房屋状况与居住环境表示不满。

表 6.7　城中村内居民的社会经济特征

		总体		城区内		城市边缘区		本地村民		外来农村人口		城市居民	
		均值	%（数量）	均值	%（数量）	均值	%（数量）	均值	%（数量）	均值	%（数量）	均值	%（数量）
家庭人数		2.88		2.89		2.87		3.82		2.58		2.94	
户主职业	经理/董事		5.90（47）		7.50（27）		4.59（20）		1.79（2）		5.34（22）		8.46（23）
	专业人员/公务员		8.67（69）		11.94（43）		5.96（26）		7.14（8）		8.01（33）		10.29（28）
	技术工		7.91（63）		10.00（36）		6.19（27）		2.68（3）		7.52（31）		10.66（29）
	个体户		29.15（232）		26.94（97）		30.96（135）		17.86（20）		38.59（159）		19.49（53）
	手工业/社会服务工人		24.62（196）		21.94（79）		26.83（117）		17.86（20）		29.61（122）		19.85（54）
	非正式职业		23.74（189）		21.67（78）		25.47（111）		52.68（59）		10.92（45）		31.25（85）
户主月收入		1682.34		1908.89		1494.86		1352.85		1649.59		1867.51	
人均居住面积		22.61		20.4		24.44		43.58		14.56		26.27	
人均房间数		0.77		0.71		0.82		1.20		0.62		0.84	
住房设施索引值		2.58		2.71		2.48		3.60		1.98		3.07	
有效数量			796		360		436		112		412		272

二、广州猎德村

猎德村是广州市天河区猎德街属下的行政村，位于珠江新城中南部，东与誉城苑社区居民委员会为邻，南与临江大道紧靠，西与利雅湾接壤，北与兴民路及花城大道相连。目前共有户籍人口 7000 多人，3300 多户，外来暂住人口 8000 多人。猎德村现有用地面积 337547m^2，发展经济用地约 23 万 m^2。

2007 年 8 月，猎德村改造项目正式启动，作为广州城中村整体改造的第一村，也是第一个突破性地由开发商介入的城中村改造项目。猎德村旧村整体改造以猎德大桥和市政道路建设、猎德涌整治为依托，以地铁 5 号线建设和珠江新城地下空间开发利用为契机，通过市政基础设施建设带动旧村整体改造。整个村分三部分进行规划，以规划的新光快速路、猎德大桥为界，分为桥东、桥西、桥西南三部分。东部作为村民的复建安置区。地上建筑面积约为 70 万 m^2，包括小区住宅、公共建筑、医疗卫生建筑、文化体育设施、教育设施、社区服务及商业服务建筑。工程建设将于 2007 年 11 月起施工，2009 年 12 月竣工。西部（猎德涌以西）按价值最大化原则进行拍卖，实行生地熟让的拍卖形式，由市政府制定土地开发中心组织代征代拍，用于发展商业。拍卖所得融资满足猎德村改造的资金需求。西南部市集体经济发展用地，规划建设酒店项目。根据当时拟定的猎德村改造方案，猎德村将全部拆倒重建，并于 2010 年完成（图 6.8）。

图 6.8 建设中的猎德村民安置区
（来源：作者拍摄于 2010 年）

猎德村是保存完整的岭南水乡格局的千年古村，其中的宗祠、神庙是富有特色的文化遗迹。如今这片村落所处区位土地价值攀升，成为未来广州城市中心、珠江新城腹地的城中村。猎德村的历史文化价值使对它的改造比一般城中村的改造更具有难度，既要处理历史文化遗迹的保护问题，又要面对村民因为对本村深厚的归属感而排斥改造的阻力。

猎德村改造的总体思路是“市、区政府主导，以村为实施主体”。在广州市、天河区两级财政不投入的情况下，通过合理确定的建筑容积率，确保改造资金的平衡，实现村民得到实惠，村集体经济得到壮大，城区面貌得到提升，传统文化得以保存和延续的目的。猎德村改造的利益格局实际是政府设定包括产权界定、赔偿标准等政策框架，由村民和开发商合作，政府再通过规划管理来规范操作。改造过程中实行“地权置换为物业”的做法，这种改造的新模式，有别于以往以政府为主导进行的城中村改造模式。参与猎德村改造综合项目的开发商包括富力地产、合景泰富地产和香港新鸿基地产三大房地产巨头，各占股权的三分之一。按照规划，富力地产负责甲级写字楼和五星级酒店、酒店式公寓部分，合景泰富地产负责公寓部分，香港新鸿基地产则专注商业部分。

猎德村拆迁补偿方案将按“拆一补一，违章补成本”的原则进行。村民房屋回迁安置采用阶梯式安置方法，以四层为上限。即按证内基建面积不足两层的可补平两层，以此类推，四层及以上的按证内合法面积安置回迁。村民如需增加安置面积，则要按3500元/m^2的价格购买；也可以选择放弃新增的安置面积，村集体将按1000元/m^2的标准给予补偿。例如，某村民原证内基建面积不足两层、面积为150m^2，按方案可安置200m^2面积，其中150m^2是按“拆一补一”原则免费补偿，另外的50m^2，如想要则按3500元/m^2的价格购买，如不想要，村集体将按1000元/m^2补偿。超建面积不做回迁安置，只作材料损失补偿，以核准的结构性质和面积为准分别给予补偿。

猎德村改造项目采用规划设计竞赛的模式，通过村民的投票来选择合适的规划设计。猎德村改造模式有其特殊性，猎德村处于新一轮广州规划的CBD黄金地带，其规模适中，建设情况相比其他城中村要好很多（表6.8）。政府建设广州未来CBD的决心成为推动猎德村改造的根本动力。一方面，猎德大桥和市政规划道路建设、猎德涌整治的征地拆迁补偿款首先启动旧村改造。另一方面，以地铁5号线建设和珠江新城地下空间开发利用为依托，通过提升猎德村区位优势和土地价值，对除复建安置房外剩余的用地进行市场化运作，向社会筹集资金，为猎德改造的实施提供资金保障。

表6.8　猎德改造规划某方案的投入核算表

<table>
<tr><th colspan="2">项目</th><th>面积/m²</th><th>融资单价/万元</th><th>融资收益/万元</th><th>小计/万元</th></tr>
<tr><td rowspan="3">融资地块</td><td>商住楼</td><td>151400</td><td>0.365</td><td>55261</td><td rowspan="3">135561</td></tr>
<tr><td>酒店</td><td>150000</td><td>0.365</td><td>54750.0</td></tr>
<tr><td>购物中心</td><td>70000</td><td>0.365</td><td>25550.0</td></tr>
<tr><td colspan="2">市政规划路/万元</td><td colspan="4">25966.1</td></tr>
<tr><td colspan="2">猎德大桥北引桥/万元</td><td colspan="4">19347.2</td></tr>
<tr><td colspan="2">教育配套征地/万元</td><td colspan="4">859.84</td></tr>
<tr><td colspan="2">合计/万元</td><td colspan="4">181734.09</td></tr>
</table>

资料来源：猎德改造规划文本。

三、深圳渔民村

渔民村人最早是漂泊在东莞一带的水上人家。他们一家一船，船既是他们的家也是生产工具。20 世纪 50 年代，他们来到深圳河边附城公社定居，依靠捕捞鱼虾艰难度日，渔民村也由此得名。党的十一届三中全会以后，改革的号角在中国吹响。深圳被列为四个新的经济特区之一。沐浴着改革的春风，得天时地利的渔民村人首先行动了起来。由于邻近香港，渔民村人首先在土地上得益不少，接着，聪明的渔民村人又利用特区政策，大力发展经济，组建运输车队和运输舰队，发展养殖业，办起了来料加工厂，到了 80 年代初，全村 33 户村民，家家都成了万元户，33 栋统一规划的米色小洋楼拔地而起。

稍后，富裕起来的村民们告别了住破草寮的历史，他们先后盖起了别墅式住宅。1992 年，深圳进行农村城市化改造，随着深圳经济建设的快速发展，渔民村逐步成为“城中村”，由此也产生了一系列与现代都市不相适应的问题。2000 年，罗湖区把渔民村的旧村改造写进《罗湖区政府工作报告》，决定把旧村拆掉，重建一个新型社区。

旧村改造方案，由区规划国土分局与渔民村股份公司和广大村民共同酝酿而成，渔民村不要国家政府一分钱，自筹资金 9000 多万元，村里还专门成立了旧村改造小组，以保证改造工作能严格按照市、区的要求进行。

当时做出改造的决定，按村里的负责人的说法，“是一个无奈的选择”。由于渔民村的地基多是 1980 年、1988 年和 1994 年先后按照两三层住房设计的基础，但后来的抢建超出了原先基础的承载能力，已有十多栋成了危楼。事实上，村民也深切地体会到了环境之困和治安之痛。1999 年，重建计划已开始酝酿，尽管这一设想得到部分村民的认同，但依然有部分村民认为没有必要再去“折腾”。因为重建不是一两天的事，甚至需要花上两三年的时间，“有的房租多的一年收入就有 30 多万元”，两三年算下来，光租金就是损失好几十万元。重建方案最终在 2001 年 3 月出台，“自筹资金，自主改造”。渔民村的目标是将当时的城中村打造成“不亚于高档住宅的小区”。在小区增加绿地和活动空间，包括文化设施等。测算每户的改造资金约为 300 万元，自掏 100 万元，另外 200 万元通过银行贷款的方式。要亏租金，还要往外掏钱，一部分村民的思想上仍有阻力。在重建方案出台前后，村股份公司董事长逐家逐户上门去做村民的思想工作，这工作一做就长达 10 个月，方案最终获得大多数村民的同意。董事长带头拆了自家的楼。

渔民村经过创新和探索，走出了一条自下而上的改造之路。改造模式是“村股份公司自己组织改造，村民自筹资金，政府政策支持”。

第一，村民自筹资金，政府政策支持。2000 年渔民村改造由村股份公司主持实施，从设计方案看，渔民村改造所需资金约为 12 亿元人民币，除了村民自筹 9000 多万元资金外，其余部分向商业银行贷款，这一做法成功地解决了城中村改造政府投入过高的问题，并且避免了以赢利为目的的开发商的介入，降低了城市开发建设强度。政府在政策上对渔民村的改造给予了支持，规定村民在补交一定的地价后，即可领取房产证，这就一改居民房屋“违章建筑”的“身份”，解决了村民业主房屋产权问题。

第二，重建后的渔民村，探索了一条“旅业式”出租屋综合管理的新模式。渔民村成立了自己的物业管理公司，村内的 4 万多 m^2 的出租物业，由业主全权委托物业公司实行统一出租，统一管理，统一缴税，统一宣传，一改过去无序竞争的状态。除此之外，渔民村还设立了自己的流动人口和出租屋管理服务中心。租客看房、拿钥匙、验计生证、人口信息登记可享受同步“一站式”服务。而服务中心的信息又同时与社区的工作站、警察室等共享，做到“人来登记，人住管理，人走注销”。另外，渔民村还成立“社区 110”治安联防方式，社区警务室、社区工作站、出租屋综合管理站和物业公司联合组成一个社区综合管理组织，形成管理合力。

渔民村改造及其旅业式的管理模式，取得了多元共赢的效果。由于统一规划，统一建设，从而避免“亲嘴楼”、“握手楼”等传统城中村给人们造成的印象，改变了过去脏、乱、差的小区环境。并且，由于采取“旅业式”的出租管理模式，村民的经济权益也得到了一定程度的保障。

历时近 3 年之后改造成型的渔民村，由 36 栋“握手楼”的“城中村”摇身变成了 11 栋 12 层高楼和 1 栋 20 层的综合楼组成的半围合住宅小区。除了增加绿地、文化广场、停车场，小区还有了自己的图书馆。

“渔民村模式”的改造进行了富有创新意义的探索，不但使政府以最低的投入赢得了管理社会的主动权和土地资源的有效支配，而且还保护了村中居民的利益，使渔民村人在真正意义上向现代城市居民转变。但是，任何的改造模式对于复杂的城中村改造工程而言都不可能是十全十美的，都会存在值得思考的空间。例如，对于“渔民村模式”而言，一个关键的问题是其自筹改造资金及推倒重建是否具有“普适性”。与大多数城中村相比，渔民村的规模比较小，所需的改造资金额相对不高，因此渔民村居民有能力自我集资完成改造工作，但是其他城中村往往规模庞大，改造资金和工作量大，居民和村集体难于承受。另外，不同的城中村出现问题的程度各不相同，部分规划相对科学的城中村完全推倒重建也是资源的严重浪费。因此，自筹资金并推倒重建的“渔民村模式”在其他城中村中能否借鉴还有待观察。

四、深圳水围村

水围村隶属于福田区，位于福民路以南，福强路以北，益田路以东，金田路以西，占地面积 23.46 万 m^2。由于地处城市中心区南侧，深圳河以北，与香港隔河相望，且毗邻皇岗口岸、福田口岸和广深高速，水围村的地理区位条件极为优越（图 6.9）。

水围村有着 600 多年历史。改革开放前，水围村保留着传统村落形态，辖区内有大量农田和未开发用地。改革开放后直到 1990 年，建设了一批 2～3 层的居民楼和工业厂房。1990～2000 年，水围村小学、幼儿园和水围村肉菜市场等一批公共服务设施纷纷落地，并在临金田路段新建了一批高层建筑（同时将集体土地转为国有土地），但村内仍保留有大量老旧村屋。进入 21 世纪，水围村开启了有规划的旧村改造行动。改造后的水围村褪去了旧村形象，与周围的现代化城区融为一体。同时，水围村的经济状况也发生了翻天覆地的变化：村集体固定资产从 1992 年的 6000 万元增长到 2016 年的逾 10 亿元；股民分红从 1992 年人均 5000 元增长至 2016 年人均 3 万多元。此外，水围村有不少改造实践走在全国前列，如全国第一个通管道燃气的城中村、荣获“全国特色文化广场”的水围文化广场、由村集体建设的专业博物馆——雅石艺术博物馆。水围村的改造实践丰富且示范效应强，为研究城中村改造提供了样本。

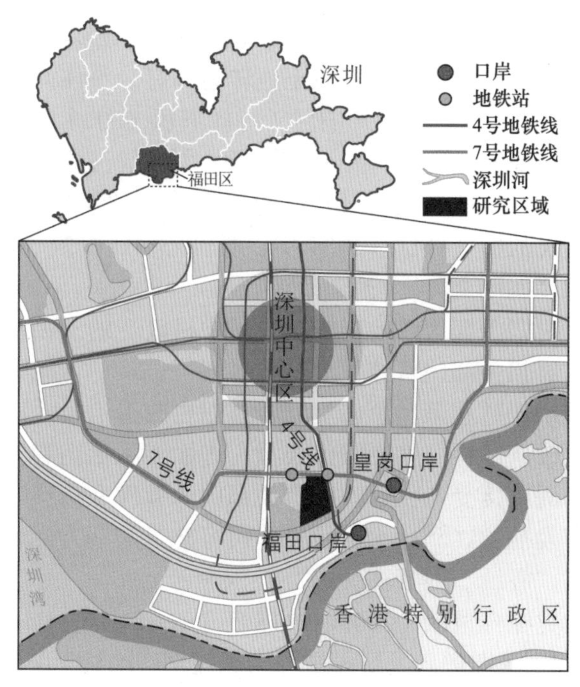

图 6.9 水围村区位图

2015 年，水围村响应多元文化共存的发展需求，启动“握手楼 2.0”计划，率先引进“国际社区”的概念，对水围新村内 35 栋村民房进行全面的升级改造，其中 29 栋改造为 504 间人才公寓，改造设计保持了原有的城市肌理、建筑结构及城中村特色的空间尺度，并通过提升消防、市政配套设施及电梯，成为符合现代标准的宜居空间。得益于优越的地理位置，水围村的改造一直走在深圳前列，成为深圳城中村改造模式演变的“晴雨表”。总体上，水围村一直实行局部拆建与综合整治相结合的改造模式。不过，不同模式出现在不同历史阶段，其作用和影响也有差异。具体而言，水围村改造历程可分为三个阶段。

阶段一：拆除重建为主（2000～2004 年）。

经过改革开放 10 余年的快速发展，深圳在 20 世纪 90 年代开始向现代化国际性城市提升。然而，有限的城市空间难以支撑粗放型的城市增长，土地约束与城市扩张之间的矛盾凸显。为此，深圳于 1992 年实行特区范围内的“农村城市化”，着手“向内”挖掘发展空间，逐步推动集体土地国有化。同时，政府发布《深圳市城市总体规划（1996-2010）》，强调城市开发方式向集约型转变，各区城市建设要与全市发展目标衔接。

在此背景下，水围村成为深圳首批“农村城市化”改造的村落，并于 1992 年成立“水围实业股份有限公司”（简称“水围股份公司”）。作为典型流动人口聚集地，水围村仍有大量历史旧住宅和待开发用地。由于与周边城市开发缺乏衔接，水围村的地势低于市政道路标高 1.5m，每逢大雨就面临水患及衍生问题，环境质量亟待改善。为此，水围股份公司利用其开发建设权，于 1999 年聘请中国城市规划设计研究院深圳分院制定了高标准的“水围社区总体规划”，并于次年开始自主改造。改造以“拆除重建”模式为主，改造后的地块均由集体土地转为国有。具体而言，拆除了占地面积 3 万多 m^2 的街口、老围、龙秋三大片旧村（拆掉旧屋 600 多间），建设了“水围新家园”（共 4 栋楼房，总建筑面积 4.5 万 m^2）和“水围新村”（共 35 栋楼房，总建筑面积 2.2 万 m^2），或用以安置被拆迁片区的现居村民（约 400 户），或作为对旅居香港澳门及海外原村民的拆迁补偿。2004 年，股份公司还投资 5000 多万元兴建了占地面积 7800 多 m^2 的“水围文化广场”。

总体而言，该时期深圳市政府尚未形成城中村改造的专项政策和计划，城中村改造以自主开发、政府相关部门审核批准的形式展开。从“行政吸纳”的角度看，政府通过颁布“农村城市化”政策和总体规划释放旧村改造信号，同时通过土地管理权和审批权调控城中村改造过程。水围股份公司一方面实际承担着原村委会经济和社会发展职能，另一方面需要接受市、区政府有关部门的管理和指导。优越的地理位置令水围村充分享受城市发展的红利，水围股份公司有充足的动力推动自身的升级改造，从而表现为主动寻求“吸纳”的特征。

阶段二：环境类综合整治（2005～2015 年）。

“十一五”期间，深圳进入发展模式转型关键期。同时，深圳也面临着“四个难以为继”的发展瓶颈。2004 年 10 月，深圳颁布《深圳市城中村（旧村）改造暂行规定》，拉开了全市城中村改造的序幕；2005 年又先后发布了《关于深圳市城中村（旧村）改造暂行规定的实施意见》和《深圳市城中村（旧村）改造总体规划纲要（2005-2010）》，进一步对全市城中村的改造目标、模式、程序和计划等做出规定，改造工作走向制度化和规范化，“自上而下”地展开。福田区是这一时期“高增长、紧约束”的焦点区域：其下辖 15 个城中村，3.9km^2 的城中村土地上居住人口约 82 万人；城中村平均容积率为 3.42，居全市首位。过高的人口和建筑密度，滞后的市政基础设施和公共服务设施，导致城中村的环境卫生、治安消防等问题突出，直接影响福田区打造国际化中心城区的目标。因此，福田区率先开展了城中村调查、研究和规划编制工作，并于 2006 年颁布《深圳市福田区城中村改造第十一个五年规划》，将城中村改造纳入区政府的年度工作计划中。

依据规划，水围村被定位为口岸服务和中心区配套综合区，计划以综合整治及分期滚动拆除重建的模式进行改造。2005～2015 年，福田区政府先后投入约 5000 万元和 8000 万元资金对水围村进行两期环境综合整治，内容涵盖市政道路、通信管网、供水供电、消防设备、监控系统、景观灯光、环境卫生、立面装饰等方面。水围股份公司与区政府不仅共同投资 1.5 亿元兴建多个文化设施，而且修葺了明清文物保护遗址“龙秋古井”，保护了 3 棵 200 多年历史的古榕树。此轮改造后，水围村作为“宜居型城中村”的样板被广泛宣传，福田区也借此经验深入推进其他村的改造。

这一阶段，城中村改造有了市、区层面明确的政策指引。福田区政府和水围股份公司合作开展水围村改造，双方在改善片区居住和宜商环境、创造优质生活条件和经济效益上达成共识。市政基础设施和公共服务设施由区政府统一规划出资，股份公司协调村民配合改造，为整治行动减少阻力；村内的文化、商业、办公、住宅等项目则由股份公司或双方共同出资建设。总之，政府对城中村的“吸纳”由土地产权为主发展为全方位化，推动水围村与城市环境深度融合。

阶段三：统租类综合整治（2016～2018 年）。

2016 年以来，新阶段的改造依旧存在“局部拆建”，但以新型综合整治为特征，其标志性事件是融合青年公寓和创意商业街的福田水围柠盟人才公寓(简称柠盟公寓)的出现。水围新村原有的 35 栋居民楼中的 29 栋被改造成 504 套青年人才公寓——柠盟公寓，总面积约为 15472m^2。其中，一、二层为商铺，三层以上为住宅。在保持原有空间肌理及建筑结构的基础上，着重提升了消防、水电等基础设施，新增了电梯、空中连廊和屋顶花园等公共活动空间，楼栋被粉刷成 7 种颜色作为视觉引导，公寓室内也被设计成多种风格，柠盟公寓由此成型。

具体而言，福田区政府于 2016 年开始打造“水围国际社区”，区政府投资 1 亿元，并与水围股份公司及市属国企深业集团有限公司密切合作。之后，股份公司耗时半年，与该地块（水围新村）的业主签订了为期 10 年的返租协议，将 35 栋房屋中的 29 栋收回，并以 70～80 元/(m^2·月)的价格租给深业集团，水围股份公司在此过程中获得福田政府的改造补贴。深业集团对房屋进行装修改造，再以 150 元/(m^2·月)转租给政府，由后者纳入保障性住房体系，并以 75 元/(m^2·月)的价格配租给符合条件的“人才”。项目于 2017 年动工，并于 2018 年迎来首批入住。改造后公寓的物业管理和运营均由深业集团负责。

柠盟公寓的诞生有其特定的政策与城市发展背景。国家“十三五”规划要求，到 2020 年基本完成现有城中村的改造；在深化住房制度改革方面，国家要求建立租购并举的住房制度，并以政府为主提供基本住房保障，各级政府保障房供应任务艰巨。城市层面，除了贯彻国家对城中村改造及住房改革的政策要求，深圳还结合自身的发展状况做出具体回应：一方面，借粤港澳大湾区建设的有利时机，深圳致力于建设“国际领先的创新型城市”，城市发展的高目标对产业升级和城市经营水平提出更高要求，急需庞大的人才群体作为支撑。从 2011 年起，深圳陆续颁布多项人才安居政策以吸引和留住人才，计划在“十三五”期间供应人才住房和保障性住房 35 万套（其中福田区需完成 52062 套）。另一方面，预计到 2020 年，深圳新增建设用地规模仅为 8km^2，意味着存量用地将是保障房建设的主要渠道，城中村改造也因此与住房保障体系结合起来。福田区层面，在深圳“强区放权”的战略背景下，区政府需要落实城中村改造及保障房供应的要求。在新增用地极度匮乏的情况下，区政府将两个目标结合起来，并借深业集团在 2016 年所发起的“青年房卡计划”来积极响应人才安居政策，促成该计划率先在水围村实施。由于水围新村地块的规模不大，街巷和楼层整齐划一，且业主大多居住在香港、澳门或海外，为房屋的收回及改造创造了诸多便利，这也是项目得以顺利试点的原因。

柠盟公寓是地方政府在城市转型升级和人才安居新政背景下进行积极探索的产物。在这一阶段，地方政府以“二房东”的角色获取村民一段时间内的空间改造和租赁权利，通过与国企和村股份公司合作，将改造后的住房纳入到政府保障房体系中，既完成了对城中村的综合整治，又实现了激活存量土地、人才安居乃至服务城市升级的目标。水围村被置于更高的战略地位之中，实现了由低品质私宅向高品质“准公共品”的跨越。此外，政府虽未取得土地产权，并不影响其“吸纳”城中村集体、提升公共服务水平，有利于其政治目标的实现。不过，相比前两个阶段，村集体对于人才住房空间营造的主动性不强，更多以“协作者”的身份“被动”参与其中。

以水围村人才公寓为代表的更新改造措施是一次政府、企业、村集体、租户多方共赢的创新模式，在首先考虑改造主体需求和满足市场需求的前提下，在政府能够接受的改造范围内，引进企业，保证在最小化矛盾的前提下进行城市空间的改造。与此类似的是万科集团的万村计划，通过探索“城中村综合整治+引进优质物管+市场化商业运营”的模式，对深圳市典型城中村进行改造，如华为基地、玉田村和“三和大神”集聚地的景乐新村等，转化成为人才公寓。其改造由政府作为城中村综合整治主导角色，监管和督导万科进行施工建设，万科作为企业方，配合政府进行基础设施代建，积极推动城市更新。水围模式的出现昭示着新的城中村改造模式，乃至实现此类社会空间存续的一种可能的未来。

第七章　国际移民社会空间

第一节　中国国际移民概况

2001 年中国加入世界贸易组织（World Trade Organization，WTO），2008 年举办北京奥运会、2010 年上海世博会、广州亚运会，标志着 21 世纪初的中国正在全面融入乃至引领全球化进程，“追寻中国梦”正成为当代国际“移民潮”的一大强音，色彩斑斓的“全球化”城市空间正在中国各大城市出现。

作为一个独特的案例，在广州的非洲人及其社区受到广泛关注。已有研究系统记录了非洲人社区的兴起，将其视为促进中非经济关系的门户，也是非洲人在广州生活的寄居之地。相对于美国的跨国移民，广州跨国族裔社区的兴起在很大程度上体现了中国大陆的“世界工厂”地位。Lyons 等（2008）研究了非洲商人在广州的社会网络，将其视为“第三类”全球化，也就是“世界性组织”和“国家”之后的一类新型全球化。Mathews（2011）认为非洲人在香港和广州的聚集可以被定义为“低端全球化”，以少量资本、非正规经济及非法贸易等为特征。这些研究深入描绘了非洲人和他们的社会网络，达成共识的是跨国商人与当地居民之间也存在张力，使其面临障碍、挑战及机遇。有关非洲人聚集的社会空间形态则具有争议。例如，Bertoncello 和 Bredeloup（2007）研究了香港的重庆大厦和广州小北路地区，认为非洲商人代表了移民浪潮的最前线，并且将他们的空间称作“前哨战”（outpost）。Bodomo（2010）采用“桥梁”理论描述移民迁移，强调非洲与中国之间的联系，认为广州的非洲社区是中国和非洲之间的社会和文化桥梁。Haugen（2011）发现，本地中国人与非洲人之间存在三种联系：竞争、互补及合作。李志刚等（2008，2012）则将广州的非洲族裔社区描述为跨国空间的新形式，强调它是一种“短暂的全球地方化”。

总之，中国城市跨国移民研究正在兴起，关注跨国空间和族裔经济等话题，但对跨国空间的演化格局与机理，尤其是全球与地方对此类社会空间的影响、对城市的影响等方面的研究，则尚处于起步阶段。

第二节　城市国际移民社区的社会空间特征

20世纪后半期以来，新国际劳动分工、技术科技革命及现代交通技术的飞速发展加快了全球化步伐。特别是80年代以来，以跨国公司为主体的经济全球化成为世界发展的主题。“全球城市”作为跨国经济网络的重要节点，不仅吸引了跨国精英阶层，也大量积聚从事低收入工作的难民、移民。经济全球化下的城市空间不断瓦解、破碎，新的“跨国社会空间”大量出现。已有研究主要集中在发展中国家向发达国家的跨国流动。例如，在经济方面，学者们将跨国移民视为晚期资本主义的副产品，发达国家使用廉价国际劳动力，而一些发展中国家则只能依靠跨国劳工寄回母国的汇款发展（Portes et al.，2002）。也有学者把跨国社会关系与经济增长相联系，将其视为全球化的表征之一（Basch et al.，1994）。

广州是中国海上丝绸之路的起点，在由秦汉起至明清的2000多年间，广州一直是中国对外贸易的重要港口城市。清代“十三行”的设立更使得当时广州承载着全中国的出口贸易功能。中华人民共和国成立后，广州在对外开放和接受外来文化等方面都走在全国前列，加上毗邻香港、澳门，身处作为新“世界工厂”的珠江三角洲等众多因素，外资企业纷纷落户广州。从1957年开始，每年两届（春、秋各一次）“中国进出口商品交易会”（简称广交会）在广州举办，吸引了大量外国商人。2001年中国加入WTO，广州的外商规模急速增长。随着“广交会”转型为兼具进出口功能，这一趋势更为明显。以2006年第100届广交会为例，来自200多个国家和地区的近19万外国商人参会，签订的商品交易合同总值达340亿美元。依托良好的区域条件与区位优势，广州经济近20年来一直保持着高速增长，各类产品的出口增长尤为明显。总体上，广州的出口产品以轻工业产品为主，2002～2005年，广州规模以上工业企业出口的产品产值近75%来自纺织业。90年代以来，大量销往海外的服装、鞋类产品成为广州出口经济的主体。服装、鞋类产品的出口数量和数值一直高居广州各种出口产品的前两位，尤其服装类商品的出口额保持7%的年增长率。

商品出口伴随的是大量外国商人与访客的涌入。尽管缺乏常住外国人的统计数据，但已有数据足以表明外国访客持续增长，尤为值得注意的是，非洲访客数量由2000年的6358人次增加到2005年的31766人次，年均增长率为37.9%，大大超过其他各地区游客的增长（均值11.5%）。外籍居民在广州的空间分布主要集中于中心城区，由北向南，这些外国人聚居区分布在五个地段（图7.1）。

第一片区为“三元里片区”，地处白云区。聚居该片区的外国居民以三元里为中心，分布在金桂村、机场路小区、教师新村等地。三元里片区的外籍居民规模约为数百人（根据白云区出租屋管理办公室访谈），主要由经营鞋类、服装生意的非洲人组成，同时近年来不少从事中韩贸易的韩国人也开始在此聚集，萧岗附近已初具“韩国街”形态。这一地区的居民主要选择租用商品房小区住宅，存在少量非洲人在附近城中村租用村民房屋的情况。

第二片区为“环市东片区”，地处越秀区。该片区的外籍居民聚居在以广州市环市东路为中心的秀山楼、淘金路、花园酒店、建设六马路、建设大马路等一带，这一片区的外国居民以从事贸易的非洲人和欧洲国家使领馆、日本使领馆工作人员为主。本片区的秀山楼、陶瓷大厦、天秀大厦、登峰宾馆、登月酒店，以及怡生大厦、恒景大厦、恒生大厦、国龙大厦、永怡大厦等商业写字楼中都有外籍居民入住。这一片区是广州外籍居民最早聚居的地段，也是当前广州外籍居民最为密集的地区，居住在该片区的外籍居民规模达到近千人。

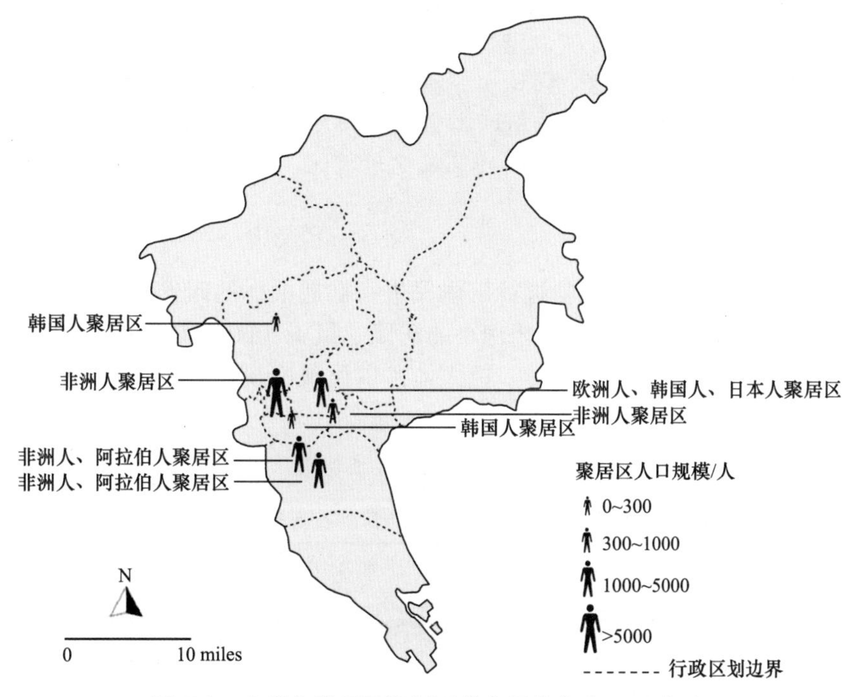

图 7.1　广州外籍居民聚居区的空间分布（2008 年）

第三片区为“天河北片区”，地处天河区。该片区以天河北路为中心，聚居该地的外籍居民分布在体育东、天河路、龙口西路、林和中路等一带。天河 CBD 于 1987 年第六届全运会之际进入全面开发，20 世纪 90 年代初已初具规模，吸引了大量高级商务白领。典型的如 80 层的中信大厦，内有数十家世界 500 强企业及意大利、马来西亚领事馆、香港特别行政区驻粤办事处等机构，其东、西两栋 38 层酒店式公寓的居民以日、韩籍外企高级员工为主。

第四片区为“二沙岛片区”，同样地处越秀区。在该片区聚居的多为外企高级职员或外派职员。二沙岛地处珠江，环境优美，且配备有“广州音乐厅”等舒适的生活设施，近年逐步开发的高级别墅区更使该片区成为广州高级白领区，尤以跨国公司的经理人阶层为多。同时，高级外企白领的分布正逐步向位于二沙岛北面的珠江新城拓展。

第五片区为“番禺片区”，地处南郊的番禺区。近年来，一些大型的、配套设施较好的楼盘，如祈福新村、丽江花园等在该区出现，吸引大量白领阶层的同时，本片区也正成为来自西亚和中东国家的外籍居民的聚居区。例如，仅在“丽江花园”的德字楼和丽字楼片区，聚居的国际居民已达300多人。

第三节　国际移民社区的分异与融合

为探讨广州非洲人聚居区的分异与融合程度，采用三角验证法（triangulation）展开研究，即同时使用不同方法，进行相互验证与补充，展开实证。本节所用数据资料来自不同渠道（问卷、报道、访谈），其中访谈和问卷采集由不同调查组分别独立完成，同时采用定量分析与话语分析两类方法，涉及的研究对象包括非洲人居民、本地居民、本地商户、地方媒体、网络社区等多重主体。

一、本地居民

2008年4月在小北路对附近社区居民进行偶遇抽样的问卷调查，共发放问卷100份，回收90份，回收率90%。相比小北居民总量（2000年小北所处居委会的人口数据为1406人）这一抽样数额较小，但大体可以反映广州和越秀区不同职业、年龄、性别、教育水平群体的构成（表7.1），因此应能比较全面地反映本地居民对非洲人社区的响应。

表7.1　样本数据及其与广州、越秀区的对比

指标	项目	样本量	百分比	广州	越秀
年龄	18岁以下	3	3%	24%	20%
	18～24岁	29	32%	12%	7%
	25～40岁	37	41%	33%	27%
	41～60岁	16	18%	21%	28%
	60岁以上	5	6%	10%	18%
性别	男	40	44%	52%	50%
	女	50	56%	48%	50%
职业	商人	17	19%	25%	32%
	专业人员	8	9%	11%	18%
	工人/雇员	26	29%	43%	38%
	自由职业者	10	11%	8%	0%
	学生	15	17%	13%	12%
	其他	14	15%	0%	0%

续表

指标	项目	样本量	百分比	广州	越秀
教育水平	小学或以下	12	13%	24%	22%
	初中	18	20%	36%	28%
	高中	26	29%	27%	34%
	大学	30	34%	13%	15%
	大学以上	4	4%	0%（0.005）	1%
居住时间	1 年以下	19	21%		
	1～2 年	9	10%		
	2～5 年	15	17%		
	5 年以上	47	52%		
月收入	2000 元以下	57	63%		
	2000～3000 元	16	18%		
	3000～4000 元	9	10%		
	4000～5000 元	6	7%		
	5000 元以上	2	2%		
宗教信仰	无	79	88%		
	有	11	12%		

在对非洲人聚居的态度方面，超过一半受访者（57.8%）对“非洲人住在小北路”这一情况感到无所谓，仅有 6 位受访者的看法较为极端，其中 4 位受访者表示很欢迎，2 位表示很讨厌。总体上，大部分受访者愿意“与非洲人住在同一小区”（64.4%）。46.7%的受访者“能与非洲人住户和睦相处”，10%则表示“不能与非洲人住户和睦相处”，43.2%表示他们很少与非洲人接触。对小北路居住非洲人较为反感的居民中 95%不愿意与非洲人住在同一小区，并且大部分（68%）认为非洲人的迁入使得附近的治安与卫生状况变差，且有一半人考虑搬离。当被问及“如果越来越多的非洲人住户迁入您所居住的小区，您是否还会继续住下去”时，41.1%的被访者表示还会继续居住，其中有受访者谈到主要原因是没有能力搬走（言下之意是并不愿意继续常住）；此外，还有 23.3%的受访者表示一定会搬走。在与非洲人交往的评价方面，51.1%的受访者表示“非洲人住户对其态度”一般，43.3%表示非洲人住户是友好的，认为非洲人住户不友好的只占 5.6%。但是，总体上，被访居民与非洲人住户交流普遍极少（64.4%），而通常的交流方式也仅是“点头打招呼”（48.9%），另有 1 位受访者表示完全不愿与非洲人交流。有 28.9%的居民表示平时会与非洲人住户互相帮助，但从来没有互相帮助的占多数（44.4%），另有 1 位受访者表示极不愿意帮助非洲人住户。相反，也有受访者提到帮助非洲人住户的经历，认为非洲人住户态度良好，“他们借用东西都

会及时归还”。总体上，多数受访者认为非洲人聚居对他们生活环境、治安及卫生状况无特殊影响（64.4%），但也有一定数量的受访者认为社会环境变差（33.3%）。

为分析对不同类型的本地居民对于非洲人住户的看法有何差异，作者将数据进行处理，采用加权平均将各类指标归纳为“接纳”和“排斥”两类，其样本所占比例分别为 52%和 48%。采用 Logistic 回归分析，利用 SPSS 进行计算，计算结果如表 7.2 所示。除“职业”指标（p=0.036）外，其他人口、社会经济指标对于居民在“接纳”或“排斥”非洲人居民并无统计意义上的显著影响（表 7.2）。这表明，就年龄、性别、教育水平、居住时间和宗教信仰等方面而言，各类本地居民在对非洲人聚居的看法上并无太大差别，基本是褒贬各占一半。而就职业类型与态度指标的相关分析则表明，不同职业类型的本地人群对非洲人聚居的看法差别极大。

表 7.2　各类人口社会经济属性的居民对非洲人聚集看法的 Logistic 回归分析

指标	B	S.E.	Sig
年龄	–0.173	0.263	0.511
性别	0.396	0.460	0.389
职业	0.296**	0.141	0.036
教育水平	0.051	0.224	0.821
居住时间	0.158	0.200	0.431
收入	0.122	0.237	0.607
宗教信仰	0.170	0.714	0.812
常数	–2.079	1.479	0.160
模型开平方（自由度）	7.693（7）		
–2 Log likelihood	116.896		

注：自变量 0=接纳，1=排斥；重要性* $p<0.1$，** $p<0.05$，*** $p<0.01$。

如图 7.2 所示，商人、工人和服务业人员对非洲人聚居的接纳度较高，分别达到 88%和 65%。相反，白领、自由职业者和学生对非洲人聚居的排斥度较高，其态度“排斥”的群体比例分别为 86%、80%和 65%。值得注意的是，在小北所调查的不同职业群体与非洲人的接触机会和接触度是有差异的，由于绝大多数非洲人属客商，本地商人、工作人员和服务人员与他们有着更多的接触和了解，而白领、自由职业者和学生则较少直接接触非洲人群体。这就说明，对于非洲人聚居的接受度与其接触程度的高低（时间、频率）密切相关，接触程度越高、对群体越了解，接受的可能性也越高。因此，白领、自由职业者和学生对于非洲人群体的排斥心理应源于外在信息的影响。

此外，研究者随机访谈了三位华人伊斯兰教徒，虽然与大部分非洲人有相同的宗教信仰，但他们并不与非洲人来往。在每周五（礼拜日），广州的伊斯兰教徒会聚集在广州的怀圣寺，但观察表明中国的伊斯兰教徒与非洲伊斯兰教徒基本上并无直接交流。事实上，对于非洲人的调研表明，非洲人群体的社区构成基本也是以国家为基础，而非以宗教信仰为基础的。例如，广州已经有了加纳、尼日利亚、喀麦隆和塞内加尔等国家的社群组织，他们有自己的身份卡、有民选的本地社团领袖。但总体上其社区以国家为组织单元，而并非以宗教信仰为基础。

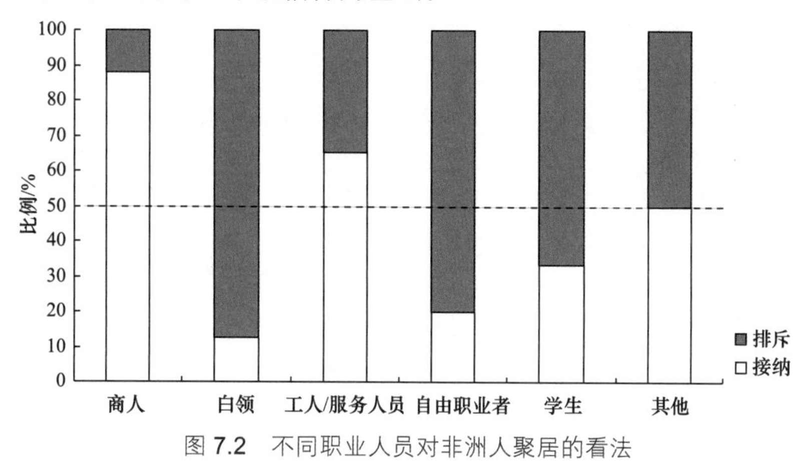

图 7.2　不同职业人员对非洲人聚居的看法

二、小北商户

为进一步探讨和验证小北居民对非洲人聚居的看法和态度，作者对 7 位工作在小北的商户进行深度访谈。对天秀大厦的调查表明，天秀各店面的工作时间基本是早上 11 点到晚上 10 点，其原因在于非洲人客商多在下午 4～5 点才来小北采购①。访谈均在中午或者下午进行，此一时段并无多少客商，调查为半结构式访谈。

1 号受访者是天秀一家牛仔裤档口的店员，女，20 岁左右。实际各家档口也都是一两位女店员看店，她们多数“英语口语 OK”、“职高毕业”（受访者语）。这些档口的主要服务对象是来“挑版式、拿货”的非洲批发商，“我接触过的非洲客商有 300 到 500 多个吧，老主顾有 100 多个”。谈到对非洲人的印象，她说：“他们脾气不好，比较小气，以前也交过非洲人朋友，我朋友就经常跟他们出去的，但我十点下班就回家睡了，太累了”。2 号受访者是一家物流公司的职员，位于童心路一侧，主要服务对象也是非洲人客商。她表示不愿与非洲人一起工作，“态度不友好”，合作情况一般，有些非洲人甚至非常无礼。3 号受访者在登峰街道经营鞋店，主要经营对象为本地人，有部分非洲人客商但没有固定的非洲人合作伙伴，他认为非洲人商户对其态度一般，“卫生越弄越坏”。相反，也有比较融洽的情况，4 号受访者也在登峰街道经营鞋店，有几个固定的非洲人商户合作伙伴，认为他们“态度蛮友好的，合作也比较愉快”。5 号受访者在环市中路经营鞋类和服饰店，合作对象全部是非洲人商户，她说：“我有十多个固定的（非洲人）客户，合作还 OK”。6 号受访者经营电动机械公司，合作对象主要为中东商人和非洲人，有几个固定的非洲人商户合作伙伴，他说：“只要价钱谈得来，和

① 因为迦南等服装城的营业时间是早上 9 点到下午 5 点，因此客商多先在迦南等地，到傍晚再到小北一带。

非洲人做做生意还可以”。7号受访者经营假发生意，访谈的时候，她的一些非洲熟客正好过来送照片给她，照片中是她和这些客商在店里合影的情景，女客商对我们说：“她（指中国店主）是我姐姐”，表现得十分和睦融洽。

但是，对商户的访谈也表明，非洲人商户在与小北商户经商中还存在着较多摩擦与冲突，这些冲突多源自文化上的隔阂与差异。

“非洲人在欧洲就比较文明，在这里不行，有时拿了货，突然又说他们国家有什么事，没钱了，这样的单累死人。” （本地商户访谈）

“……他们（非洲人）经常拖欠货款。因为发生过非洲人骗货的案件，我们和非洲人谈生意要格外小心。” （本地商户访谈）

“有时不能及时发货，非洲人都不能通融的，说必须要按时，还威胁我们，当然会有冲突啦。” （本地商户访谈）

总体上，大部分商户因为生意往来，觉得与非洲人商户合作无所谓愉快与否，只要能谈成生意即可，并不愿与非洲人有更深的接触。

三、地方媒体

地方媒体是直接影响本地居民对于非洲人聚居评价的重要因素。为此，本节将采用话语分析法对已有的主要针对广州小北非洲人区的报道进行分析，探悉地方媒体对非洲人聚居的响应。近年随着小北非洲人区的出现，越来越多的地方媒体已经开始对此进行深度报道。这些报道的倾向性明显，猎奇心理、排斥心理或负面关注是其主流姿态。

最早针对小北非洲人区的报道来自网络，非洲居民聚居的现象自 1997 年开始已受到零星关注。2005 年的两篇报道则将这一社会空间现象正式推上前台。2005 年 12 月，《广州日报》发布了题为《零距离探访广州非洲部落》的报道。在这一篇幅不长的 3150 字的报道中，记者准确定位“部落……在小北路方圆一公里内”，认为非洲居民大多来自西北非的“显赫家族”，不乏对于非洲人居民的赞语，“（有非洲人）娶中国姑娘为妻……非洲人女仔讲一口流利白话……性格开朗不拘小节”。几乎在同一时期，针对非洲人聚居的负面报道也开始出现。地方媒体一方面带着试探性的态度接触其新鲜感、新奇性，其语境尚表现为接纳包容；另一方面，非洲人聚居“问题化”的视角已经开始产生，尤其从政府管理的角度审视之，其语义则颇具疑虑与贬斥。这两种视角同时被传达给普通居民，进而影响他们对小北非洲人区的认知和判断。

《广州日报》于 2007 年 12 月 13 日刊登了题为《广州黑人部落全记录》的报道，成为第一篇全面深度揭示小北非洲人区的重要文章，在网上被直接或间接转帖 20 多万次，影响巨大。“这是广州步向国际化的一个标志”，报道开篇对于非洲人聚居的态度正面中肯。然而，随后的内容主要围绕四点展开：①小北路附近的非洲人主要经营的是低端产品，如低劣的纺织品和二手电子产品；②小北路附近的几个大厦里集中了几十家由非洲人开办的贸易公司，原业主正大量搬离；③出现专门帮非洲客商跑腿的“非洲中间人”及无所事事的非洲人“打工仔”；④“三非”（非法就业，非法入境和非法居留）非洲人数量巨大。

作为本地机关报纸，《广州日报》的这一报道表明了当时地方政府对于非洲人聚居“问题化”的判定。“……现在，每当夜幕降临，漫步在以广州市环市东路为中心的秀山楼、小北路、淘金路、花园酒店、建设六马路等一带，朦胧的夜灯，夹杂着空气中独特香水味，恍然会生出在非洲某城市的意味。因此，有人把这里冠以纽约的“布鲁克林”称号……”（媒体报道文字）。类似地，2008 年 3 月 27 日，在珠三角地区有较大影响的《南方都市报》也刊载了题为《登峰街的“巧克力商人”》的报道，以几位非洲人居民为例讲述非洲人在小北一带聚居的历程和现状。文中提到，2005 年以来，无论天秀大厦还是登峰酒店都已成为非洲人为主的跨国移民聚居点，本地人多主动搬走。

《南方都市报》近年刊载了数篇以非洲人违法犯罪为主题的文章，《两黑人男子掐晕广州送货女装进行李箱企图运走》（2008-2-22），《广州石井河捞出碎尸，死者疑为一黑人男子》（2007-01-15），并为各类媒体广泛转载。这表明，一种具有排斥性的语境已经出现。在全国具有巨大影响力的《南方周末》2008 年 1 月 24 日的文章《“巧克力城”——非洲人寻梦中国》是引起关注的另一重要报道，这一报道更长达 8019 字，占用一个半版面之多。报道指出，广州非洲人跨国移民实际是包含贫富不同群体的混合群体。但是，与本地居民的隔膜是普遍存在的事实。有生意来往的地方商人不愿与他们深交，他们是被“隔离”的群体。但是，与《广州日报》的报道不同，这一报道指出非洲人客商并不想在广州永久居住，也没有进入中国主流社会的迫切希望。

作为结果，非洲客商在来广州很久也不会讲粤语或普通话的大有人在。总体上，这篇报道的语调更为积极中肯，既肯定了问题的存在，也强调了非洲人群体与广州本地社会的“非危害性”联系。不过，这一报道也间接揭示了这一国际联系的有限性，即“重经济、轻社会”，经济联系日益密切而社会文化隔阂积重难返，其结果是明显的社会空间隔离。

四、网络

20 世纪 80 年代以来，全球化影响下的地方（place）成为重要当代城市地理学关注的核心场域，地方成为可以超越国家和城市的重要空间单元，微观尺度，特别是全球化直接作用的地方成为研究者所关注的焦点。广州非洲人聚居区与西方的同类族裔聚居区存在诸多差异，是因全球化下新的“自下而上”的跨国经济联系而生，因广州城市的商贸文化、宗教历史和贸易网络而兴。主要分为“行商”和“坐贾”两类，在数量上以前者为主；他们通过在专业市场的商品采购行为与本地市场、社会和政府产生联系，且后者联系更为紧密。广州非洲人聚居区的形成与社会排斥机制相联系，主要体现为非洲人的主动聚居与被动隔离并存。一方面，为强化社会联系，非洲人主动选择聚居，方便联系，分享信息；另一方面，本地居民、商人和物业管理者已开始采取措施，或搬离该地，或限制非洲人入住，使得被动隔离现象明显。对本地居民的问卷调查表明，就年龄、性别、教育水平、居住时间和宗教信仰等方面而言，各类本地居民在对非洲人聚居的看法上并无太大差别，这也为前文分析所验证。而就职业类型而言，不同职业类型的人群对非洲人聚居的看法差别极大。商人、工人和服务业人员对非洲人聚居的接纳度高，白领、自由职业者和学生对非洲人聚居的排斥度高。进一步对本地商户的访谈表明，是经济联系而不是社会联系主导二者的社会空间联系，文化差异影响着深度接触。大体上，与非洲人居民接触的程度将决定响应结果，而排斥心理的产生多源于外在信息的影响，这一影响就是本地媒体明显的以排斥、矮化和负面为特征的响应机制。因此，广州非洲人聚居区的出现使得中国城市的社会空间分异增加了一个新的维度：种族。同时广州非洲人聚居区作为一种典型的“族裔经济区”出现，其经济形态已经开始向“聚居区族裔经济”发展。这一新社会区的出现表明全球化正为中国城市创造源自“草根”力量的空间重构。一种“自下而上”的全球化进程正在中国出现。

第四节　跨国商贸主义与国际移民社区演化

一、“跨国商贸主义”下的城市新社会空间生产

作为现代性的结果，多元、异质和匿名的城市格局正在出现，一种“跨国商贸主义”正重塑中国城市社会空间结构。“跨国商贸主义”，指的是跨国商贸者跨越国界以创造和维持商贸活动，并以聚居区族裔经济为基础，以跨国流动的族裔群体及其所在地方空间为载体，推动地方重构的进程。“中国制造”及“世界工厂”的出现，使得这一力量成为生产城市空间的重要力量。此外，对“跨国商贸主义”的研究，也是对“全球化”研究的微观实证。

波特斯（Portes）（1987）在研究迈阿密的古巴聚居区时，发现社会多样性、阶级异质性与持续不断的移民潮是其经济兴盛的主因，凸显族裔社会网络对族裔经济发展的重要作用。越来越多的商贸者成为全球化的流动实体，族裔社会网络使得他们所移居的地方空间发挥着“全球化载体”的作用。研究表明，移民商贸者多集中于特定行业：洛杉矶韩裔移民集中在零售和服务业（Light and Bonacich，1988）；澳大利亚、希腊移民集中在鱼店、快餐店、牛奶店；意大利移民集中在水果与蔬菜商店；中东移民集中在维修行业；越南移民集中在服装零售业等（Panayiotopoulos，2006，Waldinger et al.，1990）。“跨国商贸主义”的存在为移民群体提供发展机遇，进而创造了充满活力的新社会空间（周敏，1995）。

中国的“跨国商贸主义”是其世界影响力不断提升的再现。如同“全球化”并非全新事物，“跨国商贸主义”在中国也由来已久，典型的例子如“丝绸之路”。但是，当代中国“跨国商贸主义”以其生产强度和规模更显得史无前例。以上海为例，2009年上海外国人常住人口已达 15.2 万人，而历史上租界的鼎盛时期外籍居民人口不过8.6 万（1942 年）（戴春，2007）。吴缚龙认为，全球化背景下的中国城市具有四种新空间：全球化空间（space of globalization）、消费空间（space of consumption）、

非正规空间(space of informal space)和分异空间(space of differentiation)(Wu,2007)。

“跨国商贸主义”下的新社会空间兼具此四种特征：它既是一种典型的全球化空间，亦是各类人群，尤其是“跨国阶级”反刍和消费自身文化、历史及分享信息的重要场所；同时，因其“底层全球化”特征（相对于跨国公司及其经理人、白领阶层的“正规化”），此类社会空间的生产常常具有非正规性，尤其在发展中国家的“跨国阶级”中体现得最为明显：缺乏稳定性、随机性强、经济效率低，等等。

城乡规划学、地理学、社会学、人类学等不同学科已开始关注中国的此类新社会空间，将视野投向其中的文化冲击与摩擦（马晓燕，2008）、外国居民生活方式（刘云刚等，2010）乃至跨国影响（Bodomo，2010）或地方响应（李志刚等，2009）。面对新社会空间的兴起，如何对其进行管理管制，如何引导其发展，已成为摆在城市管理者、规划师面前的一大难题。例如，2006年，沈阳开始打造“外国人集中聚居区”，期望以此为其城市核心地带增加一笔亮色[①]；北京的“中粮祥云”定位为“北京首座全球人国际生活区”、成都的“天府国际社区”也计划“专供外国人住”[②]。“跨国阶级”有其特定生活方式、行为模式与社会空间机制，对这些问题的深入研究是进行管理或空间营造的前提。作为改革开放的先行地区，珠三角已成为名副其实的“世界工厂”，资本吸入的同时也接纳全球生产、消费、贸易链与跨国人群，尤以非洲人及其聚居空间最为突出——广州似乎已成为非洲人的“淘金”之都[③]。这一影响中国城市空间结构的一股新力量，对广州小北路非洲人社区的形成与演化产生了重要影响。

二、国际移民社区演化

1. 形成原因

小北路地处越秀区洪桥街道，在其1km半径内分布着诸多中高层商住楼，如天秀大厦、秀山楼、陶瓷大厦、国龙大厦等。例如，秀山楼共有近200套房屋，非洲人开设的店铺占一半以上。居住在小北路的非洲人居民多为穆斯林。仅秀山楼、天秀大厦、国龙大厦三栋就聚集了400多名来自52个国家的非洲居民（天秀街道访谈），其中天秀大厦是初到广州的非洲人首选。广园西路地处矿泉街道，位于白云区与越秀区交界处，2005年广州行政调整时由白云区调整为越秀区管辖。广园西路全长约1750m，仅沿路两边就分布了近15个批发市场，如万通、迦南、天恩、御龙、金龙盘等。据天恩管理处经理叙述，广园西路加上站西路(与广园西路相交)就分布了40多个批发市场，主要经营服装、鞋类、皮革等生意。

1）交通优势

小北路和广园西路是环市路南北两条支路，所截的环市路段分布着广州火车站、

① 房延彦，沈阳为吸引外商投资将设立外国人集中居住区，华商晨报 2006-8-8，http://gb.cri.cn/8606/2006/08/08/106@1165702.htm（2011-09-10）。

② 缪琴，成都建 160 亩高档社区专供外国人住　容纳 5000 人，四川新闻网-成都日报 2010-01-28，http://news.sohu.com/20100128/n269876763.shtml（2011-09-10）。

③ 广州非洲人“部落”全记录，广州日报，2007-12-13。

省汽车客运站、市客运总站、流花车站等较大型交通设施，且邻近内环路可直通机场、多个地铁站和公交站（图 7.3）。就像非洲人所说“我们需要不断地来回，在这里我们可以减少很多时间”，飞机是来回广州和非洲的主要交通工具，单程需飞行约 18 个小时。聚居区的区位为他们提供了便利的交通，满足他们为生意流动于广非之间、珠三角城市和广州市内等地。

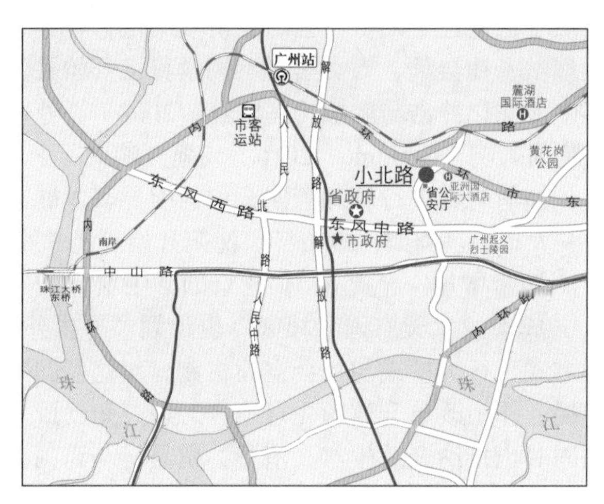

图 7.3　广州小北路区位图

2）区位优势

非洲人聚居区位于区与区或街道与街道的交界处，行政力量比较薄弱，处于相对边缘的地带，特别是 2005 年广州行政区划调整，行政转换减弱了这一地区的行政管理和控制，为非洲人聚居区的发展提供了行政的可能性。“这里原是越秀的西伯利亚……”（街道办事处访谈），由于地处老城区核心地段的边缘且毗邻过境高架桥，其楼盘租金普遍较中心城区低，高空置率和低租金等因素成为非洲人在此聚居的原因之一。

3）集聚优势

广州拥有全国最大的服装批发市场之一，按照空间布局可分为内圈层、中圈层和外圈层。内圈层集中了 54%的批发市场，主要由中小型批发市场构成；中圈层占 40%，聚集影响力较强的批发市场；外圈层批发市场相对较少，大约 6%。而聚居区就位于内圈层批发市场集聚区。由于非洲人的购买力不高，倾向于低档商品，内圈层中小型批发市场为非洲人经济区提供了生存的土壤。以迦南为例，建成后 10 多年一直没有开发利用，刚开始做皮革市场，经营失败后转为销售“垃圾货”（档次非常低的服装），直到 2003 年看准了中国与非洲、中东贸易服装市场的商机，调整其主要服务对象后才发展起来，形成了以低档牛仔为特色的批发市场。

4）链式流动

非洲人认识广州，主要是因为非洲当地的中国纺织品海啸（textiles tsunami），他们来广州主要通过三种渠道：一是朋友或亲戚介绍，称为“链式流动”；二是通过网络；三是族群聚集。网络是指非洲人在非洲当地通过网络认识了解广州，族群聚集是指广州不是非洲人到中国的第一站，但由于广州“巧克力之城”已深入人心，他们迁移到广州发展族裔网络。这三种类型中，链式流动的比例最高。

没有生意我们就会死。朋友（来到广州的朋友）打电话告诉我这里有商机，我就来了，来这里只是为了做生意。

朋友说这里有各种各样的产品，说广州是商业之都，所以我就来了。

我回国时把在广州的情况告诉朋友，他们都很想跟着我过来。我一共介绍了四个朋友来。

（访谈资料）

基于来源国地区、语言、政治与宗教上的差异，移民社区彼此之间充满分裂和冲突，但是在共同面对主流社区（特别是敌对的主流社会——作者注）时，这些差异则会减弱，消失在其自然的整合中，人际关系的结合必然紧密，相互的扶助范围也会扩大。虽然非洲人内部分异，但在这里他们共同建立起了基于地缘的松散的族裔网络，通过这个网络可以容易地了解广州的市场情况，在哪些市场可以找到哪些对应的产品，但是除了这些市场，他们对广州一无所知，向外扩展能力减弱。因此，这个网络的主要功能是信息传播和加强心理上的安全感（项飚，2000），同时也限制了他们对地方的认知，限制了他们的脚步，使他们倾向于聚居生活。

2. 演进分析

非洲人在广州的发展可以分为三个阶段，以2005年和2008年为两个分界点。

1）第一阶段：2005年以前

2005年以前，非洲人在广州的主要商业形式是行商，个人或受公司委托做广非贸易的中间人，来回于广州与来源国之间，赚取中间利润的差额。为数不多的公司设立驻广州商业代理点；极少数直接开商铺的主要是物流公司，来回于广州与非洲各国，为这些公司提供运输服务。1997年东南亚金融危机后，非洲商人由东南亚迁来广州，天秀大厦是非洲人最早进驻的地方，这时期的批发市场除了站西服装城之外，还有迦南外贸服装城（2003年5月开业），金龙盘外贸服装批发市场（2004年2月开业）等。

2）第二阶段：2005～2008年初

广非贸易的利润非常高，吸引越来越多的非洲人到广州淘金。这个阶段广园西路的批发市场迅速崛起，御龙服装批发市场于2005年5月开业、旧“天恩外贸服装批发市场”2005年8月开业、唐旗外贸服装城2006年7月开业、新“天恩外贸服装批发市场”2006年12月开业，等等。这个时期，非洲人开始进驻各批发市场，形成了真正的非洲人经济区。首先，虽然各大报纸开始关注非洲人的负面新闻，但广州对非政策相对宽松，非洲人流量不断增多。其次，人流量增多使得物流公司、各种公司的代理机构数量不断上升。再次，其他类型的非洲人商铺开始涌现，且慢慢占领市场，中国商铺逐渐被淘汰。针对不同的非洲人群体，非洲人商铺出现多样化，如服务暂居于广州的非洲人的特色商铺、面向非洲行商的服装或鞋类等的零售或批发等。而且由于数年的积累，非洲商人摸清了广州甚至珠三角的各大批发市场和制造厂商，精明经营，同时基于地缘网络关系，生意甚至比同商场的中国店主兴旺，迫使一些中国商铺退出市场，形成了一种特殊的格局：非洲人商铺一般固定，而中国商铺相对流动。2007年是非洲人经济区发展的鼎盛时期，迦南外贸服装城经理江钢龙称：迦南 2007 年的贸易总额在 7000 万元以上。此外，以非洲人聚居区为源头，小北路和广园西路周边形成了一条特定的经济依附链条。中国商人抓住非洲人经济区的商机，发展起各种服务业，如酒店业、餐饮业、机票代理等。

3）第三阶段：2008 年至今

2008 年开始非洲人经济区受到一系列特大事件的重创。首先是奥运会，主要从三个方面影响经济区，一是签证困难阻碍了部分非洲人到广州经商，人流减少；二是取得签证的商人在广州停留时间缩短，来回成本高，挫伤其积极性；三是已到广州的非洲人由于签证过期变成“三非”人员，成为警察的主要捕捉对象，他们的经济在逃逸中进行，经济质量下降。

其次是全球金融危机。暂且不提非洲国家，特别是尼日利亚国内经济的动荡，仅就广园西路的非洲人经济区而言，可以从两方面进行分析。第一，尼日利亚货币奈拉对美元汇率不断下跌及人民币对美元汇率不断上升的矛盾导致奈拉直线贬值。金融风暴以前，奈拉对美元汇率大致为 118～120，现已涨到 170～190；而 2005 年 7 月 21 日人民币汇改前对美元汇率为 8.2765，到 2008 年 7 月 20 日中间价为 6.8238 后，现人民币对美元的汇率维持在 6.82～6.84，奈拉贬值幅度十分惊人。这使很多非洲大客商望而却步，暂时停止在广州的经济活动，处于观望状态。订单，特别是大订单数量减少。同时汇率不稳定，日均变化率大，导致货款拖延，经济周转慢，限制经济的进一步发展。

然后是 2010 年举行的广州亚运会，继北京奥运会之后掀起又一轮严查风波。警察高频率突击检查，几乎每次都有为数不等的非洲人被抓，非洲人族群处于艰难求生状态。

作为经典课题，“跨国移民”和“跨国移民社会空间”的国际经验十分值得借鉴。面对国际客商激增，新移民不断增加的复杂局面，地方政府和媒体应采取更为包容的态度，“培育”而不是“唱衰”这一跨国联系的社会化进程。对大量非洲客商的访谈表明，他们已开始感受到地方排斥之力， 2008 年来广州的非洲客商规模已较往年退减，加之奥运会期间签证困难、金融海啸、人民币升值等多重因素，广州的非洲人社区已进入衰退之势。“同一个世界，同一个梦想”，更为包容开放的中国需要强化和塑造一个具有人类共同价值观的“中国梦”，其价值无论对外对内均极具战略意义。对跨国移民的排斥和抵触固然是地方社会在走向开放之前的本能反应，但一座作为“首善之区”的城市在这一问题上理应做到开放与进取，作为改革开放的前沿阵地，广东和沿海地区应在此类新社会空间的发展、治理、培育方面展开积极探索、研究和创新，如建立与本地非洲社团的对话沟通机制、建立有非洲团体参加的问题处理解决渠道、大量开展深度调研等。新的“非国家空间”（non-state space）的增加无疑也意味着城市将更加难以管控，但也凸显管理地方化与社区建设的时代重任，地方和社区将直面全球性植入。此外，中国与非洲的重要战略关系，广州地方媒体对非洲人区的排斥态度及小北商圈的崛起所带来的社区振奋，体现了全球化下不同尺度的空间利益之间的碰撞与摩擦。全球化背景下，国家战略、城市利益和社区价值将变得越来越多元复杂，不仅是经济，文化、社会乃至空间上的摩擦、竞争与合作都将进入一个新的局面。

第八章　城市贫困空间

第一节　城市贫困

贫困（poverty）是指在物质资源方面处于匮乏或遭受剥夺的一种状态，其典型特征是不能满足基本生活需要（戴维·波谱诺，1999）。城市贫困（urban poverty）指的是城市社会的贫困问题。

一、城市贫困的内涵

城市贫困的概念不仅是经济学单一物质资源短缺状态的概念，也包括文化、精神的匮乏和部分权利的剥夺（袁媛等，2006）。

1）绝对贫困与相对贫困

绝对贫困（absolute poverty），是指人们不能满足最基本的生活需求的一种生活状况，表现为个人或家庭缺乏能够维持最低生活需求的基本资源（姚雪萍，2007），是一种温饱问题尚未解决的生存性贫困（蒋贵凰和宋迎昌，2011）。相对贫困（relative poverty），是指在一定的社会经济发展水平之下，个人或家庭所拥有的资源虽然可以达到或维持基本的生存需要，但是不足以使其达到社会的平均生活水平，相比较而言仍处于较低生活水准的一种状态（李瑞林和李正升，2006）。

2）偶然贫困与长期贫困

偶然性贫困是由某些短期或中期因素造成的，如离婚、经济萧条时的暂时失业，或者是自然灾害造成的家庭成员的丧失。在这些情况下，人们可以通过改善条件在短期内脱离贫困。长期贫困，则是因为低素质、缺乏技能、障碍和持续的歧视而陷入的贫困。这种类型的贫困常常涉及底层阶级的问题，对于长期贫困人口而言，因为致贫的条件具有长期性，所以很难摆脱。

二、城市贫困属性特征

城市贫困概念具有多重属性，主要表现在以下几个方面（吕红平，2005）。

1）动态性

人们的生活标准随着社会发展而不断提高，这就决定了由社会基本生活水准所决定的贫困标准具有动态性。因此，衡量贫困与否的标准也会随着社会经济发展水平而不断变化，呈现动态特征。

2）相对性

贫困总是与非贫困相对而言的，在一个社会成员都处于生活资料缺乏的社会里不会有贫困的概念，贫困意味着一部分人被剥夺了参与社会经济活动和获得基本生活资料的权利，他们的贫困是与另一部分较高生活水准人口的非贫困相对应的。

3）社会性

贫困的产生与生产力发展水平低所表现出来的物质匮乏状况有关，也与社会制度和生产关系方面的不公平因素有关。城市贫困是对城市社区范围内生活水平低于社会所认可的基本标准的人群生活状况的客观描述。

4）综合性

城市贫困不仅包含了贫困人口生活资料的短缺，还包含了人力资本、社会资本、精神文化的贫乏，是缺乏基本生存条件和发展条件的综合反映。

三、城市贫困机理

对于城市贫困的产生原因，有许多不同的理论解释，基本上可归纳为以下观点（刘玉亭等，2003）。

1）“贫困文化”

刘易斯（Lewis）在20世纪60年代，对墨西哥和波多黎各贫民窟居民进行一系列研究后指出“贫困文化”（poverty culture）的存在。这种贫困文化的特点包括屈从意识、不愿意规划未来、没有实现理想的能力及怀疑权威，像任何一个文化传统一样，贫困文化能使自身永久存在，从而使贫困者及其家庭陷入贫困的恶性循环之中（Lewis and Oliver，1959）。

2）冲突理论对城市贫困的结构性解释

社会冲突学派认为，社会是由代表不同利益的社会群体组成，在社会群体的利益争夺中，必然产生一些处于相对弱势的群体，资本主义社会权力机构的不合理，使他们无法脱离社会经济与政治生活的边缘，而长期陷入物质与精神生活的窘迫状态，成为相对稳定的贫困阶层。贫困阶层均处于权力等级的最低级，他们处于有限的社交网络，能够控制或获得的财富也有限，从事的工作大多是体力劳动性质的。

3）城市贫困的功能主义解释

以社会学家帕森斯（Parsons）为代表的结构功能主义认为，发达的工业社会系统是由各种社会角色构成的，这些角色必须有人扮演，而且还要彼此协调一致。因此，社会为了维持有效的均衡，对较为重要的社会角色，往往赋予较丰厚的报酬，以鼓励人们参与竞争；相反，对重要性较低的角色，则提供较少的报酬。一些人由于先天才能或受教育程度低下，只能从事重要性较低的职位，获取较少的社会报酬，以致成为贫困者或“穷人”。按照这一理论观点，贫困阶层的产生与存在，与富裕阶层的存在一样，是社会均衡发展的功能需要。

4）贫困的社会经济根源

贫困是社会结构和经济结构的产物，社会和经济结构决定着物质资源和权利的分配。在一个社会里，财富向少数人集中，占有股份和资产的投机者们有主宰金融的能力，雇佣者有权付给在恶劣条件下长期工作的雇工很低的薪金，贫困对一些人来说是一种长期的生活现实。同时，贫困是社会权利不平等分配的结果，包括各种经济和政治权利的剥夺。贫困者在理论上同其他人一样拥有公民权和政治权利，但贫困的状况使得他们不能有效地行使这些权利。

5）城市贫困的社会地理学解释

当代社会地理学者也对城市贫困问题给予了关注，他们的解释充分体现了地理学的综合性、区域性特征。他们指出，贫困的影响因素是多方面的，经济损失、社会排斥、制度分割、就业机会缺乏、民族、种族起源、文化特征、异常行为形式和空间聚集都有助于分析贫困问题（Mingione，1993）。另外，美国后现代地理学家Yapa认为，当代贫困研究的意义在于与“地方性”结合，即探讨“特定地区的特定人群的贫困原因”。他在对美国费城贫困社区的研究中，具体讨论了费城非均衡的交通体系、地方消费结构的差异，以及独特的社区文化对费城贫困阶层和贫困社区的影响（Yapa，1996）。

四、新城市贫困及其机理

1. 新城市贫困

20世纪70年代中期以来，西方国家开始关注全球经济重构和社会变迁背景下新的城市贫困问题。经济学家Mingione（1993）指出，过去的20年在整个工业化世界，尤其是在大城市，出现了社会生活条件的严重恶化，具体表现为以下基本现象：乞丐和无家可归者随处可见；高失业率和在业低收入、无保障现象严重，尤其集中在社会地位低下的人群；年轻人团伙的街头犯罪和暴力活动频发，且儿童参与率提高；在内城游荡的社会闲散人员和精神抑郁人员数量增长；大面积的住房老化和地方退化。这些现象被赋予各种不同的概念加以讨论，但最后都暗示了属于“新城市贫困”的范畴。Mingione所界定的新城市贫困人口主要包括：被社会孤立的老年人、不具备教育背景的年轻人、长期失业的成年人及被隔绝在社会网络之外的移民等。

总体上，新城市贫困可归结为这样的解释，即由经济重构（主要是指经济、就业制度向后福特主义的转变）、福利制度重构及社会变迁，所造成的以失业、在业低收入、种族分异、移民贫困等为主的新的城市贫困问题，表现为一个处于社会底层的新的贫困阶层的产生（刘玉亭，2005）。

2. 我国的新城市贫困及其产生机制

我国的新城市贫困特指在20世纪90年代以来的经济转型时期，由于下岗、失业及低收入等，一些有劳动能力的人陷于贫困状态，它与传统的城市“三无”人员有本质的区别。当前庞大的新城市贫困群体主要包括：国有企业改革和调整导致失业的群体；资源枯竭型城市大量具有正常劳动能力却无稳定职业的城市居民；退休较早、仅依赖退休金生活的老年人；流入城市、成为城市新贫困阶层的大量农村人口（姚雪萍，

2007）；另外，无力负担学费的贫困大学生，以及部分毕业即失业的大学生也成为当今社会新的贫困群体。

在中国，新城市贫困是由一系列因素综合作用而形成的，主要表现在以下几个方面（何深静等，2010）。

1）产业结构与企业经营机制调整导致下岗失业

经济转型期产业结构调整产生大量失业、下岗人群，是产生新城市贫困阶层的根本原因（刘玉亭，2005）。另外，建立市场经济体制后，国家不再包揽国有企业的经营。一些历史包袱沉重的国有或集体企业越来越不能适应市场竞争的要求，不得不转型、重组或破产，大量职工下岗失业而陷入贫困，这是致贫的直接原因（袁媛等，2006）。

2）收入分配不公拉大贫富差距

转型期经济体制改革带来生产效率的提高和与之挂钩的收入差距增大，但并不是所有的收入分配都是合理的（袁媛等，2006），一方面还普遍存在着行业垄断，人为地拉大了垄断行业和竞争行业的收入差别；另一方面税制改革滞后，使本应在强者和弱者之间分配的收入，由于这种不完善的分配制度，在很多场合被强者所独占，加剧了弱者的贫困。再加上目前社会再分配能力不足、制度不完善，更加深了贫富差距和生活水平的差异（姚雪萍，2007）。收入分配不公是导致当前我国社会贫富差距拉大的主要因素，而收入差距的拉大，导致了一部分低收入者陷入贫困（刘玉亭，2005）。

3）城市化进程加速与外来人口贫困

中国的城市化水平在1980年仅为19.39%，到2011年已上升为51.27%。在快速城市化进程中，大量农村劳动力向城市转移，成为城市的农民工群体。尽管农村劳动力向城市转移是符合客观发展规律的，但至今他们仍然没有获得进城并在城市生活的制度合法性，客观上造成了农民工群体的困难处境，使得其中有相当一部分人极易沦为新的城市贫困者（刘玉亭，2005）。

4）发展机会的不均等

转型期经济体制改革为人们提供了前所未有的创造个人财富的机会，但因为市场发育不完全，信息渠道不通畅，加之贫困人群缺乏得到信息的经济能力，所以，贫困人群获得有效就业信息和经济信息的量较小，出现强势人群更强、弱势人群更弱的现象。而部分城镇下岗职工缺乏适当的培训与就业指导，致使城镇下岗人员无法就业或无业可就，导致他们进一步陷入贫困（吕红平，2005）。

5）社会保障制度滞后

转型时期我国社会保障制度滞后主要表现在两个方面：一是社会保障的力度远远不够，难以确保贫困阶层的基本生活需要，而且还不能覆盖所有的贫困人口；二是经济条件本来较好的各个阶层和群体得到的保障也比较好，相反，那些经济条件本来就不好的阶层和群体却得不到足够的保障。在城市，有工作或工资水平高的人所享受的社会保障比没工作或者工资低的人好。可见，中国社会保障制度还没有起到保护弱势阶层和贫困阶层的作用。

6）贫困人口自身素质与家庭结构

新城市贫困阶层的产生，不仅取决于客观的历史、社会、制度等原因，还取决于个人及其家庭的自身因素。就业者受教育程度越低，家庭的就业面越小，家庭人口规模越大，陷入贫困的可能性就越大（刘玉亭，2005）。

第二节　城市贫困空间

城市贫困空间是指贫困人口在特定空间聚居而形成的一类特殊的城市空间。在世界城市化的各个阶段及不同的地区，贫困空间有不同的表现形式，用来指代这一空间类型的词语也很多，如国外的贫民窟（slum）、隔坨（ghetto），国内的贫困邻里、贫困聚居、城中村、边缘社区、城市角落等。

一、贫困空间的生产

就社会学的视角来看，贫困空间如贫民窟的产生是社会隔离、社会排斥和城市贫困的结果。贫穷和受排斥的人在空间上的集中形成了城市贫困空间，而全球和地方经济的重组及福利政府的低效是城市贫困空间产生的主要原因（Musterd et al.，1999）。

1. 贫困空间生产过程

按照城市贫困形成的特征，可分为两种类型的城市贫困空间。①原生型贫困空间。指随着城市贫困群体的增加，新的贫困居民通过私搭乱建形成的非正规住宅区。这类贫困空间一般位于城市的边缘地带或城市内部的危险地段。②演替型贫困空间。指原本是一个健康的城市社区，随着住房和基础设施老化，原居民搬出，大量低收入居民入住形成的贫困空间，常见于旧城的传统居住邻里。演替型贫困空间的形成包括三个基本过程，即空间演变过程、社会变迁过程、空间与社会互动过程，这三个过程同时在贫困空间的内部和外部进行（佘高红，2010），如表 8.1、图 8.1 所示。

2. 低收入邻里的产生

改革开放以前，城市贫困不是突出的社会问题，而是一个具有普遍意义的发展阶段问题。城市在空间上表现为以工作单位综合体为基本单元组合而成的细胞状结构，城市的空间分异主要是基于土地的利用性质而不是社会层化（Wu，2002）。城市发展的重点是集中有限的资金发展工业，积极建设产业区。为此，政府导向的城市发展，遵循合理布局生产力和土地利用的原则，集中于建设工厂体系和工作单位综合体。

表 8.1　演替型贫困空间生产过程

过程		具体表现
内部过程	内部的物理退化	发生在 A 内部的物理退化，如基础设施老化、环境污染、建筑及景观的退化等
	内部的人口结构变化	发生在 A 内部的人口结构变化，如人口老龄化、贫困化等
	内部的空间与社会互动	发生在 A 内部的空间与社会互动，如地产的贬值（物质资本减少）导致社会身份、信贷能力和场所情感的下降（社会资本减少），加快人口结构的底层化，人口结构的底层化反过来又减少了设施的维护、组织的运作能力，加快了物质退化的过程
外部过程	外部的空间过程	发生在 A 外部的空间过程，如城市及区域空间结构的调整、企业区位诉求的变化、区域竞争加剧及区域生态环境的变迁等，均会造成城市和区域空间发展的不平衡
	外部的社会过程	发生在 A 外部的社会过程，如社会经济结构的调整、市场化、社会保障缺失等加快了整个社会的两极分化，城市贫困阶层日趋形成
	外部的空间与社会互动	发生在 A 外部的空间与社会互动，如城市建设的市场化，使得大部分的建设资金流向具有盈利优势的空间，被遗弃的空间由于失去资金而陷入贫困化，而空间分配的市场化又使得贫困阶层只能接受那些处在劣势的空间资源
内外互动	内部过程和外部过程之间的互动	发生在内部过程和外部过程之间的互动，由于资本的逐利性，A 空间的内部退化意味着其投资潜力丧失，会促使 A 原有的资本向外流失到更有利可图的空间；由于“人往高处走”，A 空间的内部退化同时也会促使优质的人力资源向外流失，而环境中大量的低质人口进入，会加快空间贫困化的过程

资料来源：佘高红，2010。

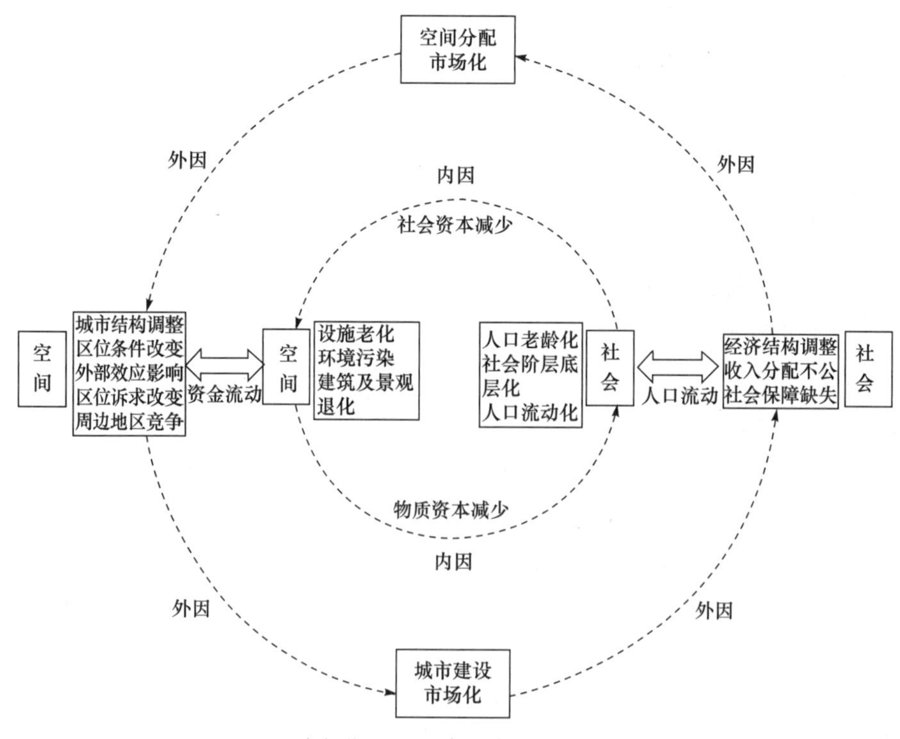

图 8.1　城市贫困空间的形成机制（佘高红，2010）

自 20 世纪 80 年代早期，为了改善国有企业职工住房条件，以及为大量的下放回城人员提供住房，城市政府和国有企业合作在城区边缘进行了大规模的工人居住区（工人新村）建设，促使产业工人在居住空间上集聚。然而，为了缩减建设成本，这些居住区建设的原则是最大限度地接近工作地和建设成本的最低化，住房建设的标准较低，建筑密度很大。

20 世纪 90 年代以来，国家福利住房供应制度逐渐被住房市场化所代替，政府和单位作为住房供应的主体地位逐渐让位于市场。与此同时，中国城市的发展也主要遵循市场原则来安排土地利用和调节相应的功能结构，房地产导向的城市开发主要表现在以追求土地利用效率为主的旧城再开发和城市新区建设。这导致了中国城市三种类型低收入邻里的产生（图 8.2）。

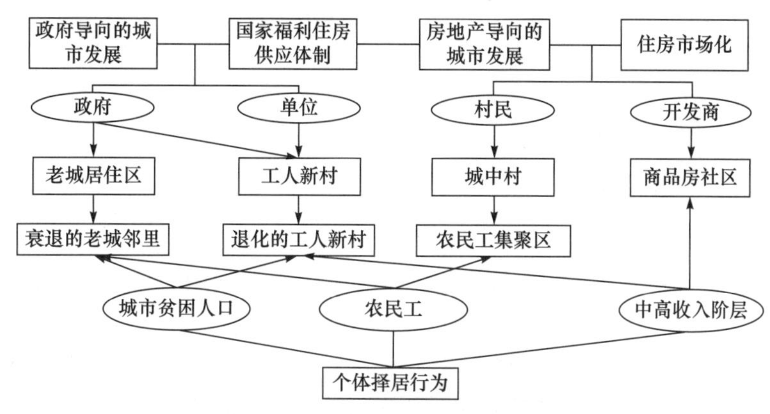

图 8.2 中国低收入邻里的产生机制

资料来源：刘玉亭等，2006

1）衰退的老城邻里

对于老城区，房地产导向的再开发是有选择性的。尽管由政府和房地产商共同发起的城市更新使老城区发生了巨大的变化，但许多衰退的老城居住邻里由于分布着高密度的低收入人群，再开发需要付出较高的社会经济成本，所以并没有得到再发展。这些邻里的住房质量很差，居住环境恶劣。

2）退化的工人新村

由于受到国有企业改革和产业结构调整的巨大冲击，事实上一些工人新村已经成为下岗和失业人员的集中居住区。另外，这些工人新村因缺乏维护，加上当初低水平的建设，住房质量退化，居住环境也逐步恶化。

3）农民工集聚区（城中村）

城市向郊区的扩展包围了许多城郊接合部的村庄，并导致城中村的产生。由于具有土地承租和农村土地集体所有的双重土地使用制度，城中村的土地利用及房屋建设十分混乱。对于当地的村民而言，因为缺乏管理，他们很容易出租住房；而对外来人口而言，在此可以租到相对便宜的住房。村民和农民工双方受益，从而使得大量的农民工在城中村聚集，并使一些城中村成为事实上的农民工集聚区。在利益的驱使下，城中村内不合法建筑的建设和居住拥挤的现象越发严重。还由于缺乏有效的管理和规划控制，一些城中村的建筑景观混乱，基础设施缺乏，居住环境恶劣，成为现代城市景观中极不协调的独特社区。

综上所述，由于城市贫困者和低收入人群在居住空间上的相对集中，三种类型的城市低收入邻里产生，包括衰退的老城邻里、退化的工人新村和农民工集聚区（城中村）。其中前两类贫困邻里已经退化为老年人、离退休人员、下岗失业人员及低收入家庭集中居住的典型的城市低收入邻里，而城中村成为农民工聚集的低收入邻里（刘玉亭等，2006；何深静等，2010）。针对底层聚居、城市贫困等社会问题，中国政府一直予以高度重视，主动作为。近年的棚户区改造、老旧小区改造等举措均直接针对此类社会空间,依托政府行为推动并实现了此类地区人居环境的大幅提升和改善。2020年中国全面进入小康社会，全面消除了绝对贫困，这是人类发展史上具有里程碑意义的一项重大成就。

二、城市贫困空间特点

1. 区位分布特征

1）北美城市贫困空间多位于中心区内及其外围地区

芝加哥学派最早用社会生态学方法结合城市土地利用模式，划分出城市贫困空间区位。伯吉斯（Burgees）1925 年提出同心圆理论，提出由中心向外缘五个层次的圈层地域结构，并首次把城市按贫富区域划分开来。其中紧邻中心商务区的过渡地带集中了低级破旧的住宅区、贫民窟和少数民族聚居区（如犹太人区、西西里人区、唐人街等）。霍伊特（Hoyt）1939 年通过对住宅租金的研究指出低级住宅区也能迁入弃置的原高级住宅区，并在地域上形成扇形模式；随后哈里斯和乌尔曼的多核心模型指出低收入和贫困阶层可能围绕中心商业区、批发商业区、重/轻工业区形成多个聚居点（Harris and Ulman，1945）。后继学者不断修正三大经典模型，指出美国郊区化进程中城市中心区内、CBD 外缘仍然是低收入和贫困阶层的聚居区。

2）一般发达国家和发展中国家贫困空间位于城市外围边缘区

北美城市贫困空间分布特征并不适用于所有发达和发展中国家。例如，英国中等城市的贫困、低中收入阶层分布在城市外围边缘区，只有部分少数民族聚居区位于中心区附近，紧邻中产阶层区域。随着现代交通工具的相对普及和郊区化的过度蔓延，澳大利亚主要城市的贫困阶层由市中心向郊区集聚。在东南亚和拉丁美洲的一些城市，擅自占地非法建设区也分布在城市边缘地区（袁媛和许学强，2007）。

3）中国城市贫困空间呈现大分散小集中的分布特征

中国的城市贫困空间从计划经济时期均衡分散分布转变为改革后的大分散、小集中。即在整个城市空间范围上是分散的，但是在邻里或社区层次上是相对集中的（刘玉亭等，2006）。

大分散：贫困人口杂居在城市的各个区域，不论是中心区，还是商业区，都有贫困家庭的分布。贫困阶层居住的分散性与我国长期以来的住房分配政策是有密切关系的,中国城市近 50 年的城市住房分配制度造成了以单位制为基础的社会各阶层混居的特点。随着住房制度改革的逐步完成和住房商品化的实行，我国也不能排除出现城市贫困家庭居住边缘化的趋势，即贫困家庭向价格低廉的城市郊区集中，形成贫民区（陈果等，2004）。

小集中：贫困阶层居住的分散性只是相对而言的。在大分散的格局下，也存在着小集中的特点，体现在城市贫困人口主要滞留在老城衰退地区、工业区配套居住区和近郊区，例如，在一些老企业住宅区和“夕阳产业”职工居住区，贫困人口就相对集中（吕红平，2005）。流动贫困人口则主要分布在老城和边缘区的“城中村”和棚户区内（吴晓和吴明伟，2008）。

2. 内部属性特征

城市贫困空间整体表现为空间内部的社会资本、物质资本及人力资本三大资本的贬值或流失。根据2003年全球人类住区报告《贫民窟的挑战》的研究，城市贫困空间表现出七大特征：缺乏基本的服务设施；缺少合法的、符合标准的、安全的住宅；密度高，过于拥挤；缺少健康的生活条件或处在危险地段；居住流动性高；非法或非正规的聚居；居住者贫困，受社会排斥。这七大特征正是三大资本缺乏的表现（佘高红，2010）。实际上，不同的城市贫困空间实体也表现出不同的属性特征（袁媛和许学强，2007），如表8.2所示。

表8.2　不同贫困空间的属性特征

地域	类型	特征
国外	隔坨	现多指被排斥于社会经济活动之外的城市内部贫困非洲人或其他少数民族聚居区，多是外部歧视造成的聚居
	贫民窟	联合国人类居住规划署将其定义为“以低标准和贫困为基本特征的高密度人口聚居区”，表现为住房建造在合法租赁的土地上，建造标准达不到规范要求的最低标准
	非法占有居住	擅自占住空房或在无主土地上定居，土地使用和建造标准上都不合法和不规范的聚居区
国内	老城衰败邻里	设施不足，住房质量差，居住环境恶劣，为退休人员、下岗失业人员和农民工的混合聚居区
	退化的工人新村	住房建设标准较低，建筑密度很大，为国有企业改革后数以万计的下岗失业工人的聚居地
	城中村	建设混乱，居住拥挤，基础设施缺乏，吸引了大量的农民工

第三节　城市社会排斥

一、社会排斥理论

1. 社会排斥理论的源起与发展

早在20世纪60年代，排斥问题开始成为法国人经常讨论的一个重要话题。一些政治家、社会活动家、政府官员、记者和学者开始用排斥来指代贫困。20 世纪 70 年代经济危机发生后，对排斥的深入讨论开始广泛展开。

1974 年，法国学者勒内·勒努瓦（Rene Lenoir）首先明确提出了“被排斥者”（Les Exclus）这一概念，用以阐述被排斥在就业岗位正式收入来源和收入保障制度之外的特定社会边缘群体，如单亲父母、残疾人、失业者等。到 20 世纪 70 年代末，“Les Exclus”已经被用来指代法国社会的各种弱势群体，并且成为法国讨论由于快速经济变迁而导致的“新贫困”问题的核心概念。到 20 世纪 80 年代后，“社会排斥（social exclusion）”的概念逐渐被法国以外的欧盟国家所采纳，并传播到了欧盟以外的国家（丁开杰，2009）。

学术界对如何定义“社会排斥”概念存在不同的意见：在一般的意义上，社会排斥意指“不同事物对应有差异的人”；或者指个人和群体的生活方式是否受社会结构的压力所致，它被用来强调和鉴定由于社会基础性变迁和社会的迅速瓦解所带来的社会问题（Alex and David，1998）。或者，社会排斥是一种跨越多种范畴的、累积的、顺序的网络化过程，从多种职能体系中被排挤出来。根据流行的概念，“社会排斥”可以被定义为某种“不幸”的人不仅在劳动力市场上受到排斥，而且在社会保障领域里也受到排斥。

当代社会排斥理论主要关注社会机制、社会产品分配及社会关系三个维度。社会排斥理论的实质是研究社会弱势群体如何在劳动力市场及社会保障系统受到主流社会的排挤，而日益成为孤独、无援的群体，并且这种状况如何通过社会的“再造”而累积和传递（李斌，2002）。

社会排斥理论的发展使欧洲学者对贫困问题或者窘迫境遇（disadvantage）的研究范式发生了重大的变化，经历了从贫困（poverty）理论到剥夺（deprivation）理论，再到社会排斥理论的几次大的转变。社会排斥理论使对贫困问题的研究从单一层面转向多维层面、从静态转向动态，扩展了对贫困问题的分析研究方法（熊光清，2008）。

2. 社会排斥的内涵

学术界和各国政府相关部门对于怎样定义社会排斥见仁见智，但所有定义都有一个共同点，这就是社会排斥的内涵不仅涉及收入贫困和物质资源的匮乏，也涉及一些个人或者群体在社会中被边缘化的过程。他们不仅只是被排除在大多数社会成员可以获得的物质资源和生活标准之外，也被排除在机遇、选择和生活机会之外。

社会排斥的内涵可理解为以下三点：第一，社会排斥是用于分析社会中的弱势群体生活窘迫处境的一个概念。这些社会群体主要包括失业者、无家可归者、单亲家庭、青少年、老年人、残疾人、吸毒者等。第二，社会排斥表现在社会生活的方方面面，包括政治、经济、文化、社会关系、公共服务等方面。从具体层面说，可以包括劳动力市场、住房市场、学校教育、医疗保健、正式或非正式的社会网络、城市基础设施和社会保障等方面。第三，社会排斥表达的是一个动态的过程，而不仅仅是一种结果和状况。社会排斥理论强调要对弱势群体的生活窘迫处境进行动态的考察，而不能仅仅关注其静态的结果和状况（景晓芬和李世平，2011）。

3. 社会排斥的成因

从“谁进行社会排斥”和“谁被社会排斥”的能动性视角来看，关于社会排斥产生的原因可以归纳为以下三种解释（丁开杰，2009）。

1）强势群体的社会封闭

这一解释认为，社会排斥是由歧视和权利得不到实现而造成的综合结果。强势的阶级和群体有非常突出的社会、文化身份认同和体制，他们通过使用社会封闭，限制了外部人获取有价值资源的渠道（如工作、好的福利救济、教育和城市居住地、有价值的消费模式）。被排斥者不能修补其弱势，因为他们缺乏或者不能履行政治、经济和社会及其他实现融合的权利。

2）制度性或结构性因素造成的排斥

这种解释可能也是最为盛行的，认为社会排斥是组织的功能或社会制度和体制的运行所造成的，这种在宏观层面上存在的产生社会排斥的因素已经超出了被排斥者的眼界和控制，它们往往在本质上是一些结构性、制度性或系统性的因素，包括经济重组、人口流动、歧视和公共政策等很多因素。例如，因为全球化、技术演化、产业调整而发生的劳动市场变迁，这改变了就业灵活性和保障之间的平衡关系，使最不适应环境变化的个体和群体被边缘化，引发社会排斥。

3）被排斥个体和群体自身的消极因素

这种解释认为，在微观层面上存在的产生社会排斥的因素包括弱势区域（如缺乏工作、服务和令人愉快的事物，以及缺乏其他整合性的支持）和居住于其中的人（如非正规行为、价值和道德，缺乏人力资本、社会资本、政治资本和金融资本）的特征。这些被排斥个人或群体自身的消极因素造成了他们被边缘化，进而引发社会排斥。

二、城市社会排斥

在城市化快速发展的背景下，人口日益聚集于城市，城市已不仅是容纳人口的物理空间，也是体现出一系列复杂社会关系的社会空间（景晓芬和李世平，2011）。基于社会排斥理论，城市社会排斥可简单定义为个人、团体和地方由于国家、企业（市场）和利益团体等施动者的作用而被全部或部分排斥出城市的经济活动、政治活动、家庭和社会关系系统、文化权利及国家福利制度的过程（曾群和魏雁滨，2004），包含多个层面的社会排斥。

1. 宏观层面

从社会、经济、政治、文化等宏观层面，城市社会排斥可划分为以下几个方面（曾群和魏雁滨，2004）。

1）经济排斥

经济排斥是指一定的社会成员或者社会群体未能有效参与城市中的生产、交换和消费等经济活动，被排除在一般社会成员或者社会群体获得经济资源的途径之外，以及经济条件和生活环境明显低于一般社会成员或者社会群体的状态和过程。主要表现为受排斥者就业机会受到限制，不能顺利进入劳动力市场；收入低，或者处于长期失业状态；居住条件和生活环境恶劣或者出现恶化；消费水平低，消费能力差；无法获得社会救济，难以维持基本的生活需求。

2）政治排斥

政治排斥是一定的社会成员或者社会群体在一定程度上被排斥在政治生活之外，没有公平获取政治资源、享受政治权利和履行政治义务的过程与状态。表现为个人和团体被排斥出政治决策过程，一方面个人和团体因为没有政治权利而遭受排斥，另一方面拥有政治权利的个人未能参与到政治活动中。

3）社会关系排斥

社会关系排斥是指个人被排斥出家庭或社会关系。其主要表现为受排斥者由于受到偏见、习俗或者其他因素影响，一定的社会成员或者社会群体与其他社会成员或者社会群体在社会关系方面出现了断裂，无法进入其他群体的社会关系网络中，社会交往和社会关系受到相当大的限制。

4）文化排斥

文化排斥有两层含义。一方面，这是指失去根据社会认可的和占主导地位的行为、生活发展方向及价值观模式而生活的可能性。另一方面，当少数人因坚持自身的文化权利而被隔离于主流社会时，同样可以说是遭受了歧视或者排斥。所以，完整的文化排斥概念应该包含上述两层含义。以少数民族为例，当他们不能保留自身文化传统时，他们遭受了文化排斥；当他们希望以多数人的生活方式生活而又没有这种可能性时，他们同样遭受了文化排斥。

5）福利制度排斥

福利制度排斥是指个人和团体不具有公民资格而无法享有社会权利，或者即便具有公民资格也被排斥出某些国家福利制度，后者包括排斥出社会救助制度与社会保险制度。在一些国家和地区，社会保险制度只能保证失业者在一定时期内有基本保障，长期失业者将被排斥出社会保险制度；而从未工作过或缴纳过社会保险金的人也同样会被排斥出社会保险制度。

2. 中观层面

1）精英反叛

国外上层阶级的主动疏离也就是吉登斯所说的“精英反叛”，因为他们拥有良好的经济实力，可以自由地根据个人偏好选择自己满意的居住区位，他们消费的不仅仅是空间的物理属性，而且也是空间所代表的地位身份及他人的艳羡与尊重。上层阶级一般选择离群索居或远离普通阶层。他们的住宅多是封闭性的，通过严格的安保措施将其他人排除在外，也即通过城市地价和个人的经济实力，将自己隔离于大众视线之外（景晓芬和李世平，2011）。

2）特定群体的文化认同

对于一些特殊群体，在空间选择上也会表现出一些主动性。他们会基于共同的文化观念或共同的关系网络而聚居在一起，城市中的少数民族群体、外来务工人员、基于共同的地域网络而形成的群体，如国外一些城市的“唐人街”，国内一些城市中形成的“河南村”、“浙江村”等。这些群体拥有一整套长久以来形成的已经内化的价值观念、文化传统和生活方式，并通过家庭教育机制或周围环境的影响而一代代传递下去。这种亚文化往往使得他们主动与主流社会疏离，体现于城市空间分布上，便是主动选择居住于城市中的特定场所（景晓芬和李世平，2011）。

3）贫困群体的边缘化

贫困群体根据自己的收入状况，综合考虑房价或租金、公共交通情况、配套的基础设施、与工作单位的距离等因素来选择自己的居住区位。在以经济为主因的作用下，贫困群体家庭在城市社会空间的分化过程中显现出空间上的弱势趋势。快速的城市规划建设，城市中心房地产价格的飙升，贫困家庭个体拥有资源的不充足，从区位上使他们远离资源丰富的城市中心地带，集中于偏远的城市边缘地区；从群体发展方面，他们受到经济、市场、文化、教育等的多重排斥，不断地被社会边缘化，很难分享到社会资源，最终被束缚在贫困的牢笼中，无法脱身（徐祥运和李晨光，2011）。

3. 微观层面

经济、政治、社会关系等各个维度的社会排斥相互影响，并有累积性的特点，即一个人遭受某一个维度的社会排斥后，会继续遭受其他相关维度的排斥。我们可以设想，一个不具有公民资格的外来劳工失业后，由于无权享有社会福利，家庭成员又不在当地而无法提供帮助，他很快会陷入收入贫穷状态，不得不减少消费，搬入房租低廉或穷人集中的旧城区，而居住在旧城区又使他处于社会分割或孤立中，进一步减少了再就业的可能性。因此，由于失业，他经历了贫穷和消费市场排斥，进而又遭受了社会关系排斥和空间排斥，最后这一切又减少了他再就业的可能性。另外，由于失业，他还可能脱离工会，失去了代表他的利益和声音的组织的支持。而长期失业还可能使他成为低下阶层的一员，形成不同于主流社会的生活方式和价值观念（曾群和魏雁滨，2004）。

第四节　城市贫困测度与解析

一、数据来源和研究方法

1. 数据来源

以全国范围内具有代表性的六大城市（广州、南京、武汉、哈尔滨、昆明和西安）为对象，数据来源于英国经济与社会研究理事会（Economic and Social Research Council，ESRC）资助项目“中国城市贫困与产权变化”及中国国家自然科学基金项目“市场转型期中国大城市绅士化现象研究——以广州为例”（40801061）资助的调研数据。该项目在2006年年底至2007年6月在中国六个大城市进行了大规模的住户调查（以下称为2007年大城市住户调查）。调查的城市分布于沿海、中部和西部地区，包括广州、南京、武汉、哈尔滨、昆明和西安。广州是具有高度市场化和开放程度的南部发达沿海地区的代表性城市。南京是发达的东部沿海地区一个具有雄厚工业基础的省会城市。武汉是中部地区经历着经济转型的重工业城市。哈尔滨是欠发达的东北地区经受大规模国有和集体企业转型的典型城市。昆明是位于不发达的西南地区的工业化及经济发展相对落后的城市。西安是相对落后的西北地区的省会城市。本节要在经济转型和市场化的大背景下，对不同城市的低收入邻里贫困状况进行比较，并对不同尺度的贫困影响因素进行分析。

抽样调查首先确定每个城市的低收入邻里。调查不仅覆盖中心城区，还包括城市周边地区，不仅包括城市常住人口，还包括农村移民。对于以常住人口为主的邻里，参考官方统计数据，确定那些最低生活保障家庭比例较高的社区为低收入邻里。而对以流动人口为主的邻里，用第五次全国人口普查的数据来确定移民分布状况，并通过咨询民政局、地方政府人员及该城市的专家和常住居民，在移民高度集中的地区选择低收入邻里作为调研目标。最终，结合现有研究（刘玉亭，2005），确定3种类型低收入邻里：衰败的老城邻里、退化的工人新村、内城和近郊的城中村。每个城市选择4～5个代表性的低收入邻里，共选择了25个邻里，其中包括7个内城衰败邻里、7个退化的工人新村及11个城中村。

在每个邻里，根据家庭地址使用等距抽样方法选择住户，如遇到拒访则选择相邻的一户。不仅收集到贫困家庭的信息，也有非贫困家庭的信息，这样可以分析不同类型低收入邻里的贫困率。问卷调查采用面对面访谈方式进行，调查对象是户主，问卷涉及户主及其家庭的社会经济信息。每个邻里平均发放75份问卷，每个城市共计约300份问卷，在全部25个邻里总计收集1809份有效问卷。

2. 研究方法

1）贫困指数的多种测度

界定和测度贫困是贫困理论研究及减贫实践的基础和重要步骤。表8.3梳理了一系列总量贫困的测度方法，表8.4分别计算六大城市的贫困指数，通过数据描述了各大城市的总体贫困状况及城市在不同贫困测度间的差异。作者不对贫困线进行探讨，主要是对总量贫困测度进行尝试性检验。

2）多层模型

在社会科学中，许多研究问题都涉及多水平、多层次的数据，即嵌套结构数据。多层模型（hierarchical linear model，HLM）是针对嵌套结构特点数据的一种统计分析技术。研究的数据来自六大城市25个低收入邻里的住户调查，具有嵌套结构。在对数据进行处理分析时，特别是考虑对城市贫困的城市间比较和邻里效应的探讨，不能忽略城市之间、邻里之间的差距，即组效应或背景效应，否则在个体这一层数据上得到的相关系数可能是错误的。在样本量不足的情况下，为了确定城市之间的变异，可以构建不添加第三层解释变量的城市贫困随机效应回归模型（张雷等，2005）。

因变量（贫困）是二分类结局变量，即是否贫困，Logistic 回归模型被广泛用于此类数据的分析。因此，对存在嵌套结构，因变量是二分类的数据，应当考虑采用多层次 Logistic 回归模型，即多层广义线性模型（hierarchical generalized linear model，HGLM），HLM 软件可以实现。多层次 Logistic 回归模型能很好地解释来自不同组织层面对城市贫困的影响作用。

多层 Logistic 城市贫困随机效应模型具体形式如下。

第一层：

$$\mathrm{Prob}\left(Y_{ijk}=1|\beta\right)=\varphi$$

$$\ln\left[\varphi/(1-\varphi)\right]=\eta_{ijk}$$

$$\eta_{ijk}=\beta_{0jk}+\beta_{1jk}X_{1jik}+r_{ijk}$$

第二层：

$$\beta_{0jk}=\gamma_{00k}+\gamma_{01k}W_{1jk}+\mu_{0jk}$$

$$\beta_{1jk}=\gamma_{10k}+\gamma_{11k}W_{1jk}+\mu_{1jk}$$

第三层：

$$\gamma_{00k}=\pi_{000}+e_{00k}$$

$$\gamma_{01k}=\pi_{010}+e_{01k}$$

$$\gamma_{10k}=\pi_{100}+e_{10k}$$

$$\gamma_{11k}=\pi_{110}+e_{11k}$$

表 8.3　城市贫困测度方法汇总①

类别	指数	公式	贫困测度
传统贫困指数	贫困率 H	$H=\frac{q}{n}$	贫困平均水平
	贫困人口平均差距率 I	$I=\sum_{i=1}^{q}\frac{z-y_i}{qz}$	贫困差距率，它测量了相对于贫困线而言，贫困人口平均的相对收入短缺
基于公理方法的总量贫困测算指数	S 指数	$S=\frac{2}{(q+1)nz}\sum_{i=1}^{q}(z-y_i)(q+1-i)$ $=H\left\{1-(1-I)\left[1-G_p\left(\frac{q}{q+1}\right)\right]\right\}$	相对剥夺（relative deprivation），1976 年，Sen 通过使用贫困人口收入排序权重系统，将相对剥夺的概念反映在贫困指数之中
	T 指数	$T=\frac{2}{(n+1)nz}\sum_{i=1}^{q}(z-y_i)(n+1-i)$	对 S 指数中的权重函数进行调整，即以贫困人口在总人口的收入排序的序号 $n+1-i$ 作为权重

① 由陈立中的《中国转型时期城镇贫困测度研究》整理而得。

续表

类别	指数	公式	贫困测度
基于公理方法的总量贫困测算指数	K 指数	$$K=\frac{q}{nz\Phi_q(K)}\sum_{i=1}^{q}(z-y)(q+1-i)^k$$ 其中 $\Phi_q(K)=\sum_{i=1}^{q}i^k$，参数 k 为社会不平等厌恶系数 （1）当 $k=0$ 时，则 $K=\frac{q}{n}\frac{z-m}{z}=HI$ （2）当 $k=1$ 时，则 $K=\frac{2}{(q+1)nz}\sum_{i=1}^{q}(z-y_i)(q+1-i)$，即为 S 指数 （3）当 $K>1$ 时，则 K 指数满足转移敏感性公理，K 越大，表明赋予收入水平越低的穷人的权重越大，即社会对低收入水平越低的穷人更关心	在 Sen 的分析框架下，将 S 指数权重函数调整为 $V_i=(q+1-i)^k$，推导出一组一般化的贫困指数
	F 指数	$$F=\frac{1}{n}\sum_{i=1}^{q}\left(\frac{z-y_i}{z}\right)^a$$ 这里，a 为社会贫困厌恶系数且 $a\geqslant 0$ （1）当 $a=0$ 时，$F=\frac{q}{n}=H$ （2）当 $a=1$ 时，$F=\frac{q}{n}\sum_{i=1}^{q}\frac{(z-y_i)}{qz}=HI$ （3）当 $a=2$ 时，$F=\frac{1}{n}\sum_{i=1}^{q}\frac{(z-y_i)^2}{z}$，贫困强度指数 SPG	该指数放弃了 Sen 及其指数使用的收入排序权重系统的方法，改用 $\left(\frac{z-y_i}{z}\right)^{a-1}$ 作为权重指数
	W 指数	$$W=\frac{1}{n}\sum_{i=1}^{q}(\ln z-\ln y_i)$$	将贫困看作社会福利的绝对缺失

以上是第一、二层只有一个解释变量的具有三个水平的多层线性模型，此时模型第三层没有具体的自变量来解释低层回归方程中的变异，研究主要关注的是随机部分的方差。式中，下标 i 为第一层的单位（个体）；下标 j 为第二层的单位（邻里），下标 k 为最高层的单位（城市），如 Y_{ijk} 为第 k 个城市中第 j 个邻里第 i 个调查对象的贫困状况（城市贫困=1, 非城市贫困=0）；X_{1ijk} 为第一层解释变量，即个人层次影响贫困发生的因子；W_{1jk} 为第二层解释变量，即邻里层次影响贫困发生的因子；β_{0jk} 为第 k 个城市第 j 个邻里贫困发生的平均水平；γ_{00k} 为 k 城市贫困发生的平均水平；π_{000} 为总体城市贫困发生概率的平均水平；γ_{01k} 为与 W_{1jk} 有关回归系数；β_{1jk} 为第一层方程的斜率，可不增加高层变量对其进行解释；γ_{10k} 为第 k 个城市中所有邻里单元在个体层次斜率的总体平均水平；r、μ 和 e 分别为第一、二、三层的随机项。

二、贫困测度分析

1. 多种贫困指数

根据 2007 年各个城市设定的贫困救助线，计算得到六大城市的贫困指数（表 8.4）。

从测度结果得到以下结论：

表 8.4　六大城市的贫困指数测度

类别	指数		广州	哈尔滨	昆明	南京	武汉	西安	测算结果
传统贫困指数	问卷数量		304	300	300	300	305	300	1809
	贫困人数		69	75	67	29	50	114	404
	贫困线/（元/月）		330	245	210	260	248	200	—
	贫困率/%	H	22.70	25.00	22.33	9.67	16.39	38.00	22.33
	贫困人口平均差距/%	I	29.44	30.23	34.27	25.25	29.35	29.34	30.17
基于公理方法的总量贫困测算指数	S 指数/%	S	8.57	8.39	7.69	1.65	4.22	11.68	—
	T 指数/%	T	11.72	11.49	10.61	2.16	5.81	14.58	—
		$T-S$	3.15	3.1	2.92	0.51	1.59	2.9	—
	K 指数/%	$k=2$	9.88	9.77	8.96	1.83	4.90	14.02	—
		$a=1$ $(k=0)$	6.29	6.15	5.60	1.09	3.08	6.10	4.72
		$a=2$	2.65	2.74	2.89	0.46	1.32	2.98	2.17
	W 指数/%	W	8.50	7.92	6.09	1.48	4.18	12.17	4.72

（1）传统贫困指数。贫困率方面，在所有被调查的城市中西安最高，南京最低。贫困人口平均差距率是衡量贫困深度的重要测度。昆明的贫困深度最大，这也说明昆明贫困人口脱离贫困线的难度最大。

（2）S 指数和 T 指数。已往研究表明，贫困阶层中有不同等级的划分，说明社会下层并不是一个同质体，其内部也是一个收入和生活差距较大的多层级结构，S 指数反映的就是这种多层级结构的复杂性（林新聪，2006）。T 指数反映的是相对被剥夺感。即城市贫困个体相比城市中生活好的人，自我社会等级评价低。$T-S$ 综合指数反映贫困者所在城市从脱离贫困线到小康水平的难度。从表 8.4 可以看出，西安和广州的指数值处于高位，相对丢失和相对被剥削感较大。西安的 S 指数、T 指数最高，低收入群体的层级结构最为复杂且相对被剥削感强，而广州的 $T-S$ 综合指数最高，即相对丢失最大，其原因在于广州流动人口多，且未就业大学生较多，其低水平收入者经济状况差异大。南京、武汉的指数处于低位，城市相对丢失较小。

（3）K 指数和 S 指数。S 指数背离了转移敏感性公理，而尺指数弥补这方面的缺陷。K 指数（加权贫困指数）在研究中对贫困人口的内部变化很敏感。其中 k 越大表明赋予赤贫者的权重越大，即社会对收入水平越低的穷人更关心。从表 8.4 看出，$k=0$（即 $a=1$）时，广州数值最高，即广州的低水平城市贫困人口比重最大，哈尔滨、西安与广州的数值较为接近；而 $k=2$ 时的 K 指数表明西安、昆明城市贫困状况在收入水平低的贫困人群方面更为严峻。我们认为，两个城市与东部沿海城市相比，其教育和就业观念较落后，且与武汉、哈尔滨相比缺少就业机会，形势也相对严峻。

（4）W 指数。W 指数表明社会福利的绝对缺失。西安、广州数值仍旧处于高位，其社会福利的绝对缺失较大。广州由于外来务工人员多，流动性大，跨地区就业，退保率高，因而社会福利绝对缺失严重。

2. 低收入邻里的洛伦兹曲线

在城市贫困研究中，洛伦兹曲线往往用于测度相对收入不平等的总体状况。研究城市低收入邻里问题时，绘制洛伦兹曲线可以揭示低收入群体内部的收入分布状况。如图 8.3 所示。

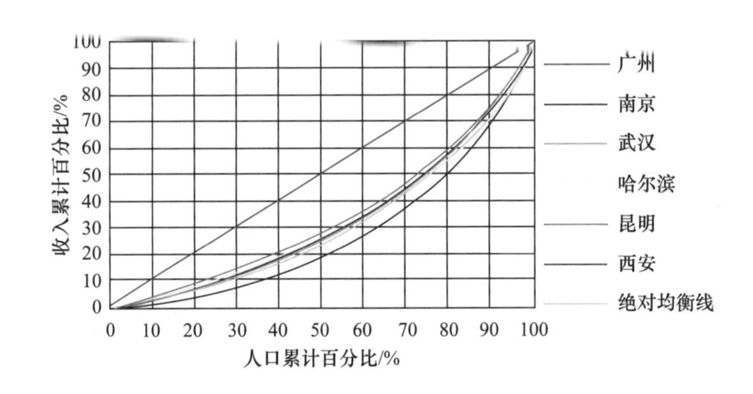

图 8.3　中国六大城市低收入邻里的洛伦兹曲线

洛伦兹曲线显示，昆明低收入群体的贫富差距最为明显。这也进一步印证了贫困测度 I 指数贫困人口平均差距率和 F 指数的分析结果，即昆明的贫富差距大，且贫困深度也较大。

西安和广州相比，在中低收入的部分，西安靠近绝对均衡线，即广州社会最底层人群贫困状况比西安严重；在较高收入的部分，两条曲线相互靠近。武汉在高收入部分，远离绝对均衡线，表明武汉低收入群体的财富集聚相对明显。这些进一步补充了贫困指数以外的收入分配状况。

相比于其他城市，哈尔滨、南京曲线总体上最为靠近绝对均衡线，说明城市中低收入群体的收入分配更加均衡。而在多种贫困指数的测度中，南京和武汉的数值始终保持低位。这是由于洛伦兹曲线总结了研究对象的整体收入分配信息，而贫困指数更加关注贫困者的状况。显然，南京的贫困状况没有其他城市严峻，收入分配也最为平等。这也进一步说明了城市贫困问题的复杂性和城市间的贫困状况差异性。

三、贫困多层线性模型分析

在贫困测度分析中，大城市整体贫困状况表现出城市间的差异。进而，本节借助多层模型，一方面可以控制城市的差异，另一方面可以进一步分析城市贫困在个体和邻里层面的差异，具体分析城市贫困的影响因素。

1. 影响变量的选取

选取个体、邻里两水平的变量来建构多层次城市贫困模型（表 8.5）。个体层面作为第一水平，参考相关研究（何深静等，2010，Huang and Clark, 2002），变量分为家庭人口、工作状况、制度机构三大类特征变量，包含 10 项指标。家庭人口类主要包括户主的人口学特征及家庭基本信息。由于城市个体进入劳动市场并通过工作获得收入，工作状况也是需要考量的因素。同时，我国处于市场体制的转轨期，制度尚不完善，制度性因素可能导致更大范围的影响。

为了探究城市贫困的邻里效应，本节选取人均月收入、居住满意度、归属感等指标作为邻里层面的解释变量。其中居住满意度涉及住房评价、邻里交往与社区服务、生活便利程度、治安等 14 项问题，并累计各项得分获得的综合居住评价。归属感是指居民对于所居住的地方的认同程度。邻里层面的三个变量涉及邻里经济状况、社会服务机制和社会心理特征等方面的信息。

表 8.5　贫困影响因素的多层线性模型指标及数据描述性统计结果

<table>
<tr><th>层次</th><th>类别</th><th>指标</th><th>定义</th><th>均值</th><th>标准差</th><th>样本数</th></tr>
<tr><td rowspan="10">个体层次</td><td rowspan="4">家庭人口特征</td><td>户主年龄</td><td>—</td><td>46.04</td><td>14.60</td><td>1809</td></tr>
<tr><td>户主教育</td><td>年限</td><td>9.20</td><td>3.53</td><td>1809</td></tr>
<tr><td>家庭规模</td><td>人数</td><td>3.65</td><td>1.99</td><td>1809</td></tr>
<tr><td>婚姻状况</td><td>结婚=1，未婚=0</td><td>0.82</td><td>0.39</td><td>1807</td></tr>
<tr><td rowspan="3">工作状况特征</td><td>工作更换次数</td><td>—</td><td>1.66</td><td>0.95</td><td>1808</td></tr>
<tr><td>参加工作年数</td><td>—</td><td>21.86</td><td>11.73</td><td>1645</td></tr>
<tr><td>周工作时间/小时</td><td>—</td><td>37.42</td><td>32.08</td><td>1809</td></tr>
<tr><td rowspan="3">制度机构特征</td><td>户口所在地</td><td>本地=1，外地=0</td><td>0.69</td><td>0.46</td><td>1808</td></tr>
<tr><td>政治面貌</td><td>党员=1，非党员=0</td><td>0.13</td><td>0.34</td><td>1808</td></tr>
<tr><td>国营集体雇员</td><td>曾任职于国营集体企业=1，
未曾任职于国有集体企业=0</td><td>0.69</td><td>0.50</td><td>1809</td></tr>
<tr><td rowspan="3">邻里层次</td><td>经济特征</td><td>人均收入/(元/月)</td><td>—</td><td>668.65</td><td>251.86</td><td>25</td></tr>
<tr><td>居住综合评价</td><td>居住满意度</td><td>14 子项综合满意度</td><td>3184.83</td><td>1564.61</td><td>25</td></tr>
<tr><td>社会心理特征</td><td>邻里归属感</td><td>归属感均值</td><td>2.01</td><td>0.23</td><td>25</td></tr>
</table>

2. 零模型

在构建完整模型之前，需要建构没有解释变量的零模型（模型 1），即方差成分分析。通过零模型可以确定贫困的总体变异中有多大比例是由于第二层（邻里）、第三层（城市）的差异造成的。

零模型结果（表 8.6）表明，不同城市、不同邻里的城市居民的贫困发生率存在显著的差异。城市贫困总变异中有 9.52%是由城市的差异造成的，26.89%是由于邻里的差异造成的，这种情况应该使用多层模型[①]。

表 8.6　零模型的方差估计结果

层次	方差	CC 指数	卡方检验
个体层次	0.96597	0.6358	—
邻里层次	0.40858	0.2689	123.21***
城市层次	0.14464	0.0952	13.15**

注：$^{**}p<0.05$ ；$^{***}p<0.01$。

3. 基本城市贫困模型

在零模型（模型 1）的方差分析结果中，城市贫困的总变异中最大比例的方差仍在个体层面，这也印证了个体性的特征是导致城市贫困的最重要原因。为了考察个体变量对城市贫困的影响作用，下面对最基本的城市贫困模型（模型 2）进行分析。该模型仅包含个体层面的解释变量，同时在所有个体变量的斜率部分在第二层中添加随机效应，目的在于寻找第一层的截距和斜率在第二层单位上的变异。参数估计结果如表 8.7 所示。

表 8.7　仅包含第一层变量的基本城市贫困模型估计结果

类别	变量	回归系数和显著性检验固定部分			*t* 检验	方差成分和显著性检验随机部分	
		回归系数	标准误	OR 值		方差成分	卡方检验
	截距	−1.2756	0.6904	0.2793	−1.848	5.3494	44.15**
家庭人口特征	户主年龄	0.0150	0.0093	1.0151	1.609	0.00036	26.33
	户主教育	−0.1089	0.0304	0.8968	−3.579**	0.01075	38.49**
	家庭规模	0.2159	0.0565	1.2409	3.821**	0.04281	59.56***
	婚姻状况	−0.5498	0.1975	0.5771	−2.784**	0.22317	21.19
工作状况特征	工作更换次数	0.0382	0.0809	1.0389	0.472	0.04127	24.55
	参加工作年数	−0.0212	0.0098	0.9790	−2.169**	0.00042	31.79
	周工作时间	−0.0045	0.0038	0.9955	−1.165	0.00019	54.93**
制度机构特征	本地户口	0.4951	0.2583	1.6407	1.917*	0.6856	43.01**
	党员	−0.7718	0.3298	0.4622	−2.340**	0.97044	35.89*
	国营集体雇员	−0.0042	0.2432	0.9958	−0.017	0.75738	42.60**

注：$^{*}p<0.1$；$^{**}p<0.05$ ；$^{***}p<0.01$。

① Cohen（1988）所建议的判断准则：$0.059>\rho\geqslant 0.01$，即低度关联强度；$0.138>\rho\geqslant 0.059$，即中度关联强度；$\rho\geqslant 0.138$，即高度关联强度。

回归模型确定了一些贫困的影响因素，表现出了统计上的显著性。得出以下结果：

（1）家庭制度特征。家庭是社会组织的基本单元，其保障功能就是福利供给功能。家庭特征的添加是出于解释社会排斥，引发贫困微观层面的考量。家庭人口类特征在纳入模型后，除户主年龄外，均表现出统计上的显著性。

具体来说，婚姻状况是家庭人口特征中影响最大的变量。其他条件固定，已婚者贫困的发生比是未婚者的 0.577。其次是家庭规模，随着家庭规模的增大，贫困发生的可能性增大。两个变量统计结果的差异性说明了夫妻户的小规模家庭有利于防止贫困的发生，而随着家庭人数的增加，陷入贫困的风险也随之增加。同时，户主教育状况也具有显著的解释效果，即教育年限增加一个单位，城市贫困发生的可能性减少 10%，这也说明接受教育具有较高的市场回报。户主年龄与贫困没有表现出明显的相关性。

（2）（市场）经济制度特征。在 Evers 的福利三角中，（市场）经济体现的价值是选择和自主，相应为城市居民提供了就业福利，而那些被排除在劳动市场外的人，是不能享受来自（市场）经济的福利的。工作状况的特征对于（市场）经济的因素具有一定的代表性。其中参加工作时间是显著的负向预测因子，即参加工作时间越长，贫困发生的概率越低，而其他工作状况变量未达到显著性水平。

（3）国家福利供应。居民的制度背景赋予个体在享有社会权利上的差异，也是作为国家福利供应的重要形式。目前，我国的社会福利水平仍以“事后救助”为主，这种救助也是在一定的制度机构的框架下实现的。制度机构特征对来自国家制度方面的福利具有说明意义。

本地户口这一解释变量的相关系数是 0.495，表明在低收入邻里中，本地户口居民的贫困发生比是外地户口的 1.6 倍。在控制了本地户口及其他变量后，国营集体雇员变量对城市贫困没有明显的解释效果。这也说明本地居民即使在以前岗位中享受很好的福利，但没有减少落入贫困的风险。而大部分外来务工群体在经济活动中都比较积极，来自外来人口在工作上的竞争也加大了本地低收入者落入贫困的可能。

随机效应部分的估计结果提供了个体变量回归效应的条件方差信息，卡方检验结果表明，户主教育年限、家庭规模、周工作时间、本地户口、党员和国营集体雇员的回归系数在第二层存在着显著的差异。这些变量的回归系数（斜率）随邻里的不同而不同，而户主年龄、婚姻状况、工作更换次数、参加工作年数等变量的回归系数在不同邻里间的变异是不显著的，即这些变量对城市贫困的影响在邻里间高度相似。城市贫困的截距部分仍有大量方差未被解释，说明城市贫困在不同邻里之间存在显著性差异，有必要引入新的解释变量。

4. 城市贫困完整模型

1）邻里水平的解释效应

在模型 2 的基础上，建立包括邻里层次变量的贫困模型（模型 3）。具体来说，在截距部分增加邻里层面的变量，同时将在模型 2 中方差部分不显著和斜率估计信度低的变量设为没有随机成分的固定参数。

下面对模型 3 进行分析，结果见表 8.8。

表 8.8 邻里变量对城市贫困的预测结果

预测变量	估计值	固定部分		t 检验	随机部分	
		OR 值	标准误		方差	卡方值
截距	−0.75	0.47	1.1329	−0.846	1.50156	42.18**
人均月收入	−0.0022	1.00	0.0006	−4.583***	—	—
居住满意度	−1.18	0.31	2.4948	−0.579	—	—
邻里归属感	0.90	2.45	0.5400	2.121**	—	—

注：**p<0.05；***p<0.01。

表 8.8 的结果表明，邻里的经济状况、社会心理特征对于城市贫困有显著的相关，居住满意度与贫困并无明显关系。人均月收入对贫困发生概率的作用是负向的，即如果邻里人均月收入相差一个单位，则较高收入邻里居民平均的贫困发生比是较低收入邻里的 99.8%。贫困社区对城市贫困个体的影响可能是双重的。一方面，从社会福利的获取角度来看，在收入水平比较高的社区，经济活动越活跃，就业机会越多。同时，社区居民能拥有更加完善、有效的社会关系网络，这些关系网络能够帮助社区群体获得更有价值的工作信息或赚钱机遇，而社区互助本身就是非正规福利的重要部分。总之，邻里人均收入水平可以通过（市场）劳动、家庭等方面获得社会福利，从而减少贫困发生的可能。另一方面，从生活成本的角度来看，收入水平高的社区，一般拥有较好的公共服务设施，意味着社区群体能够享有更多更好的社会公共服务，减少获取这些服务的交通费用。总之，邻里人均收入越高，即经济相对活跃的社区，贫困发生的可能性越小。

邻里归属感变量对贫困发生概率的作用为正相关。那些具有普遍社区归属感的邻里相比于归属感程度低的邻里，居民的贫困发生概率更高，影响具有显著效果。实际上，对低收入社区的归属感是一种对低收入身份认同的表现。弱势身份认同这种社会心理氛围强的邻里，构成了一种贫困文化，可能导致居民产生自我贬损的心理，丧失对未来的希望，致使贫困高发。邻里人均月收入和邻里归属感的影响被控制后，居住满意度对贫困无显著影响。

模型 2 与模型 3 进行方差成分比较，结果显示贫困发生概率的平均水平在不同邻里间的变异有 71.93%（原始方差为 5.3494，条件方差为 1.5016）的概率被邻里层次的相关变量解释掉。

2）城市水平的组效应

模型 3 随机部分的结果显示：经邻里层次变量解释后的截距部分残差（γ_{00}=1.50156, X_2=42.17556, t=0.001）及城市层面的方差成分（γ_{00}=0.05752, X_2= 15.16356, t=0.010）依然比较显著。这说明所建模型还没有完全解释这种邻里之间的差异。除了考虑是否还有其他邻里变量会影响城市贫困外，还应考虑城市层面对邻里差异的影响。这主要是因为多层次的分析永远是高层如何影响低层，低层的解释变量总是通过影响上一层解释变量对其因变量的截距和斜率而实现的。显然，城市差异对贫困发生的影响作用是不可忽视的。

第五节　城市贫困群体日常活动的时空规律

一、城市活动空间的研究内容和研究方法

1. 城市社会空间及活动空间研究

城市的空间结构研究是城市地理学及城市规划学的主要研究内容之一（许学强，2001；周一星，1995）。总体上，国内外关于城市社会空间结构的研究，主要集中于从宏观角度探讨城市社会空间的分异特征和动力机制，并在一定程度上关注以社会极化为主题、以居住空间为对象的社会空间分异研究。事实上，社会空间是一种人类的建构，它可以被划分为主观和客观两个方面。客观的社会空间是指社会集团居住的空间范围，如居住空间；主观的社会空间是指特定社会集团成员公有的空间范围，可通过日常活动范围和社会关系范围确定其存在。西方国家的一些社会学者认为，城市能提供人们的行为进行空间选择的机会，同时城市活动场所与城市活动节奏又制约不同居民的生活行为具有时空的阶段与趋势性规律（Meier，1988）。城市居民的日常行为主要由上班、家务、娱乐与购物等活动构成，通常将这些日常生活行为所及的空间范围称为活动空间或行为空间（柴彦威等，2000），它是社会空间研究的重要内容之一，但一直以来却是社会空间研究中最薄弱的内容。为此，本节选择中国城市社会的特殊群体——城市贫困群体，结合在南京市的调查，对其日常活动时的空间结构进行细致的分析。

2. 日常活动空间的研究方法

对城市居民日常活动空间的研究，属于时间地理学的范畴。20 世纪 70 年代，瑞典社会地理学家哈格斯特朗创立了城市生活的空间模式与时间模式（Hargerstand，1974）。他建立量化模型，将社会描述为物质系统，认为每个人、每个家庭都是被某一环境结构或者说某一资源和活动的选择类型所包围的，而这种环境结构对于满足个人需要是必不可少的，但它们在时空分布上又是不均匀的。时间地理学的基本研究方法是把人口统计学中的生命线概念加上空间轴，从而确定个体的生命路径。生命线就是个体的一生在时间维上的连续表示，也就是从出生到死亡的一条直线。显然这不能表示和说明地理学所关注的空间现象。然而，在生命线上加上空间维后，就可以在三维时空间连续不断地表示出个体的活动情况，而这条在时空间里的线就是生命路径。根据分析需要，路径可以通过改变时空间坐标，在空间尺度（如国家、地区、城市等）、时间尺度（如年、周、日等）、对象尺度（个人、家庭、组织）上自由设定。如在时间尺度上可分为日路径、周路径及生命路径等。我们将在时间地理学研究方法基础上，

以日路径为时间尺度，以城市为空间尺度，对城市贫困群体的日常活动时空间结构特征进行概括。

3. 调查方法和调查对象

本节采用出行调查和生活时间调查相结合的活动日志调查方法，以贫困者一日活动的空间和时间分布情况的对应关系来勾画城市贫困群体的日常活动时空间结构。调查采用问卷和访谈结合的方式进行，由调查人员和被调查者共同完成调查问卷和活动日志调查表。

城市贫困人口的界定，通常以贫困线为标准，将收入低于贫困线的人群界定为城市贫困群体。在实地调查研究中，我们将城市贫困群体划分为两类：一类是进城居住时间在半年以上（或居住在某一城市不满半年但离开户口所在地半年以上，游离于不同城市之间的）、无固定工作和就业形式的“从农村流向城市的人口”，他们不具有城市户口，是被城市社会相对排斥的群体，以下称其为“农村户籍贫困人口”；另一类是城市下岗职工、失业人员和困难企业的离退休人员，以下称其为“城市户籍贫困人口”。总体上，这两类人口通常处于无业或不稳定就业状态，没有固定的休息日或工作日，所以对其日常活动的调查不需要区分休息日和工作日。本节以南京市最低生活保障标准作为贫困线，对贫困人口进行界定。在老城区、工人新村及城中村三类贫困群体比较集中的社区内，根据南京市最低生活保障登记和暂住人口登记情况，随机抽取 60 个样本（两类人群各半）进行调查。被调查贫困者的社会属性及其活动空间状况如表 8.9 所示。

表 8.9　被调查贫困者的社会属性及其活动空间状况

项目	合计		城市户籍贫困人口		农村户籍贫困人口	
	人数	比重/%	人数	比重/%	人数	比重/%
性别						
男	34	56.67	16	53.33	18	60. 00
女	26	43.33	14	46.67	12	40. 00
年龄结构/岁						
16～25	4	6.67	0	0.00	4	13.33
26～35	17	28.33	3	10.00	14	46.67
36～45	20	33.34	12	40.00	8	26.67
46～55	17	28.33	13	43.33	4	13.33
55～65	2	3.33	2	6.67	0	0.00
工作地点	23	48.94	7	41.18	16	53.33
本区内	20	42.55	8	47.06	12	40.00
本区外	4	8.51	2	11.76	2	6.67

续表

项目	合计		城市户籍贫困人口		农村户籍贫困人口	
	人数	比重/%	人数	比重/%	人数	比重/%
通勤方式						
步行	28	59.57	10	58.83	18	60.00
自行车	13	27.66	5	29.41	8	26.67
公共汽车	5	10.64	2	11.76	3	10.00
其他	1	2.13	0	0.00	1	3.33
单程通勤时间/分钟						
0～5	25	53.19	9	52.94	16	53.34
6～15	16	34.04	6	35.29	10	33.33
15～30	6	12.77	2	11.76	4	13.33
休闲娱乐活动空间/km						
0～0.5	22	36.67	10	33.33	12	40.00
0.6～1.0	22	36.67	12	40.00	10	33.33
1.1～2.0	11	18.33	5	16.67	6	20.00
2.0～3.0	5	8.33	3	10.00	2	6.67
购物空间						
本居住区	15	25.00	8	26.67	7	23.33
本街道	34	56.67	16	53.33	18	60.00
本街道外	11	18.33	6	20.00	5	16.67

注：①休闲娱乐活动空间范围，用以居住地为中心的半径长短来衡量；②表中的区指某一城区或郊区，如鼓楼区、雨花区等。

二、城市贫困群体的出行特征

1. 基本分析指标

对于贫困群体的出行特征，通常采用出行数、出行目的、停留数、停留目的、出行交通方式、停留目的链、出行同伴等基本指标进行分析。停留是指伴随某一目的（如购物）而在特定地点的空间移动，而 1 次出行是指从自家出发又回到自家的一连串停留。停留目的链指 1 次出行中形成的一连串停留，如购物—回家、上班—购物—回家。如果一次出行中有 3 次以上的停留就称为多目的出行，其占总出行数的比例即为多目的出行比率。

根据以上基本指标可以演绎出一些具体的分析指标，包括被调查者一日平均出行数、平均停留数、每次出行平均停留数等。被调查者一日的平均出行数为所有被调查者一日出行数总和与被调查者人数的比值；平均停留数为所有被调查者一日停留数总和与被调查者人数的比值；而每次出行平均停留数为被调查者一日停留数总和与其出行数总和的比值。下面将以这些基本指标来分析城市贫困群体的出行特征。

2. 出行情况

调查表明，城市贫困群体具有出行次数相对较少，多目的出行比例相对较高的特点。从表 8.10 可看出，城市贫困群体的平均出行数和平均停留数分别为 2.0 次和 4.9 次；每次出行的平均停留数达到 2.5 次，多目的出行比例较高，达 18.5%。城市贫困群体中，不同户籍人口之间的区别不大，但存在性别差异性，女性的平均出行次数和平均停留次数高于男性，原因在于女性出行次数多，且主要承担家庭的购物活动。

表 8.10　城市贫困群体的出行分析指标

项目	合计			城市户籍贫困人口		农村户籍贫困人口	
	小计	男	女	男	女	男	女
平均出行数	2.0	1.9	2.1	1.9	1.9	1.9	2.3
平均停留数	4.9	4.6	5.3	4.6	5	4.7	5.6
每次出行平均停留数	2.5	2.4	2.5	2.4	2.6	2.5	2.5
多目的出行比率/%	18.5	15.4	22.2	12.9	22.2	17.6	22.2

城市贫困群体的停留目的中，除去以回家为目的的停留外，工作的比例最大，达 25.6%，其中男性的比例更高，为 27.1%（表 8.11）。娱乐、私事和购物所占比例大体相当，其中女性这类活动的比例相对较高，这也是男性和女性从事日常活动的基本区别之一。比较而言，由于城市户籍贫困人口中有更高比例的无业人员，所以城市户籍贫困人口以工作为目的的停留数要少于农村户籍贫困人口，但前者的购物活动和娱乐活动相对较高，体现了城市户籍人口和农村户籍人口的基本差别。根据调查，城市贫困群体的娱乐活动多在家中进行，如看电视、听广播、阅读报刊、休息等；出行的娱乐活动比例较低，且以在住所附近的散步、闲聊、逛商店等为主；购物活动基本上是到农贸市场买菜和去附近零售店购买日常生活用品等。

表 8.11　城市贫困群体出行的停留目的和停留目的链

项目	合计		城市户籍贫困人口		农村户籍贫困人口	
	男	女	男	女	男	女
停留目的						
工作（W）	42（27.1）	32（23.9）	16（22.2）	15（22.4）	26（31.4）	17（25.4）
购物（S）	12（7.7）	16（11.9）	4（5.6）	10（14.9）	8（9.6）	6（9.0）
私事（P）	16（10.3）	15（11.2）	9（12.5）	4（6.0）	7（8.4）	11（16.4）
娱乐（R）	20（12.9）	17（12.7）	12（16.7）	11（16.4）	8（9.6）	6（9.0）
回家（H）	65（42.0）	54（40.3）	31（43.0）	27（40.3）	34（41.0）	27（40.2）
停留总数	155（100.0）	134（100.0）	72（100.0）	67（100.0）	83（100.0）	67（100.0）

续表

项目	合计		城市户籍贫困人口		农村户籍贫困人口	
	男	女	男	女	男	女
第一停留目的及比例						
W	33（52.4）	25（47.2）	12（41.4）	11（40.8）	21（61.8）	14（53.9）
S	10（15.9）	6（11.3）	4（13.8）	5（18.5）	6（17.6）	1（3.8）
P	4（6.3）	7（13.2）	4（13.8）	1（3.7）	0（0.0）	6（23.1）
R	16（25.4）	15（28.3）	9（31.0）	10（37.0）	7（20.6）	5（19.2）
第二停留目的及比例						
S	1（9.1）	4（30.8）	0（0.0）	3（42.9）	1（16.7）	1（16.7）
P	10（90.9）	8（61.5）	5（100.0）	3（42.9）	5（83.3）	5（83.3）
R	0（0.0）	1（7.7）	0（0.0）	1（14.2）	0（0.0）	0（0.0）
第三停留目的及比例						
W	2（33.3）	3（42.9）	1（25.0）	1（33.3）	1（50.0）	2（50.0）
S	0（0.0）	1（14.2）	0（0.0）	0（0.0）	0（0.0）	1（25.0）
R	4（66.7）	3（42.9）	3（75.0）	2（66.7）	1（50.0）	1（25.0）
停留目的链						
W-H	23	15	8	7	15	8
S-H	10	5	4	4	6	1
P-H	4	7	4	1	0	6
R-H	16	13	10	8	6	5
S-R-H	1	3	0	3	1	0
W-P-H	2	1	0	0	2	1
W-S-H	1	1	0	0	1	1
W-P（S）-W-H	2	4	1	1	1	3
W-P-R-W（S）-H	6	6	3	3	2	4

注：括号内数字为百分比。

从停留目的链来看，城市贫困群体的第一停留目的主要还是工作，第二是娱乐和购物，表明这一群体的出行还是以上班为主，也有一定比例人口主要为娱乐或购物而出行（这主要是女性或无工作者）（表 8.11）。城市贫困群体基本上没有工作日和休息日的区分，他们几乎每天都在为生计奔波，这从他们多目的出行占相当比重的特征中可以看出。根据作者的调查，城市贫困人口中有很大一部分人为多目的出行，他们的停留目的链可以概括为：工作—私事（购物）—回家、工作—私事—娱乐—工作—购物—回家。也就是说，他们通常以上班为第一出行目的，在工作地点吃午饭、休息，然后继续上班，傍晚回家，顺便去菜市场买菜。

三、城市贫困群体的日常生活节奏及其时间利用特征

1. 日常生活节奏

对于城市贫困群体的日常生活节奏分析，主要引入时间地理学的研究方法，将其一天的所有活动在时空间轴上表示。具体方法是，纵轴为表示活动的类型轴（具体分为工作、家务、购物、娱乐、私事和睡觉六种类型，其中因某种活动而发生的移动归入相应的活动类型，不再就移动进行单独分类）。横轴为以 1 小时为单位的时间轴，用不同宽窄的带状图表示某一时间段内从事某种活动的人数比例大小，以此绘制城市贫困群体日常活动的时间推移图。

从图 8.4 可看出，城市贫困群体的日常生活节奏特征具体表现为：①工作时段跨度较长且不太稳定，7～12 时和 13～18 时是主要的工作时间段，但也有在早晨 5 时、6 时工作的现象，甚至有贫困者工作直到晚上 9 时；就工作时间长短而言，主要分为三种类型：长时间工作型、一般工作时间型和短时间工作型。长时间工作型的人通常工作时间为 10 小时，最长的达到 12 小时，而短时间工作型的人一般工作时间为 6 小时，最短仅为 3～4 个小时。②有午睡习惯的人较少，中午休息时间很短，一般为半个小时左右，最多不超过 1 小时。③家务时间十分零碎，但主要还是集中于早晨、午饭或晚餐前后。④娱乐活动的主要时间段在晚餐之后，多表现为出去逛街或在家中看电视、闲聊等。贫困群体中有相当比例的无业人员，经常为了寻找工作而四处奔走，这占用了他们较多的时间，表现为这一群体的私事活动时间跨度相当长，不同于一般市民集中于早晨、中午、晚间从事吃、穿、个人卫生等一般性私事活动的特征。另外，贫困群体在睡眠上主要表现为“早睡早起”，睡觉时间主要集中在晚 9 时至早 7 时。

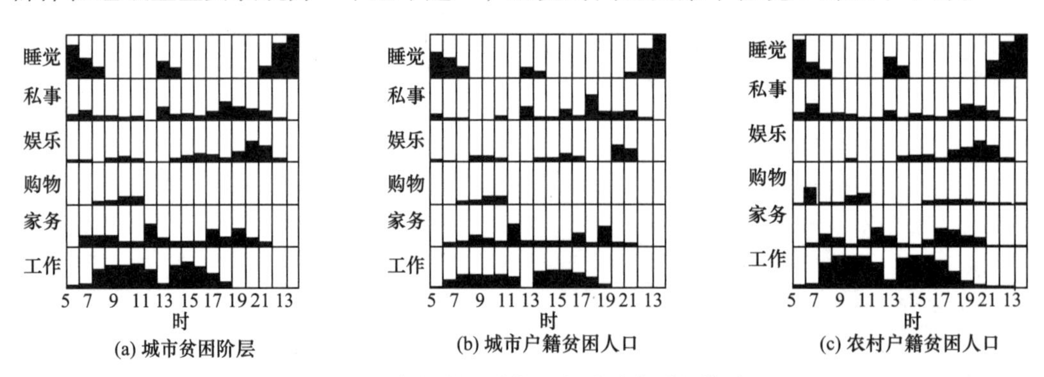

图 8.4　城市贫困群体日常活动的时间推移

2. 时间利用特征

根据被调查者一日内各种活动的时间分配特征（其中因某种活动而发生的移动所用的时间，归入相应活动的利用时间里），通过聚类分析，将城市贫困群体的时间利用划分为四种类型（表 8.12，表 8.13）：①长时间工作型，工作时间长达 9～10 小时，繁重的工作决定了他们需要更多的睡眠来恢复精力，这类人员的工作和睡眠时间总计达 17.2 个小时，比较年轻男性居多，他们的通勤时间较长，且休闲娱乐活动的空间范

围极其狭窄，主要限定在家中和住所附近。②一般工作时间型，工作时间为 7～8 小时，且家务时间较长。这类人员以中年女性为主，具有相对稳定的工作。通勤时间较短，休闲娱乐活动也主要限定在家中及住所附近的空间范围内，可以将其归为工作—家务型。③短时间工作型，他们的工作以一般性服务业（如从事早点生意、卖菜、清洁工）和打零工等为主，工作稳定性差，工作时间一般为 6 小时左右，有的甚至一天仅工作 3～4 小时。这类人员的通勤距离和通勤时间很短，主要以步行方式上班；私事时间较长。寻找其他工作、陪护家人（如接送小孩上学）占了很多的私事活动时间。同时，他们也承担了多数的家务琐事，因此可将这类人员归为工作-私事-家务型。④无工作时间型，这类人员多为中年人和老年人。除了承担家庭的家务活动外，其娱乐活动多表现为看电视、听广播。或在住所附近同邻居朋友闲聊、打扑克、玩麻将等，大体上可将其归为家务-娱乐型。

表 8.12　城市贫困群体的时间分配及其时间利用类型

类型	工作/分钟	家务/分钟	购物/分钟	娱乐/分钟	私事/分钟	睡觉/分钟	人数
长时间工作型	545（37.8）	96（6.7）	31（2.2）	166（11.5）	111（7.7）	491（34.1）	15
一般工作时间型	431（29.9）	198（13.8）	42（2.9）	112（7.8）	175（12.2）	482（33.4）	21
短时间工作型	312（21.7）	202（14.0）	72（5.0）	171（11.9）	211（14.7）	472（32.7）	11
无工作时间型	0（0.0）	256（17.8）	98（6.8）	233（16.2）	329（22.8）	524（36.4）	13
合计	344（23.9）	186（12.9）	57（4.0）	163（11.3）	199（13.8）	492（34.2）	60

注：括号内数字为百分比。

与一般市民时间安排上表现出的“3×8”的时间利用结构特征（即 8 小时工作、8 小时睡觉、8 小时私事娱乐等）相比，城市贫困群体的时间利用特征因群体内部属性的复杂性而表现出多样性。但总体上，这一群体因其工作的不稳定性和临时性，表现出工作时间较短的基本特征。他们日常生活更多地处于一种琐碎、凌乱的状态，除了在家中从事家务，或在住所附近从事一些简单的娱乐活动外，更多的时间是迫于生活的压力，为自身或家庭的生计和出路而奔波。

表 8.13　城市贫困群体各时间利用类型的个人及其活动空间状况

类型	长时间工作型	一般工作时间型	短时间工作型	无工作时间型
性别				
男	10（66.7）	9（42.9）	6（54.5）	9（69.2）
女	5（33.3）	12（57.1）	5（45.5）	4（30.8）
年龄结构/岁				
16～25	2（13.3）	1（4.8）	1（9.1）	0（0.0）
26～35	10（66.7）	3（14.3）	2（18.2）	2（15.4）

续表

类型	长时间工作型	一般工作时间型	短时间工作型	无工作时间型
36～45	3（20.0）	15（71.4）	1（9.1）	1（7.7）
46～55	0（0.0）	2（9.5）	7（63.6）	8（61.5）
55～65	0（0.0）	0（0.0）	0（0.0）	2（15.4）
工作地点				
本街道内	5（33.3）	13（61.9）	5（45.5）	0（0.0）
本区内	8（53.4）	7（33.3）	5（45.5）	0（0.0）
本区外	2（3.3）	1（4.8）	1（9.1）	0（0.0）
通勤方式				
步行	9（60.0）	12（57.1）	7（63.6）	0（0.0）
自行车	4（26.7）	6（28.6）	3（27.3）	0（0.0）
公共汽车	2（13.3）	3（14.3）	0（0.0）	0（0.0）
其他	0（0.0）	0（0.0）	1（9.1）	0（0.0）
单程通勤时间/分钟				
0～5	3（20.0）	14（66.6）	8（72.7）	0（0.0）
6～15	9（60.0）	6（28.6）	1（9.1）	0（0.0）
15～30	3（20.0）	1（4.8）	2（18.2）	0（0.0）
休闲娱乐活动空间/km				
0～0.5	7（46.7）	8（38.1）	2（18.2）	5（38.4）
0.6～1.0	5（33.3）	8（38.1）	5（45.4）	4（30.8）
1.1～2.0	3（20.0）	4（19.0）	2（18.2）	2（15.4）
2.0～3.0	0（0.0）	1（4.8）	2（18.2）	2（15.4）
购物空间				
本居住区	6（40.0）	3（14.3）	2（18.2）	4（30.8）
本街道	7（46.7）	13（61.9）	7（63.6）	7（53.8）
本街道外	2（13.3）	5（23.8）	2（18.2）	2（15.4）

注：括号内数字为百分比。

四、城市贫困群体的日常活动时空间结构特征

在上述分析基础上，依据不同的时间利用类型，对城市贫困群体的出行特征进行汇总分析，并应用时间地理学的研究方法，将城市贫困群体日常活动的时空间结构用

时间、空间三维图形来表示，从总体上概括其日常活动的时空间结构特征。

1. 出行特征

从表 8.14 可看出，依据工作时间的有无或长短（即就业与否），各时间利用类型人员的出行活动存在较大的差异。从工作时间有无来看，没有工作时间的贫困者的平均出行数高于有工作时间的贫困者，前者的平均出行数为 2.4 次，而后者的平均出行数仅为 1.5 次；但有工作时间的贫困者，尤其是有较长工作时间的贫困者，其多目的出行数比率远远高于没有工作时间的贫困者。表明有无工作是影响贫困者出行特征的根本因素。有工作的贫困者通常很少出行，他们出行的第一目的主要是工作，并且在一次出行中顺便完成一些购物（如在回家途中顺便去买菜）和私事活动（如在工作地吃午饭、休息等），每次出行平均停留次数高达 4.2 次；而无工作的贫困者，拥有较多的闲暇时间，因而可以实现多次出行，但目的比较单一，如购物—回家、娱乐—回家等。他们每次出行的平均停留数仅为 2.1 次。

对于有工作时间的贫困者而言，工作时间的长短很大程度上决定着他们各自的平均出行次数和多目的出行比率。相对来说，工作时间短的贫困者平均出行次数较多，但多目的出行数比例较低，通常表现为单一目的出行。

表 8.14　城市贫困群体各时间利用类型人员的出行指标

类型	长时间工作型	一般工作时间型	短时间工作型	无工作时间型	合计
出行总数/次	23	43	23	31	120
平均出行数/次	1.5	2	2.1	2.4	2
多月的出行比率/%	60.9	9.3	8.7	6.5	18.5
停留总数/次	96	105	53	65	289
平均停留数/次	6.4	5.0	4.8	5.0	4.9
每次出行平均停留数/次	4.2	2.4	2.3	2.1	2.5

2. 日常活动的时空间结构特征

首先，城市贫困群体的日常活动空间特征主要表现为：在以家庭住所为中心，以家和街道空间范围为主体的，比较狭小的空间范围内从事各种类型的活动。城市贫困群体主要在家和街道空间范围内从事包括工作、娱乐在内的各种类型的活动，只有极少数贫困者在街道空间范围以外从事工作、午睡和私事活动，这突出体现了这一群体职业与住所接近或重叠的基本特征。同时也表明，贫困群体由于受制于自身及其家庭的社会经济条件，主要还是选择在家中或住所附近从事日常休闲娱乐活动及就近购买日常生活用品等。

其次，就各种活动时间利用分布特征看，城市贫困群体的日常活动时间利用总体上较为零散，而一般市民具有很强的规律性。城市贫困群体的各种活动以时间为路径，多表现为较长的、连续性的条带状（除睡觉外），表明他们从事的各种类型活动在时间段的跨度上均较长，各种活动在多个时间段均有发生，整体上表现出零碎、随机的特征。这根本上决定于他们的个人及其社会属性特征。从就业的角度而言，城市贫困群体多从事临时的、不稳定的、非正规的职业，表现为零散的、变动的特征，进而决定了他们在工作时段上跨度长、不固定的特征。总体上，城市贫困群体由于群体构成的复杂性，以及其个人及社会属性的独特性，决定了其日常活动时空间结构在空间分布上范围狭小、在时间利用分布上非常零碎的总体特征。

第九章　绅士化社会空间

第一节　绅士化概述

一、绅士化的传统定义

“绅士化”(gentrification)一词是一个西方概念，最早由英国的社会学家 Ruth Glass 于 1964 年提出（Glass，1964）。Glass 提出这一术语的目的在于描述当时伦敦内城出现的中产阶层取代工人阶层居民的城市社区变迁过程，即传统意义上的绅士化过程。事实上，第二次世界大战后，随着英国、美国相对单一的郊区化居住形式与文化氛围为越来越多的中产阶级所厌倦，回归市中心的绅士化现象已在欧美很多城市出现。根据中产阶级对不同样式的老房子的偏好，当时各地对此现象有着不同的描述，如“brown stoning”、“homesteading”、“white painting”、“white-walling”、“red-brick-chic”等（Lees et al.，2008）。而 Glass 的研究则第一次使用了“绅士化”这一术语来描述中产阶级对于内城工人阶级社区的旧房子抱有的特殊偏好，对其进行翻新修缮并大量取代原有低收入居民的现象。Smith 将传统的绅士化过程描述为中产阶级置业者、土地所有者与职业地产开发商对于工人阶级居住邻里进行占有和取代的过程（Smith，1982）。传统绅士化过程中有两大特点最为突出：一是资本力量对于内城工人阶级社区的修缮与更新；二是中产阶级居民对于社区原居民的置换作用。总的说来，传统意义上的欧美城市绅士化现象是中产阶级居住空间从郊区化居住区重新转向内城社区的过程，是中产阶级对内城空间重新占领的过程，也是阶级差异与社会不平等在居住空间上的体现。

二、绅士化的发展演化与表现形式

自从 Glass 对绅士化进行界定以后，西方学术界对绅士化现象的研究层出不穷，且经久不衰。有部分学者曾断言绅士化不过是一种短暂的无关紧要的现象，但目前它已被许多学者公认为是研究当代城市重构的前沿课题之一（Hamnett，1991；Smith，2002）。随着对绅士化研究的深入，其定义也在不断地发生变化。目前广义的绅士化不仅限于对旧房屋的修缮和居民替换，还包括居住区的更新重建和随之而来的综合型消费空间的产生（Smith，2005）。城市中心和滨水空间已经成为城市更新的热点地域，决定其成为绅士化研究的重心（Hoyle et al.，1988）。传统的绅士化研究只关注当地，甚至局限于单个社区邻里的变化，但越来越多的学者开始倡议，绅士化研究应该关注广泛的城市空间变化，如全球化（globalization）的影响及城市空间秩序的重构等问题（Fainstein et al.，1992）。自 20 世纪 70 年代以来，全世界范围内的城市经历了一系列政治、经济，以及地理空间上的重构。绅士化和城市更新之间的界限变得越来越模糊，也越来越不重要（Smith，2005）。因此，绅士化的定义应该与更大范围内的经济重构和城市重构相联系。换言之，这种广义的绅士化应反映资本积累和城市劳动力市场的重构等更广泛的变化（Harvey，1989）。

当前对绅士化的研究和讨论已经大大超出传统绅士化的范畴，它不仅包括现存街区、邻里中发生的物质和社会转变，更包括一些新建的高端房地产开发项目，甚至包括对城市原有工业区的棕地改造。随着城市发展机制的不断复杂化及绅士化过程逐渐的演变与深化，绅士化现象本身在分布范围、对物质景观的改变、对社会与文化影响等方面均呈现出多元化的特点。绅士化现象本身并不是一个线性的历史延续过程，多类型绅士化的产生与发展并没有一个前后的承接关系，在当今城市空间与社区邻里重构的背景下，绅士化有可能在多样化的区位发生，并且呈现出多样化的表现形式（Lees，2003）。从当今绅士化的定义可以看出，绅士化已经从简单的一种中产阶级对于城市内城居住社区的修缮的现象，转变为资本力量与阶级力量对于城市空间，乃至是乡村空间的再造与重构的过程，当今的绅士化无论从表现形式还是所涵盖的范围都已经远远超越了传统绅士化所涵盖的内容（Phillips，1993）。绅士化从空间分布、发生场所及涉及人群都呈现多样化的状态。从空间分布与发生场所上看，在后福特主义和全球化的背景下，绅士化现已经成为一种全球化的现象，甚至已经成了"全球城市"（global city）的标签（Atkinson and Bridge，2005），对其研究已经从北美、西欧及澳大利亚等国家和地区扩展到土耳其和南非等国家（Uzun，2003；Visser，2002），发生场所已经从城市中心蔓延到一些城市的郊区（Badcock，2001；Hackworth and Smith，2001；Robson and Butler，2001；Smith and Phillips，1999），甚至乡村地区（Phillips，2002；Smith and Phillips，2001）。从涉及人群及参与主体来看，绅士化已经不单单是中产阶级替换工人阶级的过程，像学生、游客等不同范畴的社会群体都可能成为引发绅士化的主体。随着绅士化现象在形式与空间上的不断拓展，绅士化呈现出多种表现形式，主要表现形式有新建绅士化（new built gentrification）、超级绅士化（super gentrification）、学生化（studentification）、旅游绅士化（tourism gentrification）、商业绅士化（commercial gentrification）和乡村绅士化（rural gentrification）等。这些绅士化概念与传统绅士化（classical gentrification）一起成为目前在全球各个城市涌现的城市更新与社会重构过程解释的重要工具。目前，绅士化已经发展演化出如此多的外延概念，但总的来说，按照 Lees 等（2008）的总结：资本在旧城区的再投资、高收入群体推动地方社区的升级、城市景观的改善、直接或间接地迫使低收入原住民的迁出，这四个绅士化特征已基本成为学界公认的判断绅士化现象的重要依据。

三、对绅士化的理论解析

对绅士化的解析是人文地理学界争论的一个焦点，作为自由人文主义和结构主义在理论上和意识形态上争论的关键领域，对绅士化动力机制的研究，分为了强调文化、消费偏好和消费需求的“消费方的解释”和强调资本、阶级、生产和供应的“供应方的解释”。

Ley 和 Smith 分别从这两个角度对绅士化的成因进行过深入的研究与讨论，形成了两种主流的解释。Ley（1980，1981，1986）将对绅士化的解释放在后工业社会（post-industrial）的时代背景下，强调了中产阶层自身的文化导向、消费与需求的偏好等方面对绅士化产生的重要影响，而将满足中产阶层消费需求的生产、投资行为，以及城市土地与房屋市场的操作运营看作次要的方面。该解释认为出现在内城的新兴的中产阶层基于个人喜好，重塑建筑环境，导致并加速绅士化的过程；同时，社区本身存在生活方式、文化群体和建筑的多样性特征，也是吸引其回到内城中去的重要因素，中产阶级迫切需要得到的文化消费对解释内城复兴及绅士化起到重要作用。而 Smith（1979）认为实证研究已经证明绅士化的过程是由一系列在社区层面上的群体社会活动引起的，而不是由单独消费者的文化倾向及其选择和消费行为所引起的，并强调资本的流动在这一过程所起到的重要作用。该解释认为绅士化最主要还是受到经济利益的驱动，而非文化。对于利润收益的渴望，即对投资稳定的高回报率的期望是对内城进行更新最主要、最基本的出发点，如果在这一过程中有利益的损失，那么绅士化现象将不会发生。

已有不少学者提出应对两种对立观点进行综合和互补。他们认为随着绅士化现象的多样化和发生地点的改变，单一地从生产或供应的角度已无法解释现今复杂的绅士化现象。随着全球资本的融入、日益复杂化的“绅士”群体（gentrifiers）和多种绅士化现象的出现，以往的单一和线性的解释无法生效。Lees 因此呼吁，要在绅士化研究中特别重视时间性和背景性（temporality and contextuality），发展出绅士化的地理学（geography of gentrification）以理解不同时间、地点、背景下的绅士化现象（Lees，2000）。

第二节　中国城市的“学生化”社区

一、学生化的概念

学生化这一概念最早由英国城市地理学家 Smith 提出（Smith，2002）。但直到 2005 年，Smith 才对学生化概念进行了系统的阐释与分析（Smith，2005）。而到目前为止，西方学术界对于学生化的理解基本上是基于对高等教育规模扩大后的英国学生化过程的研究。Smith 将学生化定义为学生大量涌入私人出租的居住社区的过程。在这一过程中，学生住房的供给以小投资者为主，房屋类型主要是由单个家庭住宅或原有的私人出租房改建的，由多名学生共同使用的学生公寓。社区中娱乐服务设施的配备也伴随着学生群体的进入而得到相应的调整，例如，出现了很多主题酒吧与快餐店。与 20 世纪 90 年代之后以大规模的资本运作所推动的城市绅士化相比，学生化过程的一大特点是其引发的资本投入相对较少。事实上，学生化过程中最主要的运作主体是小产权所有者与投资者。这些小产权所有者与投资者意识到投资学生住房的利润空间，由此成为学生化运动的先驱。

二、学生化空间的生产

基于对于英国学生化现象的分析，Smith 认为，学生化现象产生的原因主要包括三个方面（Smith，2005）。首先，在英美城市后工业化与就业结构转变的大背景下，城市对于职业化人才的需求不断膨胀，由此带来高等教育规模的扩大；其次，离开父母接受高等教育已逐渐成为中产阶级生活方式的一个重要组成部分；最后，因为高等教育规模扩大后英国政府对于高校住房建设的支持力度不足，所以高校学生住房短缺十分严重，不得不依赖私有的住房市场提供住房以填补空缺。在大量的小投资者进入学生住房市场之前，往往出现一些早期的学生化区域，这表明了学生住房机会市场的存在。与此同时，房贷管理的宽松使得大量多租户住宅（houses in multiple occupation，HMO）住房的产生成为可能。为了迎合学生房客在经济资本上的不足，一些房主甚至刻意推动物质环境水平的下降来促使原有居民，甚至是中产阶级居民的搬离。伴随着学生群体的不断迁入，文化服务设施与零售设施也得到相应的建设或更新（Smith，2002）。从微观的角度来看，Smith 等研究表明，一般英国大学本科一年级的学生偏向于居住在学校提供的宿舍中，因为刚刚离家的第一年学生需要校园生活提供的安全感和社交机会，更好地融入大学生活。但二年级与三年级的学生则更偏向于居住在私人提供的住房，借此更多地享受独立自主的生活方式，也可以在进入社会之前给自己一个锻炼的机会。

从地理分布来看，学生化社区的住宅也需要满足一定的条件。首先，由于单套学生公寓通常由多个学生共同居住，以提高公共设施使用效率，因此公寓的内部空间通常较大；其次，大多数学生化社区都位于中心城区，这是由于学生居住区需要满足在地理区位上靠近大学校园的要求，即使远离中心城区的学生社区，也应当满足公共交通便利的要求。当然，学生化社区地理分布的另一特点是地理上的高度集聚性。城市中通常只有少部分区域被学生认为适合学生的生活方式与文化身份，因此，整个街区都被学生社区占据的情况也并不少见。而对于刚从高校毕业，新近进入劳动力市场的毕业生来说，其居住区位的选择范围则更广。Smith 等研究发现，伦敦周边的小型市镇已经出现了一些新近大学毕业生聚居的学生化社区，这些大学毕业生在伦敦就业，而居住则在伦敦周边的中小城市，通过发达的公共交通实现通勤。

三、学生化现象的演化

尽管学生化是一个新近才被学术界所认识的现象，但其现象本身亦并非僵化不变的。相反，学生化的表现形式也在不断地演变。Hubbard 在 2009 年的研究表明，除了传统的旧社区改造的学生化社区之外，已经出现了专门开发的以吸引学生租客为主的新建居住区。新建的学生社区不仅不存在原有居民的置换问题，也对学生群体低经济资本的假设提出了挑战。新建学生社区一部分由学校与私人开发商合作建设，另一部分则完全由私人开发商按照市场原则开发。这些新建学生社区不仅可以位于中心城区，还可建设在公共交通发达的郊区，且设施配备更加先进，不仅住房内部电视、网络、厨房设施一应俱全，社区还配备完善的公共活动中心、洗衣、自动售卖、安全停车等设施，甚至还有闭路电视系统与刷卡门禁系统。由此，Hubbard 认为 Smith 提出的学生化仅仅是未来绅士化的初期阶段的假设并不完全准确。事实上，学生群体本身已经成为一类具有独立的文化倾向与居住偏好的绅士群体。上述这类居住空间生产的推动力，不仅来源于投资者与开发商对于学生消费习惯的引导，也来源于学生群体自身对于居住环境与社会文化氛围的偏好。

第十章　低收入大学毕业生社会空间

第一节　中国低收入大学毕业生概况

本章所说的中国低收入大学毕业生是指刚参加工作不久的年轻大学毕业生。低收入大学毕业生，又称为“蚁族”，并非一个稳定的社会阶层，而是一个“过渡性”的社会群体（陈永杰和卢施羽，2011）。他们高知、弱小、聚居（高永良和徐锋，2011），是我国城镇化、高校扩招、人口结构转变、劳动力市场转型等一系列因素综合作用下产生的城市新群体（李雅儒和毛强，2012）。无论是对个体还是国家来说，提高教育水平都被认为是改善就业状况、参与就业竞争的重要手段（Shearmur，1998）。因此，一直以来，提高农村地区居民的受教育水平、让更多农村子弟通过高等教育直接进入城市，被认为是提升中国城镇化率最便宜、有效的措施之一（顾朝林和盛明洁，2012）。然而，由于城市户籍、住房、就业市场的排斥，一部分大学毕业生成了既“进不了城”也“回不了村”的“夹心层”，工资低廉，形成了集聚在城乡接合部的“低收入大学毕业生聚居体”。作为一种历史现象，低收入大学生及其聚居区问题一度受到广泛关注，成为社会关注的热点问题。正因如此，党的十八大以来，党中央、国务院和各级地方政府都对“人民城市”建设予以空前重视，学有所教、劳有所得、病有所医、老有所养、住有所居等民生工程取得了实实在在的成就，低收入大学生聚居区问题得到了很大程度的解决。因此，本章的研究也可视为一种历史纪录，记载曾经大量出现的一种特色化的城市社会空间。2009 年《蚁族——大学毕业生聚居村实录》一书出版，低收入大学毕业生现象成了公众媒体关注的热点（廉思，2009，2010），出现了一大批相关的文学作品和新闻报道。事实上，低收入大学毕业生已经成为 2000 年以来中国城市社会中，继下岗职工、农民工之后的“弱势群体”（顾朝林和盛明洁，2012），也是继农民工之后的流动人口第二大主体（潘雨红等，2013），正在成为研究中国城市社会空间分异、城市贫困、城中村的新焦点。经粗略估计，北京的低收入大学毕业生约有 16 万，全国相关人数在百万人以上。当然，“低收入”的内涵具有地域性和相对性，北京的低收入水平在其他中、小城市可能并不是低水平。

北京的低收入大学毕业生群体具有如下特征：①接受过高等教育（大专及以上学历）。该群体以毕业五年内的大学生为主，具有“三十而离”的现象——三十岁左右，要么搬离聚居区，在大城市站稳脚跟，要么离开大城市（廉思，2009，2011，2012）。②从事低技术白领工作，低收入。职业以简单的技术类或服务类工作为主，如“保险推销、电子器材销售、广告营销、餐饮服务、教育培训”（廉思，2012）；平均月收入在2000元左右，既低于北京城镇职工平均工资水平，也低于北京大学毕业生半年后的平均工资水平（顾朝林和盛明洁，2012）。③综合竞争力较弱，大多数低收入大学毕业生来自农村地区、出生于社会底层家庭，毕业于非重点大学，与同龄人竞争时处于弱势（廉思，2011；谭日辉，2014；顾朝林和盛明洁，2012）。④呈聚居状态。由于与本地城市居民在社会保障上的差距和巨大的生活成本，低收入大学毕业生在城市难以真正落脚，出现了大量在城中村和棚户区的“蜗居”居住现象（李晓江等，2014），人均居住面积 $10m^2$ 以下（廉思，2012）。以北京为例，已经拆迁的唐家岭村、小月河村，和仍然存在的“北四村”（史各庄村、东半壁店村、西半壁店村、定福皇庄村）等是低收入大学毕业生的主要聚居区（寇佳丽，2014）。

本章主要基于2012年在史各庄地区社会调查获得的一手资料，史各庄地区是继唐家岭之后北京最大的低收入大学毕业生聚居村，对中国特大城市边缘区低收入大学毕业生社会空间进行研究。调查按1%的规模进行抽样，样本容量为544。采取配额抽样的方式，以“行政村人口分布”和“调查片区面积”作为配额参数值。问卷包括受访者的个人基本情况、就业状况、通勤状况和社区认同四部分，共36题。调查采用受访者“自填问卷法”。调查共发放问卷544份，回收问卷498份，回收率91.5%；其中有效问卷461份，有效率92.6%。

第二节　低收入大学毕业生社会空间的特征

一、人口特征

截至2011年年底，史各庄共有常住人口54417人，其中流动人口47892人，户籍人口6525人。流动人口主要来自北京周边的河北、河南、山东、山西等省份，其中64.2%持农村户籍，35.8%持城镇户籍。2010年史各庄的流动人口规模出现了较大增幅（图10.1），这是因为同年唐家岭等中心城区低收入大学毕业生聚居村被拆迁，低收入大学毕业生向城市边缘区扩散，史各庄是他们的主要目的地之一。据当地村民介绍，史各庄已经成为“北京北部离中心城区最近的低收入大学毕业生落脚点”。调查显示，低收入大学毕业生（学历为大专及以上的受访者）占总体的69.3%（图10.2），他们平均月收入约为4267元，低于同年（2012年）北京市职工月平均工资5223元。低收入大学毕业生中，男性居多（占69.0%）、23～29岁的年轻人居多（占72.1%）、单身的比例高（占44.0%）。

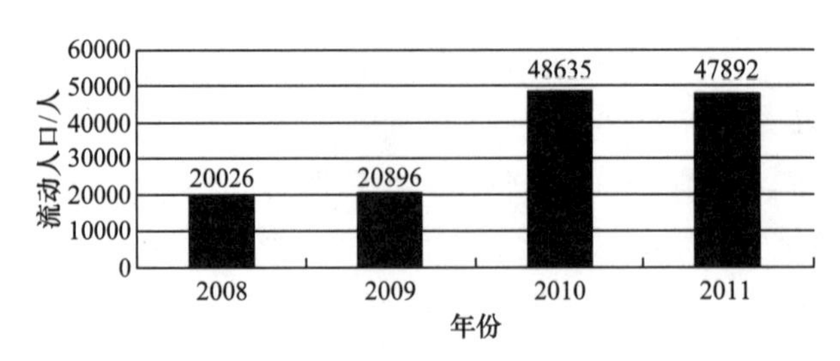

图 10.1　史各庄地区流动人口数量

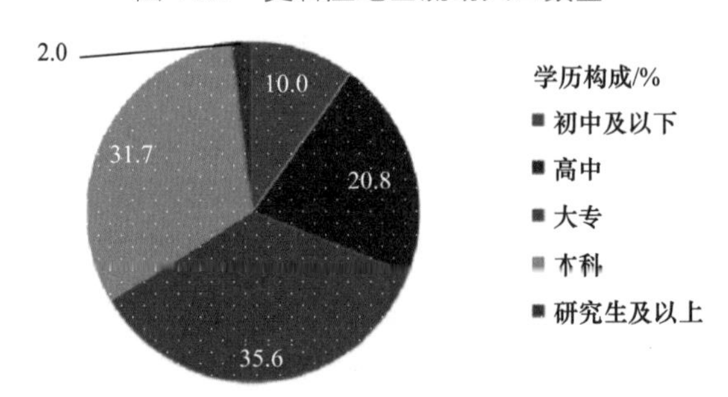

图 10.2　史各庄流动人口学历构成

二、土地利用特征

史各庄地区由史各庄村、东半壁店村、西半壁店村、定福皇庄村四个行政村组成，南沙河从中穿过。2005 年之前，史各庄地区是北京城市边缘区的典型农业村庄。2006 年，宏兴隆彩钢厂等一系列建材工厂落户于此，产业工人成了史各庄地区的第一批租客；2008 年，史各庄南侧的永旺商场购物中心开业，不少商场工作人员也来史各庄租住；2010 年，地铁昌平线通车并在史各庄以南设站，同年，周边的唐家岭等城中村拆迁，众多低收入大学毕业生前来求租，史各庄地区的出租公寓建设达到高潮（图 10.3）。

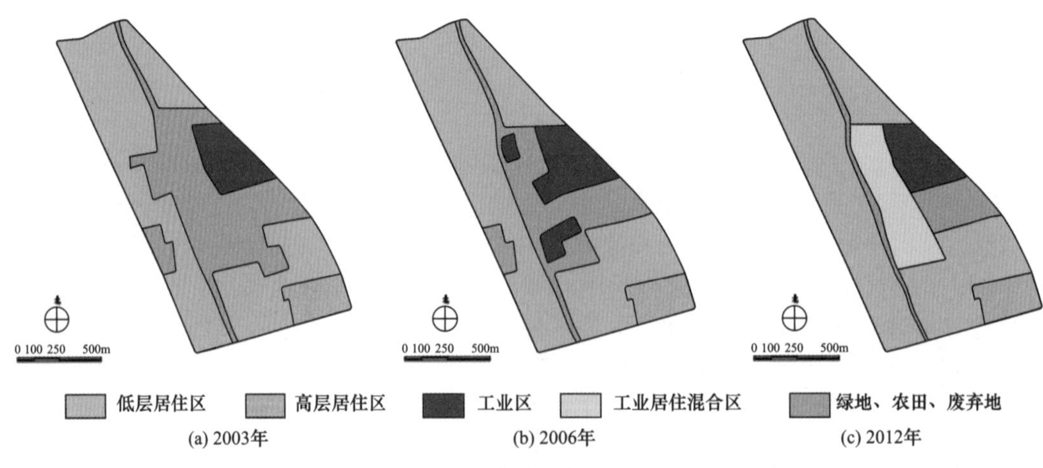

图 10.3　史各庄地区土地利用变化（2003～2012 年）

根据实地调查，按土地利用性质将史各庄地区分为五个片区："出租房-商业混合区""出租房-工业混合区""出租房-自住房混合区""工业区"和"一般小区"（图 10.4）。

其中，“工业区”为食品、建材加工厂所在地，有封闭的围墙、设置单独出入口，对聚居村的影响较小；“一般小区”是史各庄内唯一的封闭多层居住区，也单独设置出入口，与聚居村内的非正规住宅不同。因此，本节余下部分仅讨论“出租房-商业混合区”、“出租房-工业混合区”和“出租房-自住房混合区”的土地利用特征。

1. 出租房-商业混合区

出租房-商业混合区是史各庄地区最早建设出租房的片区,也是对外联系最便捷的地区。它们分布于两处：东半壁店村与西半壁店村南片，靠近永旺购物中心和地铁站的地区；以及西半壁店村、定福黄庄村交界线、八达岭高速下道处（图 10.4）。史各庄地区被铁路、高速公路、河道等因素割裂，较为封闭，而这两处地方扼守外来人群进村的必经之路，是人流量最大的地区。2007 年，随着人群陆续来到史各庄寻租，这两处地方凭借其地理优势，率先发展了出租公寓，直至今日公寓建设已近饱和，并形成了沿街发展的商业服务设施。

出租房-商业混合区的商业规模小、种类齐、较低端。“规模小”体现在商铺多为临街开设、一进式房屋，面积通常在几十平方米。“种类齐”体现在出租房-商业混合区内的商铺涵盖了各种业态，餐饮、超市、发廊、诊所等一应俱全，更不乏 KTV、台球厅、网吧等娱乐场所，能满足年轻人的基本生活需求。“商业低端”一方面体现在这里经营的商户多为社会经济地位较低的个体，其产业大多没有合法地位，提供的商品和服务质量也不高；另一方面是消费者收入偏低，有限的消费能力制约了商业向高端化的提升。

出租房-商业混合区用地结构以线状要素为依托，商住混合。商业的发展得益于人流的汇集，出租房-商业混合区的主要道路两侧均形成线状分布的商业，并不存在位于居住区内部的点状、片状商业。道路限制车辆驶入，宽度约为 8m，两侧有连续的商业界面。商业店铺不是独立的建筑，而是租用出租公寓的底层，形成“商住混合”的模式。沿街建筑多为 2～4 层，底层商业，上层居住；面街商业，背街居住。为了使更多的商户获得沿街立面，出租公寓一般平面呈矩形，短边朝向街道，底层形成店铺。出租房-商业片区的公寓多为村民在自家宅基地上建设而成，起步较早，公寓规模小、数量多，几乎都用来出租，鲜有村民自住。

2. 出租房-工业混合区

出租房-工业混合区发展起步较晚。出租房-工业混合区位于东半壁店村北部、整个聚居区的腹地（图 10.4），2005 年之前这里还是农业用地。2006 年起，宏兴隆彩钢厂等一系列建材工厂落户于此。相对于出租房-商业区的小尺度建筑、狭窄街道，这一地区的工业建筑体量巨大，建筑密度较低，为方便上下货，区内有一条宽阔笔直的车行道（图 10.5）。2010～2011 年，随着唐家岭、小牛坊等周边流动人口聚集区的拆迁，史各庄地区成了京北最靠近城市中心的流动人口聚居区，吸引了大量低收入大学毕业生前来租住。旺盛的租房需求刺激了租房市场发展，村民自建的出租房已经不能满足需求。于是，在短时间内，工业区中兴建了许多大体量的出租公寓，形成了“出租房-工业混合”的局面。

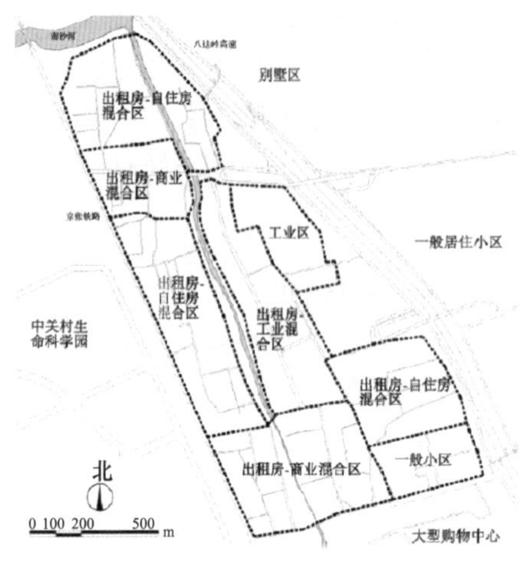

图 10.4　史各庄地区土地利用性质分区

图 10.5　史各庄地区图底

出租房-工业混合区的公寓产权关系较为复杂。出租房-商业混合区内的公寓多由村民个体出资、在自家宅基地上建造；而出租房-工业混合区内的公寓，其土地所有者、出资建造者和承包商各属一方。土地所有者（村民）将土地使用权转让给公寓建造者，公寓建造者出资建造，以期获得拆迁补偿。公寓建成后由公寓承包商租赁，进行房屋装修、基础设施建设，招租管理，以期获得房租收入。这样的出租公寓运作方式，造成了这一地区大体量的公寓。每栋公寓可容纳的住户从几十户到三百多户不等，以年轻租客为主（表 10.1），建筑高度在 3～5 层，其体量与工业建筑相当。

表 10.1　出租房-工业混合区内典型公寓户数及租客年龄构成

公寓名称	总户数	租客年龄				
		17 岁及以下	18～21 岁	22～25 岁	26～29 岁	30 岁及以上
顺发公寓	68	0	6	41	10	11
如家公寓	93	0	9	62	18	4
温馨公寓	311	9	64	159	58	21
青年公寓	131	0	41	58	14	18
和谐公寓	134	1	22	63	30	18
××公寓	108	0	13	42	27	26

出租房-工业混合区结合主要道路，采取“藤上系瓜”式布局，前住后厂。由于这一片区的公寓后于工厂修建，所以形成了二者相互结合、组合布置的模式。一条宽阔笔直的车行道是这一片区的骨架，出租公寓和工厂布置在两侧。其中，出租公寓内居住人口众多、对交通便捷程度要求较高，因此邻近道路布置；工厂主要依靠道路进行货物运输，布置在出租公寓背面。通常情况下，一栋出租公寓和一个工厂组合布置：临街的出租公寓采用底层局部架空的方式，留出车道，以便工厂货物进出（图 10.6）。

这样的布局方式既满足了公寓租客的出行需求，也解决了工厂的货物运输需求，二者的空间利用也“错峰”进行——工作日早晚和休息日，以租客活动为主；工作日的白天以工业活动为主。

3. 出租房-自住房混合区

出租房-自住房混合区主要位于整个聚居村的西北部、与外界较为隔离的腹地。如果说，出租房-商业混合区凭借其优越的地理位置率先兴建出租公寓，出租房-工业混合区利用相对充裕的用地条件建造大型公寓，那么，那些位于史各庄地区腹地、对外交通不太便捷、缺少未建设用地的片区，出租公寓业则发展相对缓慢。至调查开展的 2012 年，这些片区仍保留着部分村民自住的四合院和小体量建筑，是“出租房-自住房”混合区。它们集中分布于两处：①西半壁店村的腹地。这里东侧面河、西侧被京张铁路分割，交通较为闭塞，因此发展较为缓慢。②定福皇庄村。这里位于整个史各庄地区的最北端，虽然离八达岭高速入口较近，但步行至地铁站需要 25 分钟，对于以地铁为主要通勤方式的租客来说，不够便捷。加之定福皇庄村为回民村落，生活习惯差异也可能是导致这里租客较少的原因之一。

出租房-自住房混合区为匀质布局。这一片区内均为居住用地，商业服务设施很少，形成了匀质的土地利用形态（图 10.6）。靠近主要道路的地区率先发展成了出租公寓，而远离道路的地区则有更多的村民自住房。这一片区很大限度地保留了原有村庄的肌理：建筑规模较小，多为 1～2 层建筑，出租公寓内存在村民与租客混居现象；路网蜿蜒狭窄，可达性不强。

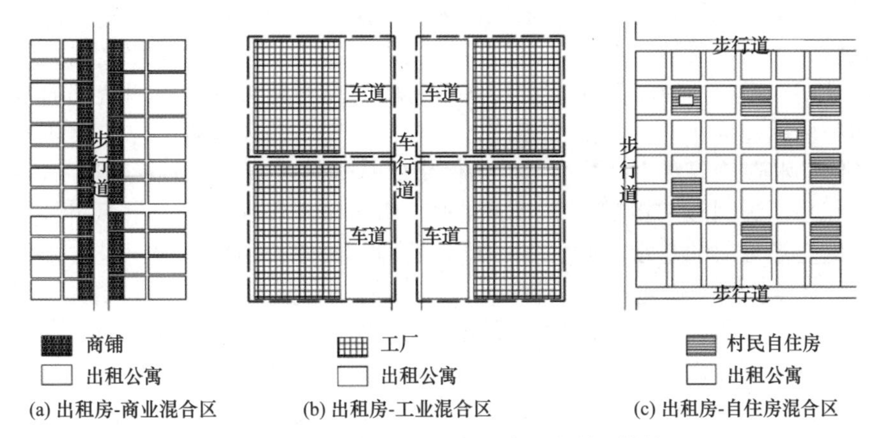

图 10.6　史各庄地区的三种土地利用结构

三、居住空间特征

在史各庄地区的四个行政村中，史各庄村、西半壁店村、定福皇庄村都以村民自建房为主；而在东半壁店村，村内原有较多荒地和厂房，因此在出租业发展起来以后，该片区兴建了许多大体量的“低收入大学毕业生公寓”。这些公寓规模从几十户到几百户不等，有专人负责物业管理，类似大学宿舍。本节对东半壁店村的出租房-工业混合区内的低收入大学毕业生公寓进行研究。

1. 建设和经营

低收入大学毕业生公寓的建设和经营主要涉及三个群体。

（1）当地村民。出于资金有限或不愿承担风险的原因，一部分当地村民将土地租给“大房东”（一手房东），土地租期一般为 30 年。村民获取土地租金收益，没有投资，也不承担拆迁带来的风险。

（2）外来“大房东”。大房东也称为一手房东，他们从当地村民手中租得土地，出资建造出租公寓。公寓建造好后，大房东将公寓转租给二房东，由二房东负责装修、经营和维护。所以，大房东的收益主要来自于二房东的租金和政府拆迁补偿，后者所占比例更大。通过访谈了解到，大房东中不乏社会成功人士，以史各庄一栋建筑面积 $4000m^2$ 的低收入大学毕业生公寓为例，大房东是北京某知名律师，做律师挣了很多钱，于是投资城中村公寓。修建公寓的同时注册了四家公司，虽无实体，但每年向国家纳税。这样，房屋拆迁的时候可以得到 1500 元/m^2 的建筑赔偿和 3000 元/m^2 的经营赔偿。当然，也有的大房东是借高利贷建造房屋，如果五年之内未拆迁，就要承担经济损失。“投资出租公寓就是赌博”——一位房东如是说。所以，大房东将建造公寓看作一项短期的、有风险的投资，他们希望拆迁越快越好。为节省投资，许多房屋的建造都是粗制滥造的：有的公寓为了增加层数并减少房屋重量，采用“轻体砖+钢”的结构，外墙厚度仅为 8cm；有的公寓将原有的“24 墙”变为“18 墙”，为的也是减小重量，减小房屋倒塌的危险。低收入大学毕业生公寓的平均建筑造价约为 1200 元/m^2，用房东们的话说：“许多都是豆腐渣工程，三年五年不倒，六年七年没保障”。

（3）外来“二房东”。二房东也称为二手房东，他们从大房东手里租赁公寓，并出资装修、出租、管理、维护，直接从低收入大学毕业生处获得租金收益。因为房屋的拆迁日期未定，所以二房东与大房东签订的房屋租赁合同上，租赁期通常为“从即日起到房屋拆迁为止”。因此，相比大房东，二房东的风险更大。二房东的投资在于房屋装修、水暖电等费用。装修上，每件房屋基本只配备了最简单的床、衣柜、桌子、洗手盆和马桶。因施工粗糙，常出现漏水、墙面掉灰等现象，令租客叫苦不迭。相比装修，更捉襟见肘的是水、暖、电、垃圾处理。例如，因用电负荷过大，公寓每晚都会停电。这样的问题供电局不予解决，二房东们只有依靠私人关系，准备筹资 50 万自己装变压器。又如，公寓无法接入城市自来水网，所有人的用水只能依靠唯一的一口井，水没有经过任何消毒处理便直接入户。再如，垃圾处理，二房东每年为此项支出几万到十几万不等，但门口的垃圾依然不能及时地被处理。尽管如此，二房东的收益仍然十分可观：某建筑面积 $4000m^2$ 的公寓，投资两年就可以回本；某建筑面积 $12000m^2$ 的公寓，投资 5000 万，大约三年就可以回本。回本以后，房屋多出租一年，净收益就多几十乃至几百万，因此二房东希望拆迁日期越晚到来越好。在史各庄的二房东约有 60%来自福建，来自山西运城的也占一部分。他们在全国范围内经营出租公寓，经常在网上交换信息，哪里有机会就往哪里去。例如，有一位二房东就一直在北京经营城中村房屋出租，从北沙滩辗转到唐家岭，唐家岭拆迁后又到了史各庄。二房东通常举家迁来，在低收入大学毕业生公寓内负责打扫卫生的阿姨，通常也是二房东的远房亲戚。低收入大学毕业生公寓建设和经营关系如表 10.2 所示。

表 10.2　低收入大学毕业生公寓建设和经营关系

项目	当地村民	大房东	二房东
支出	无	公寓建造	装修、管理、维护
收益	土地租金	公寓租金、拆迁补偿	公寓租金
收益来源	大房东	二房东、政府	低收入大学毕业生
收益时机	土地租赁期(30 年)	房屋拆迁时	直至房屋拆迁时
风险	几乎无风险	风险较小	风险较大
对拆迁的态度	无所谓	越早拆迁越好	越晚拆迁越好

2. 租住模式

本节以史各庄地区规模最大的低收入大学毕业生公寓（温馨公寓）为例，对低收入大学毕业生公寓的租住模式进行调研。截至调研时，温馨公寓共有 311 名租客，其中男性占 61.4%，女性占 38.6%；汉族占绝大部分（95.2%）；25 岁及以下的租客占 74.6%，25～30 岁的租客占 18.6%，30 岁以上的租客仅占 6.8%。来源地方面，主要是河北、河南、黑龙江、山东等省和北京农村（图 10.7）。

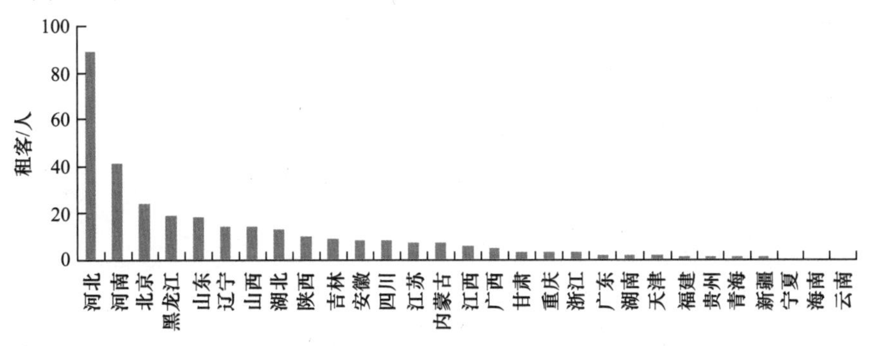

图 10.7　温馨公寓租客户籍来源地构成（*N*=311）

为进一步了解低收入大学毕业生公寓的租住模式，本节对温馨公寓南翼每层 1～10 号住户进行了入户小问卷调查，获取了 4 层共 40 户的居住情况（表 10.3），从中可以发现：

（1）居住形式以合租为主，人均居住面积较大。在所有 40 户受访者中，1 人租 1 间房的有 17 户，2 人合租的有 19 户，3 人合租的有 4 户，即 57.5%的租客都采取合租的形式。该公寓每间月租金为 600 元，加上水、电、气、网络等费用，一个月在 750 元左右，若 2 人合租，则低收入大学毕业生每月在住房上的花费不到 400 元，仅占收入的 1/10 左右；若 1 人独租，租金占收入的比也不到 1/5。尽管租金低，低收入大学毕业生公寓的面积却相对较大：单间面积约为 $17m^2$，由此推算人均居住面积在 $10m^2$ 左右，高于北京市规定的最低标准 $5m^2$/人。而曾经的唐家岭、小月河等更靠近城市中心的聚居村，大多数（69.6%）的低收入大学毕业生人均居住面积小于 $10m^2$（廉思，2009），甚至出租高低床位也十分普遍，而在史各庄的低收入大学毕业生公寓内并没有这样的现象。由此可见，史各庄地区由于位于大城市边缘区，土地利用管制处于规划之外，土地利用成本低，因而让大体量的低收入大学毕业生公寓建设成为可能，进而为低收入大学毕业生公寓提供了便宜的、宽敞的住房。在访谈中也了解到，“花同样、甚至更少的租金，而人均居住面积更大”，是不少低收入大学毕业生放弃区位更好的出租房，而选择租住在史各庄的原因。为了获得更多的住房空间，低收入大学毕业生愿意牺牲通勤时间，选择远离市级公共服务设施、远离城市中心的生活方式。换言之，在控制租金的条件下，低收入大学毕业生在平衡“住房面积”、“通勤”与“设施环境”之间的关系时，更重视“住房面积”。

（2）合租关系既不建立在血缘、地缘基础之上，也不全由市场决定。传统的基于农民工的研究认为，他们在城中村的聚居形式与非正式的社会网络密不可分：他们在城市落脚、就业、适应城市生活的过程中，血缘关系和同乡关系都扮演了重要作用，并可能在城中村中组织起基于这种非正式社会网络的产业（如北京浙江村的服装制作、河南村的垃圾回收等）。然而本次调查显示，在所有合租的受访者中，与合租者为“同学”（39.1%）或“情侣/夫妻”（30.4%）关系的占大多数，其次为“同事”、“朋友”或“三口之家”，仅有1户为“亲戚”关系。合租关系不再建立于血缘、地缘关系之上——这是低收入大学毕业生相比农民工的不同之处。另外，所有受访者都是“熟人合租”，即合租关系建立之前就彼此熟识。而在唐家岭等区位更好的城中村，往往是“一（床）位难求”：即使在一个房间内，租客的流动性也很高。有人搬离的时候，其合租者会在网上发帖招募新的合租者。这种纯粹基于市场的合租行为，导致合租者之间往往是陌生人，由此也带来了很多社会治安隐患。

（3）虽然公寓类似大学宿舍，但邻里熟识程度较低。一方面，在被访的40户租客中，有大学毕业生的户数为32户，比例达到80.0%；另一方面，公寓的平面布局也与大学宿舍类似。但尽管如此，公寓中邻里熟识程度却较低：在所有40户受访者中，仅有12户表示“认识一些邻居”，仅有1户表示“认识很多邻居”。为什么低收入大学毕业生公寓的租客年龄相仿、受教育程度相似、集中居住，邻里关系却相对淡漠呢？第一，高强度的工作节奏、对网络的热衷，减少了低收入大学毕业生的邻里交往。公寓小调查显示，95.0%的租客都在村外工作，考虑到史各庄离中心城区较远、通勤时间较长，租客们通常是早上七点就出门，至晚上七、八点才陆续回到村里，可供交往的时间不多。访谈发现，在休息日，低收入大学毕业生也多将时间花在上网、玩游戏等方面，对虚拟世界投入较多，邻里交往较少。第二，公寓建造时为了盈利，尽可能地将室内空间建为出租房，公共空间仅仅是为了交通和疏散的走廊，长而笔直，难以长久停留。交往空间的匮乏，也造成了邻里熟识程度低。

表 10.3　低收入大学毕业生公寓（温馨公寓南翼）租客居住状态

层数、公寓号	居住者状况									
一层 1-1-1-10	3人○ 同学 ▲☆	2人○ 亲戚 ▲☆	2人● 情侣/夫妻 ▼☆	2人○ 同学 ▲★	1人 — △☆	2人○ 同学 ▲☆	1人 — ☆	1人 — ▲☆	1人 — ▲☆	1人 — ▲★
二层 2-1-2-10	2人○ 同学 ▲★	1人 同学 ▲☆	2人● 情侣/夫妻 ▲★	2人○ 同事 ▲★	3人● 一家三口 ▲☆	1人 — ▲★	3人○ 同学 ▲★	2人○ 同学 ▲☆	2人● 情侣/夫妻 ▲☆	1人 — ▲☆

续表

层数、公寓号	居住者状况									
三层 3-1-3-10	1人 — ▲☆	2人○ — △★	1人 — ▲☆	2人● 情侣/夫妻 ▲★	2人○ 同学 ▲☆	1人 — ▲★	1人 — △☆	2人● 情侣/夫妻 △☆	2人● 情侣/夫妻 ▲★	2人● 情侣/夫妻 ▲☆
四层 4-1-4-10	2人○ 朋友 ▲☆	1人 — ▲☆	1人 — ▲★★	1人 — ▲☆	3人● 一家三口 ▼☆	2人○ 同学 ▲☆	2人○ 朋友 ▲☆	2人○ 同学 ▲★	1人 — ▲☆	1人 — ▲☆

注：●异性合租　○同性合租；▲有大学文凭，在村外工作　△无大学文凭，在村外工作　▼在本村工作；★★认识很多邻居　★认识一些邻居　☆几乎不认识邻居。

3. 居住环境与场所空间

温馨公寓是史各庄地区规模最大的低收入大学毕业生公寓。建筑总平面为方形，分为互不相通的A、B两区，共4层，共有320个带简易卫浴的房间出租。建筑设计得不像出租公寓，而更像大学宿舍：笔直的走道两边是一间接一间的单间，大小和布置均一样。为了在有限的占地面积上获得更多的房间，房间窗户的间距不到2m，仅留了很窄的通风道，通风、采光均不能满足正常需求；住对面的租客从窗户就能“握手”，个人隐私也不能很好地受到保护。尽管如此，低收入大学毕业生的租房市场仍供不应求。对温馨公寓的调查在2012年7月展开，正值毕业季，彼时公寓刚招租一个月，已经有了311名租客，出租率几乎达到100%。尽管租客规模庞大，但公寓却管理得井然有序，鲜有盗窃、治安事件发生。在公寓的各个楼层均有摄像头，早9点至晚11点均有人监控，晚11点以后则需要刷门禁卡方可进入公寓。在访谈中甚至有房东提到，房子只租给大学毕业生，希望给他们创造一个安静的生活环境。

温馨公寓内只有一种户型，平面布置如图10.8所示，房间面积约为17m^2。房间出租时自带简易家具，包括床、衣柜、书桌和洗浴设备。房间内还有用简易隔板围成的卫生间，配有淋浴喷头。因装修时间短、造价低，施工质量不达标，卫生间常出现漏水、马桶堵塞现象。紧靠卫生间由隔板隔出一小片空间，不少租客把它当作厨房。为避免火灾隐患，公寓内严禁使用液化气，租客们只有自带电磁炉烹饪，在晚高峰的时候常导致停电。室内没有配备空调，一是考虑到租户经济能力有限，二是村内电网负荷过大，在用电高峰期停电是家常便饭，使用空调只会使供电系统更加不堪重负。到了夏季，室内因通风不畅闷热难耐。同时，建筑内墙较薄，隔音效果很差，在房间内能清楚听见走廊里人们的一举一动。尽管如此，比起唐家岭的上下铺合租屋，史各庄带独立卫生间的房间条件已经好了不少，不少低收入大学毕业生表示“知足”。

值得注意的是，虽然低收入大学毕业生公寓的租金低，但租客们用于基础设施服务的费用却更高了。从表10.4中可以看到，低收入大学毕业生公寓的供暖、宽带网络费用比城区出租公寓稍有上浮，电费是城区的3倍，冷水费是城区的近2倍，热水费更是城区的十几倍。虽然毗邻城市建成区，但史各庄地区的用地仍为乡村属性，游离

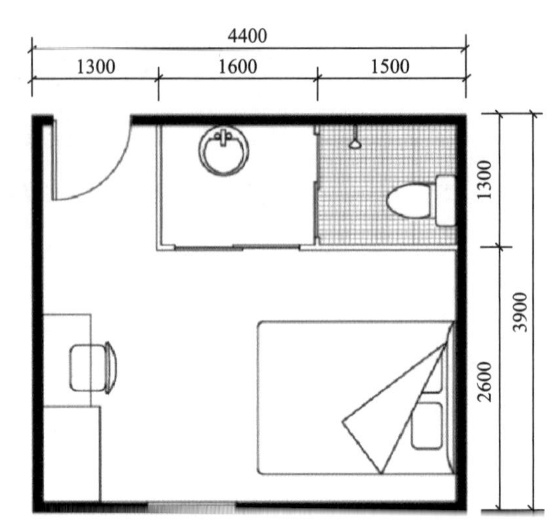

图 10.8　低收入大学毕业生公寓户型平面图（单位：mm）

于城市规划之外，政府提供的基础设施也仅仅满足于有当地户籍的村民使用。规模庞大的聚居人口被“忽视”了。为了解决基础设施供应的问题，史各庄地区成立了“物业公司”，由房东们自筹资金安装变压器、安装手机信号放大器、打井、铺设网络光纤等，所有基础设施自成一体，费用上去了，基础设施供应却仍很难满足需求。这造成了两方面的影响：一是较高的价格让租客产生节俭意识，为供不应求的基础设施“减负”；二是公寓经常出现停水、停电、手机信号不好的情况。

表 10.4　史各庄公寓与北京城区公寓价格比较

项目	史各庄低收入大学毕业生公寓	北京城区出租公寓
电费	1.5 元/(kW · h)	0.5 元/(kW · h)
水费	冷水 5 元/t；热水 40 元/t	2.8 元/t
供暖	180 元/月	135 元/月
宽带网络	80 元/月	60 元/月

工作日早晨六点多开始，低收入大学毕业生公寓的租客们就陆续起床了，楼道里都是闹铃声、洗漱声和脚步声，整个公寓渐渐亮灯了。天还没亮，就有低收入大学毕业生离开公寓，踏入茫茫黑暗中（史各庄地区只有极少数的街道有路灯照明）。到七点多，村庄变得忙碌而富有生气，路上可见牵着手奔赴村口公交站的年轻情侣，也有骑车载着女朋友的男生、三三两两步履匆匆的青年。道路两旁的包子摊、鸡蛋灌饼摊、馒头摊散发出诱人的香气，招徕了许多顾客。到九点左右，低收入大学毕业生公寓人去楼空，史各庄又安静下来：早餐铺的老板开始收拾碗筷，招呼一家老小吃早饭；饭店厨师们蹲在门口抽烟、聊天，准备晚上大干一场；房东开始打扫卫生、换灯泡、修电器；村中建材厂的大卡车开始上货……空荡荡的景象会维持到晚上六七点，这时候下班的租客们陆陆续续回来了。史各庄里白天门可罗雀的餐厅、空荡荡的街道又人满为患了。最热闹的莫过于进村的那条路，卖吃食的、卖打折衣服鞋包的、卖花鸟虫鱼……

推着板车占据了街道的两侧，街道上人群熙熙攘攘，少了早上那份匆忙，多了些疲惫一天后的休闲。住在一起的小情侣有的会自己用电磁炉做饭，但也仅限于简单的面条、青菜等。村里也有专营各类快餐的小店，十块钱以下就能吃到饱。或者在众多的露天大排档中，与三两朋友坐下来，一块钱一串的烤面筋、四块钱一瓶的啤酒，就着夜风和街边播放的音乐，消磨晚上的时光。经常停电的日子里，偌大的公寓楼是漆黑而冷清的，但路边的大排档，借着微弱的灯光，却充满着人气和活力。

休息日则是闲暇的：周末的早上，低收入大学毕业生们一扫平日里的忙碌，都还沉浸在梦乡之中。十点以后，大家陆陆续续起床了，开始了难得的周末生活。女孩们梳妆打扮，笑着挽着手出门逛街了；情侣们窝在床上，边吃自己做的早餐，边看综艺节目；还有的低收入大学毕业生们开始接待朋友来访。公寓里渐渐有了生气，平时楼道里紧闭的房门很多都打开了，门帘虚掩着，从里边不时传出音乐声、电视剧声、打游戏声。在走廊尽头的公共洗衣机旁，大家清洗、晾晒一个星期的衣物，也晾晒一个星期的疲劳，他们普遍表示："在史各庄的生活是可以接受的"，"目前的状态和在学校时没有太大区别"。

第三节　低收入大学毕业生就业空间的分异

一、研究方法

本节采用因子生态分析方法。将收集到的低收入大学毕业生相关数据划分为个人特征、居住状况、就业状况三大类指标，共选取了 11 个变量。其中，"个人状况"包含了"已婚"、"来京 2 年以下"和"本科及以上学历"等 3 项变量："居住状况"包含了"曾因工作搬过家"和"换过 3 次以上住房"等 2 项变量："就业状况"包含了"月收入 6000 元以上"、"从事第二产业"、"从事生产性服务业"、"从事生活性服务业"、"换过 2 次以上工作"和"每天几乎按时上下班"等 6 项变量。20 个街道与 11 个变量共同构成了"20×11"的原始数据矩阵。应用数理统计软件 SPSS 对原始数据矩阵进行因子分析，从而得到低收入大学毕业生就业空间分异的主因子，根据主因子得分，再通过聚类分析，得到低收入大学毕业生就业空间分异的类型与空间分布。

二、就业空间分异的主因子分布

对上述"20×11"的原始数据矩阵进行验证，结果显示，KMO 值为 0.619，巴特利特（Bartlett）球形检验的 Sig 值为 0.018，小于 0.05，即认为各变量之间存在显著的相关性，适合做因子分析。在抽取方法中采用主因子法，以特征值大于 1 作为标准，选取了 4 个主因子，累积贡献率达到 75.595%（表 10.5）。由于因子含义不够清晰，需要对初始因子载荷矩阵进行方差最大化正交旋转，旋转在 12 次迭代后收敛，得到旋转后的主因子载荷矩阵（表 10.6）。

表 10.5　主因子特征值及方差贡献率

主因子	未旋转			正交旋转		
	特征值	贡献率/%	累积贡献率/%	特征值	贡献率/%	累积贡献率/%
1	3.034	27.582	27.582	2.519	22.901	22.901
2	2.559	23.264	50.846	2.188	19.895	42.796
3	1.620	14.725	65.571	1.811	16.468	59.264
4	1.103	10.023	75.594	1.796	16.331	75.595

表 10.6　主因子载荷矩阵

主因子	变量名称	各因子载荷			
		1	2	3	4
1	已婚	0.811	0.441	−0.026	−0.014
	从事第二产业	0.813	−0.092	−0.186	−0.354
	曾因工作搬过家	0.669	0.286	−0.068	0.446
	换过 2 次以上工作	−0.537	−0.012	−0.259	0.484
2	来京 2 年以下	−0.067	−0.686	0.128	−0.02
	每天几乎按时上下班	0.04	−0.771	−0.076	−0.494
	月收入 6000 元以上	0.242	0.859	0.17	−0.15
3	本科及以上学历	−0.34	0.236	0.748	−0.021
	从事生产性服务业	−0.425	0.023	0.614	0.475
	从事生活性服务业	−0.319	0.21	−0.841	0
4	换过 3 次以上住房	−0.05	0.017	0.097	0.863

1. 家庭状况与第二产业从业比例

家庭状况与第二产业从业比例主因子特征值为 3.034，方差贡献率为 27.582%，主要反映 4 个变量的信息。这一因子得分高的街道有如下特征：在此街道就业的低收入大学毕业生中，已婚者比例高，从事第二产业的人多，曾因工作搬过家的人较多，换过 2 次以上工作的人较少（工作状态较稳定）。

从图 10.9 可以看出，第 1 主因子得分高的街道为北京北部近郊的海淀区西北旺镇和北部远郊的昌平区回龙观镇、城北街道，主要为第二产业分布较为集中的地区，从业的低收入大学毕业生工作状态、生活状态都较稳定。因子得分低的街道为北京内城周边的朝阳区太阳宫乡、海淀区紫竹院街道和海淀乡，区位优势较好，第三产业比例较高。从中可以看到，第 1 主因子得分的分布规律大致为圈层分布，离中心城区越远的地区得分越高。

2. 就业岗位质量

就业岗位质量主因子特征值为 2.559，方差贡献率为 23.264%，主要反映 3 个变量的信息。这一因子得分高的街道有如下特征：在此街道就业的低收入大学毕业生中，来京 2 年以下的人数较少、每天按时上下班的人数较少、月收入大于 6000 元（高收入）的比例高。

从图 10.10 可以看出，第 2 主因子得分高的街道为海淀区的西三旗街道，其次为京藏高速沿线的街道，如海淀区的上地街道、朝阳区的奥运村街道，这些街道信息技术产业较为发达、与史各庄地区公共交通联系便捷，从业的低收入大学毕业生从业时间相对较长、收入较高但常加班。因子得分较低的街道为朝阳区的麦子店街道和昌平区的城北街道，离史各庄地区较远。从中可以看出，第 2 主因子得分的分布规律大致为扇形分布，沿京藏高速的地区得分较高。

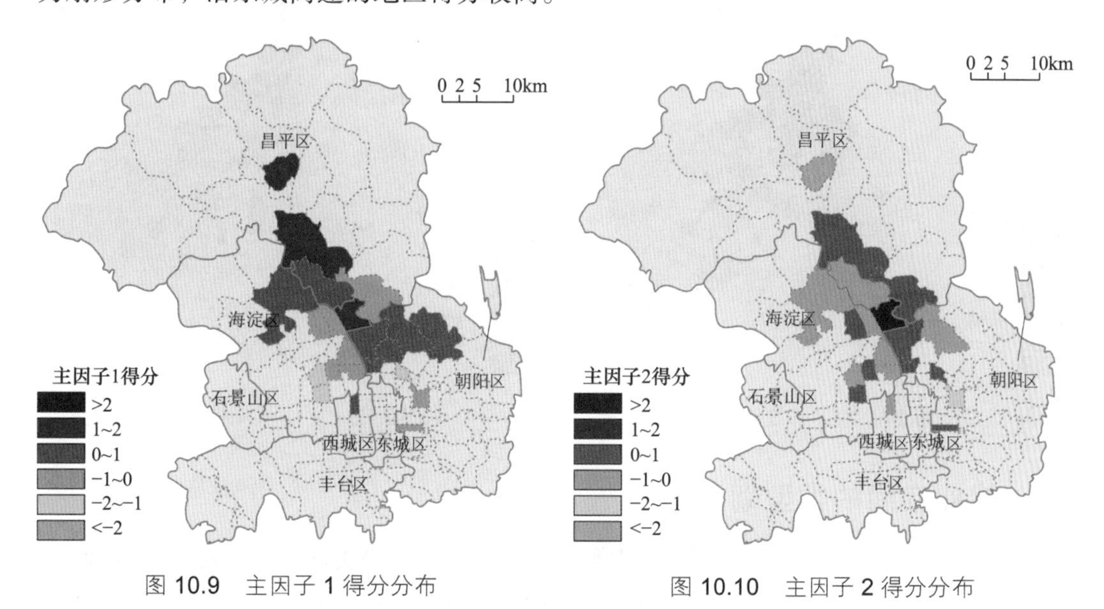

图 10.9　主因子 1 得分分布　　　　图 10.10　主因子 2 得分分布

3. 学历水平与服务业从业比例

学历水平与服务业从业比例主因子特征值为 1.620，差贡献率为 14.725%，主要反映 3 个变量的信息。这一因子得分高的街道有如下特征：在此街道就业的低收入大学毕业生中，本科及以上学历者比例高，从事生产性服务业的人多，从事生活性服务业的人少。

从图 10.11 可以看出，第 3 主因子得分高的街道为北部远郊昌平区的回龙观镇、东小口镇及内城周边的朝阳区的太阳宫乡，这些街道的低收入大学毕业生学历相对较高，以从事生产性服务业为主。因子得分较低的街道为朝阳区的来广营乡和海淀区的紫竹院街道，分布较为零散。从中可以看出，第 3 主因子得分的分布规律大致为团状集聚，位于城市北部远郊的地区得分较高。

4. 迁居特征

迁居特征主因子特征值为 1.103，方差贡献率为 10.023%，主要反映 1 个变量的信息。这一因子得分高的街道有如下特征：在此街道就业的低收入大学毕业生中，频繁迁居（换过 3 次以上住房）的人数较多。从图 10.12 可以看出，第 4 主因子得分高的街道为西城区的新街口街道和昌平区的东小口镇，一个在中心城区，一个在城市远郊，在这两个地区就业的低收入大学毕业生经常更换住房。因子得分较低的街道为海淀区的西北旺镇和朝阳区的太阳宫乡，分布较为零散。从中可以看出，第 4 主因子分布的大致规律为块状分布，得分较高的地区分布零散。

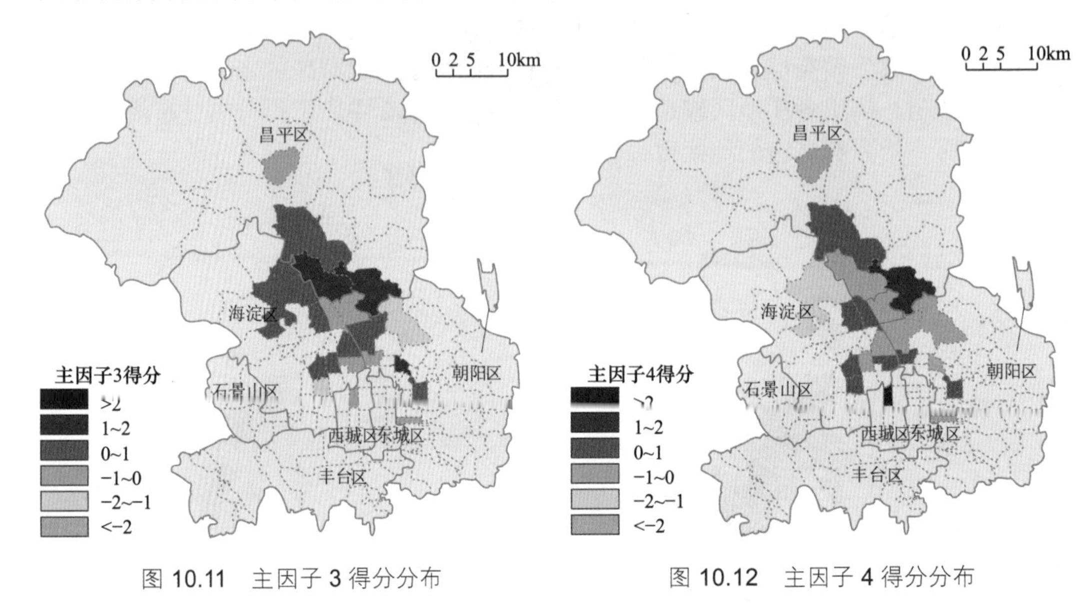

图 10.11　主因子 3 得分分布　　　图 10.12　主因子 4 得分分布

三、就业空间的类型划分

以 20 个街道 4 个主因子得分为数据矩阵，采用系统聚类法（hierarchical cluster）对史各庄地区低收入大学毕业生的就业空间类型进行划分。距离测度应用平方欧氏距离，并选取 Ward 法计算类间距离，根据树状图将低收入大学毕业生的就业空间划分为 7 类（图 10.13）。计算各类就业空间每个主因子得分的平均值（表 10.7），判断各类就业空间的特征并据此命名。

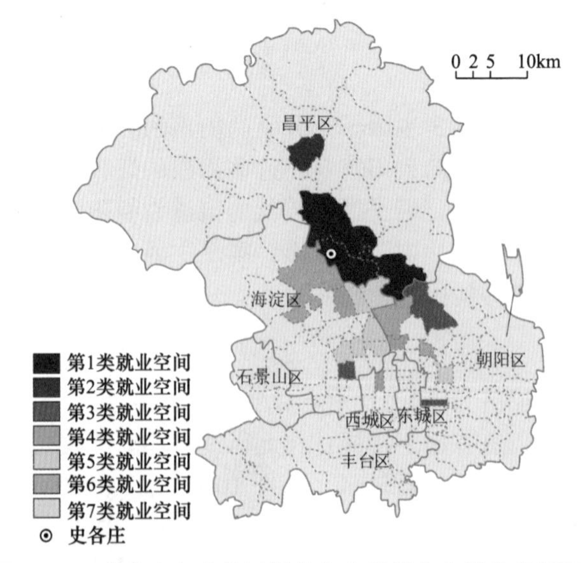

图 10.13　北京史各庄地区低收入大学毕业生就业空间聚类

表 10.7　各主因子在不同类型片区的得分均值

类别	街道个数	主因子 1	主因子 2	主因子 3	主因子 4
第 1 类	3	0.739	0.132	1.414	0.729
第 2 类	1	1.446	−2.596	−0.732	−0.058
第 3 类	3	−0.488	0.235	−1.419	−0.432
第 4 类	3	0.214	0.529	−0.344	1.08
第 5 类	6	−0.663	−0.475	0.025	0.184
第 6 类	3	−0.17	0.053	0.715	−1.538
第 7 类	1	1.646	2.6	−0.51	−0.565

1. 第二产业和生活性服务业从业人员聚集区

该区在第 3 主因子上的平均值较为突出，为正值。该类型包含了 3 个街道：昌平区的回龙观镇、东小口镇和沙河镇。这 3 个街道距离史各庄较近，就业者职住平衡状况较好。事实上，在这 3 个街道就业的受访者中，分别有 60.9%、60.0%和 55.6%的人曾因工作搬家，职住接近是他们主观选择的结果。其中，在回龙观镇从事生活性服务业的比例较高（31.7%），在沙河镇从事第二产业的比例较高（66.7%）。

2. 收入较低的第二产业从业人员聚集区

该区在第 1 主因子和第 2 主因子上的平均值较为突出，第 1 主因子平均值为正值，第 2 主因子平均值为负值。该类型仅包含昌平区城北街道，城北街道是所有研究区域中距离北京中心城区最远的。在城北街道就业的受访者以从事第二产业为主，且收入普遍较低。可见，在该类型就业空间工作的低收入大学毕业生就业岗位质量偏低。

3. 高学历的生产性服务业从业人员聚集区

该区在第三主因子上的平均值较为突出，为负值。该类型包含了 3 个街道：朝阳区的建外街道、来广营乡和海淀区的紫竹院街道。在这 3 个街道就业的受访者中，学历为本科及以上的受访者比例很高，分别占 77.8%、80.0%和 100.0%，从事生产性服务业的比例分别为 66.6%、40.0%和 100.0%，在所有受访者中水平较高。可见，在该类型就业空间工作的低收入大学毕业生岗位技术含量较高。

4. 迁居频繁的人员聚集区

该类型的就业空间在第 4 主因子上的平均值较为突出，为正值。该类型包含了 3 个街道：朝阳区的亚运村街道、海淀区的上地街道和西城区的新街口街道。在这 3 个街道就业的受访者中，换过 3 次以上住房的比例分别为 44.4%、58.3%和 57.1%,在所有受访者中水平较高。可见，在该类型就业空间工作的低收入大学毕业生居住状态不稳定。

5. 年轻的第三产业从业人员聚集区

该类型的就业空间在第 1 主因子上的平均值较为突出，为负值。该类型包含了 6 个街道：朝阳区的麦子店街道、海淀区的中关村街道、学院路街道、清河街道、花园路街道和海淀乡。在这 6 个街道就业的受访者中，从事第二产业的比例较低，未婚的比例较高，来京 2 年以下的比例较高。可见，在该类型就业空间工作的低收入大学毕业生具有年轻化、来京时间不长的特点，且以从事第三产业为主。

6. 居住状态较稳定的人员聚集区

该类型的就业空间在第 4 主因子上的平均值较为突出，为负值。该类型包含 3 个街道：朝阳区的太阳宫乡、奥运村街道和海淀区的西北旺镇。在这 3 个街道就业的受访者中，换过 3 次以上住房的受访者分别仅占 40.0%、20.0%和 20.0%，在所有受访者中水平较低。可见，在该类型就业空间工作的低收入大学毕业生搬迁的次数较少，居住状态较稳定。

7. 工作经验丰富的较高收入人员聚集区

该类型的就业空间在第 2 主因子和第 1 主因子上的平均值较为突出,且均为正值。该类型仅包含海淀区的西三旗街道。在西三旗街道就业的受访者中，来京两年以上的占 80.0%，连续工作 3 个月以上的占 100.0%，月收入大于 6000 元的占 60.0%。可见，在该类型就业空间工作的低收入大学毕业生工作经验丰富，收入较高。

第四节　低收入大学毕业生的职住空间关系

一、分学历组的通勤距离水平研究

本节将回答以下问题，即：在制度力限制了流动人口住房选择的情况下，控制居住地点，不同学历水平的流动人口通勤距离是否有显著差异？具体地，将全体受访者分为 3 个学历组：高中及以下学历组（占全体受访者的 30.8%）、大专学历组（占全体受访者的 35.5%）、本科及以上学历组（占全体受访者的 33.7%），进行分学历组的对比研究。

1. 分学历组的通勤距离水平

首先，对 3 个学历组的直线通勤距离进行方差分析（ANOVA）。结果显示：高中及以下学历组的直线通勤距离最短。相比于高中及以下学历组，大专学历组的直线通勤距离远 6.07 km，本科及以上学历组的直线通勤距离远 6.84 km（均在 0.01 水平下显著）。然而，大专学历组和本科及以上学历组的直线通勤距离之间却没有显著差异（表 10.8）。

表 10.8　分学历的直线通勤距离方差分析结果

学历组	平均通勤距离/km	与高中及以下学历组相比/km	与大专学历组相比/km	与本科及以上学历组相比/km
高中及以下学历组	6.85	—	−6.07***	−6.84***
大专学历组	12.93	6.07***	—	−0.76
本科及以上学历组	13.69	6.84***	0.76	—
北京平均	19.30	—	—	—

注：—表示不适用该分析；***p<0.01。

数据来源：问卷调查：http://sh.house.sina.com.cn/news/cityill/index.shtml。

值得注意的是，3 个学历组的平均通勤距离都明显小于同年北京的平均水平（19.30km）。流动人口的通勤距离为何较短？学术界一般有两种解释：一是流动人口可以很容易地在周边地区找到技能匹配的工作，所以他们不必要进行长距离通勤；二是周边的技能匹配的工作很少，而流动人口的经济状态很低，又不愿意进行长距离通勤，因而没限制在当地的非正规部门就业（Gottlieb and Lentnek, 2001）。为了进一步弄清流动人口短距离通勤的机制，本节亦探讨了流动人口分学历组的职业、行业的就业地点分布。

2. 分学历组的职业分布

受访者分学历组的职业分布情况如表 10.9 所示。分布结果与广泛接受的结论相似：更高学历的流动人口，其职业地位更高，职业更倾向于分布在全市范围内。对于高中及以下学历组来说，占最大比例的职业类型为“个体”（33.3%）。像许多学者之前指出的那样，这些流动人口通常参与当地的非正规就业市场，服务于数量庞大的聚居流动人口，如经营餐馆、小旅店、杂货店、理发店等（Skeldon, 1997; Light, 2004）。从事个体非正规经营的流动人口往往不能获得单位提供的住房公积金，也不能申请城市公共住房，这一情况无疑加剧了他们的弱势地位。与此同时，大专学历组和本科及以上学历组的职业水平更高，空间分布也更广：大专学历组最多的为技术人员（39.5%）和办事人员（12.9%）；本科及以上学历组中，技术人员的比例更高（48%），其次是管理人员（18.9%）。

表 10.9　分学历组的职业分布　　（单位：%）

职业	高中及以下学历组	大专学历组	本科及以上学历组
个体	33.3	11.6	3.4
服务人员	14.6	11.6	7.4
技术人员	21.1	39.5	48
老师	1.6	4.1	2
管理人员	7.3	8.8	18.9
办事人员	4.9	12.9	8.1
工人	8.1	3.4	2
其他	9.1	8.1	10.2

3. 分学历组的行业分布

受访者分学历组的行业分布情况如表 10.10 所示。结果显示，3 个学历组的行业分布有明显的差异。高中及以下学历组中，从事批发和零售业、住宿和餐饮业、居民服务业和其他服务业的比例最高（23.9%），他们主要是服务居住在史各庄和周边地区的居民。除此之外，15.5%的高中及以下学历组的受访者从事建筑业和制造业，他们大多在史各庄的集体所有的工厂工作。大专学历组和本科及以上学历组中，大多数的受访者都从事信息传输、计算机服务和软件业。正是因为史各庄在空间上邻近北京的信息技术产业中心（中关村科技园和上地软件园），所以有那么多的中高学历流动人口都从事信息相关产业。然而，对于低学历的流动人口来说，由于技能的限制，他们无法享受史各庄的这种区位优势。

表 10.10　分学历组的行业分布　　（单位：%）

行业	高中及以下学历组	大专学历组	本科及以上学历组
金融业和房地产业	0.7	4.3	4.5
建筑业和制造业	15.5	14	11
电力、燃气及水生产和供应业；交通运输、仓储和邮政业；卫生、社会保障和社会福利业	5.6	4.9	3.2
信息传输、计算机服务和软件业	14.1	34.1	47.1
批发和零售业；住宿和餐饮业；居民服务和其他服务业	23.9	11	5.2
文化、体育和娱乐业；教育；科学研究、技术服务和地质勘查业	8.5	12.2	18.1
其他	31.7	19.5	10.9

4. 分学历组的就业地点分布

受访者分学历组的就业地点分布情况如图 10.14 所示。针对每个学历组，确定了两个就业中心。高中及以下学历组的两个就业中心为史各庄和回龙观。虽然根据官方统计数据史各庄的非农就业岗位并不高，然而问卷调查显示，41%的高中及以下学历组的流动人口在这里从事非正规就业，服务于数量庞大的流动人口；或是在当地的村集体工厂中就业。16%的高中及以下学历组的流动人口在邻近史各庄的回龙观就业。作为北京最大的郊区居住区之一，回龙观的居住人口已经超过了 30 万，并产生了大量的低技能就业岗位需求，如销售人员和建筑工人。大专学历组和本科及以上学历组的就业中心是相同的：上地和中关村，这两个就业中心都是北京乃至全国范围内的信息技术产业中心。

上述对受访者分学历组的职业、行业和就业地点分布研究结果，已经可以初步揭示学历对他们通勤距离的影响机制。对于高中及以下学历组来说，他们的平均通勤距离是 3 组中最短的，很大程度上是因为史各庄周边没有太多匹配他们技能的正规就业岗位，所以他们只能局限在当地的非正规就业岗位。对于大专学历组和本科及以上学历组来说，由于史各庄在空间上邻近北京的信息技术产业中心，他们可以在从事技能匹配的、正规工作的同时，享受比北京平均水平更短的通勤距离。综上所述，当控制居住地点时，拥有更高学历的流动人口，也更可能从事空间上分布更广的、技能更匹配的工作，而不被局限在当地就业。

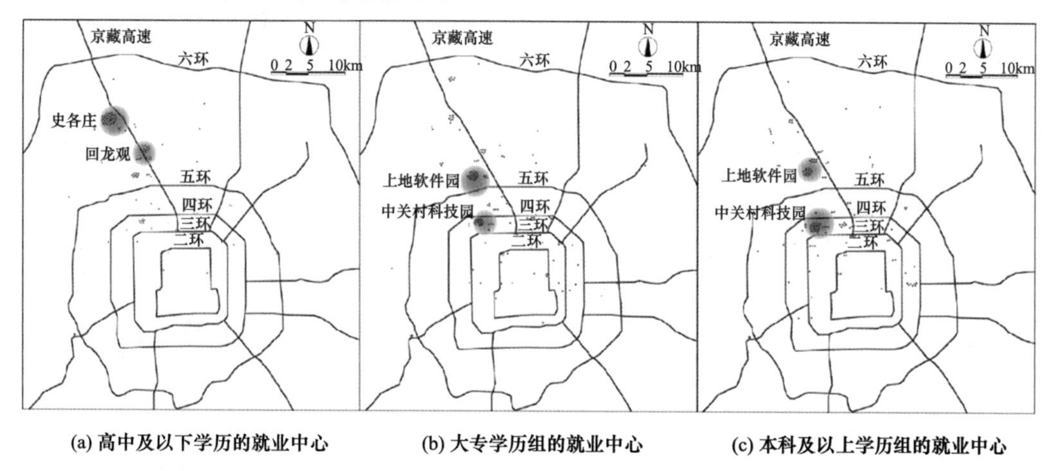

图 10.14　分学历组的就业地点分布情况

二、分学历组的通勤距离的影响因素

本节将回答的问题是：学历水平是否是影响流动人口通勤距离最强的因素？对于不同学历组的流动人口来说，他们通勤距离的影响因素有什么异同？为了回答这个问题，本节建立了 4 个多元线性回归模型。第 1 个模型包括了所有受访者，将学历水平作为自变量之一，以探究学历是否是最强的影响因素。第 2～4 个模型则是分 3 个学历组分别检验通勤距离的影响因素。

3 个回归模型的因变量均为直线通勤距离。自变量的选择依据来自文献综述。首先，一些人口统计学特征被认为是与通勤距离相关的。女性的通勤距离通常比男性短（Blumenberg and Manville，2004；Blumenberg，2004）。年龄通过影响居住偏好和收入，间接影响通勤距离（Romani et al.，2003）。婚姻状态（尤其是女性的婚姻状态）也与通勤距离相关（Sultana, 2003）。对流动人口来说，迁移到目的地城市通常与通勤距离呈正相关（Axisa et al.，2012a，2012b；Maoh and Tang, 2012）。其次，就业特征也与通勤距离相关。收入与通勤距离通常是正相关的（McLafferty and Preston, 1997; Blumenberg and Manville, 2004; Zenou，2009）。高技能的个体通勤距离会更长，很大程度上是因为他们收入更高（Houston, 2005）。就业变化与通勤距离也相关，因为工作地点的变化很可能导致通勤距离变化（Ommeren et al., 2000）。再次，通勤距离也受居住特征影响。拥有房屋的个体往往比租房的个体通勤距离更长，因为租房者变更住处更容易（Zax and Kain, 1991）。居住迁移特征，如迁居意愿、是否因为工作搬家等，同样与通勤距离相关（Ommeren et al., 2000; Romani et al., 2003）。最后，通勤方式也被认为是通勤距离的重要影响因素。拥有私家车的个体，通勤距离往往更长（Blumenberg, 2004）。根据文献综述，最后确定了 21 个自变量，自变量描述统计见表 10.11。

表 10.11　流动人口通勤距离的自变量描述统计

自变量	均值			
	所有受访者 (*N*=410)	高中及以下学历组(*N*=123)	大专学历组 (*N*=146)	本科及以上学历组(*N*=141)
人口统计学特征				
性别(男性=1)		0.7	0.63	0.74
年龄(年龄大于 29 岁=1)		0.2	0.11	0.11
婚姻状态(已婚并住在一起=1)		0.5	0.27	0.18
移民时间(来北京小于 2 年=1)		0.3	0.49	0.45
受教育年数		11	15	16.19
就业特征				
月收入(月收入大于 6000 元=1)		0.1	0.08	0.26
工作变动(搬来史各庄后换过工作=1)		0.5	0.58	0.54
职业(参照组：个体)				
服务人员(=1)		0.2	0.11	0.08
技术人员(=1)		0.2	0.39	0.45
老师(=1)		0	0.04	0.02
管理人员(=1)		0.1	0.08	0.18
办事人员(=1)		0	0.12	0.08
工人(=1)		0.1	0.03	0.02
行业(参照组：金融业和房地产业)				
建筑业和制造业(=1)		0.2	0.15	0.1
电力、燃气及水生产和供应业；交通运输、仓储和物流业；卫生、社会保障和社会福利业(=1)		0.1	0.05	0.03
信息传输、计算机服务和软件业(=1)		0.2	0.38	0.49
批发和零售业；住宿和餐饮业；居民服务和其他服务业(=1)		0.3	0.12	0.06
文化、体育和娱乐业；教育；科学研究、技术服务和地质勘查业(=1)		0.1	0.13	0.2
居住特征				
住房状况(租房者=1)		0.9	0.96	0.96
迁居行为(曾经在北京搬过家=1)		0.8	0.73	0.74
工作相关的迁居行为(曾经在北京因为工作搬过家=1)		0.6	0.47	0.43

注：模型仅包括有通勤距离的个案，排除“正在找工作”的个案。

1. 所有受访者模型

在分学历组建立回归模型以前，先建立了针对所有受访者的回归模型，以探讨学历在决定通勤距离中的作用。回归方程在 0.01 水平上显著，即自变量与因变量之间的线性关系是显著的，可建立线性模型。回归结果如表 10.12 所示。表 10.12 中的所有系数都是标准化系数，因此，不同自变量的相对重要程度是可以被比较的。

表 10.12　流动人口通勤距离的影响因素——多元线性回归模型结果

自变量	所有受访者	高中及以下学历组	大专学历组	本科及以上学历组
人口统计学特征				
男性	0.01	0	0.04	0.02
年龄大于 29 岁	0.03	0.16	0.03	–0.05
已婚并住在一起	–0.04	–0.14	–0.18*	0.09
到北京的时间小于 2 年	–0.02	–0.09	0.09	–0.16
受教育年数	0.28***	—	—	—
就业特征				
月收入大于 6000 元	–0.07	0.02	0.08	–0.13
搬来史各庄后换过工作	0.07	0.17*	0.03	–0.01
职业(参照组：个体)				
服务人员	0.12**	0.18*	0.1	0.04
技术人员	0.13*	0.24**	0.26*	–0.12
老师	–0.02	0.08	–0.07	–0.12
管理人员	0.16***	15	0.24**	0.01
办事人员	0.08	0.03	0.21**	–0.06
工人	–0.07	–0.07	–0.07	0.08
行业(参照组：金融业和房地产业)				
建筑业和制造业	–0.06	–0.05	–0.18	–0.15
电力、燃气及水生产和供应业；交通运输、仓储和邮政业；卫生、社会保障和社会福利业	–0.05	0.02	–0.11	–0.12
信息传输、计算机服务和软件业	–0.06	0.13	–0.26*	–0.25*
批发和零售业；住宿和餐饮业；居民服务和其他服务业	–0.22***	–0.21**	–0.24**	–0.27***
文化、体育和娱乐业；教育；科学研究、技术服务和地质勘查业	–0.14**	–0.08	–0.15	–0.28**
居住特征				
租房者	–0.09*	–0.03	–0.25*	–0.13
曾经在北京搬过家	0.04	0.08	0.07	0.06
曾经在北京因为工作搬过家	–0.15***	–0.15	–0.18*	–0.22**
N	410	123	146	141
V	0.24	0.29	0.2	0.21

注：*表示 $p<0.1$；　**表示 $p<0.05$；***表示 $p<0.01$；—表示不适用该分析。模型仅包括了有通勤距离的个案，排除了“正在找工作”的个案。本表中系数均为标准化系数。

首先，回归模型显示：在所有自变量中，学历水平是流动人口通勤距离最强的影响因素。具体地说，流动人口接受教育的年限越长，他们的通勤距离越长。学历水平代表着人力资本，通常被认为是市场力的表征之一。所以换言之，在控制居住地点的前提下，市场力在决定流动人口就业地点选择中扮演着最重要的角色。考虑到学术界一直认为中国的流动人口无论是在居住（Wu，2002，2006）还是就业（Wong et al., 2007; Knight et al., 2011）方面都受到制度限制，这一结论有些出乎意料。但这一结论又与发达国家城市居民的通勤规律相同：在城市范围内，更高技能的个体有更好的空间移动能力，因而通勤距离更长（Houston, 2005）。

所以从这个角度说，旨在提高农村地区人口受教育水平的政策是行之有效的，因为它们让流动人口更有能力参与更大空间范围的就业市场。对低学历的流动人口来说，它们的技能水平低、经济状态低，不愿意进行长距离通勤。所以，他们的工作地点很大程度上取决于他们的居住地点。考虑到流动人口聚居的城中村被城市政府认定为非正规居住区，它们未来很可能遭到拆迁。那时，低学历的流动人口不仅会失去容身之所，也会失去就业机会。所以，在中国城市的制度背景下，低学历者是流动人口中最弱势的群体。与此同时，接受过高等教育的流动人口更有能力参与全市范围的就业市场。在城中村拆迁、被迫迁居向更远的郊区时，他们有能力为了维持以前的职业水平，而选择长距离通勤。所以，相比低学历的流动人口，他们的境遇稍微好一些。

其次，除了学历水平之外，两项就业特征（职业和行业）也对流动人口的通勤距离有着较强的影响。其中，职业的影响与一般假设相同：个体的职业水平越高，通勤距离越长。模型显示，相比个体，服务人员、技术人员、管理人员的通勤距离显著更长。如前所述，从事个体的流动人口主要经营当地的小商业，大多数个体经营并没有合法地位，因此他们处于弱势地位。相比之下，高技能的职业（服务人员、技术人员、管理人员）的通勤距离更长，可以推测他们较长的通勤距离被更高的收入所弥补了。行业方面，参照组为“金融业和房地产业”，从事该行业的受访者大多在 CBD 工作，通勤距离约为 27km，是所有受访者中最长的。所以在模型中，相比金融业和房地产业，其他行业都对通勤距离有负影响。结果显示，从事“批发和零售业、住宿和餐饮业、居民服务和其他服务业”的受访者通勤距离最短，因为他们都被局限于当地就业市场、服务于聚居的流动人口。相比之下，从事“文化、体育、娱乐业、教育、科学研究、技术服务和地质勘查”的受访者通勤距离显著更长。该结果再一次印证了局限于当地就业和在城市范围内就业市场就业的流动人口的差异。

最后，两项居住特征也对流动人口通勤距离有显著影响：租房者的通勤距离更短，曾经因为工作搬过家的受访者通勤距离也更短。前者与普遍接受的规律一致：租房者更容易迁居，所以相比拥有住房者，他们的通勤距离更短（Zax and Kain, 1991）。曾经因为工作搬过家的受访者，可能会更重视职住空间的邻近性，更可能选择在就业地点附近居住，所以他们的通勤距离会更短。

2. 分学历组模型

针对所有受访者的回归模型已经证明：学历水平是流动人口通勤距离最强的影响因素。进一步地，为研究不同学历组的通勤距离影响因素，作者针对高中及以下学历组、大专学历组、本科及以上学历组分别建立了 3 个回归模型。其中，高中及以下学历组模型在 0.01 水平上显著，大专学历组模型和本科及以上学历组模型在 0.1 水平上显著，即可认为 3 个模型中，自变量与因变量之间的线性关系都是显著的，可建立线性模型。分析结果如表 10.12 所示。

对高中及以下学历组来说，通勤距离最强的影响因素为职业：相比个体，技术人员、服务人员的通勤距离显著更长。行业也是重要的影响因素：相比从事“金融业和房地产业”的受访者，从事“批发和零售业、住宿和餐饮业、居民服务和其他服务业”的受访者通勤距离显著更短。值得注意的是，工作变化也是通勤距离的显著影响因素：那些搬来史各庄之后换过工作的受访者，比起没换过工作的受访者，通勤距离显著更长。从该结果中可以推测：尽管低学历的流动人口空间移动能力较差，在搬到城市边缘区的城中村以后，不是所有人都被局限在了当地就业市场。有许多低学历的流动人口仍然努力在寻找城市范围内的就业岗位，并因更换工作导致了更长的通勤距离。

对大专学历组来说，职业和行业仍是两大最重要的影响因素：相比个体，技术人员、管理人员、办事人员的通勤距离显著更长；相比从事“金融业和房地产业”的受访者，从事“信息传输、计算机服务和软件业”和“批发和零售业、住宿和餐饮业、居民服务和其他服务业”的受访者通勤距离显著更短。除了是否租房、是否曾经因为工作搬过家之外，“已婚并住在一起”也对通勤距离有显著负影响。该结果与一般假设相同：一旦结婚，个体的空间移动能力会因为家庭负担而被或多或少地限制。

对本科及以上学历组来说，行业是最重要的影响因素：相比从事“金融业和房地产业”的受访者，从事“信息传输、计算机服务和软件业”、“批发和零售业、住宿和餐饮业、居民服务和其他服务业”和“文化、体育、娱乐业、教育、科学研究、技术服务和地质勘查业”的受访者通勤距离显著更短。除此之外，曾经因为工作搬过家的受访者，其通勤距离也更短。然而，职业、是否租房两项自变量对通勤距离并没有显著的影响。

对比 3 个学历组通勤距离的影响因素可以发现，就职住空间关系而言，高中及以下学历组在 3 个学历组中处于最弱势的地位，原因如下。

首先，尽管 52%的高中及以下学历组受访者都曾经因为工作搬过家，但他们是否搬过家并不对通勤距离产生显著影响。相比之下，大专学历组和本科及以上学历组的受访者、曾经因为工作搬过家的受访者通勤距离显著更短，说明他们学历更高、更有能力在工作地点和居住地点中寻求平衡。究其原因，是高中及以下学历组的受访者技能低、经济状态低，不得已居住在城中村，而近年来的城中村拆迁导致他们被迫迁居。这种不可预期的被迫迁居，又进一步导致他们难以维持职住空间的邻近性。

其次，在高中及以下学历组中，搬来史各庄以后换过工作的受访者，比起没换过工作的受访者，其通勤距离显著更长，而这一现象并未在大专学历组、本科及以上学历组中观察到。这说明高中及以下学历组的受访者倾向于优先考虑居住地，住下来以后再开始寻找工作。有一些人被局限在当地的非正规就业市场，通勤距离短；另一些人仍然在寻找城市范围内的就业岗位，通勤距离更长。由此可见，为流动人口（特别是低学历的流动人口）提供就业中心附近的住处是十分必要的，因为他们的就业选择很大程度上取决于他们的居住地。

不过，许多被广泛认可的发达国家移民通勤距离的影响因素，在本节的研究中（无论是全体受访者的模型，还是分学历组的模型）并没有显著作用。

第一，许多西方研究认为，移民到目的地城市的时间是通勤距离的重要影响因素（Beckham and Goulias, 2008; Maoh and Tang, 2012; Tal and Handy, 2010）：随着移民时间的增加，移民的通勤行为会与当地居民趋同。然而，在本节的研究中，移民时间并没有显著的作用：随着流动人口在北京时间的增加，他们的通勤距离并没有显著改变。主要是由于制度限制，中国的流动人口更像是周期性移民（circular migrants）。尽管现在一些城市为流动人口颁发临时居住证，流动人口也可以在城市居住更长的时间（Wu and Wang, 2014），但只要未能永久地将户口迁到城市，流动人口仍然不能享受很多的城市社会福利，并且认定有朝一日会回到农村。所以，他们只是将城市看作暂时的栖身之地，并没有扎根于此的打算。那么，更长的移民时间，也不必然会导致他们的行为（包括通勤行为）与本地居民趋同。

第二，一般研究认为女性的通勤距离比男性更短（Blumenberg and Manville, 2004; Blumenberg, 2004），然而在本节的研究中性别并不是影响通勤距离的显著因素。可能的解释是：大多数的流动人口都没打算在城市定居，因此，他们往往将下一代留在农村老家，交由父母照看。他们留在城市的动机在于尽可能多地获得经济收益（Wen and Wang, 2009; Fan, 2011）。所以，女性流动人口很大程度上从家庭负担中解放出来，并且和男性流动人口一样努力投入到工作当中。

第五节　低收入大学毕业生的社区社会纽带与定居意愿

一、概念框架与变量选择

社区社会纽带、流动人口的社会经济特征、区位特征和居住满意程度，都会对流动人口在城中村长期居住的意愿产生影响，其概念框架如图 10.15 所示。变量间假设的因果关系如箭头所示。首先，两组变量（社会经济特征和区位特征）被视作外生变量（exogenous variable）。其次，社区社会纽带和居住满意度都被视作中介变量，能够调节（mediate）外生变量对定居意愿的影响。第三，本章假设更强的社区社会纽带、更高的居住满意度，都有利于增强流动人口在城中村的定居意愿。最后，虽然没有箭头直接从外生变量指向定居意愿，但是也并不排除有的外生变量会对定居意愿产生直接作用。

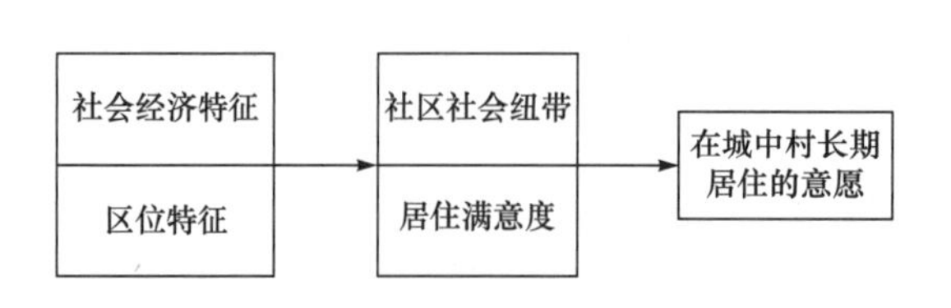

图 10.15　研究受访者在城中村长期居住的意愿的概念框架

变量分为五组：①社会经

济特征，包括性别、婚姻状态、年龄、住房所有权、居住时长、受教育程度和收入；②区位特征，考虑到本次调查只在史各庄采样，因而区位特征仅包括当前通勤距离；③社区社会纽带，包括在本社区居住的亲戚朋友数、社区认同和社区参与3项；④居住满意度，采用受访者自评价的方法；⑤在城中村长期居住的意愿，同样采用受访者自评价的方法。变量的具体描述见表10.13。

表10.13　研究受访者在城中村长期居住的意愿的变量描述

变量名称	描述	均值
社会经济特征		
性别	男性=1	0.69
婚姻状态	已婚并住在一起=1	0.29
年龄(参照组：<25岁)		
25～29岁	年龄25～29岁=1	0.28
>29岁	年龄>29岁=1	0.14
住房所有权	拥有房屋=1	0.03
居住时长	在史各庄居住1年以上=1	0.45
受教育程度	受教育年限	14.24
收入(参照组：月收入<3000元)		
月收入3000～6000元	月收入3000～6000元=1	0.38
月收入>6000元	月收入>6000元=1	0.15
区位特征		
通勤距离/km	居住地与就业点之间的欧氏距离	11.48
社区社会纽带		
在本社区居住的亲戚朋友数	小于3个=1; 3～5个=2; 5～7个=3; 大于7个=4	2.24
社区认同		
我认为我是这个地方的一员	取值1至5的李克特量表(5最同意)	3.15
我的意愿能被村委会所关注	取值1至5的李克特量表(5最同意)	3
如果我遇到困难，我相信能得到邻居的帮助	取值1至5的李克特量表(5最同意)	3.49
我和附近居民关系很好	取值1至5的李克特量表(5最同意)	3.45
社区参与		
社区公益活动及义务劳动	参加过=1	0.11
社区议事活动	参加过=1	0.05
社区维权活动	参加过=1	0.07
村民居委会/物业委员会选举	参加过=1	0.05
居住满意度	“您对目前住房的满意程度？”“很不满意”和“不太满意”=0；“一般”=1；“较满意”和“很满意”=2	1.09
在城中村长期居住的意愿	请问您是否同意这一说法：“我希望在史各庄长期居住”、“很不同意”和“不太同意”=0；“一般”=1；“比较同意”和“非常同意”=2	1.01

二、社区社会纽带的指标构建

社区社会纽带包括3个维度：在本社区居住的亲戚朋友数、社区认同和社区参与。

第一，“在本社区居住的亲戚朋友数”通过在问卷中设一道问题获得。

第二，根据McMillan和Chavis（1986），“社区认同”由四个维度构成：归属感（membership）、影响力（influence）、融合度和获得帮助（integration and fulfillment of needs）、共同的情感联系（shared emotional connection）。所以，“社区认同”由4个题目的李克特量表组成。受访者被询问关于以下说法的同意程度：“我认为我是这个地方的一员”、“我的意愿能被村委会所关注”、“如果我遇到困难，我相信能得到邻居的帮助”、“我和附近的居民关系很好”（很不同意=1；不太同意=2；一般=3；比较同意=4；非常同意=5）。为了分析这4个题目的内部一致性，本节基于SPSS软件，用α信度系数法对“社区认同”进行了分析。分析结果显示α系数为0.74，大于可接受的最小值0.7，可认为构成“社区认同”的4个题目具有较好的内部一致性。

第三，“社区参与”主要是询问受访者对社区公益活动及义务劳动、社区议事活动、社区维权活动和村民居委会/物业委员会选举的参与情况（参加过=1）。基于SPSS的信度分析显示，4个题目的α系数为0.73，即构成“社区参与”的4个题目具有较好的内部一致性。

第四，为了探讨本次问卷调查收集的数据是否符合理论假设，对构成“社区认同”和“社区参与”进行了验证性因子分析。基于AMOS（Analysis of Moment Structures）软件的测量模型显示，模型适配度较好：$\chi^2=19.996$，自由度为18（$p>0.05$），CFI=0.997,AGFI=0.976，RMSEA=0.017。证明收集的数据与假设模型十分吻合（表10.14）。

表10.14　对“社区认同”和“社区参与”的验证性因子分析结果

题目	社区认同	社区参与
我认为我是这个地方的一员	0.79	
我的意愿能被村委会所关注	0.58	
如果我遇到困难，我相信能得到邻居的帮助	0.76	
我和附近居民关系很好	0.45	
社区公益活动及义务劳动		0.53
社区议事活动		0.63
社区维权活动		0.93
村民居委会/物业委员会选举		0.65

注：表中均为标准化系数，所有系数都在0.05水平下显著。

三、长期居住的意愿及影响因素

1. 分学历组的社区社会纽带、居住满意度和定居意愿

在分析定居意愿的影响因素之前，首先要回答：不同学历组的受访者，其社区社会纽带、居住满意度和在城中村长期居住的意愿是否有显著差异？采用第四节的分组方法，将全体受访者分为3个学历组：高中及以下学历组（占全体受访者的30.8%），大专学历组（占全体受访者的35.6%），本科及以上学历组（占全体受访者的33.6%），进行分学历组的对比研究。

首先，对社区社会纽带的3项指标的方差分析（ANOVA）结果均显示：高中及以下学历组的社区社会纽带显著强于大专学历组和本科及以上学历组的社区社会纽带；而大专学历组和本科及以上学历组的社区社会纽带并没有显著差异。具体地说，相比于大专学历组和本科及以上学历组，高中及以下学历组在本社区居住的亲戚朋友数更多，社区认同感更强，社区参与也更多（表 10.15）。该结果说明，相比于低学历的流动人口，低收入大学毕业生在城中村建立的社会纽带更弱，并且低收入大学毕业生内部不存在“社会纽带因学历分异”的情况。

表 10.15　分学历组的社区社会纽带方差分析结果

项目	学历组	均值	与高中及以下学历组比	与大专学历组比	与本科及以上学历组比
在本社区居住的亲戚朋友数	高中及以下学历组	2.51	—	0.30**	0.48***
	大专学历组	2.21	−0.30**	—	0.17
	本科及以上学历组	2.04	−0.48***	−0.17	—
社区认同	高中及以下学历组	13.78	—	0.70*	1.28***
	大专学历组	13.08	−0.70*	—	0.58
	本科及以上学历组	12.5	−1.28***	−0.58	—
社区参与	高中及以下学历组	0.42	—	0.17*	0.25***
	大专学历组	0.25	−0.17*	—	0.08
	本科及以上学历组	0.17	−0.25***	−0.08	—

注：赋值方法见表 10.13；—表示不适用该分析；*表示 $p<0.1$，**表示 $p<0.05$，***表示 $p<0.01$。

其次，居住满意度的方差分析（ANOVA）结果显示：相比其他两个学历组，大专学历组的居住满意度显著更高；高中及以下学历组和本科及以上学历组的居住满意度间没有显著差异（表 10.16）。该结果说明，低收入大学毕业生中：学历较低（大专学历）的那部分受访者居住满意度较高；本科及以上学历的受访者居住满意度较低，居住满意度与低学历流动人口持平。可能的解释是低收入大学毕业生学历更高，他们

的收入水平更高，对居住环境的期许也更高，而城中村的居住环境与他们理想的居住环境间存在差距。

表 10.16　分学历组的居住满意度方差分析结果

学历组	均值	与高中及以下学历组比	与大专学历组比	与本科及以上学历组比
高中及以下学历组	1.04	—	–0.16*	0.01
大专学历组	1.20	0.16*	—	0.17**
本科及以上学历组	1.03	–0.01	–0.17**	—

注：赋值方法见表 10.13；—表示不适用该分析；*表示 $p<0.1$，**表示 $p<0.05$。

最后，长期居住意愿的方差分析（ANOVA）结果显示：相比其他两个学历组，本科及以上学历组在城中村长期居住的意愿显著更弱，高中及以下学历组和大专学历组的长期居住意愿之间没有显著差异（表 10.17）。换言之，在可能的情况下，学历较高（本科及以上学历）的那部分低收入大学毕业生更倾向于搬离，这可能是由于他们的社会经济状态更高，住房消费水平更高；也可能是由于他们人力资本更高，他们对融入城市生活的期许更大。

表 10.17　分学历组的在城中村长期居住的意愿方差分析结果

学历组	均值	与高中及以下学历组比	与大专学历组比	与本科及以上学历组比
高中及以下学历组	1.11	—	0.07	0.22**
大专学历组	1.04	–0.07	—	0.15*
本科及以上学历组	0.89	–0.22**	–0.15*	—

注：赋值方法见表 10.13；—表示不适用该分析；*表示 $p<0.1$，**表示 $p<0.05$。

综上所述，可以发现：

（1）相比低学历的流动人口，低收入大学毕业生的社区社会纽带更弱。可以理解为低收入大学毕业生人力资本更高，因而在城市居住、就业、寻找情感支持时并不需要依赖于城中村内部的社会网络；也可以理解为低收入大学毕业生希望融入城市生活，因此不希望与所在社区产生过多的社会联系。

（2）在低收入大学毕业生内部，学历较高者居住满意度更低，在城中村长期居住的意愿也更弱。这可能是因为高学历者对居住质量要求更高，现状与理想状态的差距更大；也可能是因为这种“不满意”源自城中村的非正规性，居住在城中村意味着与“流动人口”画等号，所以他们的迁居意愿也更强。

2. 居住意愿的影响因素

为了研究全体受访者在城中村定居的意愿，本节分别建立了 3 个多元线性回归模型，将受访者的背景变量、社区社会纽带和居住满意度逐个纳入方程自变量进行分析（表 10.18）。3 个回归方程均在 0.01 水平上显著，即自变量与因变量之间的线性关系是显著的，可建立线性模型。因为表 10.18 中所有的系数都是标准化系数，所以每一个自变量对因变量的作用是可以直接进行比较的。

表 10.18　流动人口在城中村定居意愿的影响因素——多元线性回归模型结果

影响因素	模型 1	模型 2	模型 3
社会经济特征			
性别(男性=1)	0.11**	0.08	0.09*
婚姻状态(已婚并住在一起=1)	0.12*	0.10*	0.11*
年龄(参照组：年龄<25 岁)			
年龄 25～29 岁	−0.09	−0.07	−0.06
年龄>29 岁	−0.05	−0.11*	−0.10*
住房所有权(户主=1)	0.07	0.03	0.02
居住时长(长于 1 年=1)	−0.11**	−0.12**	−0.12*
受教育年限	−0.11*	−0.04	−0.06
月收入(参照组：<3000 元)			
3000～6000 元	−0.06	−0.05	−0.03
>6000 元	−0.09	−0.06	−0.05
区位特征			
通勤距离	0.02	0.02	0.02
社区社会纽带			
在本社区居住的亲戚朋友数		0.10**	0.10**
社区认同		0.36***	0.31***
社区参与		0.08	0.05
居住满意度			0.23*
R^2	0.06	0.23	0.28

注：*表示 $p<0.1$；**表示 $p<0.05$；***表示 $p<0.01$。本表中系数均为标准化系数。

模型 1 仅包含了两组自变量：社会经济特征和区位特征。回归结果显示：男性受访者、已婚并住在一起的受访者、受教育程度更低的受访者更愿意在城中村长期居住。值得注意的是，居住时长对定居意愿有负影响，即在城中村居住的时间越长，流动人口越倾向于搬离城中村。这与大多数针对一般居民的研究结论是相反的（Bach and Smith, 1977；Lee et al., 1994；Parkes and Kearns, 2003；Oh, 2003）。可能的解释是：由于制度障碍，中国的流动人口更像是经济旅居者（economic sojourners）（Wu, 2012b）。虽然现在越来越多的城市允许流动人口停留更长的时间（Wu and Wang, 2014），但不能获得城市永久户籍，大多数流动人口终归还是要回到农村老家的。所以，流动人口只是将城市看作暂居之地，随着居住时间的增长，定居意愿也随之降低。

模型 2 在模型 1 自变量的基础上加入了社区社会纽带。拟合度由模型 1 的 6%增加到了模型 2 的 23%，证明社区社会纽带是定居意愿的重要影响因素。相比模型 1，模型 2 中“性别”和“受教育年限”变得不显著，而“婚姻状态”和“居住时长”依然显著。除此之外，29 岁以上的受访者更不倾向于在城中村长期居住。有两个可能的解释：一个是流动人口没能获得城市户籍，随着年龄增长很难适应城市生活，当年龄增大，他们希望离开城市回到家乡，所以他们在城中村长期居住的意愿会降低。另一个是随着年龄增长，一部分流动人口的社会经济地位得到了显著提升，他们可能可以获得城市户籍，并搬去更好的、正规的城市居住区，因此在城市扎根。社区社会纽带中，社区认同对流动人口定居意愿的影响最大（也大于社会经济特征的影响）。除此之外，在本社区居住的亲戚朋友数量也对定居意愿有显著正影响。这些研究结论与广泛认可的假设基本一致：更强的社区社会纽带会导致流动人口更愿意在本社区长期居住。

模型 3 在模型 2 的基础上加入了居住满意度。拟合度再次增加了 5%，证明居住满意度也是流动人口定居意愿的重要影响因素。然而，可以注意到，居住满意度的影响要小于社区认同的影响，社区认同也至此成为定居意愿最重要的影响因素。相比于社区认同和居住满意度，其他自变量（如性别、婚姻状态、年龄、居住时长、在本社区居住的亲戚朋友数等）的影响都相对较小。值得注意的是，通勤距离在 3 个模型中都没有显示出显著的作用。

上述结果似乎有些出人意料。因为大多数的学术研究认为，居住满意度才是居民定居/迁居意愿最重要的影响因素（Speare, 1974; Morris et al., 1976; Newman and Duncan, 1979; Fokkema et al., 1996; Oh, 2003; Parkes and Kearns, 2003）。而在本节的研究中，社区社会纽带的一个维度——社区认同——成为流动人口在城中村长期居住的最重要影响因素。换言之，是什么让流动人口选择在城中村长期居住？是社区社会纽带。流动人口对与城中村的居住状态是否满意并没那么重要。从该结论中可得出以下几点：第一，城中村对于流动人口来说，不仅是栖身之所，也是重要的社会支持来源。这与广泛接受的假设一致——基于地缘的非正式社会纽带在流动人口适应城市生活中起着重要作用（Banerjee, 1983; Shah and Menon, 1999; Hernandez-Plaza et al., 2006）。第二，制度限制让大多数流动人口无法在城市扎根，所以他们仅将城中村看作暂时的栖身之所，对于居住条件的要求较低。这也与之前的研究结论一致：中国的流动人口不太愿意在改善住房条件上多花钱，他们对设施环境的需求也较少（Wu, 2002）。

四、社区社会纽带的中介作用

为了探究社会经济特征、区位特征、社区社会纽带、居住满意度和定居城中村意愿之间的多重因果关系，基于 AMOS 软件建立了结构方程模型。相比回归模型，结构方程模型的优点在于：自变量对因变量的作用可以被分解为直接作用（direct effects）和通过中介变量产生的间接作用（indirect effects），因而可以揭示几组变量间的多重因果关系。结构方程模型的结果如图 10.16 所示，图中仅显示了对定居意愿有显著影响的自变量，图中系数是基于极大似然估计的标准化系数，所以各自变量对定居意愿的影响程度是可以被直接比较的。模型适配度良好：CMIN/DF=1.94, CFI=0.93, AGFI=0.95, RMSEA=0.05。表 10.19 显示了各自变量对定居意愿的总作用、直接作用、间接作用。

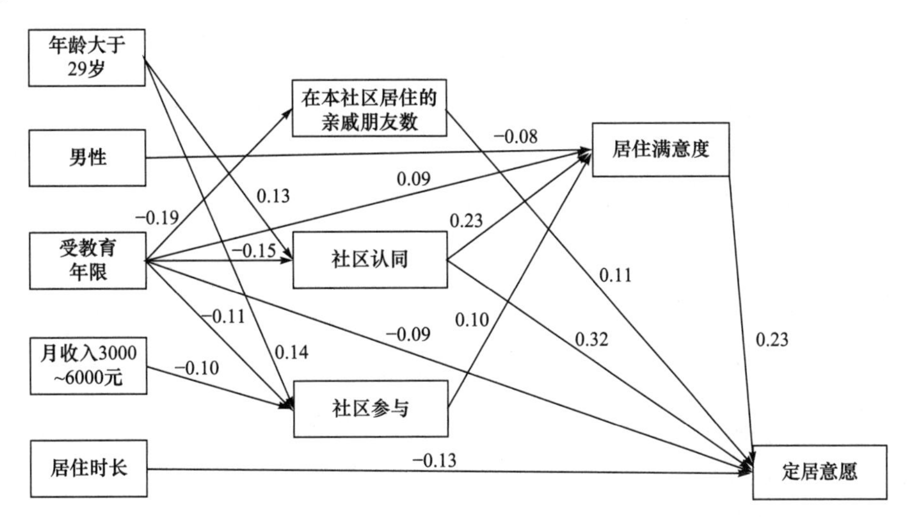

图 10.16　流动人口在城中村定居意愿的影响因素——结构方程模型的结果

表 10.19　各自变量对定居意愿总作用、直接作用、间接作用

自变量	总作用	直接作用	通过下述中介变量的间接作用				
			在本社区居住的亲戚朋友数	社区认同	社区参与	居住满意度	其他
年龄大于 29 岁	0.05	—	—	0.04	—	—	0.01
男性	−0.02	—	—	—	—	−0.02	—
受教育年限	−0.15	−0.09	−0.02	−0.05	—	0.02	−0.01
月收入 3000～6000 元	0.00	—	—	—	—	—	0.00
居住时长	−0.13	−0.13	—	—	—	—	—
在本社区居住的亲戚朋友数	0.11	0.11	—	—	—	—	—
社区认同	0.37	0.32	—	—	—	0.05	—
社区参与	0.02	—	—	—	—	0.02	—
居住满意度	0.23	0.23	—	—	—	—	—

注：图中仅显示了对定居意愿有显著影响的自变量；列“其他”表示不止作用于 1 个中介变量的间接影响；本表中系数均为标准化系数。

从结构方程模型结果中可以看出：

首先，社区社会纽带确实在流动人口的居住迁移决策（residential mobility decision-making）中起着“中介变量”的作用。3组外生变量（年龄大于29岁、受教育年限、月收入3000～6000元）通过影响社区社会纽带，对居住满意度和定居意愿产生间接影响。年龄大于29岁的流动人口社区认同感更强、社区参与度更高，因而他们的居住满意度更高，也更倾向于继续在城中村长期居住。受教育年限更多的流动人口，他们在城中村的朋友和亲戚数量更少，社区认同感更弱，社区参与度更低。因此，未来他们更倾向于搬离城中村。月收入在3000～6000元的群体，社区参与度更低，居住满意度也更低，因而更不愿意在城中村长期居住。

该结果基本上反映了流动人口社会纽带的代际差异。如Liu等（2012）所指的那样，新一代的流动人口更依赖于非亲缘的社会网络，相比老一代流动人口，他们在城中村的社区互动更少。一方面，老一代流动人口的学历水平较低，主要从事低技能的职业，如建筑工人、餐厅服务员、家政服务员等（Chen and Coulson, 2002），收入也较少（通常月收入低于3000元）。他们通常被城市居民所轻视，更倾向于依靠城中村内部的社会纽带来搜寻就业信息，寻找情感支持。所以，他们在城中村内的亲戚和朋友更多，社区认同感更强，更频繁地参与社区活动。另一方面，新一代流动人口通常接受过高等教育，以低收入大学毕业生为主。因此，他们更有能力参与城市范围的就业市场，从事更高技能的职业（Zhang et al., 2002; Brauw and Rozelle, 2008; Lu and Song, 2006），收入水平也更高。低收入大学毕业生向往城市生活，非常希望能在城市扎根（Fan, 2011），所以不太愿意依靠城中村中基于亲缘和地缘的社会纽带。综上所述，社区社会纽带能够调和（mediate）大部分的社会经济变量对定居意愿的作用，因为社区社会纽带很好地反映了流动人口的代际差异。

值得注意的是，一般认为更长的居住时长会导致更强的社区社会纽带，但在本节的研究中，居住时长却没有对社区社会纽带显示出显著影响。可能的解释是，城中村的社会纽带很大程度上是基于同样的家乡或亲戚关系的（Ryan, 2011）。另外，由于中国的制度设计，流动人口是被排斥在很多社区活动之外的，不管他们在该社区居住了多久（Wu, 2012b）。所以，城中村中社区纽带的构建，与流动人口在此居住时间的长短并没有必要的联系，居住时间更久，社区社会纽带不一定会更强。

其次，总体上讲，居住满意度在本模型中的中介变量作用十分有限。第一是因为两项社区社会纽带的指标（在本社区居住的亲戚朋友数和社区认同）都对定居意愿产生直接影响，而不是通过居住满意度产生间接影响。这结果说明更强的社区社会纽带不一定会导致更高的居住满意度。第二是对于高学历（更长受教育年限）的受访者来说，虽然他们的居住满意度更高，但他们在城中村定居的意愿却更弱。换言之，对低收入大学毕业生来说，即使居住满意度很高，搬迁行为也可能发生。

低收入大学毕业生作为高学历的流动人口，他们在城市接受大学教育，已经习惯了城市的生活方式，他们比低学历的流动人口更渴望融入城市生活。然而，城中村并不被认定为正规的城市居住区，甚至是一些城市政府的“眼中钉”。在毕业后，低收入大学毕业生会选择在城中村居住一段时间，享受这里的低房租以攒钱。当低收入大学毕业生的经济地位有很大提升时，他们可能会选择搬去一般的城市居住区，并将其视作融入城市社会的重要一步。因此，低收入大学毕业生将城中村看作暂时居住地，是融入城市生活的跳板，即使他们对城中村的居住很满意，也会有着强烈搬离这里的欲望。

最后，居住时长对定居意愿有显著负影响，这种影响是直接施加的，而不是通过社区社会纽带或居住满意度施加的。该结果显示，随着在城中村居住时间的增长，流动人口会选择要么回到农村老家，要么搬去一般城市居住区。不管出于何种选择，他们都仅仅将城中村看作暂时的栖身之地，更强的社区社会纽带、更高的居住满意度也于事无补。此外，家庭生命周期、住房所有权等变量在发达国家城市居民的研究中被认为是定居/迁居意愿的重要影响因素，在本节的研究中却对流动人口的定居意愿几乎没有影响，暗示着发展中国家的流动人口遵循着一套不同寻常的迁居决策过程。

第十一章　郊区社会空间

第一节　中国城市郊区转型

进入新世纪，全球城市郊区发生了显著变化，郊区人口、产业和社会功能处于深刻转型之中（Keil，2013）。比较而言，中国城市的郊区化与西方，特别是北美的早期郊区化存在类似之处（Stern and Massengale，1981），其郊区化中同样出现了集聚的社会空间。相较晚期的西方郊区化（Teaford，2008；Anacker，2015），中国的郊区化同样具有社会空间多样性的特征，不仅中等收入群体和富裕阶层聚居郊区，拆迁户、低收入的保障房居民同样在郊区聚居，集聚了大量外来移民的城中村、城边村、城郊村更是大量出现，郊区处于由乡村向城市的深刻转型之中。在纷繁复杂的郊区化景观之下，中国郊区转型的核心和本质是什么？为什么中国会发生如此丰富多变的郊区转型？对比西方，中国的郊区化模式有何新特征？这些重要问题亟待解答。为此，本章将以中国改革开放的前沿珠三角地区为例，以部分典型郊区化案例为实证，尝试对其郊区转型进行本体化解释。

一、领域化：解析中国城市郊区化的重要视角

相较于西方发达国家的郊区化，亚洲国家，特别是如珠三角地区这样的“村庄-城市”（desakota）类型的郊区，兼具城乡特征，其郊区化进程在复杂性、异质性、多元性方面更加明显（Heikkila et al.，2003），表现为一种从乡村向城市的再“领域化”过程。“领域化”指的是以空间建构为领域的行为过程，这一过程可能包括法律的、政治的、文化的、历史的等多种内涵（刘云刚等，2015）；在本章指的是社会空间由一种状态向另一种状态的转型和重构。黑格尔认为，人类历史是由初始的（通常也是落后的）“中华文明”向最终的（进步的）“欧洲文明”转变的过程，这一过程可以视为一种“领域化”过程。在后殖民理论中，海勒（Heller）提出“火车候车室”的隐喻，指出现代主义者认为世界各国发展是由落后向先进进发的过程，在火车站停留便意味着停滞不前（Heller，1999）。事实上，这一过程也可以视为一个“领域化”过程。从乡村向城市转型也具有典型“领域化”性质，表征社会空间状态的重构与转型。

从“领域化”的角度看，乡村向城市的转型即是“乡村”空间的“去领域化”及面向城市空间的“再领域化”，其中“去领域化”指的是领域性的消失（如国家消亡），

“再领域化”则是基于去领域化的空间建构（Popescu，2008）。但是，“去领域化”和“再领域化”的结果有可能也并非一定能够实现成功转型，新的空间塑造并非线性过程，其结果可能是长时间的“等待”乃至陷入“困境”（Hung，2014）。借鉴移民理论，在由 A 状态向 B 状态转型（移民）时，其结果可能有三种：同化（assimilation）、融合（integration）和适应（adaptation）（Kwok-Bun and Pluss，2013）。传统的移民理论强调移入地对移民的吸纳，进而完全实现由 A 向 B 的转型；融合理论则认为，移民在移入过程中与移入主体互动，进而两者都发生变化，因而产生新的状态 C，移民和移入主体均发生变化（Zhou and Logan，1989）；与以上两者不同，适应理论强调移民的主体性，认为移民的结果不一定是融入或融合，移民仍可保持其独立性，从而出现移民和移入主体相互适应的状态（Kwok-Bun and Pluss，2013）。与之对照，乡村向城市的“领域化”并不一定意味着乡村完全的城市化，而是存在多种社会空间结果的可能。

因此，可将郊区转型视为从“乡村”向“城市”，或是从“传统”向“现代”（后现代）的“领域化”过程，包含“去领域化”和“再领域化”两个方面。这里的“领域化”概念，强调的是空间从一种状态向另一种状态的转变进程，这一过程不一定是线性的，也不是一个必然全面完成的历史进程。也就是说，郊区向城市的转型与重构，其社会空间结果将具有多种可能，乃至表现出复杂性和多元性：可能是全面融入城市的城区（成为其组成部分），也可能是与城市在功能上互补（如各具特色的新城），或者是主动适应城市化进程，通过自下而上的努力经营，进而得享城市化红利（表 11.1）。那么，多样化的中国郊区转型的核心机制是什么？如何超越目前中国城市及郊区研究普遍以政治经济分析为主体的研究范式的局限？已有的郊区转型研究多聚焦于某一种类型的社会空间，较为缺乏对于不同类型郊区社会空间的综合考察。大量实证研究聚焦于郊区新城（王国恩和刘松龄，2009）、开发区（王兴平和顾惠，2015）、城中村等不同类型的社会空间（魏立华和闫小培，2005），分别予以解析（李志刚和顾朝林，2011）。而且，由于对研究的科学范式的强调，已有的大量研究多注重于认识论方面（如定性研究、定量研究），而对于问题的本体论方面（解析本质）的探讨则较为缺乏（Jessop et al.，2008；Brenner，2014）。基于以上认识，作者希望能够超越中国郊区化研究在本体论和复合性方面的不足，推进深入探讨中国郊区化的转型与重构机制。

表 11.1 中国郊区的类型和特征

郊区类型	推动主体	转型特征	案例
同化型	市场、政府	自上而下、正规性、土地市场化、中产阶层消费	商品房楼盘、别墅区、保障房社区
融合型	政府	自上而下、正规性、土地财政、属地化管理	新城、开发区、大学城、科技园
适应型	社会	自下而上、非正规性、物尽其用、自适应性、	城郊村、城边村、艺术家村、农家乐、淘宝村

结合韦伯主义对于思想功能的强调，将“创业精神”（entrepreneurship）视为中国郊区化的核心机制。“创业精神”指的是行为主体利用市场、行政或社会资源，勇于担当风险、主动创新，进而实现发展规划的精神。“创业精神”是一种兼具创业、奋斗与企业家气质的个人或群体精神，以活力、创新和担当风险为特征（Hall and Hubbard，1998）。熊彼得认为，创业者以推动创意的实现和创新为根本特征，正是“创业精神”促成经济的“创造性毁灭”、新产业及经济要素的重新优化组合（Schumpeter，1934）。近年对于“创业精神”的多学科研究表明，这一精神的兴起通常与城市密切相关（Freire-Gibb and Nielsen，2014），地方社会网络、城市化和“创意阶层”等方面的影响明显（Glaeser et al.，2010）。例如，雅各布斯认为，城市带来多样性，而多样性增加了知识的交换、创造和传播，进而创造新的产业和经济，也就是外部性（Jacobs，1969；Glaeser，2012）。研究表明，乡村地区与城市地区在“创业精神”方面差别较大，创业精神大体是一种城市现象，创业精神的兴起通常与高密度的人口集聚相联系（Glaeser，2012；Sternberg，2009；Florida，2010），因为创业精神的兴起与社会网络密切相关。例如，戴维森（Davidsson）和霍尼格（Honig）发现，有亲戚、朋友、邻居从事创业的人，更有可能参与创业（Davidsson and Honig，2003）。社会网络的结构、强度等也对创业精神有明显影响，在城乡也有不同表现（Granovetter，1973；Benneworth，2004；Morris et al.，2006）。那么，创业精神在郊区的情况如何？尤其在也具有高密度的、具有丰富“乡缘”“地缘”社会网络的地区，其状况如何？与乡城转化的“领域化”进程有何关系？这些均值得进一步实证。此外，近年对于中国城乡建设的诸多分析中，充斥着诸如“投机”、“借口”、“假城市化”、“半城市化”等争论（Li et al.，2014；Zhu and Guo，2014；保继刚和李郇，2012；Liu et al.，2014），那么，从“创业精神”的视角重新审视中国郊区的转型与重构，其状况如何？

就方法而言，主要采用混合研究方法，依托多种资料来源，从宏微观多尺度对研究对象予以解析。本节将以改革开放以来珠三角郊区 40 多年的转型与重构为例，结合对于多个研究案例的系统化解析，实证其多样“领域化”肌理之下的基本内核，将其视为转型期中国郊区伟大转型与西方郊区演化的根本差别（Keil，2013）。

二、实证研究——珠江三角洲郊区的转型与重构

40 多年的改革开放铸就了“中国奇迹”，珠江三角洲经济、社会、文化的快速发展与转型有目共睹，郊区是其变革的主要发生之地，“村村点火、户户冒烟”的产业博兴，佛山、中山诸多经济过万亿的“专业镇”的兴起，集体经济的兴盛，乃至进入 21 世纪以来深圳的全域城市化，广州大学城的建设，东莞松山湖高新技术开发区的出现，等等，均以郊区为主战场：郊区以其廉价的土地和劳动力、方便的区域交通设施、低廉的通勤成本而服务于资本累积及新的空间生产。在资本激发之下，“自上而下”的政府动力与“自下而上”的“创业精神”气质结合，乡城“领域化”进程带来郊区空间大转型，塑造多种类型的郊区空间（郑永年，2010）。

1. 同化型——番禺大盘

吴缚龙指出，中国的“郊区大盘”是一种“打包”的“郊区主义”或郊区生活方

式，是一种“房地产营销”的生活方式（Wu，2010）。作为结果，高收入群体或中等收入群体在此类郊区聚居，塑造了“同化”于城市生活方式的郊区空间：乡村转型为城市，其痕迹被完全抹去，而这些房地产大盘也因此成为城市功能的组成部分，如居住“卧城”（Shen and Wu，2013）。

以广州南郊的番禺为例（图 11.1）。自 1990 年以来，番禺就一直是广州人口郊区化的主要发生之地，其常住人口数呈稳步上升之势，以商品住宅为主，其中不乏低层别墅、多层住宅。20 世纪 80 年代后，广州市中心城区人口集聚程度不断增大，负荷压力过大且可开发利用的土地大量减少，导致房地产开发难度、成本不断攀高，居住郊区化现象随即出现。番禺区以其优越的自然环境条件、丰富的土地资源、相对中心区低廉的土地价格等优势吸引了大量房地产商的眼球，推动番禺居住郊区化的发展。以洛溪板块为例，作为广州居住郊区化最早发展的区域，其与广州连通度高，早期代表如丽江花园、广州碧桂园等面向广州和外销市场。随后华南快速干线开通，祈福新村等地产入驻，带动了周边大规模开发，这也是华南板块的起源。

图 11.1　番禺及其部分楼盘的区位

2000 年以来，受广州南拓战略影响，以及地铁、快速路等交通网络的加强、公共服务设施完善，番禺持续舒缓老城区人口、交通及环境资源压力。究其原因，“企业化”的地方政府行为激发了郊区开发（Chien，2013），土地市场化政策进一步激发郊区化。1994 年施行“分税制”以来，“属地化”管理体制下的地方政府全面转向“以地生财”的空间生产，推动郊区土地的全面资本化。2000 年番禺撤市改区，地方政府抓紧时机，通过协议划拨的方式将大量土地低价出让给地产商，从而获得更多财政收入。在此背景下，番禺地商们合作造势，在共同发表的《华南板块新世纪宣言》中提出：全力在华南板块建设配套设施一流、物业管理一流、生态环境一流、社区文化一流的住宅小区。地产商们采用联合营销手段打造大规模住宅片区，产生规模效益。资料显示，2001～2003 年番禺区住宅预售面积分别占广州全市交易总面积的 32.27%、28.32%、27.74%。番禺郊区化正从被动向主动加速发展。地方政府与地产商的“创业精神”共同塑造了郊区“增长机器”。

结果就是，作为郊区的番禺大盘已同化为城市，同化型的郊区成为城市主体重要的组成部分，其空间转型与重构呼应城市整体政治、经济、社会和文化格局。在此背景下，集体认同和亚文化兴起，中等收入群体消费观与政治诉求具有了强势的表达渠道，集体利益因而得以维系和保持，表现出权利意识的觉醒及其强有力的诉求，产生城市化的地方认同。2009 年下半年，随着当地规划的“生活垃圾焚烧发电厂”项目曝光，计划在建于大石街会江村与钟村镇谢村交界处的“焚烧厂”恰位于番禺大盘的中心地区（图 11.2），基于“邻避主义”下的集体抗争由此出现，并震惊全国[①]，华南板块的业主喊出了“我们不要被代表”的口号，积极主动地表达诉求、集体上访、传播报道，最终迫使地方政府修改规划方案。

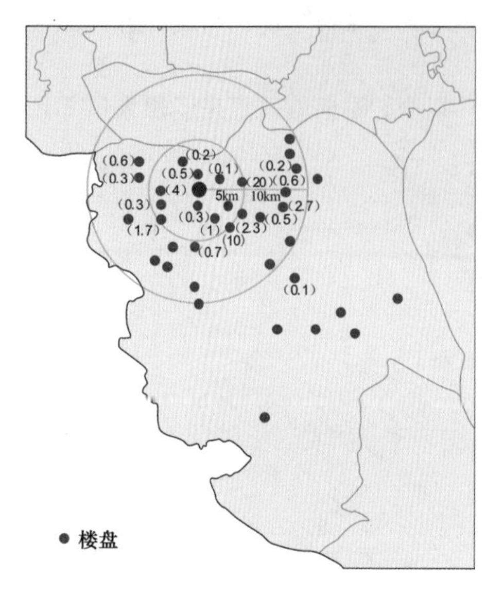

图 11.2 规划争议中的广州番禺垃圾焚烧发电厂及其影响范围

2. 融合型——萝岗地区

新区、新城是近年中国郊区所兴起的典型空间形态。以广州东部的萝岗地区为例，该地区距离广州中心城区（珠江新城）25km，其起源正是1984年所设立的广州经济技术开发区。经过 30 多年快速发展，萝岗在 2005 年被设立为广州市辖的独立行政区，面积达到近 400km²，在 2014 年与紧邻的黄埔区合并，成为新黄埔区的重要组成。类似“后郊区化”文献所述（Wu and Phelps，2011），萝岗地区在其发展进程中具有明显的分散、破碎和不连续性特征。

成立于 1984 年的广州经济技术开发区是我国第一批国家级经济技术开发区之一。20 世纪 80 年代广州城市发展受困于中心城区有限的拓展空间（中心城区以南当时仍归番禺管辖，中心城区以北又是广州饮用水水源保护地），向西、向南发展都遇到门槛，向东拓展是当时的唯一选择，地处东部远郊的萝岗地区首当其冲。开发区最初设立地（开发区西区）是在毗邻黄埔新港、位于珠江和东江主干流交汇处的一块荒滩上，距离当时广州城区（越秀区）35km。大片土地被政府征收为开发区用地，并逐渐成为现代化经济片区。随着越来越多的国际资本涌入，开发区的规划面积不断扩大，在 2000 年左右形成包括西区、东区、永和区、广州科学城等四大片区相互隔离，而又由开发区管委会统一管理的开发园区。同时，经国务院批准，在开发区范围内设立了广州市出口加工区和广州保税区，皆由广州开发区管委会统筹管理，全区总规划面积达到 78.92km²。面临国际投资的不断涌入，“创业精神”激发下的地方发展冲动与国家政策结合，推动萝岗地区由乡村空间向生产性（制造业）空间转化，郊区的“领域化”由此出现。

然而，“去领域化”与“再领域化”进程因空间的根植性而颇为复杂。例如，广州开发区横跨多个行政区划单元，涉及黄埔区的管辖面积 12.6km²，白云区范围内的管辖面积 24.24km²，增城市范围内的管辖面积 34.7km²。开发区管辖的空间范围完全是市政府和开发区管委会共同统筹划定而来的，体现广州地方政府的“创业精神”——

① 番禺建垃圾焚烧项目事件_全部报道，网易新闻 http：//news.163.com/special/00013VUU/panyuroll.html，[2015-10-10]

将开发区建设成为广州对外开放的“窗口”、体制改革的“试验田”、自主创新基地和经济增长极。作为未来广州重要的生产空间，萝岗的发展一直处于地方政府的关注之下。2002 年以来，伴随一系列空间扩张和行政区划调整（尺度重构），形成完整的行政区划单元（萝岗区），其管辖范围迅速扩张，逐步形成新的城区空间（科学城—萝岗中心城区）。至此，萝岗地区实现了从单一的工业园区到同时拥有新型园区与新兴城区的综合型郊区的空间生产。2014 年广州市再次进行行政区划调整，撤销了原萝岗区、黄埔区，合并为新的黄埔区，新辖区面积为 484.17km^2，萝岗地区被纳入新的行政区划内，所涉及的郊区空间范围扩大，一跃成为广州行政管辖面积第六大的地区。新黄埔的出现，目的在于融合原有行政区的发展，整合两区资源，进而推动融合原萝岗区经济技术优势和原黄埔区临港地缘优势，增强区域组团功能（图 11.3）。

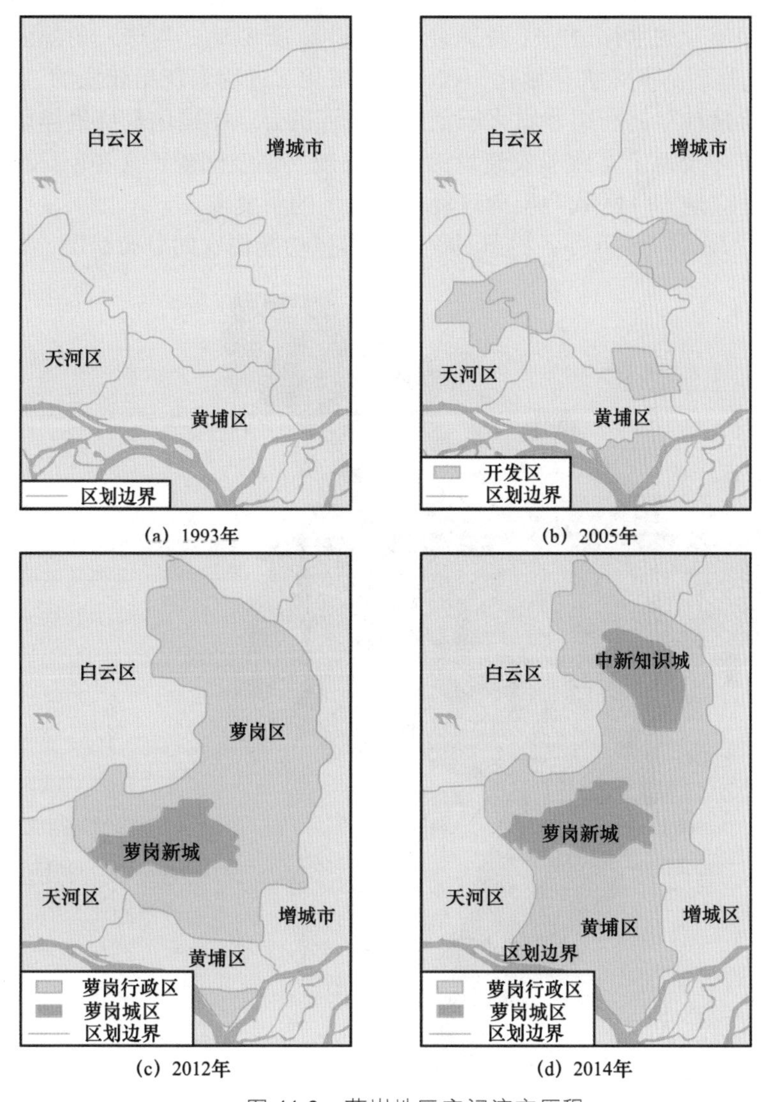

图 11.3　萝岗地区空间演变历程

可见，萝岗地区的空间演化并非一个完全自然的郊区化过程。由于地处广州城市拓展的东轴且远离城区，萝岗与广州城区的联系并不紧密，进而成为政府打造多中心城市结构过程中植入发展战略与发展任务的最佳区域。从最初的开发区到萝岗区再到新的黄埔区，萝岗地区的郊区化展现了各层级地方政府在“创业精神”驱动下的主动出击与积极干预，是地方政府所主导的“去领域化”、“再领域化”及“尺度重构”（rescaling）（Brenner，2009）。作为结果，萝岗成为具有主体性、综合性的新城市空间，而非城市整体功能的简单附庸，郊区与城市的关系因而演化为一种“融合”关系：既相互影响，又各具特色。

3. 适应型——郊区村庄

费孝通先生在研究江村经济时发现，中国传统农村面临人多地少的客观现实，采取了“农工相辅”的生存策略（费孝通，1985）。类似地，当珠三角郊区农村面对城市化的“冲击”时，其“去领域化”和“再领域化”进程表现出较强的“适应”能力：依托其“创业精神”，利用非农化所创造的经济机会，在强化自身集体认同的同时，主动采取在集体土地上实践非农建设的“非正规”性空间生产（Roy，2005），“自下而上”地适应地方、区域乃至全球资本涌入下的新要求。

图 11.4 呈现了广州近郊各村兼具经济和居住功能住房的分布状况，可以看到，多

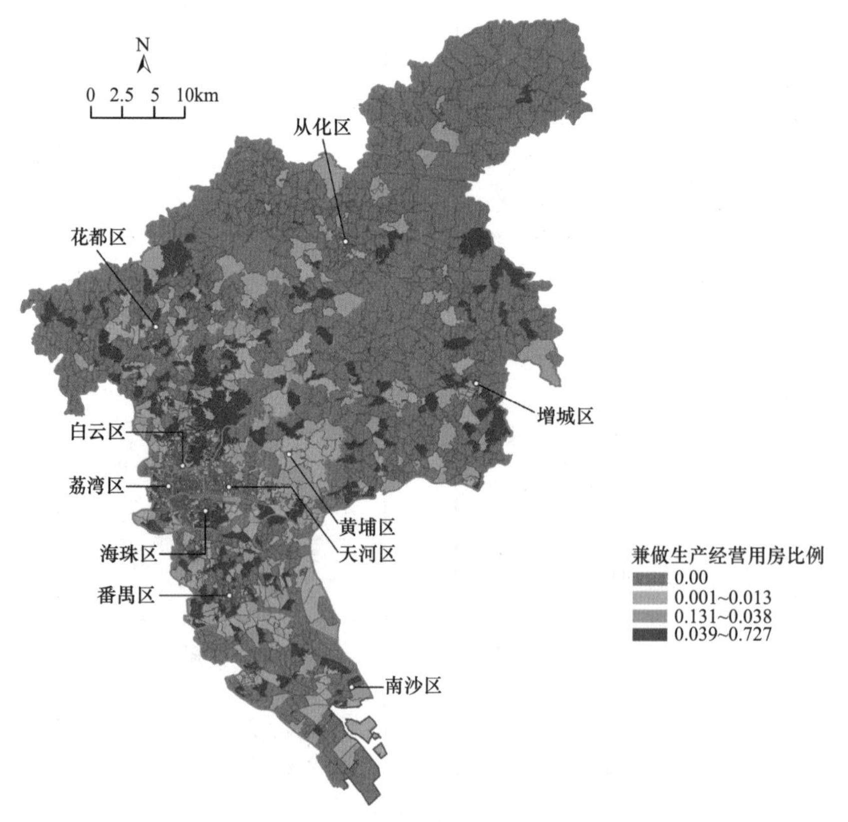

图 11.4　广州郊区住房兼做生产性用房的密度分布

数乡村空间均同时具有居住和生产功能，郊区村庄充分利用其所拥有的空间资本来实现对城市化红利的共享。作为结果，珠三角郊区出现大量新的、具有集群性质的生产或消费空间。以地处广州海珠区南郊的大塘村为例，由于紧邻中大布匹市场这一国内最大的布料批发零售中心，自 20 世纪 90 年代以来，这里开始集聚数千家小型制衣工厂（作坊），数十万来自湖北的中小投资者在此聚居、互动、投资，类似于“族裔经济”的各类设施和服务应运而生（Xie and Gough，2011），创造出颇具弹性与活力的郊区经济形态。同样基于“创业精神”，大塘村委充分利用这一历史机遇，在开发各类物业出租的同时，积极提供各类基础设施和服务给外来移民及投资者，不断提升物业价值水平，壮大集体经济（Liu et al.，2012）。

伴随近年来珠三角的腾笼换鸟、产业升级，郊区村庄亦能迎头赶上，不断进行自身调整，适应经济环境的新变化。例如，东莞城郊的下坝村积极挖掘文化资源，结合小桥、流水、人家的岭南水乡风貌，“自下而上”地营造出综合水乡文化、亲水平台、咖啡茶座等休闲空间，进而成为城市白领、文艺青年、创意人员的集聚地。2010 年以来，“创业精神”引导下的设计师与咖啡馆店主开始在下坝集聚。以“蔷薇之光”咖啡馆为例，店主以年租金 3 万元租下原部队老房子，将其改造装饰为复古的文艺空间建筑，一层作为咖啡馆，二层作为设计工作室，通过网络博客、微博等方式传播，很快吸引了大量城市文艺青年。随着文化创意工作者及酒吧、咖啡馆商户进驻，150 余幢老房子迎来新生命。商户、艺术家们以每间老房子每月几百块的租金签订 3～10 年合约，或将两三间房子打通，或沿用原来砖瓦房，粉饰一新，加入丰富的文化符号予以装饰：如充满藏族风情的 38 号房，兼有佛与茶元素、古朴淡雅的菩提湾，有欧美花园风格的 Deja-vu，以及现代感强烈的咖啡学院施兰贝格等。调查表明，下坝的 200 多间旧民居已经全部出租给酒吧、咖啡馆、文化创意工作室等，租金也由每月每平方米 200 多元翻升了 10 倍以上。随着资本进入，道路、照明、停车场、指示牌等基础设施质量随之提升。

广州城郊的犀牛角村等则瞄准“互联网+”背景下的电子商务与物流业，发展成为全国闻名的“淘宝村”。犀牛角村内聚集了约 3000 户、9000 家淘宝商家；在淘宝网上以关键词“女装、广州”搜索，80%的网店来自于此。由于地处白云区，紧邻城市主干道沙太路，距沙河服装批发市场仅 5km，该村一向具有便利的物流条件，2008 年前曾作为货运场，村内有较多的仓库和停车位置，为淘宝产业发展提供了良好基础。据此，便捷的交通条件、良好的物流基础及低廉的房租，使犀牛角村吸引了大量电商。犀牛角村的电商集聚发端于 2007 年初，湖北汉川“80 后”中洲农场人王磊到犀牛角开淘宝店。基于乡缘和业缘的结合，4000 多位来自汉川、天门的“农民商人”开始聚居犀牛角村，从事淘宝业，人均月收入达到 9000 元左右。相应的，犀牛角村的设施水平不断提升，集体经济水平有了很大提高，社会文化生活也更加商业化、现代化。“创业精神”影响下的淘宝村，体现了外来移民和本地村民主动适应市场需求，实现手中资源（土地、劳动力）“物尽其用”的自我发展的进程。

这些案例表明，珠三角郊区村庄在其“领域化”过程中具有一定的自适应性，这种自适应性很大程度上源自珠三角移民及地方村民的“创业精神”：面对市场条件的变化，一方面充分利用地方空间，推动土地资本化，实现“空间修复”；另一方面利用乡缘、地缘性的社会资本，推动经济资本累积，实现“资本修复”（Harvey，2006）。基于其共同的“创业精神”，村民和移民依据其“物尽其用”的现实立场，构建了一种自下而上的、以“非正规性”为特征的郊区空间。

4. 中国式的郊区化

改革开放40多年来，“中国模式”的发展成绩举世瞩目，在其之下的城市化进程也堪称史无前例。同样发生巨变的，是城市之外的广大郊区，乡城转换的剧烈程度也是有目共睹的。本节以珠三角为例，综合多个案例的实证，探讨其郊区化机制。研究表明，珠三角郊区化具有不同空间特征，呈现明显的丰富性和多样性，观察到“同化型”、“融合型”和“适应型”三种“领域化”形式，分别对应于市场、政府和社会的多重动力，表现出“正规性”郊区化和“非正规性”郊区化两种特征。

另外，在郊区化概念的涵盖之下，乡城“领域化”进程并非由乡村向城市的直线变化，而是具有多种可能性，在“自上而下”和“自下而上”不同作用力影响之下：一方面，乡村可能完全消失，以至于郊区化的结果是完全同化为城市空间；乡村也可能演化为具有不同于主城的功能区块，与主城保持功能互补或一体化的融合关系；另一方面，郊区也可能保有其乡土、地方社会的特征，在本地村民和外来移民的共同努力下，成为具有自身特色与活力的新社会空间。

在多元的“领域化”之下，珠三角郊区空间具有共同特征：创业精神。“商贸”或“创业”在传统文化中的地位一直并不高，对商人或企业家也较为缺乏社会认同。正是改革开放以前比较严重的贫困和不开放状态，以及实际存在的资本或经验累积的困境现实，引发了各级政府、市场和社会对于经济与发展的热切追求，为经济成就提供了必需的“合法性”和“合理性”认同，激发了具有活力的“自上而下”、“自下而上”相结合的郊区再“领域化”。因此，“创业精神”的存在是中国郊区化不同于西方郊区化的根本要素，也是多元复杂的中国郊区化格局出现的根本原因。

第二节　中国“边缘城市”的发展与演化

20世纪20年代以后美国的现代郊区化发展经历了三个阶段：居住郊区化、工业及商业郊区化和就业岗位的全面郊区化阶段。美国郊区不仅取得了人口优势，而且在就业方面也占据了优势地位，因而呈现出越来越强烈的城市性特征。郊区不再被称为郊区，它们已经成为城市地区。1991年，美国《华盛顿邮报》记者乔尔·加罗（Joel Garreau）首次提出边缘城市（edge city）概念，用于描述20世纪美国现代郊区化发展的第三个阶段。他认为，边缘城市是美国城市发展的新形式，是位于原中心城市周围的郊区新发展起来的商业、就业与居住中心。这些新中心具备了典型的城市功能，包括居住、就业、交通及游憩等，但建筑的密度比中心城市要低。边缘城市代表了美国城市的未来取向，是在新的社会经济形势下，一代美国人对未来工作、居住及生活方式做出的价值抉择，它将把美国人从奠基于19世纪的中心城市的桎梏中解放出来（Joel，1991）。

1997年，孙一飞等较早引入和介绍了乔尔·加罗的边缘城市概念（孙一飞和马润潮，1997），并综合众多研究者的多角度评析，对边缘城市的前景进行展望。此后，国内学者基于发达国家城市发展背景，对“边缘城市”的概念加以介绍。综合来看，国内学者普遍认为，边缘城市是西方城市后郊区化发展的全新产物，是以就业而非居住为主要特征的聚集区，是城市区域走向多中心网络发展的新兴节点。同时，西方的边缘城市是从大都市的房地产市场机制中不断寻求新的投资途径的产物，它能够摆脱在城市中心区受到的保护主义严格的规划控制，并在城市边缘获得某种自治权（童明，2007）。需要指出的是，国内学者对“边缘城市”概念的引介大多基于北美的发展背景，尚未系统引入国外边缘城市的一系列研究成果。

一、中国边缘城市的产生背景

当代中国的大部分城市尚处于集聚增长期，但一些大中城市已经或正在经历着郊区化。与西方发达国家不同，这些城市在郊区化离心扩散的同时，中心城市的向心集聚趋势依然显著，郊区中心与城市中心都得到了不同程度的发展。

中国的郊区化研究始于20世纪90年代中后期，学术界先后在中国一系列大中城市证实了郊区化现象的存在（冯健，2001，2002）。概括而言，50年代至今，中国城市郊区化可划分为四个阶段。

第一阶段是始于20世纪50年代的工业郊区化。计划经济时期，在“严格控制大城市”方针的指导下，近郊成为国有工业企业的主要选址地，大城市外围建设了若干以工业为主导的卫星城镇（顾朝林和孙樱，1998），政府规划组织一些工业企业拆迁并安置于郊区。中国城市以工业为主导的郊区化形式由此开始出现。与西方国家人口主动外迁的居住郊区化不同，中国的工业郊区化是一种被动式郊区化现象。

第二阶段从20世纪80年代开始，工业郊区化幅度加大，并伴随人口的被动郊迁。一方面，改革开放后，城市实行土地有偿使用制度，政府主导下的企业外迁与园区建设促进了土地利用的重新配置。企业在郊区建起大片宿舍，并配备基本的生活服务设施，部分职工从中心城市搬到郊区的工作地居住，工业郊区化带动人口郊区化；二是旧城改造引发的郊区住宅开发项目多由政府主持，拆迁居民被动接受郊区安置房，呈现出由政府居住项目推动的人口郊区化。

第三阶段始于20世纪90年代，产业郊区化内涵丰富，并出现人口主动郊迁。随着土地和住房制度改革的深化，商品房开发成为推动郊区发展的关键因素之一。一些大城市的富有阶层开始在郊区兴建别墅，而低密度的居住环境和生活方式也成为郊区房地产市场开发的主要卖点。与此同时，伴随大城市产业结构的调整与新兴经济部门的出现，郊区产业发展进入新阶段。一大批开发区、高新技术产业园及乡镇工业园区开发建设，中国城市的产业郊区化走向综合性发展。

进入21世纪，中国城市郊区化发展步入新阶段。表现出以下几个方面特征：①郊区化开始向远域推进，都市区范围扩展（吴文钰，2010）；②大城市的商业发展开始呈现出分散化趋势，在近郊区位优越、交通便捷的地区，新建了一些超市与大型购物中心，城市中的商业设施分布由城市中心区向郊区扩展（张文新，2003）；③郊区基础设施建设得到重视，城市与郊区的差距缩小；④郊区开发区的转型与再开发，推动城市向多中心结构转变。

西方国家城市的郊区化发展是一种居住先导、产业跟进的过程。伴随就业岗位的全面郊区化，边缘城市孕育而成，这首先取决于私人开发商和市场的推力，并非来自政府的干预；而一旦边缘城市的发展获取了原动力，地方政府通常开始扮演起助推者的角色。中国的情况则不然，中国城市郊区化发展是一种工业先行、居住跟进的过程。政府在城市郊区化的不同阶段扮演着不同角色。在初期，即工业郊区化和人口被动郊迁的过程中，城市的发展主要是政府行为，政府的宏观调控起着关键作用。进入20世纪90年代，政府从直接安排搬迁选址、提供开发资金转变到不直接参与的土地供应者的角色（李祎等，2008）。此时，市场作用显现，市场化导向的多种开发形式迅速在城市郊区蔓延。而21世纪以来，大城市郊区的开发区步入转型与再开发时期，其功能的逐步综合与完善，则是得益于政府与市场的双重推动。

总之，从产业与人口的被动郊迁，到产业与人口的主动郊迁，再到新时期地方政府和市场双重作用下出现的远域郊区化开发及郊区新中心功能的完善，中国城市的郊区化发展显现出与西方国家相似的结果，即郊区新中心或“边缘城市”逐步形成，城市开始向多中心结构转变。

二、中国边缘城市的形成与特征

（一）中国边缘城市的形成

与西方国家工业化时期城市空间的“自发性”扩展方式不同，中国现代城市的空间扩展更多是政府有目的“自主性”规划的结果。随着城市经济总量的不断增长，政府通过功能置换对城市空间重新分配与调整。早期伴随工业郊迁而建设的开发区（陈建华，2007），仅为大城市郊区的新兴产业空间，形成郊区“孤岛”，并依附于中心城市而得以存在。相比北美以服务业为主导的边缘城市，中国郊区的开发区更多承担的是大城市边缘以制造业为主的经济开发区职能。

21世纪以来，许多大城市的开发区推动转型和再开发，试图以发展生产性服务业作为未来发展策略。《国家级经济技术开发区经济社会发展“十一五”规划纲要》将开发区发展定位由“三为主，一致力”调整为“三为主，二致力，一促进”，即“以提高吸收外资质量为主，以发展现代制造业为主，以优化出口结构为主，致力于发展高新技术产业，致力于发展高附加值服务业，促进国家级经济技术开发区向多功能综合性产业区发展”的方针，强调开发区向综合性方向发展。

国内兴起的开发区转型与再开发浪潮为“边缘城市”的形成提供了良好的外部环境。开发区产业结构的调整与升级、综合功能的提升与完善，促生一种全新类型的具有中国特性的“边缘城市”。它是中国城市郊区化发展的特色所在，是中国“边缘城市”的一种典型类型。

1. 研究要素提取

加罗指出，美国郊区内部新中心正在发育或已经形成，它们是美国现代郊区化，即就业岗位全面郊区化发展的产物，并推动都市区在更大范围内以分散的模式重新组织起来（Joel，1991）。基于这些新中心的特征总结，加罗将其命名为边缘城市（edge city）。选取“边缘”（edge），表明其离开中心城市有较远距离，常出现在城市建成区边缘主干道或郊区高速公路交会处，30 年前那里还是农田或村庄。选取“城市”（city），说明其已具备一个城市所应有的完善设施和功能。加罗同时提出界定边缘城市的 5 条功能性标准，以描述其与中心城市的区别。依据“边缘”及“城市”两大要素特征，加罗花费 4 年的时间对美国各大、中城市的边缘城市展开调研，并根据 5 条功能性标准，在全美 45 个传统都市区确定 123 个边缘城市，78 个“准边缘城市”及 5 个正在规划中的边缘城市，几乎每个大中城市周围都有一至数个边缘城市。

借鉴美国边缘城市的研究经验，结合中国大城市开发区的发展背景，本节基于加罗选取的边缘（edge）和城市（city）两个词的本质内涵提取主要研究要素，探讨开发区导向的中国特色“边缘城市”的特性。从“边缘”出发，提取的研究要素包括中心城市发展阶段和开发区空间区位；从“城市”出发，提取的研究要素包括城市空间形态、规模、用地比例、产业结构、产值及开发区的转型与再开发（表 11.2）。

表 11.2　中国“边缘城市”的主要研究要素

要素源起	一级要素	具体要素
边缘（edge）	中心城市发展阶段	
	开发区空间区位	交通区位
		距中心城市距离
城市（city）	城市空间形态	
	规模	就业岗位
		用地规模
	用地比例	工业用地比例
		其他用地比例
	产业结构	
	产值	工业增加值比重
		第三产业增加值比重
	开发区的转型与再开发	起始时间
		标志事件

1）中心城市发展阶段

中心城市处于何种发展阶段，对于开发区向“边缘城市”转型具有决定性作用。当中心城市仍处于集聚发展阶段时，其中心吸引力较强，城市及周边区域范围内的各项要素以向中心城市集聚为主。此时，开发区的产业发展仅仅为中心城市的经济增长服务，其向心力远无法与中心城市相比。进入郊区化发展阶段，大量的人口和其他要素开始从中心城市向外围扩散，而开发区则具有优先承接这些扩散要素的优势，因此具备向综合性新城发展的条件和动力（陈建华，2007；郑国，2010）。

2）开发区空间区位

开发区是城市跳跃扩展的主要载体，与边缘跳跃、近郊跳跃不同，跳跃至城市远郊的开发区由于远离中心城区，在经济活动不断集聚并导致其产业发展和空间不断膨胀的同时，适应产业配套和失地农民安置等的需求，其城市功能也不断增加，导致城市用地结构发生分化，表现出产业空间的形成到综合性城市功能空间的催生，再到综合性新城区发展的必然性（熊国平等，2010；王雄昌，2011）。与此同时，那些位于城市主要空间扩展方向上的开发区，由于与城市空间扩展相互促进，因而也适宜向综合性新城发展（陈建华，2007）。可见，开发区的空间区位决定着其与中心城市的竞争或互补关系，决定着开发区自身的演化方向，因此成为决定其能否向综合性城市空间转型的一个关键要素。

3）城市空间形态

开发区对城市空间形态的影响主要与开发区距中心城市距离及开发区发展阶段两个方面相关。从开发区距中心城市的距离出发，可将开发区与城市空间结构的演进划分为三种类型：①双核式。在远离中心城区的开发区，随着经济活动的集聚，其功能逐渐完善并向综合性的新城区发展。②连片带状。距离中心城区较近的开发区，受中心城区辐射影响作用较大。随着开发区经济发展和空间范围的扩张，逐渐与原城区连成一体，表现为带状扩展。③多极触角式。如果开发区位于近郊，并呈现多区位的特征，则会促进城区结构的扩散，从而在空间上形成多极触角式向外延伸的形态（张晓平和刘卫东，2003）。

不同发展阶段的开发区对城市空间结构的影响具有显著差别，开发区功能上的转型必将促生新的城市空间，引发城市空间结构演进，带来城市空间形态的变化。有研究将开发区的发展划分为三大阶段：①发展初期的“孤岛”和“飞地”阶段。开发区与城市在空间上分离，在体制上割裂，成为城市的“孤岛”和“飞地”。②快速发展时期对城市空间影响效应增强阶段。开发区的快速发展导致城市制造业空间重构，并引发居住和社会空间及城市空间形态重构。③转型期与城市空间融合发展阶段。开发区转型和城市服务业快速发展时期，开发区与城市空间逐步融合，以开发区为载体的新城和边缘城市产生（郑国，2011）。

4）规模

一般而言，规模大的开发区适宜向综合性新城发展。如果开发区规模大，企业和人口的需求规模就能超过相关配套服务设施的最低门槛并使这些配套服务设施发挥规模效益。同时，规模越大，开发区对区域的人口和生产要素的集聚力就越强，其经济发展就会促进生产要素集中和资源优化配置，促使人流、物流、资金流、信息流的交融集中，形成城市建设的有利条件（陈建华，2007）。因此，开发区只有达到一定的规模门槛才具备向“边缘城市”转型的可能。此外，开发区提供的就业岗位数量能够间接反映其规模及独立性。

5）用地比例

开发区不同类型用地所占比例能够反映出其各项城市功能的集中程度。随着其产业结构从过去以制造业为主转向现在重视研发、商务、办公等生产性服务业的发展，各项用地比例也将随之改变。工业用地虽在一定时期内仍占主导地位，但居住、商业、高新技术产业及各类生产性服务业用地将逐步增加。其他各类用地比例不断提高并最终超过工业用地比例，是开发区走向综合性“边缘城市”的重要表征和必然结果。

6）产业结构与产值

改革开放以来，中国的经济发展逐步融入全球劳动分工格局，快速工业化促进城市化的加速发展，制造业的空间布局引发中国城市区域的空间重构，并导致以制造业为主的郊区开发区大量出现。进入21世纪，经济全球化引发新一轮世界性产业结构调整，全球服务业正日益从发达国家向新兴经济体和发展中国家转移。在此背景下，中国城市产业结构的调整与优化、服务业的全面发展与对外开放迎来了全新的发展契机，中国城市区域的空间结构也将进行新的调整。服务业的空间布局将推动郊区开发区产业结构的调整与升级，促进开发区向综合性方向发展。开发区产值情况以量化的指标直观反映出各产业增加值占GDP的比重,因此将其作为研究开发区产业结构的补充要素。由工业主导转向第三产业主导，是开发区走向“边缘城市”的重要标志，因此，选取工业增加值比重和第三产业增加值比重来进一步衡量中国特色“边缘城市”的产业结构特征。

7）开发区的转型与再开发

依据极化—扩散效应，开发区不同发展阶段与中心城市的关系不尽相同：①成型期。开发区极化效应的主导期，其对母城更多的是依赖和索取，与本地经济的关联效应和技术转移效应并不明显。②成长期。开发区已经存在着发展层次上的“位势梯度”，对母城开始产生较明显的影响带动作用。③成熟期。开发区对母城全面反哺，与母城之间的互动及深层次的功能整合全面展开，并引发都市区范围内的空间重构。④后成熟期。开发区的“特区”属性将淡化，升级成为充满活力的新兴城市或功能强大的现代化城市新区，而整个城市也借助于开发区的发展实现了自身功能的强化和整体地位的提升（王慧，2003）。有研究指出，自2005年前后至今，开发区进入了与城市空间的融合发展阶段，即开发区转型和城市服务业的快速发展时期（王雄昌，2011）。从整体上看，开发区的生命周期将逐步走向终结，中国正在逐步进入“后开发区”时代（郑国，2008），而“后开发区”时代的最显著特征将会是“边缘城市”的出现。从郊区开发区的设立，到进入转型与再开发，再到功能完善的“边缘城市”形成，体现出中国特色“边缘城市”的成长轨迹。

2. 中国“边缘城市”的研究案例选择

中心城市从向心集聚走向离心扩散，即处在郊区化阶段时，开发区才有条件向“边缘城市”转型。因此，研究案例选择的一个重要因素应为中心城市的发展阶段。

虽然中国的城市发展尚未进入大规模郊区化阶段，但事实上一些大中城市正在迈向或已经处于郊区化阶段。21世纪以来，中国大城市地区的经济发展和空间整合呈现出新的趋势：①城市发展方面，开始从单纯追求经济增长向全面提高城市综合竞争力和区域协调方向转变。单个城市跳出自身行政范围以谋求与周边区域的融合发展，推进区域的分工协作与空间整合，从而在更大范围内实现人口和产业的合理布局；②空间演化方面，郊区化向远域推进，掀起新一轮远郊开发区的转型与再开发浪潮，开发区普遍呈现综合性与独立性的发展态势，成为城市区域网络中的独立节点，城市空间结构开始朝着多中心与网络化方向发展。在此背景下，开发区向具备综合功能的“边缘城市”转型已经成为一些大城市实现新形势下经济发展与空间整合的战略选择与重要手段之一。由此，本节的研究从中国“边缘城市”的主要研究要素出发，通过一些潜在或已经形成的“边缘城市”的实证分析，试图总结开发区导向的中国特色“边缘城市”的主要特性，对中国“边缘城市”的界定标准进行初步探讨。

基于新一轮城市发展战略下大城市开发区向“边缘城市”转型的普遍态势，研究选取环渤海、长三角和珠三角地区8个大城市案例来考察中国特色“边缘城市”的主要研究要素。对比分析这些城市2000年以来的总体规划方案可以看出，在实施新一轮城市发展战略的过程中，现有开发区普遍呈现向综合性新城区转型发展的趋势，这些大城市的“边缘城市”正在或已经形成（表11.3）。

表11.3 新一轮城市发展战略下大城市开发区向“边缘城市”转型的普遍态势

案例	城市发展总体定位	区域空间结构	开发区向“边缘城市”的转型
北京	国家首都，全国政治中心、文化中心，世界著名古都和现代国际城市	“两轴-两带-多中心”的开放式城市空间结构	北京经济技术开发区所在的亦庄将成为北京东部发展带的重要节点，大力完善综合服务职能，实现由开发区向综合产业新城的转变
天津	环渤海地区经济中心，逐步建成国际港口城市、北方经济中心和生态城市	“一轴两带三区”的区域空间布局结构	天津经济技术开发区作为天津滨海新区的核心区和标志区，将建设成为中国北方对外开放的门户、高水平的现代制造业和研发转化基地、宜居生态型新城区
大连	东北亚重要的国际航运中心，我国东北地区核心城市，文化、旅游城市和滨海国际名城	“一核、两城、三湾”的组团型城市空间结构	大连经济技术开发区与金州区合并成立金州新区，金州新区-保税区城区作为大连未来的“两城”之一，将致力于实现与核心区的功能互补和协同发展
青岛	东部沿海重要的中心城市，国家历史文化名城，国际港口城市、滨海旅游度假城市	“依托主城、拥湾发展、组团布局、轴向辐射”的空间发展战略	青岛经济技术开发区（青岛市黄岛区）将成为青岛市两大副中心之一，“主体功能为东北亚国际航运中心、物流贸易集散中心、旅游度假地，现代制造业基地，西海岸地区的中心城区”
沈阳	辽宁省省会及沈阳经济区核心城市、国家先进装备制造业基地、国家历史文化名城、国家中心城市	由单中心集聚增长向多中心可持续增长的空间发展模式转变	沈阳开发区所在铁西新区作为未来的新城区，通过开发区与铁西区的协调发展共同构成未来新城区

续表

案例	城市发展总体定位	区域空间结构	开发区向“边缘城市”的转型
杭州	浙江省省会和经济、文化、科教中心，长江三角洲中心城市之一，国家历史文化名城和重要的风景旅游城市	“一主三副、双心双轴、六大组团、六条生态带”的开放式空间结构	杭州开发区所在的下沙地区未来将发展以高新产业与先进制造业为基础，集教育科研、商务、居住等功能的花园式、生态型的现代化新城
宁波	现代化国际港口城市、国家历史文化名城、长江三角洲南翼经济中心	“一心、二带、三片、多点”的组团式格局	宁波开发区所在的北仑片作为三片之一，将成为宁波市未来区域空间中重要的新城区
广州	国家中心城市、综合性门户城市、南方经济中心、世界文化名城	“一主六副多组团，两核四极多中心”的总体空间结构	“十二五”规划中提出“打造服务内地、连接香港的商业服务中心、科技创新中心和教育培训基地，建设临港产业配套服务合作区”的新定位，广州未来城市发展将“以南沙新区开发为突破口，打造一个新广州”

资料来源：《北京市城市总体规划（2004—2020）》《天津市城市总体规划（2005—2020）》《大连市城市总体规划（2009—2020）》《青岛市城市总体规划（2006—2020）》《沈阳市城市总体规划修编（2010—2020）》《杭州市城市总体规划（2001—2020）》《宁波市城市总体规划（2004—2020）》《广州 2020 城市总体发展战略规划》。

（二）中国边缘城市的特征

1. 空间区位

美国边缘城市往往位于城市建成区边缘主干道交会处或郊区高速公路交会处（Stanback, 1991）。我国大城市开发区在成立之初，通常设在距离中心城市 20～30km 的远郊，但是，随着城市与开发区的双向扩张，开发区与中心城市的距离在逐步拉近。从所选案例来看，各开发区均作为区域交通走廊上的重要节点或城市外向拓展的门户地区。除青岛经济技术开发区与中心城市仅隔湾相望，空间距离较近外，其余开发区距中心城市的距离均在 10km 以上，最远的甚至到 50km（表 11.4）。与设立之初相比，开发区距中心城市的距离虽然有所减小，但走向“边缘城市”的开发区仍需要与中心城市保持一定的空间距离，以促进其自身经济活动的集聚与综合功能的提升。

表 11.4　开发区的空间区位

开发区	开发区空间区位	
	交通区位	距中心城市距离
北京经济技术开发区	位于北京东南郊京津塘高速公路起点西侧，五环路南侧	17km
天津经济技术开发区	依托京、津，辐射三北，位于京津城市发展轴东端，紧邻塘沽区和天津新港	50km

续表

开发区	开发区空间区位	
	交通区位	距中心城市距离
大连经济技术开发区	地处大连金州区南部，南滨大连湾，东临金石滩；通过城市快速路及轨道交通与大连市区相连	27km
青岛经济技术开发区	位于胶州湾南口西海岸，东与青岛市区隔海相望；陆路由全长66km的环胶州湾高速公路与青岛市相连，海路以渡轮和快艇相通	海上最近距离2.26海里（约4.2km）
沈阳经济技术开发区	位于沈阳市西南部，是辽宁省和沈阳市的发展重点——沈西工业走廊的起点	10.5km
杭州经济技术开发区	位于长三角南翼，毗邻上海，内有浙江省高速公路枢纽中心，处于全省“四小时交通经济圈”的中心地位；可等距离利用上海、宁波两大海港，距杭州萧山国际机场15km，距华东最大的铁路编组站及杭州内河航运中心均在10km以内	18km
宁波经济技术开发区	位于宁波市东北部，紧临我国大陆四大国际深水中转枢纽港之一的北仑港	27km
广州经济技术开发区	位于广州东部，地处被誉为“穗—深—港”黄金走廊的交通网络之中	22km
广州南沙经济技术开发区	地处广州东南部，珠江虎门水道出海口西岸，处于穗港澳城市经济圈的中心位置；位于穗深珠高速公路交会处，水路距香港38海里（约70.4km），距澳门41海里（约75.9km）	50km

资料来源：北京、天津、大连、青岛、沈阳、杭州、宁波、广州等各大城市经济技术开发区的官方网站资料；中国经济网相关资料。

2. 规模

加罗将就业岗位数量超过卧室数量作为界定美国边缘城市的标准之一，可见，美国郊区不仅取得了人口优势，而且在制造业、商业、服务业、办公业乃至整体就业方面也取得了优势地位，因而呈现出越来越强烈的城市性特征（孙群郎，2005）。就中国而言，所选案例的开发区同样具有较大的就业岗位和用地规模。2007年年末各开发区从业人员均超过10万人，天津开发区和广州开发区的从业人员则分别高于32万人和23万人；2010年年末各开发区的用地规模均在30km^{2}以上（除宁波开发区的规模略小外），作为国内第一大开发区的沈阳经济技术开发区，其规模更是达到444km^2（表11.5）。

表 11.5　开发区从业人员数量及用地规模

开发区	从业人员数量（2007年）/万人	用地规模（2010年）/km^2
北京经济技术开发区	13.86	46.8
天津经济技术开发区	32.93	33
大连经济技术开发区	17.66	388
青岛经济技术开发区	18.24	274.1

续表

开发区	从业人员数量（2007 年）/万人	用地规模（2010 年）/km²
沈阳经济技术开发区	13.07	444
杭州经济技术开发区	15.26	104.7
宁波经济技术开发区	18.36	29.6
广州经济技术开发区	23.62	78.92
广州南沙经济技术开发区	10.12	339.5

资料来源：商务部外贸司“2007 年国家级开发区主要经济指标对比”报告；北京、天津、大连、青岛、沈阳、杭州、宁波、广州等各大城市经济技术开发区的官方网站资料。

3. 用地比例

从 2007 年开发区主要用地指标对比来看，除宁波开发区较特殊外，其余开发区的工业用地仍占主导地位，平均比例为 40%～75%。与此同时，各开发区的其他用地均达到一定规模，平均比例为 25%～60%（表 11.6）。可见，随着其他用地比重在开发区逐步提升，各开发区正以不同速率向综合性的“边缘城市”转型。

表 11.6 2007 年开发区主要用地比例

开发区	历年累计已开发土地面积/km²	已建工业项目用地面积/km²	工业用地比例/%	其他用地比例/%
北京经济技术开发区	27.4	11.3	41.24	58.76
天津经济技术开发区	45	34	75.56	24.44
大连经济技术开发区	40	20	50	50
青岛经济技术开发区	32	19	59.38	40.62
沈阳经济技术开发区	34	22	64.71	35.29
杭州经济技术开发区	35.4	22.3	62.99	37.01
宁波经济技术开发区	29.6	29.6	100	0
广州经济技术开发区	39.5	25	63.29	36.71
广州南沙经济技术开发区	59	26.1	44.24	55.76

资料来源：商务部外贸司“2007 年国家级开发区主要经济指标对比”报告。

4. 产值

从 2011 年上半年开发区产值情况来看，工业增加值占 GDP 比重方面，除大连开发区略低外，其余开发区工业增加值比重均为 55%～80%，平均比重为 66%；第三产业增加值占 GDP 比重方面，除南沙开发区略低外，其余开发区第三产业增加值比重均为 20%～45%（表 11.7）。可以看出，虽然目前各开发区的工业产值在经济总量中仍处在主导地位，但第三产业已经初具规模，平均比重已接近 30%。

表 11.7　2011 年上半年开发区产值情况

开发区	开发区地区生产总值/亿元	开发区工业增加值/亿元	开发区第三产业增加值/亿元	开发区工业增加值比重/%	开发区第三产业增加值比重/%
北京经济技术开发区	342.5	190.37	148.6	55.58	43.39
天津经济技术开发区	886.06	663.96	205.44	74.93	23.19
大连经济技术开发区	618.68	271.19	217.06	43.83	35.08
青岛经济技术开发区	533.24	325.85	190.54	61.11	35.73
沈阳经济技术开发区	468.33	328.05	120.83	70.05	25.80
杭州经济技术开发区	204.27	157.37	41.3	77.04	20.22
宁波经济技术开发区	269.56	177.38	82.1	65.80	30.46
广州经济技术开发区	920.2	609.27	265.68	66.21	28.87
广州南沙经济技术开发区	255.72	203.54	40.89	79.59	15.99
47 个东部国家级开发区	10771.04	7520.15	2725.65	69.82	25.31

资料来源：根据 http://www.cadz.org.cn 资料整理。

5. 开发区的转型与再开发

加罗界定美国边缘城市的标准之一为：与 30 年前的景观大不一样。同样地，欧洲边缘城市也是在过去 20 或 30 年间出现（Bontje and Burdack，2005）。就中国而言，大城市开发区在经历 20 年的快速发展后，自 2000 年以来，先后进入转型与再开发的战略期（表 11.8）。与美国及欧洲边缘城市一样，中国开发区导向的“边缘城市”在 30 年前仅仅呈现出城市远郊区郊野或乡村的景象，然而，进入转型发展直至今日，已基本具备一个城市所应有的完善功能。中国特色“边缘城市”的出现同样引发大城市区域以多中心的形式组织起来，形成一种全新的地理景象。

表 11.8　开发区转型与再开发的起始时间与标志事件

开发区	开发区设立时间/年	开发区的转型与再开发	
		起始时间/年	标志事件
北京经济技术开发区	1992	2005	《北京市城市总体规划（2004—2020）》将亦庄列为北京市三个重点新城之一，是提升首都核心竞争力的重要地区
天津经济技术开发区	1984	2006	获批成为国家服务外包基地城市示范区之一，建造“天津服务外包产业园”，计划用 5 年时间打造“渤海圈的世界办公室”
大连经济技术开发区	1984	2008	小窑湾国际商务中心区全面启动，标志着大连开发区开始走向国际化、区域性与综合性

续表

开发区	开发区设立时间/年	开发区的转型与再开发	
		起始时间/年	标志事件
青岛经济技术开发区	1984	2001	《关于加快青岛开发区发展的决定》中提出“经济国际化、以港兴区、城市化、科教兴区”四大战略，确定青岛经济发展重心向开发区全面转移的战略决策，并赋予开发区一系列加快发展的权限
沈阳经济技术开发区	1988	2007	国家发改委授予铁西新区（含沈阳经济技术开发区）“老工业基地调整改造暨装备制造业发展示范区”。铁西新区将成为振兴东北老工业基地的新前沿，装备制造业发展的新高地，商家投资兴业的新热点和环境优美、适于人居的新城区
杭州经济技术开发区	1993	2004	提出建设“国际先进制造业基地、新世纪大学城、花园式生态型城市副中心”的目标，着力实施由“建区”向“造城”的战略转型
宁波经济技术开发区	1984	2008	经国务院批准设立宁波梅山保税港区，宁波开发区将打造成为又好又快发展的重点区、新型开放的引领区、循环经济的示范区、城乡协调发展的先行区及和谐发展的模范区
广州经济技术开发区	1984	2005	依托广州开发区设立萝岗区，通过萝岗中心区的综合性功能开发，实现由产业园区向综合性城区的转变
广州南沙经济技术开发区	1993	2002	《广州城市建设总体战略概念规划纲要（2001）》首次突破广州单中心空间发展结构，明确提出“南拓、北优、东进、西联”的空间发展战略。南沙成为广州城市南拓轴线上的重要增长极和空间战略节点，由工业开发区走向具有城市综合效益的滨海新城

资料来源：北京、天津、大连、青岛、沈阳、杭州、宁波、广州等各大城市与开发区的总体规划及战略规划资料；各经济技术开发区的官方网站资料。

6. 其他要素

中国“边缘城市”的其他 3 项研究要素包括中心城市发展阶段、城市空间形态和开发区产业结构。从中心城市发展阶段看，所选案例的中心城市均开始或正在走向离心扩散发展，区域空间结构逐步形成多中心或多组团的发展格局，可以说，这些中心城市正在走向或已经处于郊区化阶段。

从城市空间形态看，所选案例的开发区已进入与城市空间融合发展阶段，或后成熟期阶段，正逐步向综合性转型。开发区的转型将促生一种新的城市形态，即在大城市郊区形成一个综合性的次级核心。

从开发区产业结构看，以开发区的转型与再开发为起点，各开发区均由过去以制造业为主转向以研发、商务和办公等生产性服务业为主发展，从工业主导型走向城市综合型。加罗指出，新兴及成长迅速的企业，尤其是高科技企业的创立，是边缘城市出现的标志之一。与美国边缘城市相似的是，中国开发区在向综合性新城区转型发展的同时，均强调科技创新及高新技术企业的引入。因此，制造业、生产性服务业及高新技术产业成为中国开发区导向“边缘城市”的三大支柱产业。

7. 小结

随着中国许多大城市郊区化发展进入新的阶段，在新一轮城市发展战略引导下，大城市开发区普遍向综合性方向发展，开发区导向的中国特色“边缘城市”逐步形成，城市空间结构由此走向多中心格局。在此过程中，开发区作为中国特色“边缘城市”的雏形，具备与美国边缘城市的相似特征及自身的独特性（表 11.9）。

中国开发区导向的“边缘城市”与美国边缘城市的相似特征主要体现在：①中心城市发展阶段方面，中国特色的“边缘城市”同样在中心城市的郊区化发展阶段出现；②产业结构方面，从以制造业为主转向制造业、生产性服务业及高新技术产业并举；③城市空间形态方面，中国特色“边缘城市”成为大城市郊区综合性的次级核心，也是为人们所意识到的特定地域；④转型与再开发方面，开发区的建设与发展经历了 30 年左右的时间，与 30 年前相比其景观已发生重大改变。

基于中国特殊发展背景形成的“边缘城市”，必定与美国边缘城市有所区别，具备自身的一些鲜明特性：①空间区位方面，中国特色“边缘城市”是区域交通走廊上的重要节点或城市外向拓展的门户地区，通常位于距中心城市 10km 以上的郊区；②用地比例方面，工业用地比例为 40%～75%，其他用地比例为 25%～60%；③产值方面，工业增加值比重为 55%～80%，第三产业增加值比重为 20%～45%；④规模方面，中国特色“边缘城市”提供的就业岗位均在 10 万人以上，用地规模超过 $30km^2$。

表 11.9　中国开发区导向的“边缘城市”特性与美国边缘城市比较

美国边缘城市的界定标准		中国开发区导向“边缘城市”的特性	
具体内容	比较项目	比较项目	具体内容
郊区化阶段	中心城市发展阶段		郊区化阶段
城市建成区边缘主干道交会处或郊区高速公路交会处	空间区位		区域交通走廊上的重要节点或城市外向拓展的门户地区；距中心城市的距离在 10 公里以上
超过 500 万 ft^2（46.45 万 m^2）	办公楼面积	用地比例	工业用地比例：40%～75%；其他用地比例：25%～60%
		产业结构	制造业、生产性服务业与高新技术产业并举
超过 60 万 ft^2（5.57 万 m^2）	零售商业楼面积	三产比重	工业增加值比重：55%～80%；第三产业增加值比重：20%～45%
就业岗位数量超过卧室数量	规模		就业岗位超过 10 万人；用地规模超过 $30km^2$
为人们所意识到的特定地域	城市空间形态		大城市郊区的综合性次级核心
与 30 年前的景观大不一样	转型与再开发		开发区建设与发展经历了 30 年左右的时间

综合来看，中国开发区导向的“边缘城市”，在中心城市发展阶段、产业结构、

城市空间形态及其发展历程等方面与美国边缘城市存在相似特征。同时，在空间区位、用地比例、产值及规模等方面又具备自身的独特性。可以说，中国特色“边缘城市”的形成是中国城市郊区化发展新的阶段下，大城市实现多中心发展的战略选择，也是大城市开发区转型发展的必然结果。本节的研究试图对比美国边缘城市的界定标准，结合中国“边缘城市”的特性，初步探讨并确立开发区导向的中国特色“边缘城市”的界定标准。而中国“边缘城市”未来的研究重点在于，结合此标准界定出更多中国“边缘城市”的实证案例，通过实证分析进一步完善中国“边缘城市”的界定标准，在此基础上深入研究其产生的动力机制及发展策略。

三、中国边缘城市演化阶段与动力机制

选择广州市域内的南沙进行实证研究，深入探讨城乡接合部的开发区在向中国“边缘城市”转型过程中的阶段特征及动力机制。

1. 广州城市空间结构演变概述

1）改革开放至 2000 年，单中心结构蔓延发展

广州从 1978 年改革开放之初，就确立了以轻工业为主导的发展模式，污染重、能耗高的工业被逐步外迁至郊区，为第三产业的发展提供用地（杨海华，2010）。这一时期广州的郊区化发展体现为工业及人口的被动郊迁，中心城区以集聚增长为主。1984 年第十四轮“广州市总体规划”未能将城市中心迁出旧城区，行政、商业、居住等依然在旧城区以“摊大饼”的方式蔓延（广州市城市规划勘测设计研究院项目组，2001）。随着城市的进一步集聚扩张，单中心发展模式的弊端日益凸显。至 2000 年，广州向北、向东发展遇到难以逾越的自然门槛，向西、向南发展遇到行政边界门槛，城市似乎已无新的开发空间（庄海波等，2008）。广州城市郊区化在 20 世纪 90 年代呈现出“全球化力量推动的产业与居住”郊区化并存的现象（魏立华和闫小培，2006b）。在此背景下，1993 年国务院批准成立南沙国家级经济技术开发区，揭开了南沙大规模开发的序幕。

2）2000～2004 年，从单中心走向多向拓展

2000 年，《广州城市建设总体战略概念规划纲要》首次突破单中心空间发展结构，明确提出“南拓、北优、东进、西联”的空间发展战略。与此同时，番禺、花都“撤市改区”，广州市辖面积从 1443 km^2 拓展到 3718 km^2，为城市的空间拓展和可持续发展提供了新的契机（袁奇峰，2008）。番禺、花都的撤市改区，使得两新区土地价格低廉的优势得以发挥，房地产开发成为广州城市郊区化发展的主导推力。2004 年，《南沙地区发展规划》公布实施，南沙成为广州城市南拓轴线上的重要增长极和空间战略节点。它不仅成为广州的经济增长点，更是优化全市空间结构、解决广州空间发展问题的关键所在，其战略地位得以提高。

3）2005～2008 年，从“精明拓展”走向“优化提升”

2005 年，广州行政区划再次进行调整，合并东山区和越秀区为新的越秀区，合并芳村区和荔湾区为新的荔湾区。同时，将原广州开发区、南沙开发区调整为新行政

区，南沙正式成为广州的行政区之一。2006 年，中国共产党广州市第九次代表大会适时提出在原八字方针的基础上增加“中调”战略，形成“十字方针”。《广州 2020 城市总体发展战略规划》明确“从城市到区域、从制造到创造、从二元到一体、从安居到宜居、从实力到魅力、从粗放到集约”六大战略，反映出广州城市发展正面临着新的机遇和转折。未来的城市空间发展将从外延式“拓展”向内涵式“优化与提升”转变，城市规划建设的重点向郊区基础设施和重点工程项目上转移，城市形态及功能空间的分布将呈现出新的特征。

4）2009 年至今，区域一体化渐成共识，多中心格局日趋明朗

2009 年《广佛肇经济圈建设合作框架协议》《推进珠江口东岸地区紧密合作框架协议》等一系列共识的制定通过，标志着珠三角正在从市场分割向区域一体转变。2010 年广州战略规划及总体规划纲要中提出“一个都会区、两个新城、三个外围城区（简称 123）”的空间构想。2011 年年底，中国共产党广州市第十次代表大会提出打造“一个都会区、两个新城区、三个副中心”的城市空间结构和功能布局的宏伟构想。2012 年中国社会科学院在对广州城市功能布局的研究报告中明确了广州“123”的有机整体框架。作为两个新城之一，南沙成为大广州和大珠三角实现跨越发展的引擎，其战略地位再次提升。面对全球化、区域化时代的全新机遇与挑战，构建“多中心、组团式、网络型”的城市空间结构成为广州建设“国家中心城市”的必然选择。

2. 南沙发展的阶段特征与动力机制

1）依托乡镇的起步探索阶段（2000 年以前）

1988 年，霍英东率先提出开发南沙，他对南沙的初期建设与发展起到巨大的推动作用。1990 年，广东省确定广州南沙、惠州大亚湾、珠海西区为三大重点发展区域。1992 年，国务院批准南沙港为对外通商口岸。1993 年，国务院批准设立国家级南沙经济技术开发区。2000 年，南沙随着番禺的“撤市改区”并入广州市域版图，成为广州唯一的滨海地区，且拥有华南地区最优良的深水港口。同时，广州提出“适度重型化”的产业战略，南沙成为承接广州中心城区产业拓展的疏散地之一。

与国外基于原有乡镇发展的边缘城市相似的是，南沙同样依托广州远郊区乡镇基础，在地方政府政策扶持和私人投资开发建设下，随着多元产业的植入而进入起步探索阶段。

2）产业先行的快速成长阶段（2001～2004 年）

2002 年，南沙开发区建设指挥部成立，南沙由原来番禺辖“南沙开发区管委会”主导开发建设，变为广州市辖“南沙开发区建设指挥部”主导；南沙开发建设由以霍英东基金会为代表的社会投资为主体，变为以政府投资为主体（温天蓉，2010）。2004 年实施的《南沙地区发展规划》，确立南沙区的总体定位为广州城市空间南拓与产业南拓的核心，形成南沙“大工业、大物流、大交通”的发展思路。从 1990 年、2000 年、2006 年南沙地区不同类型用地比重变化可以看出，随着南沙城市化进程的加速推进，建筑用地比重迅猛增加，从 1990 年的 4.33%上升至 2000 年的 15.08%，进而达到 2006 年的 35.70%（表 11.10）。

表 11.10　南沙地区不同类型用地比重变化

用地类型	1990 年	2000 年	2006 年
耕地	54.64%	38.47%	31.44%
建筑用地	4.33%	15.08%	35.70%
林地	8.08%	10.01%	3.59%
水体	32.50%	35.56%	29.35%
未利用土地	0.48%	0.83%	3.00%

资料来源：周倩仪等，2009。

与国外边缘城市以居住为先导开发不同，南沙从乡镇起步、继而作为广州城市南拓的核心，其持续发展的带动力量主要来自政府开发与私人投资下的产业发展动力。第二产业成为这一阶段南沙快速成长的驱动力。

3）项目导向的加速提升阶段（2005～2009 年）

2005 年，广州市辖区再次进行区划调整，成立南沙区，总面积为 544.12km^2（李开宇，2007）。此时的南沙开发已超出单个投资者预设的规模，形成广州“南拓”的大南沙概念。2008 年年底，国务院批复同意实施《珠江三角洲地区改革发展规划纲要（2008—2020）》，确立南沙新区为粤港澳五大重点合作区之一，不仅承载着引领区域转型发展的责任，同时成为广州建设国家中心城市的重要节点。

据《广州南沙新区发展总体规划（2010）》，南沙优越的建港条件使其在发展之初便确定了以港口为核心要素，以港口物流为龙头，以临港产业、装备工业和高新技术产业为重点，以造船、钢铁、汽车工业为骨干的重型化产业发展导向。根据这一产业定位，南沙大规模投入港口建设，大型项目对其经济发展的贡献率超过 50%。从 2009 年广州全市各区、县级规模以上工业总产值对比中可以发现，南沙区以 15.1%的增长比重位列第四，表明其产业发展明显的大项目带动导向。

南沙成为广州的市辖区之一，在大型项目带动下加速提升，从单一的工业生产功能为主向综合化方向发展，高新技术产业成为其产业发展的亮点与突破。与国外边缘城市相似，在产业综合化与全球化力量助推下，南沙开始呈现向全面化、综合型转变的趋势。

4）服务跟进的转型发展阶段（2010 年至今）

2010 年 4 月，广东省与香港特别行政区政府签订《粤港合作框架协议》，明确南沙作为粤港经济社会全面、深入合作的试点，从而给予南沙更大的发展机遇。2011 年，南沙迎来了历史性的重要转折。《国家“十二五”规划纲要》出台，南沙新区开发正式上升至国家战略层面，与深圳前海、珠海横琴一起，成为“进一步加强粤港澳合作”的三大重点区域。同年，中国社会科学院、中共广州市委、广州市政府在北京共同发布《广州南沙发展定位与战略研究》，确立南沙的总体目标为：用 40 年左右的时间，在 21 世纪中叶，建设成为国际智慧滨海新城、粤港澳全面合作的国家级新区、珠三角世界级城市群的新枢纽。

2012 年 9 月，国务院批复《广州南沙新区发展规划（2012—2025）》，南沙新区成为第六个国家级新区，填补了国家级新区在华南区域的“缺位”。南沙新区将作为粤港澳全面合作的一个综合性平台，成为未来华南地区的重要经济增长极，成为区域性生态中心、交通中心和服务中心。至此，南沙的建设发展站上了新的起点，作为代表广州、广东乃至国家参与国际竞争与合作的重要载体和平台，将迎来全方位的功能提升。同时，围绕几大功能定位，《广州南沙新区发展规划（2012—2025）》赋予南沙多项先行先试的政策措施，给予其更大的自由度和发展空间。

在中央政府政策支持与地方政府开发主导的双重推力作用下，随着服务业的逐步进驻及对城市建设的全面关注，南沙越来越多地呈现出与国外边缘城市的相似特征。尤其是随着《广州南沙新区发展规划（2012—2025）》的新近批复，南沙已全面进入向“边缘城市”转型的战略期（表 11.11）。

表 11.11　广州南沙新区发展历程：开发区向“边缘城市”转型轨迹

阶段	年份	宏观背景	功能转变	重大事件	主导动力
起步探索	1993～2000	设立国家级南沙经济技术开发区；邓小平南行	工业生产功能	1997 年，广州市政府颁布实施《广州南沙经济技术开发区总体规划》；2000 年，制定广州市新一轮总体发展概念规划，确定“北优、南拓、东进、西联”的空间发展战略；2000 年，番禺、花都撤市改区，广州变成滨海城市	地方政府政策扶持和私人投资开发
快速成长	2001～2004	加入世贸组织；科学发展观	工业生产为主，生活功能为辅	2002 年，南沙开发区建设指挥部成立，南沙大开发全面启动；2002 年，广东省委、省政府在南沙召开“推进南沙开发现场会”；2004 年，《南沙地区发展规划》发布	政府开发和私人投资
加速提升	2005～2009	和谐社会；低碳经济	功能逐步走向综合	2005 年，广州实施部分行政区划调整，南沙变身为独立行政区；2009 年 9 月，时任广州市委书记朱小丹视察南沙，特别强调“生态优先”，重新提出南沙滨海生态新城的概念	项目带动和全球化
转型发展	2010～2013	粤港澳全面合作；广州“123”空间发展战略	功能进一步向全面化、综合型转变	2010 年，《粤港合作框架协议》签订；2011 年，南沙新区发展被写入国家“十二五”规划；2011 年 10 月，广东省委、省政府召开南沙新区开发建设现场会；2012 年 5 月，广东省第十一次党代会，南沙开发建设列为广东转型升级的重大合作平台之首；2012 年 9 月，国务院正式批复《广州南沙新区发展规划（2012—2025）》	地方政府开发主导和中央政府政策支持

资料来源：根据南沙新区官方网站资料整理。

3. 南沙作为雏形阶段“边缘城市”的特征

将中国开发区导向的“边缘城市”特性与广州南沙比较可知，南沙既与雏形阶段的中国“边缘城市”具备相似之处，又有自身的独特性。具体而言，在中心城市发展阶段、交通区位、产业结构、产值、职住关系和空间形态等六大方面，南沙均与雏形阶段中国“边缘城市”的特性相符。开发建设方面的巨大投入和长期努力使南沙呈现出一般独立性“城市”的基本特征（图 11.5）。

图 11.5　南沙所呈现的“城市”特征

然而，从开发区转型与再开发经历的时间来看，南沙自 1993 成立国家级经济技术开发区发展至今，仅用了 20 年的时间，处在粤港澳中心位置的黄金区位及国家与地方政府一系列强有力的政策扶持成为南沙快速发展的关键因素（表 11.12）。

表 11.12　中国“边缘城市”特性与广州南沙比较

雏形阶段中国“边缘城市”的特性		广州南沙的特性
具体内容	比较项目	具体内容
郊区化阶段	中心城市发展阶段	郊区化阶段
区域交通走廊上的重要节点或城市外向拓展的门户地区	交通区位	广州东南部，珠江虎门水道出海口西岸，穗深珠高速公路交会处
制造业、生产性服务业与高新技术产业并举	产业结构	高端服务业、科技智慧产业、临港先进制造业、海洋产业和旅游休闲健康产业等五大产业集群
三产增加值比重：20%～35%	产值	三产增加值比重：22.18%（2012 年）
就业岗位数量与常住人口规模差异显著	职住关系	就业岗位数量与常住人口规模比：0.46
大城市郊区的综合性次级核心	空间形态	广州郊区的综合性次级核心
建设与发展经历了 30 年左右的时间	转型与再开发	建设与发展经历了 20 年

资料来源：2012 年广州南沙国民经济和社会发展统计公报；广州南沙开发区投资环境分析报告。

总体而言，南沙作为广州的“边缘城市”尚处在雏形阶段，其由工业开发区走向具有城市综合效益的滨海新城的转型发展已经起步并取得一定成效。产业结构的进一步完善，综合职能的不断提升将推动南沙的未来发展。

探讨广州的“边缘城市”——南沙的实证后，可进一步将基于开发区的城乡接合部转型发展的基本路径概括为三大阶段：①起初，郊区荒野或原有乡镇在政府宏观调控的作用下，随着产业的植入而发展成为单一功能主导的地域。②进入 20 世纪 90 年代，市场力量开始介入，继而自 21 世纪以来，大城市开发区由单一功能区先后进入转型与再开发的战略期。同时，中国大城市区域分工协作与空间整合加强，大城市生产性服务业进行空间重构，大城市的郊区化发展也步入了新阶段。③在此背景下，遵循政府引导与市场自发并存的生长路径，大城市开发区普遍开始向综合性新城区转型，中国特色“边缘城市”逐步形成，中国城市的多中心发展也随之呈现出一种新的形式。

随着“新常态”时期到来，当前中国城市正普遍面临着“增长主义”的终结，郊区化进程正在进入新的历史时期（张京祥等，2013）。分析表明，珠三角郊区转型的格局丰富多样，乡城转化绝非一蹴而就。可以预见的是，正是因其多样的“领域化”路径和同时存在的市场、政府与社会动力，来自中国的珠三角郊区化道路将极具“韧性”（Wu，2012a；White and O’Hare，2014）。多角度全方位的乡城转型可以开辟无穷多样的创新空间。

最后，我们强调中国城市郊区化对于南半球、发展中国家或转型经济背景下郊区化的重要意义。珠三角郊区化的成效说明，培育和提升“创业精神”对于南半球地区的乡城转型极为重要：身处迈向“现代”的火车站，我们不能“等待”，而是应该依托“物尽其用”的生存艺术和敢为天下先的创业精神，勇于创造新的空间生产和资本累积道路，以此成就国家发展。

在若干郊区转型发展的形式中，边缘城市被认为是力度最为强劲、挑战最为严峻的一种改造形式（Dunham-Jones and Williamson，2009）。可以说，从开发区走向中国特色“边缘城市”为城乡接合部的转型发展提供了一条较为有效的发展路径，是现今中国城市化进程的一种全新现象。而对开发区导向的中国特色“边缘城市”的未来研究，则应站在大区域整体发展的视角上重新加以审视。

响应罗伊（Roy）等对南半球发展经验，尤其是其新城市化模式的强调（Roy and Ong，2011），珠三角郊区化说明：走向“现代”或“发展”的道路多种多样，并非西方道路才是唯一（Peck，2015；Scott and Storper，2015）。这一郊区化机制对于理解当代世界，尤其是南半球（或发展中国家、转型经济国家）郊区化具有广泛意义。中国郊区化属于世界，是世界郊区化进程的重要组成。我们倡导和呼吁对于“中国郊区”研究的“世界化”（worlding）的深入解析，对中国郊区化的深入研究对于全球郊区化探索意义重大。

第十二章　从社会空间到美好生活

第一节　21 世纪初的城市社会空间

21 世纪初的世界正陷入新的动荡与不稳定。在西方，特别是英美等国，近年出现诸多新现象，如特朗普就任总统、英国脱欧、“占领华尔街”，以及法国巴黎的“黄衫军”抗议，无不昭示了剧烈的社会变动和不稳定性。世界经济总量不断增长，技术飞速进步，人类正在进入“工业革命 4.0”时代，各方面发展可谓翻天覆地。不过，自 20 世纪以来所出现的新一轮的财富不均衡分配、阶层结构固化和加剧的社会极化问题，以及金融资本的疯狂掠夺、国家福利的退减，底层生活的停滞乃至困顿，则是很多西方国家的切身感受。一定程度上，西方国家，特别是其全球城市，如伦敦、纽约和巴黎所出现的社会动荡，昭示了“新自由主义”意识形态的破产、市场失灵和国家治理能力的缺失。2014 年，法国经济学家托马斯 · 皮凯蒂（Thomas Piketty）出版了极具影响力的《21 世纪资本论》，分析了从 18 世纪工业革命以来的世界财富分配数据，认为自由市场经济并不能完全解决财富分配不平等问题，近年全球经济增长的不均衡分配不断拉大，且有加速趋势。皮凯蒂指出，“财富型”收入扩张的速度大大超过“劳动型”收入，因此财富资本的拥有量成为决定社会经济地位的主要因素。资本积累的重要途径是代际继承。经济学家斯蒂格利茨、克鲁格曼等也认为，当前社会贫富分化扩大的趋势非常明显，纯靠市场无法妥善解决。他们甚至相信，市场本身就是问题的根源。皮凯蒂建议，通过民主制度实行严格的财产征税制度和所得税累进税制，对高收入人群和资本征收高额税率，从而对资本掠夺进行制约，有效降低财富不平等现象。尽管存在争议，此类研究无疑指明了当代社会所面临的社会分化问题正变得愈发严重（而非减缓），与诸多社会动荡频发的社会事实互为佐证。社会分化具有明显的空间维度，正是通过空间的生产和消费，不均等的社会分化被固定下来，与物业、资产和土地相结合并愈加显现，乃至形成极具差异化的地方认同、文化和身份符号。世界范围的城市化所伴随的是大规模的绅士化、门禁社区、高层商品房楼盘、非正规社区或贫民窟，以及不同空间之间明显的隔离和分异。如果能够测算全球尺度的空间分异度，其程度一定正随着攀升的社会分层度而增长。

与“星球城市化”相联系，21 世纪的社会地理几乎等同于城市社会地理（Brenner，2014）。当代城市社会地理以空间分异为特征，这种趋势在“全球城市”最为明显。在弗里德曼和萨森所提出的“世界城市”与“全球城市”假说中，均已清楚阐明：全球城市的社会地理是极化的、严重隔离的，社会群体的两极分别占据和使用着空间的两极（Friedmann，1986，Sassen，1991）。尽管同样存在争议，类似的社会地理现象也在诸多“全球化中的城市”出现。2016 年 10 月 17～20 日，“联合国第三次住房和城市可持续发展大会”（简称人居三）在厄瓜多尔首都基多召开。会议正式审议通过了《新城市议程》。核心内容主要包括六个领域，即社会融合与公平、城市制度、空间发展、城市经济、城市生态环境、城市住房和基本服务。这其实是全面的城市工作和城市发展问题。《新城市议程》的核心愿景是“cities for all，right to the city”，即“人人共享的城市”，“城市权利”，强调“平等使用和享受城市和人类住区，提高包容性”。议程前所未有地强调城市是人民的城市，是所有人的城市。这里的所有人包括现有的，也包含未来新增的人，无论背景如何，人人享有同等权利。议程所提出的城市愿景涉及三大领域：社会领域、经济领域和环境领域。其中社会领域主要涉及社会功能问题，包括住房、公共服务等，具有公众参与性、归属感和拥有感的特征，前提是实现性别平等、代际平等；经济领域包括经济增长、结构转型、效率；实现区域枢纽的职能，基本保障是规划与投资；环境领域的生存底线是建立安全、韧性城市，基本原则是降低人工环境的冲击，保护自然生态。议程将社会领域的愿景放在首位，是城市的首要功能，通过住房、公共服务等来满足城市需要，强调了人和城市的关系，实际是一个城市社会地理问题。与原有议程相区别，新的“人居议程”特别强调“包容”问题，“包容就是强调对人、社会的重视”。伴随全球性的城市化，人类已经全面进入“城市社会”时代，城市的健康可持续发展对于人类未来意义重大。如前所述，新时代的城市社会地理以分异和隔离为特征，城市社会是一种不健康的“断裂社会”，“包容性”成为空间资源的使用和治理中必须充分考虑的问题，“包容性”逐渐成为政府、规划和建设管理工作中必须遵循的基本价值。基于“社会空间辩证法”，空间与社会存在辩证的互动关系，建设“包容性”的社会势必需要建设“包容性”的城市空间，反之亦然。无论如何，推动实现已有城市社会地理的全面转型由此成为一个具有全球意义的时代命题，其难度显而易见。例如，为实现《基多宣言》，桑内特等强调雅各布斯式的“街道”空间，推崇城市多样性、城市之共时的复杂性（complex in a synchronous way）、未完成性（incomplete）和多孔性（porous）。不过，单靠新的规划设计手法就能建立全新的城市吗？在批评者看来，《基多宣言》所倡导的诸多理念也具有批判派的特点——“破而不立”“换汤不换药”，是一种“二手空间”而已（赵益民，2017）。

在这样一种背景下，中国近年的快速发展与全面提升可谓独树一帜。不仅是经济的快速增长，中国在减贫脱贫方面的成就也是举世瞩目：改革开放 40 多年来，7 亿中国人摆脱了贫困状态；2012 年党的十八大以来，6000 多万贫困人口稳定脱贫，贫困发生率从 10%以上降到 4%以下；党的十九大提出坚决打赢脱贫攻坚战、精准扶贫，确保到 2020 年农村人口全面脱贫，贫困县全部摘帽。需要强调的是，与西方底层群体普遍的失落感相区别，中国快速城市化及其新的城市社会地理的出现，是以绝大多数国民普遍的“获得感”为背景的。不过，进入新时代，改革开放 40 多年所累积的诸多问题，特别是发展的不充分、不平衡问题愈发明显，如何突破“胡焕庸线”进入了国家领导人的视野。城乡二元结构尽管有所松动，但城乡差别依然明显，城市内部的二元化问题正在凸显；虽然国家一直呼吁“房子不是用来炒的、是用来住的”，房地产泡沫问题依然严重；主要的“集体消费”品：住房、医疗和教育，仍是普通老百姓肩上的“三座大山”。如同《北京折叠》所隐喻的，当代大城市的不同群体占有和使用的是完全不同的空间，阶层之间彼此隔离，“时间经过了精心规划和最优分配，小心翼翼隔离”。此类文学作品的出现，映射着社会对于阶层割裂的深切焦虑。进入新时代，我国社会的主要矛盾已经转化为人民日益增长的美好生活需要和不平衡不充分的发展之间的矛盾，它在城市社会的表现更为明显。正因如此，改革的确进入了深水区。作为生活发生的地方，作为人所使用和感知的空间载体，社会空间由此进入我们研究的视野，并成为中国城市地理学的重要研究对象。

第二节　面向未来的中国城市社会空间研究

后殖民理论、城市比较理论等新理论或新观点已经开始重新思考和探讨亚洲，特别是中国城市的建设经验，思考它们对于知识本身乃至知识生产的意义（Sheppard et al.，2013）。在这个基础上，学者们开始承认中国的城市化及城市建设经验，视其为一种不同于西方的新知识、新理论，它与已有的传统城市理论有所差别。也就是“如何讲好中国故事”的问题。如何描绘自身，如何向外界告知自身，对于城市、民族和国家都具有非常重要的意义。作为一种尝试，本书的目的之一，也在于讲述中国城市社会空间研究的本土故事。作为一个代表性话题，中国城市社会空间研究的范式可以上溯至芝加哥学派所创立的“城市生态学”研究。对于中国城市社会空间研究的关注，自 20 世纪 80 年代以来就一直处于不断拓展之中，不断向更多维度、更加丰富、更有内涵的方向演化。就其话题而言，中国城市社会空间研究与 40 多年改革开放以来中国所面临的两大转型密切相关，也就是市场化和全球化。一个是“市场转型理论”及其空间化问题（Nee，1989）。那么，它在空间上的表现如何？是否出现空间隔离的加剧？中西方有何差别？就成为一个重要的城市地理学话题。另一个是全球城市的“空间极化假说”。依据萨森所提出的全球城市极化问题，全球城市存在严重的社会极化，也存在严重空间极化（Sassen，1991）。那么，这种现象在中国的全球城市（如北上广）是否存在？在不同城市的情况有无差别？也一直处于辩论之中。这些问题，也都是本书诸多章节所关注的关键环节。

如前所述，自 20 世纪 80 年代以来，出现了专门针对中国城市社会空间问题的诸多探讨。早期研究（1980～2000 年）主要采用各种计量方法，从经验到归纳，运用一些“计量革命”以来所发展的计量技术，描述和划分中国城市社会区和社会空间结构。主要围绕的是从计划时期的单位型的社会空间转向改革开放和市场化以来、更加分化、更加多元，在一定程度上更加隔离的社会空间，探讨其格局、状况问题。这些工作表明，转型期中国城市社会空间的分异，如移民分异度、房权分异度等均在逐步增长之中。与西方的差别在于，户籍制度和产权是中国城市社会空间分异的重要维度。就范式而言，主要是传统的地理学计量分析方法、因子生态、聚类、社会空间结构分析方法等，主要聚焦空间结构这个核心问题。进入 21 世纪，随着中国城市格局愈发走向多元化，新的各种城市现象不断涌现，如城中村、各种外国人社区或者聚集区、同乡同业村，新时期的研究范式越来越转向综合，结合定性和定量方法，采用多种方法相结合来研究城市社会空间。值得一提的是，新时期的研究范式更多开始关注内生性要素，如政府和国家的重要作用，以及新的“南南”流动所塑造新城市社会空间，均成为新的关注焦点。如同在本书中所看到的，通过问卷访谈、实地调查这样一些定性研究，结合量化的分析，开展混合研究，可以更加精准地把握小尺度的社会空间单元的分布、格局。以此为基础，很多不同类型的微观社会空间如非正规社区、城中村、学生化社区等，开始全面进入研究视野。更多的社会空间维度，如社会网络、非正规经济、满意度、归属感、居住意愿、改造评估等被纳入研究主题。结合产权、经济学理论、非正规城市化理论，结合社会学、人类学等交叉学科的研究范式、理论和方法，全面系统地揭示了城市内部社会空间二元化的过程。

中国城市社会空间研究的发展过程经历了“站起来、富起来、强起来”的历史过程。正在逐步由追赶西方到跟随，乃至目前随着稠密数据的出现、更多精准识别技术的运用，正在走向“强起来”的新阶段。不过，我们在不同时期也面临着不同挑战和局限，理论创新仍然是一个主要的挑战。最近几年，从社会空间研究范式的新趋势来看，越来越多的学者和团队开始转向对于居民生活、健康、安全维度的研究，从关注物质空间转向关注人的方方面面，同时结合各种开源数据的运用、大数据运用、交叉研究方法等，这是明显的新趋势。可以看到，新数据、新技术下新的社会空间研究正在兴起，体现了一种学科进一步交叉融合的大趋势。

作为中国城市地理学最为活跃的领域之一，中国城市社会空间研究经历了一个快速发展、日益勃兴的历史进程。与时代发展和技术进步相适应，大量引进和吸收西方先进理论与技术，同时不断开拓和创新与中国本土特色相适应的研究范式。中国学者历来强调“学以致用”、“拿来主义”与“实用主义”的结合，目的在于服务国家和社会需求。如章太炎所言，“国民常性，所察在政事日用，所务在工商耕稼，志尽于有生，语绝于无验”，也就是“体用不二”。随着国家对于“以人为本”的城乡发展的重视，新动力下的城市社会空间演化与对策问题愈加重要，需要对比进行更为深入的研究。我们所关注的社会空间，其内涵正逐步从微观空间尺度的社区转向更加面向空间使用与感知本身。

如同本书的诸多章节所体现的，城市社会空间研究多立足于实证研究和科学主义，强调的是逻辑实证分析和唯物主义立场。未来社会空间研究需要更多关注人对空间的感知，对于主观感知的研究势必将更多涉及心理层面，乃至一些唯心主义的分析，如存在主义、现象学等，需要有更加多元化的研究范式进入这一领域。我们需要关注城市社会空间的演化历程，从宏观到微观，多尺度、多维度地聚焦社会空间问题，关注栖居社会空间的居民及其日常生活。需要强调的是，理论是多种多样的，对于城市空间的理论解释更是如此。在研究城市社会空间的诸多现象时，既需要通过量化模型所确立的“宏大叙事”、“普遍规律”、大理论（grand-theory），也需要启发性的理论、批判的理论。我们需要直面知识的暂时性、偏好性、多样性（Longino，1990）。

第一，面对人口城镇化、乡村振兴的“双轮驱动”的大背景，城市社会空间研究大有可为。对人的城镇化问题，对于不同类型的社会群体及其空间感知、空间需求问题的关注，将是新时代的核心命题，对于城市社会研究提出了全新的、更高的要求。第二，强调本土要素。无论是对中国城市，还是对中国城市社会空间研究领域，有“自知之明”、知道来历和形成过程，对于基于本土化的创新有着非常重要的意义。相对于“中体西用”，李泽厚曾提出“西体中用”的观点，认为“西体”即现代化，这是人类历史进程的共同方向，因而是“本体”，而“中用”则强调现代化进程必须结合中国实际，需结合中国的“地气”，才能真正实现（李泽厚，2017）。此类观点，可为参照。第三，技术开放和方法吸纳。进入时空大数据时代，各种新技术、各种新数据的出现和运用，都会成为未来研究工作的新的标配。我们所看到的建筑信息模型（building information model，BIM）、人工智能、机器学习、各种信息识别技术，会像我们所用的计算机辅助设计（computer aided design，CAD）技术一样，成为一种新常态。

第三节　拥抱美好的城市生活

社会空间是生活发生的地方。面对“人民对美好生活的向往”，城市社会空间研究的目标，更在于服务于日常生活，特别是服务于老年人、儿童、社会弱势群体等对美好生活有着特别迫切需要的社会群体。“美好生活”的阻碍是什么？基本面是设施、资源的配置，深层次的原因则在于市场经济下人的“异化”，以及现代性对人性的压制。19 世纪末以来，许多理论家已经不约而同地关注日常生活，包括马克斯·韦伯、齐美尔、米德等；胡塞尔、海德格尔、维特根斯坦、卢卡奇等也关注了其中的问题。列斐伏尔、福柯、布迪厄、吉登斯、德赛都直接对社会空间问题进行过分析。对于日常生活的关注与欧洲哲学的危机，即“形而上学”的式微有所关联，伴随着“哲学的语言学”和“日常生活转向”而出现。在宏大叙事幻灭之后，关注点就是生活了。

西方学界对日常生活的研究，多将现代性压制下的日常生活视为沉沦的场域、多持悲观批判的态度。马克思对日常生活持批判态度，认为日常生活具有使“过程”变为“实体”的物化（空间）特征，因此在日常生活中人们往往把现象与本质混同、存在与价值混同，日常生活和日常思维扭曲了真实。尼采把日常生活和“常人”视为平庸无聊的，鼓吹超人哲学和生活的艺术化。韦伯认为，艺术在当代生活中扮演着把人们从工具理性和道德实践理性的压制中救赎出来的重要功能。海德格尔则强调“诗意栖居”，主张以此来对抗常人流俗闲谈式的平庸生活。法兰克福学派的主将之一阿多诺认为，现代日常生活的意识形态实际上是启蒙的工具理性发展到极端的产物，工具理性反过来统治主体自身，启蒙走向了它的反面。这些批判，均指向了现代城市日常生活及其异化的社会空间。

列斐伏尔指出，日常生活“是生计、衣服、家具、家人、邻里和环境……如果愿意，你可以称之为物质文化”（Lefebvre et al.，2009）。相对于传统乡村的日常生活，城市日常生活往往是现代的、单调的、乏味的、机器般有节奏的，而前者则是充满具体而丰富的意味的、文化的、乡村牧歌式的。列斐伏尔将发达资本主义国家的日常生活称为“消费受控制的科层制”，空间的商品化，日常生活处于异化之中，由于交换价值与使用价值的脱离，为生产而生产，而不是为生活而生产，生活的意义就消失了。异化的根源是商品拜物教和社会分工，异化也深入到了人的心理和意识领域，异化导致人缺乏畏惧和崇敬，一切坚固的都烟消云散，商品无孔不入地侵入生活，意义被异化了，生活变得符号化、抽象化、功能化。如何应对？

法兰克福学派强调批评技术理性，认为客体压倒主体的问题需要纠正，以此超越日常生活的异化。要想克服或超越异化，就必然要对技术理性进行扬弃，从而生产一种新的理性。马尔库塞认为，要把价值和艺术整合到技术理性之中，谋划对超功利的目的、对远非统治必需品和奢侈品的“生活艺术”的开放。弗洛姆认为“无意识”或潜意识无处不在，强调发展全面的人的理性，以纠正技术理性的片面膨胀，提出“爱”是治疗日常生活中各种行为偏差的良药。晚期的列斐伏尔变得乐观，认为日常生活具有很大可能性，社会解放将是总体性的，可以通过日常生活节日化、艺术化、瞬间化来实现。在此基础上对“异化”的各种形式进行批判并提出克服或解决异化问题的办法，使日常生活回归到正常的、非异化的状态。赫勒认为，日常生活作为“自在的”领域，异化现象是最严重的；要超越日常生活的异化问题，从而“为我们存在”。这包括两个方面的内容，一是“幸福”（happiness），二是“有意义的生活”（meaningful life）。德赛都并不认为会出现“总体革命”，应将视野投向人们的日常生活“实践”，也就是人们相应于具体环境、具体规训机制而进行的具体运作，它既具有空间特征，又具有主体性特征。他也强调日常生活具有创造力和可能性，可能出现社会空间的“二次生产”。

我们倡导积极干预。我们应通过空间营造的手段来提醒、告知、启发、教育和改造人的思想，激发思考、想象乃至创新，参与式的、运动会式的空间营造，重塑现代城市的日常生活。参与感的重要性在于加强了主客体互动的环节，而不是被动的；在于激发激活人的主体性，人们喜欢“运动会”、喜欢“足球”实况转播，喜欢各类网络直播，原因就在于身临其境的参与感。社区规划、空间营造的目的是改善居民感知，从消极转向积极，从被动转向主动，尤其是塑造居民的主体性、主人翁精神。总之，面对“异化”所带来的问题，不应逃避，而应该拥抱这些挑战，将其视为提升我们的美好生活的机会，走向一种面向生活的空间政治学。“我们在每一个转折点上，都应该利用对表面世界的即刻体验，来换取某种更深远普遍的洞见。”生命在于行动，通过行动来走向自我觉醒，通过面对异化挑战，不断与之抗争，采取试验主义的方式改变处境，人才能更加自由乃至更加伟大。“要想变得更加自由，就只能靠在这个世上获得更多见识和行动自由”（Unger，2007）。

参 考 文 献

宝贵贞. 2004. 元代蒙古人宗教信仰的多元化问题. 中央民族大学学报: 哲学社会科学版, 31（5）: 75-77.

宝贵贞. 2008. 近现代蒙古族宗教信仰的演变. 北京: 中央民族大学出版社.

保继刚, 李郇. 2012. “借口”: 中国城市资本高度集聚的政治经济学分析框架. 人文地理, 27(4): 1-8.

蔡昉. 2007. 中国就业增长与结构变化. 社会科学管理与评论, （2）: 30-43.

曹国栋. 2006. 转制社区干部培训实用读本. 广州: 广州出版社.

柴彦威. 1996. 以单位为基础的中国城市内部生活空间结构研究: 兰州市的实证研究. 地理研究, 15（1）: 30-38.

柴彦威. 2000. 城市空间. 北京: 科学出版社.

柴彦威, 刘志林, 沈洁. 2008. 中国城市单位制度的变化及其影响. 干旱区地理, 31（2）: 155-163.

陈波. 2013. 不同收入层级城镇居民消费结构及需求变化趋势: 基于 AIDS 模型的研究. 社会科学研究, （4）: 14-20.

陈丰. 2007. 从“虚城市化”到市民化: 农民工城市化的现实路径. 社会科学, （2）: 110-120.

陈果, 顾朝林, 吴缚龙. 2004. 南京城市贫困空间调查与分析. 地理科学, 24（5）: 542-549.

陈慧, 毛蔚. 2006. 城市化进程中城市贫民窟的国际经验研究. 改革与战略, （1）: 136-139.

陈家琦. 2009. 边缘城市中的消费公共空间研究——以昆山花桥国际商务城 C-25 地块项目为例. 建筑与文化（11）: 106-107.

陈建华. 2007. 我国国际化城市郊区化研究——以上海市为例. 城市, （11）: 29-32.

陈杰, 郝前进. 2014. 快速城市化进程中的居住隔离: 来自上海的实证研究. 学术月刊, 46(5): 17-28.

陈永杰, 卢施羽. 2011. 大学生就业困难与“蚁族”的出现: 一个社会政策的视角. 公共行政评论, 4（3）: 146-171, 182.

陈钊, 陆铭. 2008. 从分割到融合: 城乡经济增长与社会和谐的政治经济学. 经济研究, （1）: 21-32.

陈钊, 陆铭, 陈静敏. 2012. 户籍与居住区分割: 城市公共管理的新挑战. 复旦学报（社会科学版）, 2012（5）: 77-86.

程丹丹. 2018. 深圳城中村更新模式对比——以水围村和大冲村为例//中国城市规划学会, 杭州市人民政府. 共享与品质——2018 中国城市规划年会论文集（2 城市更新）. 杭州: 中国城市规划学会.

戴春. 2007. 社会融入: 上海国际化社区建构. 北京: 中国电力出版社.

戴松茁. 2005. “密集/分散”到“紧凑/松散”——可持续城市形态和上海青浦规划再思考. 时代建筑, （5）: 90-95.

戴维·波谱诺. 1999. 社会学（10 版）. 李强, 等译. 北京: 中国人民大学出版社.

邓悦, 王铮, 吴永兴. 2001. 上海的边缘城市. 人文地理, （10）: 34-39.

丁开杰. 2009. 西方社会排斥理论: 四个基本问题. 国外理论动态, （10）: 36-41.

董鉴泓. 1989. 中国城市建设史. 北京: 中国建筑工业出版社.

董丽晶. 2010. 国外城市贫民窟改造及其对我国的启示. 特区经济, （11）: 117-118.

董延芳, 刘传江, 胡铭. 2011. 新生代农民工市民化与城镇化发展. 人口研究, 35（1）: 65-75.
杜家骥. 1993. 从取名看满族入关后之习俗与文化. 清史研究, （2）: 37-46.
杜鹏, 李一男, 王澎湖, 等. 2008. 城市“外来蓝领”的就业与社会融合. 人口学刊, （1）: 3-9.
杜悦. 2008. 巴西治理贫民窟的基本做法. 拉丁美洲研究, （1）: 59-62, 71.
费孝通. 1985. 乡土中国. 北京: 生活 · 读书 · 新知三联书店.
风笑天. 2004. “落地生根”: 三峡农村移民的社会适应. 社会学研究, （5）: 19-27.
冯健. 2001. 我国城市郊区化研究的进展与展望. 人文地理, 16（6）: 30-35.
冯健. 2002. 杭州城市郊区化发展机制分析. 地理学与国土研究, 18（2）: 88-92.
冯健. 2004. 转型期中国城市内部空间重构. 北京: 科学出版社.
冯健, 刘玉. 2007. 转型期中国城市内部空间重构: 特征、模式与机制. 地理科学进展, （4）: 93-106.
冯健, 钟奕纯. 2018. 北京社会空间重构（2000—2010）. 地理学报, 73（4）: 711-737.
冯健, 周一星. 2003. 北京都市区社会空间结构及其演化（1982—2000）. 地理研究, 22（4）: 465-483.
高鸿鹰. 2008. 城市化进程与城市空间结构演进的经济学分析. 北京: 对外经济贸易大学出版社.
高军波, 周春山, 王义民, 等. 2011. 转型时期广州城市公共服务设施空间分析. 地理研究, 30（3）: 424-436.
高向东. 2012. 上海市少数民族流动人口城市适应状况调查及评价研究. 中国法学会民族法学研究会. 民族法学评论（第九卷）. 北京: 民族出版社: 338-359.
高永良, 徐锋. 2011. “蚁族”聚居群落生态环境研究. 当代青年研究, （6）: 30-33.
顾朝林, 盛明洁. 2012. 北京低收入大学毕业生聚居体研究——唐家岭现象及其延续. 人文地理, （5）: 20-24, 103.
顾朝林, 孙樱. 1998. 中国大城市发展的新动向——城市郊区化. 规划师, 14（2）: 102-104.
顾朝林, 王法辉, 刘贵利. 2003. 北京城市社会区分析. 地理学报, （6）: 917-926.
顾朝林, 于涛方, 李王鸣, 等. 2008. 中国城市化: 格局 · 过程 · 机理. 北京: 科学出版社.
广州市城市规划勘测设计研究院项目组. 2001. 从“云山珠水”走向“山城田海”——生态优先的广州“山水城市”建设初探. 城市规划, 25（3）: 28-31.
韩俊, 崔传义, 赵阳. 2005. 巴西城市化过程中贫困问题及对我国的启示. 中国发展观察, （6）: 4-6.
何波. 2008. 北京市韩国人聚居区的特征及整合——以望京“韩国村”为例. 城市问题, （10）: 59-64.
何海兵. 2003. 我国城市基层社会管理体制的变迁: 从单位制、街居制到社区制. 管理世界, 6: 52-62.
何深静, 刘玉亭, 吴缚龙, 等. 2010. 中国大城市低收入邻里及其居民的贫困集聚度和贫困决定因素. 地理学报, 65（12）: 1465-1476.
华纳. 1994. 德国建筑艺术在中国: 建筑文化移植. 柏林: 厄恩斯特&索恩出版社.
黄博茂. 2017. 基于弹性城市理论的城中村更新策略探析——以深圳市水围村为例. 中国城市规划学会. 东莞市人民政府. 持续发展 理性规划——2017 中国城市规划年会论文集（2 城市更新）.
黄吉乔. 2001. 上海市中心城区居住空间结构的演变. 城市问题, （4）: 30-34.
黄锟. 2011. 城乡二元制度对农民工市民化影响的实证分析. 中国人口 · 资源与环境, 21（3）: 76-81.
黄仁宇. 2008. 中国大历史. 北京: 生活 · 读书 · 新知三联书店.
黄怡. 2006. 城市社会分层与居住隔离. 上海: 同济大学出版社.
蒋贵凰, 宋迎昌. 2011. 中国城市贫困状况分析及反贫困对策. 现代城市研究, （10）: 8-13.
景晓芬, 李世平. 2011. 城市空间再生产过程中的社会排斥. 城市问题, （10）: 9-14.
寇佳丽. 2014. 梦想照亮蚁族村——走访北四村的“新蚁族”. 经济, （9）: 68-70.
蓝宇蕴. 2001. 城中村: 村落终结的最后一环. 中国社会科学院研究生院学报, （6）: 100-105, 112.
蓝宇蕴. 2005. 都市里的村庄——一个“新村社共同体”的实地研究. 北京: 生活 · 读书 · 新知三联书店.

李斌. 2002. 社会排斥理论与中国城市住房改革制度. 社会科学研究，（3）: 106-110.
李祎，吴缚龙，尼克·费尔普斯. 2008. 中国特色的“边缘城市”发展：解析上海与北京城市区域向多中心结构的转型. 国际城市规划，（4）: 2-6.
李开宇. 2007. 番禺行政区划调整与城市空间扩展研究. 广州：中山大学博士学位论文.
李立勋. 1994. 城市国际化与国际城市. 城市问题, 4: 37-41.
李培林. 2004. 村落的终结——羊城村的故事. 北京：商务印书馆.
李瑞林，李正升. 2006. 中国转轨过程中的城市贫困问题研究. 经济经纬，（1）: 108-111.
李双成，蔡运龙. 2005. 地理尺度转换若干问题的初步探讨. 地理研究, 24（1）: 11-18.
李松，张小雷，李寿山，等. 2015. 乌鲁木齐市天山区居住分异测度及变化分析：基于 1982—2010 年人口普查数据. 干旱区资源与环境, 29（10）: 62-67.
李晓江，尹强，张娟，等. 2014.《中国城镇化道路、模式与政策》研究报告综述. 城市规划学刊,（2）: 1-14.
李兴锐. 1987. 李兴锐日记. 北京：中华书局.
李雅儒，毛强. 2012. 关于“蚁族”群体问题研究综述. 当代青年研究，（4）: 73-79.
李泽厚. 2017. 中国古代思想史论. 北京：生活·读书·新知三联书店.
李志刚. 2008. 中国城市的居住分异. 国际城市规划，（4）: 12-18.
李志刚，杜枫. 2012, 中国大城市的外国人“族裔经济区”研究——对广州“巧克力城”的实证. 人文地理，（6）: 1-6.
李志刚，顾朝林. 2011. 中国城市社会空间结构转型. 南京：东南大学出版社.
李志刚，吴缚龙. 2006. 转型期上海社会空间分异研究. 地理学报, 61（2）: 199-211.
李志刚，吴缚龙，卢汉龙. 2004. 当代我国大都市的社会空间分异——对上海三个社区的实证研究. 城市规划, 28（6）: 60-67.
李志刚，吴缚龙，肖扬. 2014. 基于全国第六次人口普查数据的广州新移民居住分异研究. 地理研究, 33（11）: 2056-2068.
李志刚，薛德升，Lyons M，等. 2008. 广州小北路非洲人聚居区社会空间分析. 地理学报，63（2）: 207-218.
李志刚，薛德升，杜枫，等. 2009. 全球化下“跨国移民社会空间”的地方响应——以广州小北非洲人区为例. 地理研究, 28（4）: 920-931.
联合国人居署. 2003. 贫民窟的挑战——全球人类住区报告. 北京：中国建筑工业出版社.
廉思. 2009. 蚁族——大学毕业生聚居村实录. 桂林：广西师范大学出版社.
廉思. 2010. “蚁族”现象研究：问题、借鉴与对策//中国社会科学院. 中国人才蓝皮书（2010）. 北京：社会科学文献出版社.
廉思. 2011. “蚁族”身份认同研究. 社会科学界，（12）: 55-59.
廉思. 2012. “蚁族”群体新情况、新问题及对策建议. 决策探索，（2 下）: 41-43.
梁波，王海英. 2010. 城市融入：外来农民工的市民化——对已有研究的综述. 人口与发展, 16（4）: 73-85, 91.
梁鸿，叶华. 2009. 对外来常住人口社会融合条件与机制的思考. 人口与发展, 15（1）: 43-47.
梁茂春. 2004. 什么因素影响族际通婚：社会学研究视角评述. 西北民族研究，（3）: 173-187.
廖邦固，徐建刚，宣国富，等. 2008. 1947-2000 年上海中心城区居住空间结构演变. 地理学报，（2）: 195-206.
林新聪. 2006. 城市贫困人口心理和社会稳定. 社会心理科学, 21（2）: 168-171.
刘凤云. 2001. 明清城市的坊巷与社区：兼论传统文化在城市空间的折射. 中国人民大学学报, 15（2）: 111-117.

刘海岩. 2006. 租界、社会变革与近代天津城市空间的演变. 天津师范大学学报(社会科学版), (3): 38-43.
刘晓峰, 陈钊, 陆铭. 2010. 社会融合与经济增长: 城市化和城市发展的内生政策变迁. 世界经济, 33(6): 60-80.
刘玉亭. 2005. 转型期中国城市贫困的社会空间. 北京: 科学出版社.
刘玉亭, 何深静, 顾朝林, 等. 2003. 国外城市贫困问题研究. 现代城市研究, (1): 78-86.
刘玉亭, 吴缚龙, 何深静, 等. 2006. 转型期城市低收入邻里的类型、特征和产生机制: 以南京市为例. 地理研究, 25(6): 1073-1082.
刘云刚, 苏海宇. 2016. 基于社会地图的东莞市社会空间研究. 地理学报, 71(8): 1283-1301.
刘云刚, 谭宇文, 周雯婷. 2010. 广州日本移民的生活活动与生活空间. 地理学报, 65(10): 1173-1186.
刘云刚, 叶清露, 许晓霞. 2015. 空间、权力与领域: 领域的政治地理研究综述与展望. 人文地理, 30(3): 1-6.
刘云刚, 周雯婷, 谭宇文. 2010. 日本专业主妇视角下的广州城市宜居性评价. 地理科学, 30(1): 39-44.
卢汉超. 2004. 霓虹灯外——20世纪初日常生活中的上海. 上海: 上海古籍出版社.
陆淑珍, 魏万青. 2011. 城市外来人口社会融合的结构方程模型——基于珠三角地区的调查. 人口与经济, (5): 17-23.
路风. 1989. 单位: 一种特殊的社会组织形式. 中国社会科学, (1): 71-88.
罗仁朝, 王德. 2008. 上海市流动人口不同聚居形态及其社会融合差异研究. 城市规划学刊, (6): 92-99.
吕刚, 唐德善. 2008. 边缘城市理论对南京城市空间发展的启示. 现代管理科学, (7): 59-60.
吕红平. 2005. 论我国社会转型期的城市贫困问题. 人口学刊, (1): 3-8.
马戎, 潘乃谷. 1989. 居住形式社会交往与蒙汉民族关系: 从赤峰调查看影响民族关系的因素. 中国社会科学, (3): 179-192.
马西恒, 童星. 2008. 敦睦他者: 城市新移民的社会融合之路——对上海市Y社区的个案考察. 学海, (2): 15-22.
马晓燕. 2008. 移民社区的多元文化冲突与和谐——北京市望京"韩国城"研究. 中国农业大学学报: 社会科学版, 25(4): 118-126.
马宗保. 2001. 论回汉民族关系的历史特点. 西北民族研究, (4): 79-86.
马祖明, 侣传振. 2011. 代际视角下农民工市民化调查研究——以杭州市为例. 现代城市, 6(1): 36-40.
梅桢悦. 2018. "租赁运营模式"下城中村改造策略研究——以深圳水围村为例. 中国城市规划学会, 杭州市人民政府. 共享与品质——2018中国城市规划年会论文集(2城市更新).
潘雨红, 张昕明, 张冬梅, 等. 2013. 高学历青年流动人口居住情况与需求特征. 规划师, (增刊): 246-249.
漆畅青, 何帆. 2005. 城市化与贫民窟问题. 开放导报, (6): 24-27.
齐格蒙特·鲍曼. 2002. 流动的现代性. 欧阳景根译. 北京: 中国人民大学出版社
任远, 乔楠. 2010. 城市流动人口社会融合的过程、测量及影响因素. 人口研究, 34(2): 11-20.
任远, 陶力. 2012. 本地化的社会资本与促进流动人口的社会融合. 人口研究, 36(5): 47-57.
佘高红. 2010. 从衰败到再生: 城市社区衰退的理论思考. 城市规划, 34(11): 14-19.
沈光耀. 1985. 中国古代对外贸易史. 广州: 广东人民出版社.
沈磊. 2007. 无限与平衡——快速城市化时期的城市规划. 北京: 中国建筑工业出版社.

施林翊. 2006. 国外贫民窟改造初探. 北京: 北京林业大学硕士学位论文.
佀传振, 崔琳琳. 2010. 农民工城市融入意愿与能力的代际差异研究——基于杭州市农民工调查的实证分析. 现代城市, 5（1）: 43-46.
宋伟轩, 朱喜钢. 2009. 中国封闭社区——社会分异的消极空间响应. 规划师, （11）: 82-86.
宋秀坤, 王铮. 2001. 上海城市内部高新技术产业区位研究. 地域研究与开发, （4）: 18-21.
宋月萍, 陶椰. 2012. 融入与接纳: 互动视角下的流动人口社会融合实证研究. 人口研究, 36（3）: 38-49.
孙立平. 1998. 中国社会结构转型的中近期趋势和隐患. 战略与管理, （5）: 1-17.
孙立平. 2004. 转型与断裂——改革以来中国社会结构的变迁. 北京: 清华大学出版社.
孙立平. 2005. 现代化与社会转型. 北京: 北京大学出版社.
孙群郎. 2005. 美国城市郊区化研究. 北京: 商务印书馆.
孙亚楠. 2009. 韩人社区与“韩味”青岛. 北京: 中央民族大学博士学位论文.
孙一飞, 马润潮. 1997. 边缘城市: 美国城市发展的新趋势. 国外城市规划, （4）: 28-35.
谭日辉. 2014. 北京社会空间格局的发展与优化研究. 城乡规划, （1）: 84-89.
田凯. 1995. 关于农民工的城市适应性的调查分析与思考. 社会科学研究, （5）: 90-95.
童明. 2007. 重构之图, 新的城市空间? 时代建筑, （1）: 16-21.
汪德华. 2005. 中国城市规划史纲. 南京: 东南大学出版社.
王春光. 2006. 农村流动人口的“半城市化”问题研究. 社会学研究, （5）: 107-122, 244.
王春光. 2010. 对新生代农民工城市融合问题的认识. 人口研究, 34（2）: 31-34, 55-56.
王桂新, 陈冠春, 魏星. 2010. 城市农民工市民化意愿影响因素考察——以上海市为例. 人口与发展, 16（2）: 2-11.
王国恩, 刘松龄. 2009. “亚运城”带动下的广州新城规划. 城市规划, 33（S2）: 46-51.
王慧. 2003. 开发区与城市相互关系的内在肌理及空间效应. 城市规划, 27（3）: 20-25.
王佳鹏. 1995. 乾隆与满族喇嘛教寺院: 兼论满族宗教信仰的演变. 故宫博物院院刊, （1）: 58-65.
王俊敏. 2001. 青城民族: 一个边疆城市民族关系的历史演变. 天津: 天津人民出版社.
王梅梅, 杨永春, 谭一洺, 等. 2015. 中国城市居民的家庭代际分/合居行为及其影响要素: 以成都市为例. 地理学报, 70（8）: 1296-1312.
王铭铭. 1999. 逝去的繁荣: 一座老城的历史人类学考察. 杭州: 浙江人民出版社.
王如渊. 2004. 深圳特区城中村研究. 成都: 西南交通大学出版社.
王晓娟. 2003. 上海的边缘城市研究. 上海: 上海师范大学硕士学位论文.
王兴平, 顾惠. 2015. 我国开发区规划 30 年——面向全球化、市场化的城乡规划探索. 规划师,（2）: 84-89.
王雄昌. 2011. 我国远郊工业开发区的空间结构转型研究. 规划师, 27（3）: 93-98.
王秀圆, 闫建忠. 2015. 山区农户耕地利用集约度及其影响因素: 以重庆市 12 个典型村为例. 地理研究, 34（5）: 895-908.
王章辉, 黄柯可. 1999. 欧美农村劳动力的转移与城市化. 北京: 社会科学文献出版社.
王真, 郭怀成, 何成杰, 等. 2009. 基于统计学的北京城市居住用地价格驱动力分析. 地理学报, 64（10）: 1214-1220.
王铮, 邓悦, 宋秀坤, 等. 2001. 上海城市空间结构的复杂性分析. 地理科学进展, （4）: 331-339.
魏皓奋. 2005. 杭州: 30“城中村”改造启动 农民出租房子将征税. 杭州: 今日早报.
魏立华, 闫小培. 2005. “城中村”: 存续前提下的转型——兼论“城中村”改造的可行性模式. 城市规划, 29（7）: 9-13.
魏立华, 闫小培. 2006a. 大城市郊区化中社会空间的“非均衡破碎化”——以广州市为例. 城市规划, 30（5）: 55-60.

魏立华，闫小培. 2006b. 转型期中国城市社会空间演进动力及其模式——以广州市为例. 地理与地理信息科学, 22（1）: 66-72.
魏立华，闫小培，刘玉亭. 2008. 清代广州城市社会空间结构研究. 地理学报, 6: 613-624
温天蓉. 2010. 广州市南沙岛城市空间形态研究. 广州：华南理工大学硕士学位论文.
文嫮，宁奉菊，曾刚. 2005. 上海国际社区需求特点和规划原则初探. 现代城市研究, 5: 17-21.
吴蔼宸. 1929. 天津电车电灯公司问题•华北国际五大问题. 北京：商务印书馆.
吴缚龙. 2006. 中国的城市化与“新”城市主义. 城市规划，（8）: 19-23, 30.
吴缚龙，李志刚. 2013. 转型中国城市中的社会融合问题. 中国城市研究，（0）: 27-38.
吴缚龙，马润潮，张京祥. 2007. 转型与重构：中国城市发展多维透视. 南京：东南大学出版社.
吴莉萍，黄茜，周尚意. 2011. 北京中心城区不同社会阶层混合居住利弊评价：对北太平庄和北新桥两个街道辖区的调查. 北京社会科学，（3）: 73-78.
吴启焰，崔功豪. 1999. 南京市居住空间分异特征及其形成机制. 城市规划, 23（12）: 23-35.
吴启焰，朱喜钢. 2001. 城市空间结构研究的回顾与展望. 地理学与国土研究，（2）: 46-50.
吴维平，王汉生. 2002. 寄居大都市：京沪两地流动人口住房现状分析. 社会学研究，（3）: 92-110
吴文钰. 2010. 中美城市郊区化发展比较研究. 云南地理环境研究, 22（3）: 75-80.
吴晓，马红杰. 2000. “边缘城市”的形成和形态初探. 华中建筑，（4）: 85-86.
吴晓，吴明伟. 2008. 美国快速城市化背景下的贫民窟整治初探. 城市规划，（2）: 78-83.
西美尔. 2002. 货币哲学. 北京：华夏出版社.
项飚. 2000. 跨越边界的社区：北京“浙江村”的生活史. 北京：生活・读书・新知三联书店.
谢涤湘，牛通. 2017. 深圳土地城市化进程及土地问题探析. 城市观察, 4: 50-59.
谢志岿. 2005. 村落向城市社区的转型——制度、政策与中国城市化背景中城中村问题研究. 北京：中国社会科学出版社.
熊光清. 2008. 欧洲的社会排斥理论与反社会排斥实践. 国际论坛, 10（1）: 14-18.
熊国平，杨东峰，于建勋. 2010. 20 世纪 90 年代以来中国城市形态演变的基本总结. 华中建筑，（4）: 120-123.
徐祥运，李晨光. 2011. 社会排斥视角下的城市贫困空间问题研究. 大连大学学报, 32（6）: 70-78.
徐晓燕，叶鹏. 2010. 城市社区设施的自足性与区位性关系研究. 城市问题，（3）: 62-66.
许学强，周一星，宁越敏. 2001. 城市地理学. 北京：高等教育出版社.
许学强，胡华颖，叶嘉安. 1989. 广州市社会空间结构的因子生态分析. 地理学报，（4）: 385-399.
宣国富. 2010. 转型期中国大城市社会空间结构研究. 南京：东南大学出版社.
颜俊. 2011. 巴西人口城市化进程及模式研究. 上海：华东师范大学博士学论文.
扬・盖尔. 2002. 交往与空间. 何人可，译. 北京：中国建筑工业出版社.
杨保军，朱子瑜，黄文亮等. 2016. “城市・街区・开放”主题沙龙. 城市建筑，（8）: 6-14.
杨海华. 2010. 广州城市郊区化的四大阶段性差异动力. 城市管理，（6）: 52-54.
杨菊华. 2009. 从隔离、选择融入到融合：流动人口社会融入问题的理论思考. 人口研究, 33（1）: 17-29.
杨敏. 2007. 作为国家治理单元的社区——对城市社区建设运动过程中居民社区参与和社区认知的个案研究. 社会学研究，（4）: 137-164.
杨上广. 2006. 中国大城市社会空间演化. 上海：华东理工大学出版社.
姚雪萍. 2007. 转型期我国城市贫困的特点、成因以及反贫困的对策探析. 改革与真战略, 23（12）: 109-112.
余侃华，张沛，张中华. 2009. 城市社区空间私有化的产生机制及发展趋势——以国外封闭社区为研究对象. 城市发展研究，（6）: 94-101.
虞蔚. 1986. 城市社会空间的研究与规划. 城市规划，（6）: 25-28.

袁奇峰. 2008. 改革开放的空间响应——广东城市发展 30 年. 广州: 广东人民出版社.
袁奇峰, 马晓亚. 2012. 保障性住区的公共服务设施供给——以广州市为例. 城市规划, (2): 24-30.
袁媛, 许学强. 2007. 国外城市贫困阶层聚居区研究述评及借鉴. 城市问题, (2): 86-91.
袁媛, 许学强. 2008. 广州市城市贫困空间分布、演变和规划启示. 城市规划学刊, (4): 87-91.
袁媛, 薛德升, 许学强. 2006. 转型期我国城市贫困研究述评. 人文地理, (1): 93-99.
悦中山, 杜海峰, 李树茁, 等. 2009. 当代西方社会融合研究的概念、理论及应用. 公共管理学报, 6(2): 114-121, 128.
悦中山, 李树茁, 靳小怡, 等. 2011. 从"先赋"到"后致": 农民工的社会网络与社会融合. 社会, 31(6): 130-152.
曾群, 魏雁滨. 2004. 失业与社会排斥: 一个分析框架. 社会学研究, 19(3): 11-20.
曾烨璐, 廖晓明. 2017. 从封闭式小区到开放式"街区": 困境与出路. 领导科学, (8): 34-36.
张京祥, 赵丹, 陈浩. 2013. 增长主义的终结与中国城市规划的转型. 城市规划, 1: 45-55.
张军, 周黎安. 2008. 为增长而竞争: 中国增长的政治经济学. 上海: 上海人民出版社.
张雷, 雷雳, 郭伯良. 2005. 多层线性模型应用. 北京: 教育科学出版社.
张利, 雷军, 张小雷, 等. 2012. 乌鲁木齐城市社会区分析. 地理学报, 67(6): 817-828.
张时飞. 2007. 失地农民与城市贫困. 广州: 中国城市贫困与产权变化国际会议.
张文宏, 雷开春. 2008. 城市新移民社会融合的结构、现状与影响因素分析. 社会学研究, (5): 117-141, 244-245.
张文新. 2003. 中国城市郊区化研究的评价与展望. 城市规划汇刊, (1): 55-58.
张晓平, 刘卫东. 2003. 开发区与我国城市空间结构演进及其动力机制. 地理科学, 23(2): 142-148.
赵立新. 2006. 城市农民工市民化问题研究. 人口学刊, (4): 40-45.
赵鹏军, 彭建. 2000. "边缘城市"对城市开发区建设的启示——以天津经济技术开发区为例. 地域研究与开发, (12): 54-57.
赵世瑜, 周尚意. 2001. 明清北京城市社会空间结构概说. 史学月刊, (2): 112-119.
赵益民. 2017. "二手空间": 否思《基多宣言》. 读书, 12: 3-12.
郑国. 2008. 基于政策视角的中国开发区生命周期研究. 经济问题探索, (9): 9-12.
郑国. 2010. 开发区发展与城市空间重构. 北京: 中国建筑工业出版社.
郑国. 2011. 中国开发区发展与城市空间重构: 意义与历程. 现代城市研究, (5): 20-24.
郑慧华, 肖美平. 2002. 珠江三角洲富裕农村地区的"主观剩余劳动力"问题研究. 青年研究, 5: 19-23.
郑永年. 2010. 中国模式: 经验与困局. 杭州: 浙江人民出版社.
周春山, 边艳, 张国俊, 等. 2016. 广州市中产阶级聚居区空间分异及形成机制. 地理学报, 71(12): 2089-2102.
周春山, 陈素素, 罗彦. 2005. 广州市建成区住房空间结构及其成因. 地理研究, 24(1): 77-87.
周皓. 2012. 流动人口社会融合的测量及理论思考. 人口研究, 36(3): 27-37.
周黎安. 2008. 中国地方政府公共服务的差异: 一个理论假说及其证据. 新余高专学报, (4): 5-6.
周敏. 1995. 唐人街——深具社会经济潜质的华人社区. 北京: 商务印书馆.
周倩仪, 陈颖彪, 李雁, 等. 2009. 遥感与 GIS 支持下的广州南沙土地利用结构初探. 安徽农业科学, 37(6): 2632-2635.
周一星. 1995. 城市地理学. 北京: 商务印书馆.
周毅刚. 2007. 两种"城市病"比较——城中村与百年前的西方贫民窟. 新建筑, (4): 27-31.
庄海波, 郑静, 赖寿华, 等. 2008. 广州总体发展概念规划的背景、要点与展望. 规划师, 24(4): 64-68.
Al-Ali N, Black R, Koser K. 2001. The limits to "transnationalism": Bosnian and Eritrean refugees in Europe as emerging transnational communities. Ethnic and Racial Studies, 24: 579-600.

Alba R, Nee V. 2003. Remaking the American Mainstream: Assimilation and Contemporary Immigration. Cambridge: Harvard University Press.

Alex M, David M. 1998. The social exclusion perspective and housing studies: origins, applications and limitations. Housing Studies, 13（6）: 749-759.

Amin A. 1994. Post-Fordism : A Reader. Oxford: Blackwell.

Anacker K B. 2015. The New American Suburb: Poverty, Race and the Economic Crisis. Farnham, Surrey: Ashgate.

Atkinson R, Bridge G. 2005. The New Urban Colonialism: Gentrification in a Global Context. London: Routledge.

Axisa J J, Newbold K B, Scott D M. 2012a. Migration, urban growth and commuting distance in Toronto's commuter shed. Area, 44（3）: 344-355.

Axisa J J, Scott D M, Newbold K B. 2012b. Factors influencing commute distance: A case study of Toronto's commuter shed. Journal of Transport Geography, 24: 123-129.

Bach RL, Smith J. 1977. Community satisfaction, expectations of moving and migration. Demography, 14（2）: 147-167.

Badcock B. 2001. Thirty years on: Gentrification and class changeover in Adelaide's inner suburbs, 1966-96. Urban Studies, 38（9）: 1559-1572.

Banerjee B. 1983. Social networks in the migration process: Empirical evidence on chain migration in India. The Journal of Developing Areas, 17（2）: 185-196.

Bank W. 2006. Global Economic Prospects: Economic Implications of Remittances and Migration. Washington D C: Int. Bank Reconstr. Dev.

Basch L G, Schiller N G, Blanc C S, 1994. Nations Unbound: Transnational Projects, Postcolonial Predicaments, and Deterritorialized Nation-States. London: Gordon & Breach.

Baum S. 1999. Social transformations in the global cities: Singapore. Urban Studies, 36（7）: 1095-1117.

Beckham J D, Goulias K G. 2008. Immigration, residential location, car ownership, and commuting behavior: A multivariate latent class analysis from California. Transportation, 35: 655-671.

Begg I, Kitson M. 1991. The Development of the Croydon Economy to the Year 2000. Cambridge: Department of Applied Economics, University of Cambridge.

Bell D. 1973. The Coming of Post-Industrial Society: A Venture in Social Forecasting. New York: Alexander Street Press.

Benneworth P. 2004. In what sense "regional development?": Entrepreneurship, underdevelopment and strong tradition in the periphery. Entrepreneurship and Regional Development, 16（6）: 439-458.

Bertoncello B, Bredeloup S. 2007. The emergence of new African "Trading Posts" in Hong Kong and Guangzhou. China Perspectives, 6（1）: 94-105.

Bingham R D, Kimble D. 1995. The industrial composition of edge cities and downtowns: The new urban reality. Economic Development Quarterly, 9（3）: 259-272.

Birch D L. 1975. From suburb to urban place. The Annals of the American Academy of Political and Social Science, 422（1）: 25-35.

Blumenberg E. 2004. En-gendering effect planning: Spatial mismatch, low-income women, and transportation policy. Journal of the American Planning Association, 70（3）: 269-281.

Blumenberg E, Manville M. 2004. Beyond the spatial mismatch: Welfare recipients and transportation policy. Journal of Planning Literature, 19（2）: 182-205.

Bodomo A. 2010. The African trading community in Guangzhou: An emerging bridge for Africa-China.

The China Quarterly, 203: 693-707.

Bonacich E. 1972. A theory of middleman minorities. American Sociological Review, 38（5）: 583-594.

Bontje M, Burdack J. 2005. Edge cities, European-style: Examples from Paris and the Randstad. Cities, 22（4）: 317-330.

Brauw A, Rozelle S. 2008. Reconciling the returns to education in off-farm wage employment in rural China. Review of Development Economics, 12（1）: 57-71.

Bray D. 2005. Social Space and Governance in Urban China: the Danwei System from Origins to Reform: Stanford: Stanford University Press.

Brenner N. 2009. Open questions on state rescaling. Cambridge Journal of Regions, Economy and Society, 2（1）: 123-139.

Brenner N. 2014. Implosions/Explosions: Towards a Study of Planetary Urbanization. Berlin: Jovis.

Brown B, Perkins D D, Brown G. 2003. Place attachment in a revitalizing neighborhood: Individual and block levels of analysis. Journal of Environmental Psychology, 23（3）: 259-271.

Burgers J. 1996. No polarisation in Dutch cities? Inequality in a corporatist country. Urban Studies, 33（1）: 99-105.

Butler T, Hamnett C, Ramsden M. 2008. Inward and upward: Marking out social class change in London, 1981-2001. Urban Studies, 45: 67-88.

Canclini N G. 1995. Mexico: cultural globalization in a disintegrating city. American Ethnologist, 22（4）: 743-755.

Carter W H, Schill M H, Wachter S, et al. 1998. Polarisation, public housing and racial minorities in US cities. Urban Studies, 35（10）: 1889-1911.

Caulfield J. 1994. City Form and Everyday Life: Toronto's Gentrification and Critical Social Practice. Toronto: University of Toronto Press.

Cervero R. 1986. Suburban Gridlock. Rutgers: The State University of New Jersey.

Certeau M D. 1984. The Practice of Everyday Life. Berkeley: University of California Press.

Chen A, Coulson E. 2002. Determinants of urban migration: Evidence from Chinese cities. Urban Studies, 39（12）: 2189-2197.

Chien S S. 2013. New local state power through administrative restructuring——A case study of post-mao China county-level urban entrepreneurialism in Kunshan. Geoforum, 46: 103-112.

Corcoran M P. 2002. Place attachment and community sentiment in marginalised neighbourhoods: A European case study. Canadian Journal of Urban Research, 11（1）: 201-221.

Cullingworth B, Caves R W. 2006. Planning in the USA: Policies, Issues and Processes. 2nd ed. London: Routledge.

Davidsson P, Honig B. 2003. The role of social and human capital among nascent entrepreneurs. Journal of Business Venturing, 18（3）: 301-331.

Dekker K. 2007. Social capital, neighbourhood attachment and participation in distressed urban areas. A case study in the Hague and Utrecht, the Netherlands. Housing Studies, 22（3）: 355-379.

Dick H W, Rimmer P J. 1998. Beyond the third world city: The new urban geography of south-east Asia. Urban Studies, 35（12）: 2303-2321.

Dogan M, Kasarda J D. 1988. The Metropolis Era: a World of Giant Cities. London: Sage Publications.

Duany A. 2001. Three cheers for gentrification. The American Enterprise, 12（3）: 36-39.

Dunham-Jones E, Williamson J. 2009. Retrofitting Suburbia: Urban Design Solutions for Redesigning Suburbs. Chichester: Wiley.

Fainstein S, Gordon I, Harloe M. 1992. Divided Cities: New York and London in the Contemporary World. Oxford: Blackwell.

Fan C C. 2011. Settlement intention and split households: Findings from a survey of migrants in Beijing's urban villages. The China Review, 11（2）: 11-42.

Feng J, Zhou Y. 2003. The social spatial structure of Beijing metropolitan area and its evolution: 1982-2000. Geographical Research, 22（4）: 465-483.

Fishman R. 1987. Bourgeois Utopias: the Rise and Fall of Suburbia. New York: Basic Books.

Florida R. 2010. The Great Reset: How New Ways of Living and Working Drive Post-Crash Prosperity. New York: Harper Collins.

Fokkema T, Gierveld J, Nijkamp P. 1996. Big cities, big problems: reason for the elderly to move? Urban Studies, 33（2）: 353-377.

Forrest R, Murie A. 1983. Residualisation and council housing: Aspects of the changing social relations of tenure. Journal of Social Policy, 12: 453-468.

Forrest R, Yip N M. 2007. Neighbourhood and neighbouring in contemporary Guangzhou. Journal of Contemporary China, 16（50）: 47-64.

Foucault M. 1980. Histoire de la folie à l'âge classique. Madness & Civilization: A History of Insanity in the Age of Reason, 260.

Foucault M. 2001. Nietzsche, genealogy, history. Nietzsche, 3（1）: 78-94.

Freeman L. 2006. There Goes the Hood: Views of Gentrification from the Ground up. Philadelphia: Temple Univ Press.

Freeman L. 2009. Neighbourhood diversity, metropolitan segregation and gentrification: What are the links in the US? Urban Studies, 46（10）: 2079-2101.

Freestone R. 1997. New suburban centers: An Australian perspective. Landscape and Urban Planning, 36（4）: 247-257.

Freire-Gibb L C, Nielsen K. 2014. Entrepreneurship within urban and rural areas: Creative people and social networks. Regional Studies, 48（1）: 139-153.

Friedmann J. 1986. The world city hypothesis. Development and Change, 17: 69-83.

Friedmann J. 2001. World cities revisited: A comment. Urban Studies, 38（13）: 2535-2536.

Friedmann J, Wolff G. 1982. World city formation: An agenda for research and action. International Journal of Urban and Regional Research, 6（3）: 309-344.

Gardner K. 2006. The transnational work of kinship and caring: Bengali-British marriages in historical perspective. Global Networks, 6: 373-387.

Gentile M. 2003. Residential segregation in a medium-sized post-Soviet city: Ust'-Kamenogors, Kazakhstan. Tijdchrift voor Economische en Sociale Geografie, 94（5）: 589-605.

Gentile M. 2004. Divided post-Soviet small cities? Residential segregation and urban form in Leninogorsk and Zyryanovsk, Kazakhstan. Geografiska Annaler B, 86（2）: 117-136.

Giffinger R. 1998. Segregation in Vienna: Impacts of market barriers and rent regulations. Urban Studies, 35（10）: 1791-1812.

Glaeser E L. 2012. Triumph of the City : How Our Greatest Invention Makes Us Richer, Smarter, Greener, Healthier, and Happier. New York: Penguin Books.

Glaeser E L. Rosenthal S S, Strange W C. 2010. Urban economics and entrepreneurship. Journal of Urban Economics, 67（1）: 1-14.

Glass R. 1964. Introduction to London: Aspects of Change Center for Urban Studies. London: MacGibbon and Kee.

Gottlieb P D, Lentnek B. 2001. Spatial mismatch is not always a central-city problem: an analysis of commuting behavior in Cleveland, Ohio, and its suburbs. Urban Studies, 38（7）: 1161-1186.

Granovetter M S. 1973. The strength of weak ties. Journal of Sociology, 78（6）: 1360-1380.

Gu C L, Liu H Y. 2001. Social polarization and segregation in Beijing//Logan J R. The New Chinese City: Globalization and Market Reform. Oxford: Blackwell.

Gu C L, Wang F H, Liu G, et al. 2005. The structure of social space in Beijing in 1998: A socialist city in transition. Urban Geography, 26（2）: 167-192.

Gu C L, Kesteloot G. 2002. Beijing's socio-spatial structure in transition. Studies in segregation and desegregation. I. Schnell and W. Ostendorf. Aldershot, Ashgate, 12: 285-311.

Gu C L, Wang F, Liu G L, et al. 2003. Study on urban social area in Beijing. Acta Geographica Sinica, 58（6）: 917-926.

Hackworth J. Smith N. 2001. The changing state of gentrification. Tijdschrift Voor Economische En Sociale Geografie, 92（4）: 464-477.

Hall P G. 2002. Cities of Tomorrow: An Intellectual History of Urban Planning and Design in the Twentieth Century. Oxford: Blackwell.

Hall T, Hubbard P. 1998. The Entrepreneurial City: Geographies of Politics, Regime and Representation. Chichester: John Wiley.

Hamnett C. 1991. The blind men and the elephant: the explanation of gentrification. Transactions of the Institute of British Geographers, 16（2）: 173-189.

Hamnett C. 1994. Social polarisation in global cities: Theory and evidence. Urban Studies, 31（3）: 401-424.

Hamnett C. 1996. Why Sassen is wrong, a response to Burgers. Urban Studies, 33（1）: 107-110.

Harding A. 1997. Urban regimes in a Europe of the cities? European Urban and Regional Studies, （4）: 291-314.

Hargerstand T. 1974. The domain of human geography. //Chorly R. New Directions in Geography. New York: Cambridge University Press.

Harloe M. 1995. The People's Home? Social rented housing in Europe and America. Oxford: Blackwell.

Harris C D, Ulman E. 1945. The natures of cities. Annals of the American Academy of Political Science, （242）: 7-17.

Harvey D. 1973. Social Justice and the City. London: Edward Arnold.

Harvey D. 1975. The geography of capitalist accumulation: A reconstruction of the Marxian theory. Antipode, 7（2）: 9-21.

Harvey D. 1982. The Limits to Capital. Chicago: University of Chicago Press.

Harvey D. 1985. The Urbanization of Capital: Studies in the History and Theory of Capitalist Urbanization. Baltimore: Johns Hopkins University Press.

Harvey D. 1989. From managerialism to entrepreneurialism: The transformation of governance in late capitalism. Geografiska Annaler B, 71: 3- 17.

Harvey D. 2000. Spaces of Hope. Berkeley: University of California Press.

Harvey D. 2006. Spaces of Global Capitalism. London: Verso.

Haugen H O. 2011. Chinese exports to Africa: Competition, complementarity and cooperation between micro-level actors. Forum for Development Studies, 38（2）: 157-176.

Heikkila E J, Shen T Y, Yang K Z. 2003. Fuzzy urban sets: Theory and application to desakota regions in

China. Environment and Planning B: Planning and Design, 30（2）: 239-254.
Heller A. 1999. A Theory of Modernity. Malden: Blackwell.
Henderson V, Mitra A. 1996. The new urban landscape: Developers and edge cities. Regional Science and Urban Economics, 22（26）: 613-643.
Hernandez-Plaza S, Alonso-Morillejo E, Pozo-Munoz C. 2006. Social support interventions in migrant populations. British Journal of Social Work, 36: 1151-1169.
Hill G C, Kim J W. 2000. Global cities and developmental states: New York, Tokyo and Seoul. Urban Studies, 37（12）: 2167-2195.
Holden R, Turner T. 1997. Western Europe, current city expansion and the use of GIS. Landscape and Urban Planning, 36（4）: 315-326.
Houston D S. 2005. Employability, skills mismatch and spatial mismatch in metropolitan labor markets. Urban Studies, 42（2）: 221-243.
Hoyle B, Pinder D, Husain M. 1988. Revitalising the Waterfront. London: Belhaven.
Hsing Y T. 2010. The great urban transformation : Politics of land and property in China. Oxford: Oxford University Press.
Hu X H, Kaplan D. 2001. The emergence of affluence in Beijing: Residential social stratification in China's capital city. Urban Geography, 22: 54-77.
Huang Y Q, Clark W A V. 2002. Housing tenure choice in transitional urban China: A multilevel analysis. Urban Studies, 39（1）: 7-32.
Hung P Y. 2014. Frontiers as dilemma: The incompatible desires for tea production in southwest China. Area, 46（4）: 369-376.
Jackson K T. 1985. Crabgrass Frontier: The Suburbanization of America. Oxford: Oxford University Press.
Jacobs J. 1969. The Economy of Cities. New York: Vintage.
James D R, Taeuber K E. 1985. Measures of segregation. Sociological Methodology, 15（4）: 1-32.
Jean-Louis P K S. 2010. The ambivalent nature of ethnic segregation in France's disadvantaged neighbourhoods. Urban Studies, 47（8）: 1603-1623.
Jessop B . 1996. Post-Fordism and the State. Comparative Welfare Systems. London: Macmillan .
Jessop B, Brenner N, Jones M. 2008. Theorizing sociospatial relations. Environment and Planning D: Society and Space, 26（3）: 389-401.
Jessop B. 1999. The changing governance of welfare: Recent trends in its primary functions, scale, and modes of coordination. Social Policy & Administration, 33（4）: 348-359.
Jessop B. 2002. Liberalism, neoliberalism, and urban governance: A state-theoretical perspective. Antipode, 34（3）: 452-472.
Jessop B. 2006. Spatial fixes, temporal fixes and spatio-temporal fixes//Patton P. Deleuze A Critical Reader. Oxford: Blackwell.
Joel G. 1991. Edge City: Life on the New Frontier. New York: Doubleday.
Johnston R J, Gregory D, Pratt G, et al. 2000. The Dictionary of Human Geography. Massachusetts: Blackwell Publishing.
Jonas A E G. 1999. Making edge city: Post-suburban development and life on the frontier in southern California//Harris R, Larkham P. Changing Suburbs: Foundation, Form and Function. London: FN Spon.
Kaplan D, Woodhouse K. 2004. Research in ethnic segregation I: causal factors. Urban Geography, 25(6):

579-585.

Keil R. 2013. Suburban Constellations: Governance, Land, and Infrastructure in the 21st Century. Berlin: Jovis.

Kim H. 2003. Ethnic enclave economy in Urban China: the Korean immigrants in Yanbian. Ethnic and Racial Studies, 26（5）: 802-828.

Kloosterman R C, Musterd S. 2001. The polycentric urban region: Towards a research agenda. Urban Studies, 38（4）: 623-633.

Knight J, Deng Q, Li S. 2011. The puzzle of migrant labor shortage and rural surplus in China. China Economic Review, 22: 585-600.

Knox P, Pinch S. 2000. Urban Social Geography: An Introduction. London: Prentice Hall.

Knox P. 1993. The Restless Urban Landscape. Englewood Cliffs: Prentice Hall.

Kok H, Kovacs Z. 1999. The process of suburbanization in the agglomeration of Budapest. Journal of Housing and the Built Environment, 14（2）: 119-141.

Kostinskiy G. 2001. Post-Socialist Cities in Flux. London: SAGE Publications.

Kurien P. 2001. Religion, ethnicity, and politics: Hindu and Muslim Indian immigrants in the United States. Ethnic and Racial Studies, 24: 263-293.

Kwok-Bun C, Pluss C. 2013. Modeling migrant adaptation: Coping with social strain, assimilation, and non-integration. International Sociology, 28（1）: 48-65.

Lang R E. 2003. Edgeless Cities: Exploring the Elusive Metropolis. Washington D. C. : Brookings Institution Press.

Le Goix R. 2005. Gated communities: Sprawl and social segregation in southern California. Housing Studies, 20（2）: 323-343.

Lee B A, Oropesa R S, Kanan J W. 1994. Neighborhood context and residential mobility. Demography, 31（2）: 249-270.

Lees L. 2000. A reappraisal of gentrification: Towards a "geography of gentrification". Progress in Human Geography, 24（3）: 389-408.

Lees L. 2003. Super-gentrification: The case of Brooklyn Heights, New York City. Urban Studies, 40(12): 2487-2509.

Lees L, Slater T, Wyly E. 2008. Gentrification. New York: Routledge.

Lefebvre H. 1991. The Production of Space. Oxford: Blackwell.

Lefebvre H. 2003. The Urban Revolution. Minneapolis: University of Minnesota Press.

Lefebvre H . 2008. Critique of everyday life. Library Journal, 133（8）: 69-69.

Lefebvre H, Brenner N. Elden S. 2009. State, Space, World: Selected Essays. Minneapolis: University of Minnesota Press.

Levitt P, Jaworsky B N. 2007. Transnational migration studies: Past developments and future trends. Annual Review of Sociology, 33: 129-156.

Lewis O, Oliver L F. 1959. Five Families : Mexican Case Studies in the Culture of Poverty. New York: Basic Books.

Ley D. 1980. Liberal ideology and the postindustrial city. Annals of the Association of American Geographers, 70（2）: 238-258.

Ley D. 1981. Inner-city revitalization in Canada: A Vancouver case study. The Canadian Geographer, 25（2）: 124-148.

Ley D. 1986. Alternative explanations for inner-city gentrification: a Canadian assessment. Annals of the

Association of American Geographers, 76（4）: 521-535.

Li W. 2006. From Urban Enclave to Ethnic Suburb: New Asian Communities in Pacific Rim Countries. Honolulu: University of Hawaii Press.

Li Z G, Li X, Wang L. 2014. Speculative urbanism and the making of university towns in China: A case of Guangzhou University Town. Habitat International, 44: 422-431.

Li Z, Ma L J C, Xue D. 2009. An African enclave in China: The making of a new transnational urban space. Eurasian Geography and Economics, 50（6）: 699-719.

Li Z, Wu F. 2006. Socioeconomic transformations in Shanghai（1990—2000）: Policy impacts in global-national-local contexts. Cities, 23（4）: 250-268.

Li Z, Wu F. 2008. Tenure-based residential segregation in post-reform Chinese cities: A case study of Shanghai. Transactions of the Institute of British Geographers, 33（3）: 404-419.

Li Z, Wu F. 2013. Residential satisfaction in China's informal settlements: A case study of Beijing, Shanghai and Guangzhou. Urban Geography, 34（7）: 923-949

Light D W. 2004. From migrant enclaves to mainstream: Reconceptualizing informal economic behavior. Theory and Society, 33（6）: 705-737.

Light I H, Bonacich E. 1988. Immigrant Entrepreneurs: Koreans in Los Angeles, 1965-1982. Berkeley: University of California Press.

Liu Y G, Li Z G, Breitung W. 2012. The social networks of new-generation migrants in China's urbanized villages: A case study of Guangzhou. Habitat International, 36（1）: 192-200.

Liu Y G, Li Z G, Jin J. 2014. Pseudo-urbanization or real urbanization? Urban China's mergence of administrative regions and its effects: A case study of Zhongshan city, Guangdong province. China Review: An Interdisciplinary Journal on Greater China, 14（1）: 37-59.

Logan J R. 2001. The New Chinese City: Globalization and Market Reform. Oxford: Blackwell Publishers.

Logan J R, Molotch H L. 1987. Urban Fortunes: the Political Economy of Place. Berkeley: University of California Press.

Logan J R, Bian Y, Bian F. 1990. Housing inequality in urban China in the 1990s. International Journal of Urban and Regional Research, 23（1）: 7-25.

Longino H E. 1990. Science as Social Knowledge : Values and Objectivity in Scientific Inquiry. Princeton: Princeton University Press.

Lu H. 1999. Beyond the Neon Lights : Everyday Shanghai in the Early Twentieth Century. Berkeley: University of California Press.

Lu Z, Song S. 2006. Rural-urban migration and wage determination: The case of Tianjin, China. China Economic Review, 17: 337-345.

Lyons M, Brown A, Li Z. 2008. The"third tier"of globalization: African traders in Guangzhou. City, 12（2）: 196-206.

Ma L J C, Xiang B. 1998. Native place, migration and the emergence of peasant enclaves in Beijing. The China Quarterly, 155: 546-581.

Mahler S J. 2000. Constructing international relations: The role of transnational migrants and other non-state actors. Identities, 7: 197-232.

Maoh H, Tang Z. 2012. Determinants of normal and extreme commute distance in a sprawled midsize Canadian city: Evidence from Windsor, Canada. Journal of Transportation Geography, 25: 50-57.

Marcuse P, van Kempen R. 2000. Globalizing Cities: A New Spatial Order? Oxford: Blackwell.

Marcuse P, van Kempen R. 2002. Of States and Cities: The Partitioning of Urban Space. Oxford: Oxford University Press.

Martinovic B, van Tubergen F, Maas I. 2009. Changes in immigrants' social integration during the stay in the host country: The case of non-western immigrants in the Netherlands. Social Science Research, 38（4）: 870-882.

Massey D. 1984. Spatial Divisions of Labor: Social Structures and the Geography of the World. London: Macmillan.

Massey D. 1993. Questions of locality. Geography, 78: 142-149.

Massey D. 2002. Globalization: What does it mean for geography? Geography, 87: 293-296.

Massey D. 2005. For Space. London: SAGE Publication.

Massey D , Denton N A. 1988. The dimensions of residential segregation. Social Forces, 67: 281-315.

Mathews G. 2011. Ghetto at the Center of the World: Chungking Mansions, Hong Kong. Chicago: University of Chicago Press.

Matschke C, Sassenberg K. 2010. The supporting and impeding effects of group-related approach and avoidance strategies on newcomers' psychological adaptation. International Journal of Intercultural Relations, 34（5）: 465-474.

McGovern P S. 1998. San Francisco bay area edge cities: New roles for planners and the general plan. Journal of Planning Education and Research, 17（3）: 246-258.

McKee D L, Yosra A. 2001. Edge cities and the viability of metropolitan economies: contributions to flexibility and external linkages by new urban service environments. American Journal of Economics and Sociology, 60（1）: 171-184.

McLafferty S, Preston V. 1997. Gender, race, and the determinants of commuting: New York in 1990. Urban Geography, 18（3）: 192-212.

McMillan D W, Chavis D M. 1986. Sense of community: A definition and theory. Journal of Community Psychology, 14: 6-23.

Meier R L. 1988. The metropolis as a transaction - miximizing system. Daedalus, 97: 1293-1313.

Meikie J, Atkinson D. 1997. Self-made Croydon revamps its image as glittering city of Europe. Guardian, 1997-06-25.9.

Michael R, Chifos C, Fenner T. 1989. The Transformation of Suburban Business Centers into Metrotowns: a Critical Assessment of the Phenomenon. Cincinnati: University of Cincinnati Press.

Michel D P, Scott D. 2005. The La Lucia-Umhlanga ridge as an emerging "edge city". South African Geographical Journal, 87（2）: 104-114.

Mingione E. 1993. New urban poverty and the crisis in the citizenship/welfare system: the Italian experience. Antipode, 25（3）: 206-222.

Mollenkopf J, Castells M. 1991. Dual City: Restructuring New York. New York: Russell Sage Foundation.

Morris E W, Crull S R, Winter M. 1976. Housing norms, housing satisfaction and the propensity to move. Journal of Marriage and Family, 38（2）: 309-320.

Morris S S, Woodworth W P, Hiatt S R. 2006. The value of networks in enterprise development: case studies in Eastern Europe and Southeast Asia. Journal of Developmental Entrepreneurship, 11（4）: 345-356.

Muller Peter O. 1981. Contemporary Suburban America. Englewood Cliffs: Prentice Hall.

Murdie R A, Borgegard L. 1998. Immigration, spatial segregation and housing segregation of immigrants in metropolitan Stockholm, 1960-95. Urban Studies, 35（10）: 1869-1888.

Musterd S , Priemus H, Van K R. 1999. Towards undivided cities: The potential of economic revitalisation and housing redifferentiation. Housing Studies, 14（5）: 573- 584.

Musterd S, Andersson R. 2005. Housing mix, social mix, and social opportunities. Urban Affairs Review, 40（6）: 761-790.

Musterd S, Ostendorf R W. 1998. Urban Segregation and the Welfare State. London: Routledge.

Nee V. 1989. A theory of market transition: From redistribution to markets in state socialism. American Sociological Review, 54: 663-681.

Nelson A. 1993. Disamenity influences of edge cities on exurban land values: A theory with empirical evidence and policy implications. Urban Studies, 30（10）: 1683-1690.

Newman S J, Duncan G J. 1979. Residential problems, dissatisfaction, and mobility. Journal of the American Planning Association, 45（2）: 154-166.

Oh J H. 2003. Social bonds and the migration intentions of elderly urban residents: The mediating effect of residential satisfaction. Population Research and Policy Review, 22: 127-146.

Oliver R E. 1992. Edge cities: a pragmatic perspective. Journal of the American Planning Association, 58（3）: 395-396.

Ommeren J, Rietveld P, Nijkamp P. 2000. Job mobility, residential mobility and commuting: A theoretical analysis using search theory. The Annals of Regional Science, 34: 213-232.

Pacione M. 2005. Urban Geography: A Global Perspective. New York: Routledge.

Panayiotopoulos P I. 2006. Immigrant Enterprise in Europe and the USA. London: Routledge.

Park R E, Mest E, Burgess W. 1925. The City . Chicago: Chicago University Press.

Parkes A, Kearns A. 2003. Residential perceptions and housing mobility in Scotland: An analysis of the longitudinal Scottish house condition survey 1991-96. Housing Studies, 18（5）: 673-701.

Peck J. 2015. Cities beyond Compare. Regional Studies, 49（1）: 160-182.

Phelps N, Parsons N, Ballas D, et al. 2006. Business at the margins? Business interests in edge urban politics. International Journal of Urban and Regional Research, 30（2）: 362-383.

Phelps N, Wu F L. 2011. International Perspectives on Suburbanization: a Post-suburban World? Basingstoke: Macmillan.

Phelps N. 1998. On the edge of something big: Edge-city economic development in Croydon, South London. The Town Planning Review, 69（4）: 441-465.

Phillips M. 1993. Rural gentrification and the processes of class colonisation. Journal of Rural Studies, 9（2）: 123-140.

Phillips M. 2002. The production, symbolization and socialization of gentrification: impressions from two Berkshire villages. Transactions of the Institute of British Geographers, 27（3）: 282-308.

Polanyi K. 2001. The Great Transformation: the Political and Economic Origins of Our Time. Boston: Beacon Press.

Popescu G. 2008. The conflicting logics of cross-border reterritorialization: Geopolitics of Euroregions in Eastern Europe. Political Geography, 27（4）: 418-438.

Portes A. 1987. The social origins of the Cuban enclave economy of Miami. Sociological Perspectives, 30: 340-372.

Portes A, Haller W, Guarnizo L, et al. 2002. Transnational entrepreneurs: An alternative form of immigrant economic adaptation. American Sociological Review, 67: 278-298.

Portes A. 2001. Introduction: the debates and significance of immigrant transnationalism. Global Network,

1: 181-194.

Portes A. 2003. Conclusion: theoretical convergencies and empirical evidence in the study of immigrant transnationalism. International Migrant Review, 37: 974-992.

Ragnar N. 1953. Problems of Capital Formation in Underdeveloped Countries. New York: Oxford University Press.

Raymond C M, Brown G, Weber D. 2010. The measurement of place attachment: Personal, community, and environmental connections. Journal of Environmental Psychology, 30（4）: 422-434.

Robson G, Butler T. 2001. Coming to terms with London: middle-class communities in a global city. International Journal of Urban and Regional Research, 25（1）: 70-86.

Romani J, Surinach J, Artiis M. 2003. Are commuting and residential mobility decisions simultaneous? The case of Catalonia, Spain. Regional Studies, 37（8）: 813-826.

Roy A, Ong A. 2011. Worlding cities : Asian Experiments and the Art of Being Global. Chichester: Wiley-Blackwell.

Roy A. 2005. Urban informality——toward an epistemology of planning. Journal of the American Planning Association, 71（2）: 147-158.

Rubin M, Watt S E, Ramelli M, 2012. Immigrants' social integration as a function of approach-avoidance orientation and problem-solving style. International Journal of Intercultural Relations, 36（4）: 498-505.

Rudolph R, Brade I. 2005. Moscow: processes of restructuring in the post-Soviet metropolitan periphery. Cities, 22（2）: 135-150.

Ryan L. 2011. Migrants' social networks and weak ties: Accessing resources and constructing relationships post-migration. The Sociological Review, 59（4）: 707-724.

Sassen S. 1991. The Global City. Princeton: Princeton University Press.

Scannell L, Gifford R. 2010. Defining place attachment: A tripartite organizing framework. Journal of Environmental Psychology, 30（1）: 1-10.

Scheer B C, Petkov M. 1998. Edge city morphology: A comparison of commercial centers. Journal of the American Planning Association, 64（3）: 298-310.

Schumpeter J A. 1934. Theory of Economic Development: An Inquiry into Profits, Capital, Credit, Interest and the Business Cycle. Cambridge: Harvard University Press.

Scott A J, Storper M. 2015. The nature of cities: The scope and limits of urban theory. International Journal of Urban and Regional Research, 39（1）: 1-15.

Shah N M, Menon I. 1999. Chain migration through the social network: Experience of labor migrants in Kuwait. International Migration, 37（2）: 361-382.

Shearmur R G. 1998. A geographical perspective on education and jobs employment growth and education in the Canada urban system, 1981—1994. Canada Journal of Regional Science, 21: 15-48.

Shen J, Wu F L. 2013. Moving to the suburbs: demand-side driving forces of suburban growth in China. Environment and Planning A, 45（8）: 1823-1844.

Sheppard E, Leitner H, Maringanti A. 2013. Provincializing global urbanism: A manifesto. Urban Geography, 34（7）: 893-900.

Sit V F S. 1995. Beijing: the Nature and Planning of a Chinese Capital City. New York: John & Wiley.

Sit V F S. 2000. A window on Beijing: the social geography of urban housing in a period of transition, 1985-1990. Third World Planning Review, 22（3）: 237-259.

Sjoberg A. 1960. The Preindustrial City, Past and Present. New York: Free Press.
Skeldon R. 1997. Rural-to-urban migration and its implications for poverty alleviation. Asia-Pacific Population Journal, 12（1）: 3-16.
Slater T, Anderson N. 2012. The reputational ghetto: Territorial stigmatisation in St Paul's, Bristol. Transactions of the Institute of British Geographers, 37（4）: 530-546.
Smith D P, Phillips D A. 2001. Socio-cultural representations of greentrified Pennine rurality. Journal of Rural Studies, 17（4）: 457-469.
Smith N, Defilippis J. 1999. The reassertion of economics: 1990s gentrification in the lower east side. International Journal of Urban and Regional Research, 23（4）: 638-653.
Smith N. 1979. Toward a theory of gentrification: A back to the city movement by capital, not people. Journal of the American Planning Association, 45（4）: 538 - 548.
Smith N. 1982. Gentrification and uneven development. Economic Geography, 59（2）: 139-155.
Smith N. 2002. New globalism, new urbanism: Gentrification as global urban strategy . Antipode, 34（3）: 427-440.
Smith N. 2005. The New Urban Frontier: Gentrification and the Revanchist City. 2nd ed. London: Routledge.
Speare A. 1974. Residential satisfaction as an intervening variable in residential mobility. Demography, 11（2）: 173-188.
Stanback T M. 1991. The New Suburbanization: Challenge to the Central City. Boulder: Westview Press.
Stern M A, Marsh W M. 1997. The decentered city: edge cities and the expanding metropolis. Landscape and Urban Planning, 36（4）: 243-246.
Stern R A M, Massengale J M. 1981. The Anglo American Suburb. New York: Martin's Press.
Sternberg R. 2009. Regional dimensions of entrepreneurship. Foundations and Trends in Entrepren eurship, 5（4）: 211-340.
Sultana S. 2003. Commuting constraints of black female workers in Atlanta: An examination of the spatial mismatch hypothesis in married-couple, dual-earner households. Southeastern Geographer, 43（2）: 249-259.
Sykora L. 1999. Processes of socio-spatial differentiation in post-communist Prague. Housing Studies, 14（5）: 679-701.
Tal G, Handy S. 2010. Travel behavior of immigrants: An analysis of the 2001 national household transportation survey. Transport Policy, 17: 85-93.
Teaford J C. 2008. The American Suburb: The Basics. New York: Routledge.
Unger R M. 2007. The Self Awakened: Pragmatism Unbound. Cambridge: Harvard University Press.
Uzun C N. 2003. The impact of urban renewal and gentrification on urban fabric: Three cases in Turkey. Tijdschrift Voor Economische En Sociale Geografie, 94（3）: 363-375.
Van Kempen Eva T. 1994. The dual city and the poor: social polarization, social segregation and life chances. Urban Studies, 31: 995-1015.
Vance Jr J E. 1971. Land assignment in precapitalist, capitalist and post capitalist city. Economic Geography, 47（2）: 101-120.
Vesselinov E. 2008. Members only: Gated communities and residential segregation in the metropolitan United States. Sociological Forum, 23（3）: 536-555.
Visser G. 2002. Gentrification and South African cities-towards a research agenda. Cities, 19（6）: 419-423.

Wacquant L J D. 2008. Urban Outcasts: A Comparative Sociology of Advanced Marginality. Cambridge: Malden.

Wakeman F J. 1985. The Great Enterprise: Manchu Reconstruction of Imperial Order in seventeenth-Century China. Berkeley: University of California Press.

Walder A G. 1995. China's transitional economy: Interpreting its significance. The China Quarterly, 144: 963-989.

Waldinger R D, Aldrich H, Ward R, et al. 1990. Ethnic Entrepreneurs: Immigrant Business in Industrial Societies. London: SAGE Publication.

Wang Y P, Wang Y, Wu J. 2009. Urbanization and informal development in China: Urban villages in Shenzhen. International Journal of Urban and Regional Research, 33（4）: 957-973.

Wang Y P. 2004. Urban Poverty, Housing, and Social Change in China. London: Routledge.

Watson B J L. 1997. Golden Arches East: McDonald's in East Asia. London: Routledge.

Wen M, Wang G. 2009. Demographic, psychological, and social environmental factors of loneliness and satisfaction among rural-to-urban migrants in Shanghai, China. International Journal of Comparative Sociology, 50（2）: 155-182.

Wessel T. 2000. Social polarisation and socioeconomic segregation in a welfare state: The case of Oslo. Urban Studies, 37（11）: 1947-1967.

White I, O'Hare P. 2014. From rhetoric to reality: Which resilience, why resilience, and whose resilience in spatial planning? Environment and Planning C: Government and Policy, 32（5）: 934-950.

Williams D R, Patterson M E, Roggenbuck J W, et al. 1992. Beyond the commodity metaphor: Examining emotional and symbolic attachment to place. Leisure Science, 14（1）: 29-46.

Wirth L. 1938. Urbanism as a way of life. American Journal of Sociology, 40: 1-24.

Wong D F K, Li C Y, Song H X. 2007. Rural migrant workers in urban China: Living a marginalized life. International Journal of Social Welfare, 16: 32-40.

Wong D. 1996. Enhancing segregation studies using GIS. Computers Environment and Urban Systems, 20（2）: 99-109.

Woolever C. 1992. A contextual approach to neighbourhood attachment. Urban Studies, 29（1）: 99-116.

Wu F. 2005. Rediscovering the 'Gate' under market transition: From work-unit compounds to commodity housing enclaves. Housing Studies, 20（2）: 235-254.

Wu F. 2007. China's Emerging Cities: The Making of New Urbanism. London: Routledge.

Wu F. 2008. China's great transformation: Neoliberalization as establishing a market society. Geoforum , 39（3）: 1093-1096.

Wu F. 2010. Gated and packaged suburbia: Packaging and branding Chinese suburban residential development. Cities, 27（5）: 385-396.

Wu F. 2012a. Planning Asian cities: risks and resilience. Environment and Planning B: Planning and Design, 39（2）: 411-412.

Wu F. 2012b. Neighborhood attachment, social participation, and willingness to stay in China's low-income communities. Urban Affairs Review, 48（4）: 547-570.

Wu F. 2013. People-oriented urbanization. China Daily, 2013-2-26.

Wu F, Li Z. 2005. Sociospatial differentiation: Processes and spaces in subdistricts of Shanghai. Urban Geography, 26（2）: 137-166.

Wu F, Phelps N A. 2011. （Post）suburban development and state entrepreneurialism in Beijing's outer suburbs. Environment and Planning A, 43（2）: 410-430.

Wu F, Webber K. 2004. The rise of "foreign gated communities" in Beijing: Between economic globalization and local institutions. Cities, 21（3）: 203-213.

Wu F, Xu J, Yeh A . 2006. Urban Development in post-reform China: State, Market, Space. London: Routledge.

Wu W, Wang G. 2014. Together but unequal: Citizenship rights for migrants and locals in urban China. Urban Affairs Review, 50（6）: 781-805.

Wu W. 2002. Migrant housing in urban China: Choices and constraints. Urban Affairs Review, 38（1）: 90-119.

Wu W. 2006. Migrant intra-urban residential mobility in urban China. Housing Studies, 21（5）: 745-765.

Xiang B. 1999. Zhejiang village in Beijing: creating a visible non-state space through migration and marketized networks// Pieke F N, Mallee H. Internal and International Migration: Chinese perspectives. Surrey: Curzon.

Xie Y, Gough M. 2011. Ethnic enclaves and the earnings of immigrants. Demography, 48（4）: 1293-1315.

Yapa L. 1996. What causes poverty? a postmodern view. Annals of the Association of American Geographers, 86（4）: 707-728.

Zax J S, Kain J F. 1991. Commutes, quits and moves. Journal of Urban Economics, 29: 153-165.

Zenou Y. 2009. Urban search models under high-relocation costs. Theory and application to spatial mismatch. Labor Economics, 16: 534-546.

Zhang L, Huang J, Rozelle S. 2002. Employment, emerging labor markets, and the role of education in rural China. China Economic Review, 13: 313-328.

Zhou M, Logan J. 1989. Returns on human capital in ethnic enclaves: New York city's Chinatown. American Sociological Review, 54: 809-820.

Zhu J M, Guo Y. 2014. Fragmented peri-urbanisation led by autonomous village development under informal institution in high-density regions: The case of Nanhai, China. Urban Studies, 51（6）: 1120-1145.

Zhu Y, Breitung W, LI S M. 2011. The changing meaning of neighbourhood attachment in Chinese commodity housing estates: Evidence from Guangzhou. Urban Studies, 49（11）: 2439-2457.

索　引

M

N

P

Q

R

S

W

X

Y

Z